高等职业教育"十四五"规划教材

动物外科与产科

李宗财　主编

中国农业大学出版社
· 北京 ·

内容简介

本教材是以技术技能型人才培养为目标，以动物医学专业疾病防制方面的岗位能力需求为导向，坚持适度、够用、实用和同质化原则，遵循学生认知规律，以过程性知识为主、陈述性知识为辅，以实际应用知识和实践操作为主，依据教学内容的同质性和技术技能的相似性，将动物外产科等知识和技能列出，进行归类和教学设计。其内容体系分为模块、项目和任务三级结构，精心设计了动物外科手术基础、常见的手术、外伤及感染、头颈部疾病及胸腹部疾病、皮肤及四肢疾病、直肠及泌尿生殖系统疾病、妊娠及分娩、怀孕期疾病、助产与难产处理技术、产后期疾病等10个项目。有些项目的相关理论知识或实践技能，可通过扫描二维码、技能训练、知识拓展或知识链接等形式学习，为实现课程的教学目标和提高学生学习的效果奠定良好的基础。

本教材文字精练，图文并茂，通俗易懂，数字资源丰富，现代职教特色鲜明，既可作为教师和学生开展"校企合作、工学结合"人才培养模式的特色教材，又可作为企业技术人员的培训教材，还可作为广大畜牧兽医工作者短期培训、技术服务和继续学习的参考用书。

图书在版编目(CIP)数据

动物外科与产科 / 李宗财主编. --北京：中国农业大学出版社，2024. 12.

ISBN 978-7-5655-3347-1

Ⅰ. S857. 1；S857. 2

中国国家版本馆 CIP 数据核字第 2024MP9844 号

书　名　动物外科与产科

作　者　李宗财　主编

策划编辑　康昊婷　　**责任编辑**　康昊婷

封面设计　郑　川　李尘工作室

出版发行　中国农业大学出版社

社　址　北京市海淀区圆明园西路 2 号　　**邮政编码**　100193

电　话　发行部 010-62733489，1190　　读者服务部 010-62732336

编辑部 010-62732617，2618　　出　版　部 010-62733440

网　址　http://www.caupress.cn　　**E-mail**　cbsszs@cau.edu.cn

经　销　新华书店

印　刷　北京溢漾印刷有限公司

版　次　2024 年 12 月第 1 版　　2024 年 12 月第 1 次印刷

规　格　185 mm×260 mm　　16 开本　　18.75 印张　　460 千字

定　价　56.00 元

编审人员

主　编　李宗财（甘肃畜牧工程职业技术学院）

副主编　李明俊（广东茂名农林科技职业学院）

芮　艺（徐州生物工程职业技术学院）

王海忠（甘肃前进现代农业发展集团有限公司）

跃斯图（扎兰屯职业学院）

参　编　刘立军（甘肃畜牧工程职业技术学院）

陶兴虎（甘肃省武威市凉州区武南镇农业农村综合服务中心）

赵嘉威（广东梅州职业技术学院）

奎国玉（甘肃省武威市古浪县西靖镇畜牧兽医工作站）

徐进强（嘉兴职业技术学院）

主　审　胡俊杰（甘肃农业大学）

高启贤（甘肃畜牧工程职业技术学院）

前 言

党的二十大报告指出实施科教兴国战略，强化现代化建设人才支撑，落实立德树人根本任务。根据《国家职业教育改革实施方案》《关于推动现代职业教育高质量发展意见》《“十四五”职业教育规划教材建设实施方案》等文件精神。依据行业发展和教学需要，本教材由校企编者在《动物外产科病》教材的基础上进行了全面修订，对全书的内容进行了增减改动。

本教材属于动物医学专业的核心课程教材，以生产过程和岗位能力需求为导向，坚持适度、够用、实用，符合学生认知规律，以模块→项目→任务为主线，还设置了“学习目标”“知识拓展”等教学组织单元，开展“教、学、做”一体化的教学，体现“教学内容职业化、能力训练岗位化、教学环境企业化”的特色。

本教材编写分工如下：项目一、项目八、项目九由李宗财编写，项目二中任务一至任务五由徐进强、王海忠编写，项目三、项目四由跃斯图、陶兴虎编写，项目五由李明俊编写，项目六由芮艺编写，项目七、项目二中任务六至任务十二由刘立军编写，项目十由赵嘉威、奎国玉编写。全书由李宗财统稿，并对全书文字和图片进行校对和修改。

承蒙甘肃农业大学胡俊杰教授和甘肃畜牧工程职业技术学院高启贤教授对本教材进行了认真审定，并提出了宝贵的意见。本教材编写过程中得到了甘肃前进现代农业发展集团有限公司和甘肃三元黑河农牧科技有限责任公司的大力支持，在此一并表示诚挚的谢意。

动物外科与产科涉及的知识面广，内容浩繁且更新迅速。尽管我们在编写过程中竭尽所能，但深受学术水平所限，教材中疏漏和错误之处在所难免，恳请广大读者批评指正。

编 者

2024 年 11 月

目 录

模块一 动物外科技术

模块一 动物外科技术

项目一 动物外科手术基础

项目二 常见的手术

项目三 外伤及感染

项目四 头颈部疾病及胸腹部疾病

项目五 皮肤及四肢疾病

项目六 直肠及泌尿生殖系统疾病

项目一
动物外科手术基础

学习目标

☞ 牢固树立消毒与无菌观念。

☞ 熟练掌握外科手术基本操作技术，如消毒与灭菌、麻醉、组织分离、止血、缝合、绷带包扎、引流等。

☞ 了解动物术前准备和术后护理的措施。

☞ 能够将外科手术基本操作技术应用于兽医临床。

素养目标

☞ 具备良好的职业道德和职业责任感。

☞ 培养严谨的科学作风和理论联系实际的观点，熟练地掌握外科手术的基本操作技术，精通手术技巧，培养良好的外科手术技术和综合判断力。

☞ 培养建立无菌观念，无菌规范操作，正确使用器械的素养。

任务一　灭菌与消毒

外科实践中消毒是抗感染根本环节，是手术成功的保证。因此，外科手术要求是各个环节均应该是无菌术。无菌术是指在外科范围内防止伤口发生感染的综合预防性技术，包括灭菌法、消毒法和有关操作管理规程等。

1. 灭菌法

灭菌法是指用物理的方法，彻底杀灭物品上的一切微生物。所用的物理方法包括高温、高压、紫外线、电离辐射等，而以高温、高压的应用最为普遍。

2. 消毒法

消毒法又称抗菌法，是指用化学的方法杀灭病原微生物和其他有害微生物的方法，但不一定能杀灭所有微生物（如芽孢）。常用于手术器械消毒、手术室空气消毒、手术人员手和臂的消毒及动物术部皮肤的消毒等。外科手术中的消毒包括器械、术部、人员及场地等的消毒。

3. 有关操作管理规程

这是防止已灭菌和消毒的物品、已进行无菌准备的手术人员或手术区域不再被污染所采取的措施。

总之,无菌术是一门综合性的科学,应综合运用无菌和抗菌技术来达到预防手术创伤发生感染的目的,以保证手术的良好效果。

一、器械的准备与消毒

(一)金属器械

手术器械应清洁,不得沾有污物和灰尘等。不常用的器械或新启用的器械,要用温热的清洁剂溶液除去其表面的保护性油脂或其他保护剂,然后再用大量清水冲去残存的洗涤剂,烘干备用。结构比较复杂的器械,最好拆开或半拆开,以便充分灭菌。对有弹性锁扣的止血钳和持针钳等,应将锁扣松开,以免影响弹性。锐利的器械用纱布包裹其锋利部,以免变钝。注射针头、缝针需放在一定的容器内,或整齐有序地插在纱布块上,防止散落而造成使用上的不便。每次所用的手术器械可以包在一个较大的布质包单内,这样更便于灭菌和使用。

手术器械的消毒与灭菌首选高压蒸汽灭菌法,其次是煮沸灭菌法,在紧急情况下可采用化学药品浸泡消毒法。

(二)敷料、手术创巾、手术衣帽及口罩等

一次性使用的止血纱布、手术创巾、手术衣帽、口罩等在宠物医院已普遍使用,多次重复使用的这类物品都是用纯棉材料制成的,临床使用之后可以回收,清洗干净,再经灭菌后应用。止血纱布通常用医用脱脂纱布,根据具体手术要求,先将纱布裁剪成大小不同的方块,然后以对折方法折叠,并将其边缘毛边完全折在内面。灭菌时,止血纱布可用小方巾包成小包,手术衣帽和口罩叠放整齐,包裹物品不宜过大过紧。这些物品常采用高压蒸汽灭菌法,也可采用流动蒸汽灭菌法。

(三)缝合材料

缝线种类很多,包括可吸收性缝线和非吸收性缝线。可吸收性缝线密闭,已消毒。非吸收性缝线主要是丝线,可用高压蒸汽灭菌法或煮沸灭菌法,但多次灭菌易变脆,用时易断裂。灭菌前将丝线缠在线轴或玻璃片上,线缠绕松紧适度,然后放在贮槽内、手术巾内或器械包内高压蒸汽灭菌。

(四)橡胶、乳胶和塑料类用品

临床常用的有各种插管和导管、手套、橡胶布、围裙及各种塑料制品等。橡胶类用品可用高压蒸汽灭菌,但多次长期处理易影响橡胶的质量,故也可采用化学消毒液浸泡消毒或煮沸灭菌的方法。乳胶类用品可用高压蒸汽灭菌,一般仅用一次,也可用化学药品浸泡消毒。目前,这类物品很多都是一次性的,这就减少了消毒工作中的许多环节,但其费用较高。塑料类用品如塑料管、塑料薄膜等一般用化学消毒法处理。有些医疗单位采用环氧乙烷气体灭菌等低温灭菌方法灭菌。

(五)玻璃和搪瓷类器皿

所有这类用品均应充分清洗干净,易损易碎者用纱布适当包裹保护。一般均采用高压蒸汽灭菌法,也可使用煮沸灭菌和消毒药物浸泡法。玻璃器皿如用煮沸灭菌法,应在加热前放入,否

则玻璃易因骤热而破损。大件器皿如大方盘、搪瓷盘等，也可考虑使用酒精火焰灼烧灭菌法。

（六）常用的灭菌与消毒方法

1. 物理性灭菌法

（1）高压蒸汽灭菌法

高压蒸汽灭菌法是指用高压蒸汽灭菌器进行灭菌的方法，高压蒸汽灭菌器的样式很多，有手提式（图 1-1-1）、立式、卧式等，都是利用蒸汽产生压力，随着压力升高，温度也随之升高。通常用蒸汽压为$(1\sim1.37)\times10^5$ Pa，温度可达 121.3～126.6 ℃，维持 30 min 左右，能杀灭所有的细菌，包括具有顽强抵抗力的细菌芽孢，因此是比较可靠的灭菌方法。更高的压力或更长时间的灭菌，没有必要，反而有可能影响物品的质量，尤其是橡胶制品和锐利器械等。

图 1-1-1　高压蒸汽灭菌器

操作方法：向高压蒸汽灭菌器的外层锅内加入适量的水，使水面稍低于支架，将预先准备好的器械等物品（必须是耐高温且大小适宜）用纱布按种类和大小分别包好，放入高压蒸汽灭菌器内，一般最下层放金属器械，接下来放橡皮手套、橡胶布等，手术衣帽包好放在最上层。各包之间应留有一定空隙，盖好锅盖并对称地拧紧螺栓，检查安全阀、排气阀是否完好，并使安全阀呈关闭状态。插上电源开始加热，当水蒸气从排气阀均匀冒出时，表示锅内冷空气已经排尽，将排气阀关好，随着时间的推移，压力逐渐增大，当压力增大到所需压力并持续一定时间后，断开电源冷却，待压力降至 0 后，对称地松开螺旋，开盖取出消毒物品并摆在消毒过的搪瓷盘中，用灭菌纱布覆盖备用。

高压蒸汽灭菌法操作时注意事项如下。

①使用高压蒸汽灭菌器时要有专人负责，灭菌前要检查并保证灭菌器性能完好，确保安全。

②高压蒸汽灭菌器内加水要适宜，过多或过少，都会影响灭菌效果。

③放气阀门下连接的金属软管必须保留，否则放气不充分，冷空气滞留在桶内会影响温度的上升，有碍灭菌效果。

④灭菌物品的包裹不宜过大、过紧，放入灭菌器时不要排得过密，以利于蒸汽的透入。灭菌后应立即间断缓慢地放气，但也不宜过快（尤其内装有玻璃制品或其他易碎物品时），以免造成物品破损。待气压表指针指至 0 处，旋开盖子及时取出物品，这样可保持物品干燥。

⑤耐湿、耐高温物品适用此法灭菌，易燃、易爆物品不得运用此法灭菌。

（2）干热灭菌法

干热灭菌法是指使用干热空气杀灭微生物的方法。一般是把待灭菌的物品包装就绪后，放入干热灭菌器（干燥箱）中烘烤，即加热至 160～170 ℃维持 1～2 h。干热灭菌法常用于玻璃制品、金属制品等的灭菌。橡胶、塑料、液体及固体培养基等都不用此法灭菌。

干热灭菌法操作时注意事项如下。

①干燥箱中摆放灭菌物品包裹不宜过密，以便空气流通。

②不得使物品与干燥箱底板直接接触。

③加热温度要适宜，温度过高会烧焦包裹纸张、棉花，温度过低会影响灭菌效果。

④包裹物品不可使用油纸、蜡纸等易燃材料。

⑤要将温度降至 60～70 ℃时才可以取出物品，否则玻璃器皿会因骤冷而爆裂。

(3)煮沸灭菌法

煮沸灭菌法是较常用的灭菌方法，简单易行，可应用于多种物品的灭菌，如金属器械、玻璃器皿、缝合材料等。煮沸灭菌不一定用特别的灭菌器，一般的铝锅、铁锅、不锈钢锅等也可代替。

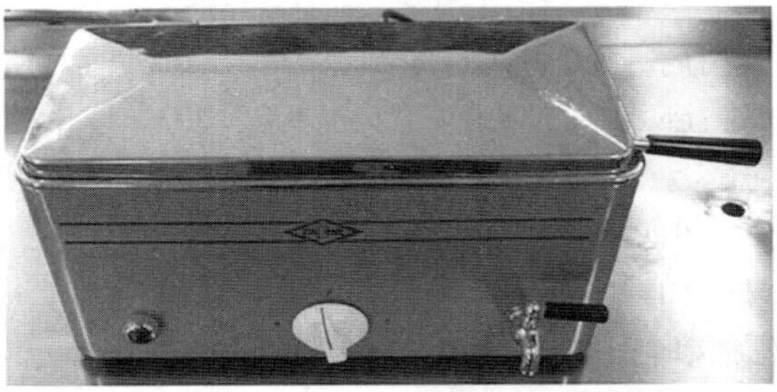

图 1-1-2 煮沸灭菌器

操作方法：先在煮沸灭菌器(图 1-1-2)的托盘内铺上纱布，纱布的大小要大于放置器械的搪瓷盘，以备消毒后用来遮盖灭菌过的器械。将待灭菌的器械摆放于煮锅的纱布上，然后用纱布将其盖好，此纱布的大小也应大于放器械的搪瓷盘，以备煮沸完毕后铺在搪瓷盘内放置器械用，并在覆盖的纱布上面放置镊子或器械钳。向煮锅内加入清洁的常水，加到完全浸没被灭菌物品为止，盖好锅盖，加热至水沸 3～5 min 后，放入灭菌物品，二次水沸时开始计算时间，煮沸 15 min 可以杀灭除细菌芽孢外的一般细菌，煮沸 1 h 以上可以杀灭细菌芽孢。灭菌完毕后，停止加热，待冷却后，打开灭菌器，用灭菌器的手柄钩住托盘两端，取出后斜放在消毒器上，再用镊子或器械钳将覆盖器械的纱布取下，夹住纱布两端挤去水分，铺在消毒过的搪瓷盘内。用器械钳将灭菌过的器械按种类顺序摆在搪瓷盘内，最后将铺在锅底的纱布取出，挤去水分，盖在器械盘上以免灰尘落入，保证灭菌效果。

煮沸灭菌法操作时注意事项如下。

①灭菌物品必须完全浸没水中，方可达到灭菌效果。

②玻璃类物品要用纱布包好，应先放入冷水中逐渐加热，以防因骤热而破裂；若为注射器则应拔出其内芯，分别用纱布包好针筒、内芯。

③煮锅必须盖严，以保持沸水的温度。

(4)火焰灭菌法

此法适用于急用器械、器械盘等金属器械的消毒。将急用的器械置于火焰外焰，并不断翻转器械，待温度降至常温后方可使用。搪瓷盘应先清洗，然后倒入酒精点燃，轻微转动使其各部都能烧到为止。但此法常使锐利器械变钝，还会导致器械失去光泽。

(5)人工紫外线灭菌法

此法是指用紫外线照射杀灭微生物的方法，紫外线不仅能使核酸蛋白变性，而且能使空气中氧气产生微量臭氧，从而达到共同杀菌的作用。用于紫外线灭菌的波长一般为 200～300 nm。该法主要用于物体表面灭菌、手术室空气及蒸馏水的灭菌，不适用于药液的灭菌及固体物料的深部灭菌。由于紫外线是以直线传播，可被不同的表面反射或吸收，穿透力微弱，普通玻璃可吸收紫外线，所以装于容器中的药物不能用紫外线来灭菌。

目前，市售的紫外灯常见的有 15 W 和 30 W，使用时可以悬吊也可壁挂，灭菌效果与照射距离有关，试验证明，照射距离以 1 m 之内最好，超过 1 m 则效果减弱，所以带有活动支架的灭菌灯有很大的优越性。

紫外线灭菌法操作时注意事项如下。

①开通电源后 20～30 min 发出的紫外线最多,灯管的使用寿命一般为 2 500 h。

②紫外灯要求直接照射,因为紫外线的穿透力很差,只能杀灭物体表面的微生物。

③可以用紫外线强度仪来测定杀菌效果。

④尽量避免频繁开关紫外灯,以免影响灯管使用寿命。

⑤人员不可长时间处于紫外线的照射下,否则可能损害眼睛和皮肤。

2.化学药品消毒法

此法可用于不适合物理灭菌的物品,但不能杀死具有顽强抵抗力的细菌芽孢。操作时按要求准备好化学消毒药液,根据预消毒物品的多少及大小选择容器,将消毒药液放入容器中,再将预消毒的物品分别浸入容器的药液中,记录消毒时间,到时间后取出已消毒的物品,由于有些化学消毒药液对活体组织有害,在使用前应将器械表面黏有的消毒药液用灭菌的生理盐水充分清洗。

兽医临床上常用的化学消毒剂如下。

(1)酒精

酒精是常用的消毒剂,一般采用的浓度为 70%～75%。常用于浸泡器械,特别是有刃的器械,浸泡时间不宜少于 30 min,可达理想的消毒效果。也可用于术者手臂的消毒,但消毒之后需用生理盐水进行冲洗。

(2)新洁尔灭

新洁尔灭是一种消毒能力强,低毒,对皮肤刺激性小,对金属无腐蚀性,性质稳定,能长期保存,消毒范围广,效力强,速度快,且略带芳香气味的阳离子表面活性剂。市售为 3%或 5%的水溶液,使用时需配成 0.1%的溶液。常用于浸泡消毒手臂、金属器械和其他可以浸湿的物品消毒,浸泡 30 min 可达到消毒的目的。新洁尔灭浸泡器械或消毒手臂及其他物品后,可不必用灭菌生理盐水冲洗,可以直接应用。

使用时需注意:稀释后的水溶液比较稳定,可较长时间贮存,但一般不宜超过 4 个月;在长期浸泡器械时,可按比例加入 0.5%亚硝酸钠,配成防锈新洁尔灭溶液;环境中的有机物会使新洁尔灭的消毒能力显著下降,故待消毒物品不可沾有血污或其他有机物,如器械必须清洗干净,方可浸入药液中;在浸泡保存消毒器械的容器中,不能混有杂物、毛发和沉淀性杂质;不可与各种清洁剂(如肥皂)混用,否则会降低新洁尔灭的消毒效能;不可与碘酊、升汞、高锰酸钾及碱类药物混合应用。

(3)来苏儿(煤酚皂溶液)

来苏儿是一种性质稳定,生产工艺简单,易溶于水,对物品腐蚀性轻微,多用于环境消毒的酚类消毒剂。但其有特殊的臭味,有一定的刺激性,不宜带畜禽进行圈舍消毒;易受碱性物质和有机物的影响;可造成环境的污染。在没有好的消毒药的情况下,也可用本品进行器械消毒,5%的来苏儿溶液需浸泡 30 min,后用灭菌生理盐水清洗干净,方可应用于手术区内。

(4)甲醛溶液

甲醛溶液具有很强的消毒作用,有刺激性臭味,能与水和乙醇按任意比例混合。10%甲醛溶液用于金属器械、塑料薄膜、橡胶制品及各种导管的消毒,一般浸泡 30 min。但消毒过的物品,在使用前均需用灭菌生理盐水进行冲洗,以除去其刺激性。40%甲醛溶液(福尔马林)与高锰酸钾粉按一定比例混合，可用来熏蒸消毒。在任何抗腐蚀的密闭大容器内都可以进行熏蒸消毒。

(5)过氧乙酸(过醋酸)

过氧乙酸具有强氧化能力，消毒效果好，对细菌、芽孢、真菌、病毒均有杀灭作用。但性质不稳定，本品浓溶液(市售成品为 20%～40%)有毒性，易燃易爆，且能使皮肤和黏膜烧伤，须密封避光贮放在低温(3～4 ℃)处。稀溶液易分解，不能久贮(贮存过程中会逐步自然分解)。除金属制品和橡胶制品外，可用于各种物品的消毒，如 0.1%～0.2%过氧乙酸溶液可用于各种耐腐蚀的玻璃、塑料、陶瓷等用具的消毒，需浸泡 20～30 min。

(6)碘伏(络合碘)

碘伏是碘与聚维酮(聚乙烯吡咯烷酮)的复合物，杀菌能力强，对皮肤、黏膜刺激性小，无腐蚀作用，且毒性低。本品常用于术者手臂及动物术部的消毒，7.5%碘伏溶液(有效碘 0.75%)用于皮肤消毒，1%～2%碘伏溶液用于阴道消毒，0.5%碘伏溶液以喷雾方式用于鼻腔、口腔和阴道黏膜消毒。

二、手术人员的准备与消毒

手术人员本身，尤其是手臂的准备与消毒，对防止手术创伤的感染具有很重要的意义，绝不可忽视。虽然兽医工作性质、环境和条件有本身的特点，但对执行无菌术的要求却不可放松。手术人员在任何情况下都应该遵循共同的无菌术的基本原则，努力创造条件去完成手术任务。

(一)更衣

手术人员在术前应换穿手术室准备的清洁衣裤和鞋，衣裤应是浅蓝色，其上衣最好是超短袖衫以充分裸露手臂。没有清洁鞋时，应穿上一次性鞋套。手术帽、口罩、工作衣应放在提前消毒好的消毒包内或者使用一次性手术帽、口罩和工作衣。手术帽应把头发全部遮住，手术口罩应完全遮住口和鼻，这对防止手术创伤发生飞沫感染和滴入感染极为有效。

(二)手、臂的清洁与消毒

手和臂的抗菌和无菌准备方法很多，常用较简便而有效的方法如下。

1.检查指甲

长的指甲要剪去，并磨平甲缘，剔除甲缘下的污垢，有逆刺的也应事先剪除。手部有创口，尤其有化脓感染的不能参加手术。手部有小的新鲜伤口，如果必须参加手术时，应先用碘酊消毒伤口，暂时用胶布封闭，再进行手的消毒。手术时应戴上灭菌手套。

2.手、臂的洗刷

用肥皂、刷子反复擦刷和用流水充分冲洗，以对手、臂进行初步的机械性清洁处理。

3.手、臂的消毒

手、臂的化学药品消毒最好是用浸泡法，以保证化学药品均匀而有足够的时间作用于手、臂的各个部分。专用的泡手桶可节省药液和保证浸泡的高度。如用普通脸盆浸泡则必须不时地用纱布块浸蘸消毒液，轻轻擦洗，使整个手、臂部保证湿润。用于手、臂消毒的化学药品有多种，常用药品有如下几种。

(1)70%酒精溶液

浸泡或擦拭 5 min。

(2)0.1%新洁尔灭溶液

浸泡或擦拭 5 min。

(3)7.5%聚乙烯酮碘溶液

有皮肤消毒液和消毒刷(其消毒液吸附在消毒刷背面的海绵内)两种。用消毒液拭擦皮肤或用消毒刷擦刷手、臂。先拭刷手、臂 5 min,再刷 3 min。

(三)穿无菌手术衣

无菌手术衣是经事先消毒好的或一次性的。将消毒好的手术衣或商品手术衣包由助手打开,提起衣领两角,将两手插入衣袖内,两臂前伸,让助手协助穿上和系紧其背后的衣带或腰带。穿灭菌手术衣时应避免衣服外面朝向自己或碰到其他未消毒、灭菌物品和地面。为保护手术衣前面的前胸部分免受污染,必要时可加穿消毒过的橡胶或塑料围裙。

(四)戴无菌手套

选用一次性手套,戴无菌手套时应注意不要污染手套外面。

三、术部的准备与消毒

术部准备与消毒通常分为三个步骤。

1. 术部除毛

先用电动除毛刀或剪毛剪等去除手术区域内的被毛,然后用温的肥皂水清洗后再用剃毛刀剃干净。

2. 术部消毒

术部的皮肤消毒,最常用的药物是 5%碘酊、2%碘酊(用于小动物)和 70%酒精。

在涂擦碘酊或酒精时要注意:如是无菌手术,应由手术区的中心部向四周涂擦;如是已感染的创口,则应由较清洁处向患处涂擦(图 1-1-3)。已经接触污染部位的纱布,不要再返回清洁处涂擦。涂擦所及的范围要相当于剃毛区。碘酊涂擦后,必须稍待片刻,等其完全干后(此时碘酊已浸入皮肤较深,消毒效果较好),再用 70%酒精脱碘,以免碘酊污及手和器械,带入创内造成不必要的刺激。

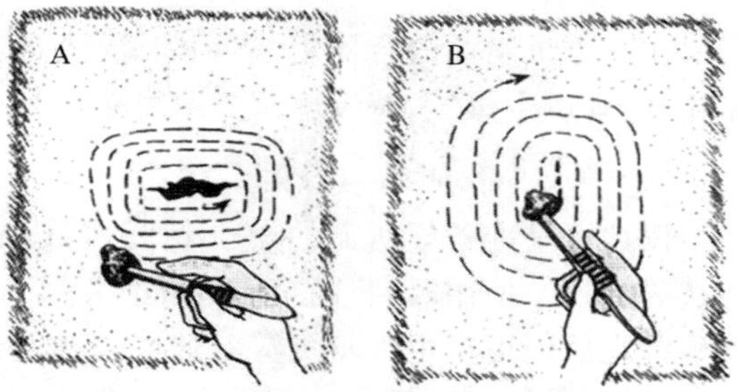

A. 感染创的皮肤消毒　　B. 清洁手术的皮肤消毒

图 1-1-3　手术部位的消毒

3. 术部隔离

术部虽经消毒,而术区周围未经严格消毒的被毛,对手术创容易造成污染,加上动物在手术时(尤其在非全麻的手术时)容易出现挣扎、骚动,易使尘土、毛屑等落入切口中。因此,必须进行术部周围隔离。

一般采用大块有孔手术巾覆盖于手术区(图 1-1-4A),或用 4 块白布围成一个手术区(图 1-1-4B),使术部与周围完全隔离。另外,无菌塑料薄膜也可用做一次性手术创巾。

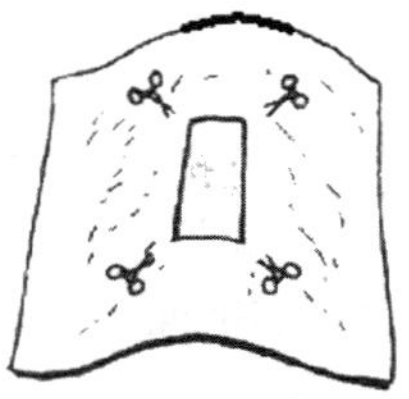

A.大块有孔手术巾

B. 4块白布

图 1-1-4 手术巾

四、手术室的消毒

常用的消毒方法包括以下几种。

(一)紫外光灯灭菌照射灭菌

通过紫外光灭菌灯的照射,可以有效地净化空气,可明显减少空气中微生物的数量,同时也可以杀灭物体表面附着的微生物。一般在非手术时间开灯照射 2 h,有明显的杀菌作用,但光线照射不到之处则无杀菌作用。

(二)化学药物熏蒸消毒

1. 甲醛熏蒸法

甲醛是一种古老消毒剂,虽然有不少缺点,但因其杀菌效果好,价格便宜,使用方便,所以至今仍然广泛采用。

(1)福尔马林加热法

在一个抗腐蚀的容器中(多用陶瓷器皿)加入适量的福尔马林,在容器的下方直接用热源加热,使其产生蒸气,持续熏蒸 4 h,可杀灭细菌芽孢、细菌繁殖体、病毒和真菌等。

(2)福尔马林加氧化剂法

按计算量准备好所需的 40%甲醛溶液,放置于耐腐蚀的容器中,按其毫升数的一半称取高锰酸钾粉。使用时,将高锰酸钾粉直接小心地加入甲醛溶液中,然后人员立刻退出手术室,数秒钟之后便可产生大量烟雾状的甲醛蒸气,消毒持续 4 h。

除福尔马林外,还有一种多聚甲醛,它是白色固体,粉末状或颗粒、片状,含甲醛 91%~99%。多聚甲醛直接加热会产生大量的甲醛蒸气,在运输、贮存和使用上都较方便。

2. 乳酸熏蒸法

使用乳酸原液 10~20 mL/100 m^3,加入等量的常水加热蒸发,持续 60 min,效果可靠。

五、临时性手术场所的选择及其消毒

临时性手术场所选择的要求是平整、有一定的硬度、勿扬起尘土、遮风挡雨、避免阳光直射、温暖的地方。其准备和消毒的方法如下。

(1)清扫

清除所有可能对做手术有影响的杂物，清除灰尘。

(2)洒水

使地面潮湿，防止尘土飞扬的发生。

(3)防风

用篷布、塑料等搭建临时防风墙。

(4)消毒

用0.5%来苏儿喷洒消毒。

任务二　麻　醉

麻醉，顾名思义，“麻”为麻木、麻痹、感觉不灵，“醉”是饮酒过度或药物作用使神志不清或暂时失去知觉。麻醉是指用药物或其他方法使整个机体或机体局部暂时失去感觉，以达到无痛目的进行手术治疗。

兽医外科麻醉方法种类繁多，分类方法也有多种。目前，在兽医外科临床上较常用的麻醉方法可分为两种类型：局部麻醉和全身麻醉。

一、局部麻醉

局部麻醉是利用局部麻醉药物有选择性地暂时阻断神经末梢、神经纤维以及神经干的冲动传导，从而使其分布或支配的相应局部组织暂时丧失痛觉的一种麻醉方法。

目前，牛、马等大动物在进行许多大手术(如腹腔手术)时可在局部麻醉下进行。在局部麻醉下，因大动物仍保持神志清醒状态，手术时应特别注意保定，或配合应用镇静剂、肌松剂。

1.局部麻醉药

使用局部麻醉药时应该了解其药理性能，如该药的组织渗透性、显效时间、作用维持时间及毒性等。一般说来，同一局部麻醉药，浓度越高渗透性越强，显效越快，作用时间越长，但毒性也越高。局部麻醉药品种很多，常用的有盐酸普鲁卡因、盐酸利多卡因和盐酸丁卡因三种。

(1)盐酸普鲁卡因

本品穿透黏膜能力很弱，不宜用于表面麻醉，临床上多用于浸润麻醉和传导麻醉，使用药液浓度为0.5%～3%。盐酸普鲁卡因毒性较小，在外科临床很少见到中毒反应，但用量过大也能产生中毒(大动物总剂量最好不要超过2 g)。

(2)盐酸利多卡因

本品毒性较盐酸普鲁卡因稍大。用作表面麻醉时，溶液浓度须提高至2%～5%；用作传导麻醉和硬膜外腔麻醉时，溶液浓度为2%；用作浸润麻醉时，溶液浓度为0.25%～0.5%。但反复用药可快速产生耐药性。

(3)盐酸丁卡因

本品的局部麻醉作用强，是一种强效、长时效的局部麻醉药物，具有较强的穿透力，故常用于表面麻醉，一般不用于局部浸润麻醉。本品毒性较盐酸普鲁卡因强 12～13 倍，而麻醉作用则强 10 倍。该药点眼时不散瞳，不妨碍角膜的愈合。角膜麻醉的浓度为 0.5%，鼻、口腔、咽喉等黏膜表面麻醉，可用 0.5%～1%溶液。

2.局部麻醉方法

(1)表面麻醉

利用麻醉药的渗透作用，使其透过黏膜而阻滞浅在的神经末梢，产生麻醉作用，称为表面麻醉。麻醉结膜和角膜时可用 0.5%～1%盐酸丁卡因溶液或 2%盐酸利多卡因溶液；麻醉鼻、口、直肠黏膜，可用 1%～2%盐酸丁卡因溶液或 2%～4%盐酸利多卡因溶液。

(2)局部浸润麻醉

将局部麻醉药物注射于手术区的组织内，阻滞神经末梢而达到麻醉作用，称为局部浸润麻醉。常用麻醉剂为 0.25%～1%盐酸普鲁卡因溶液。一般是先将针头刺至所需深度，然后边退针边注入药液。有时在一个刺入点可向相反方向注射两次药液。局部浸润麻醉方式有多种，如直线形浸润麻醉(图 1-1-5)、菱形浸润麻醉、扇形浸润麻醉(图 1-1-6)、基部浸润麻醉(图 1-1-7)和分层浸润麻醉(图 1-1-8)等。

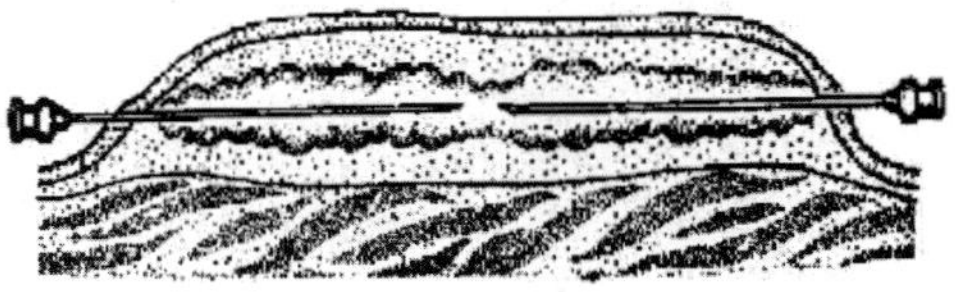

图 1-1-5　直线形浸润麻醉

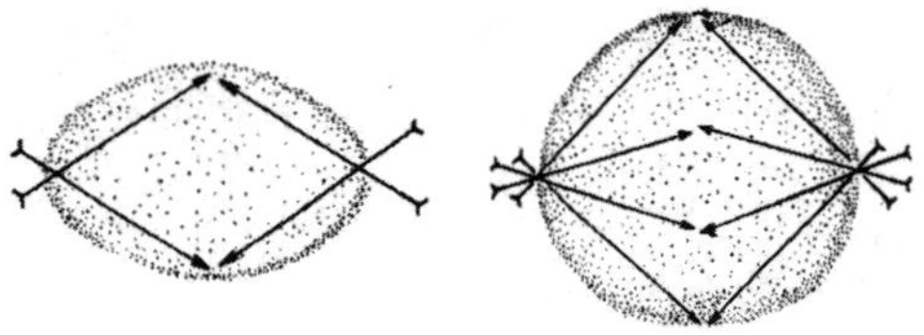

图 1-1-6　菱形浸润麻醉、扇形浸润麻醉

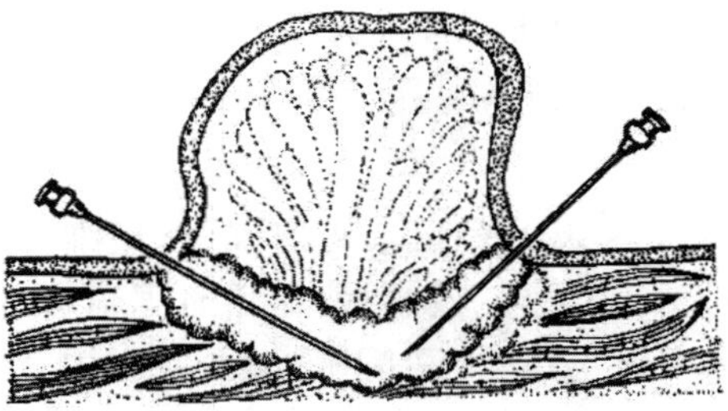

图 1-1-7　基部浸润麻醉

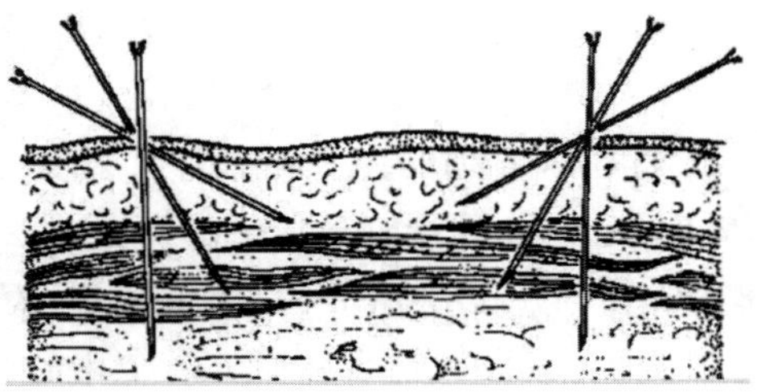

图 1-1-8　分层浸润麻醉

(3)传导麻醉

传导麻醉是指在神经干周围注射麻醉药物，使其所支配的区域暂时失去痛觉，以便顺利进行手术的麻醉方法。其优点是应用少量麻醉药产生较大区域麻醉的效果，但操作时必须熟悉局部解剖结构，了解神经干的位置、外部投影，穿刺针所要经过的组织及附近的血管等。传导麻醉所用药物为 2%盐酸利多卡因溶液或 2%～5%盐酸普鲁卡因溶液，其浓度及用量常与所麻醉神经的大小呈正比。

传导麻醉的种类很多，临床上常用的是腰旁神经干传导麻醉(图 1-1-9)，主要用于肋腹部手术。麻醉神经名称为最后肋间神经、髂腹下神经、髂腹股沟神经。操作时分 3 针注射，牛第一针在第一腰椎横突游离端前角下方，第二针在第二腰椎横突游离端后角下方，第三针在第四腰椎横突游离端前角下方，进针口诀为“1、2、4，前、后、前”，每针刺入深度为 0.5～1 cm，注射 3%盐酸普鲁卡因溶液 10 mL，注射时应左右摆动针头，使药液扩散面扩大。然后退针至皮下再注射 10 mL，三针共 60 mL。

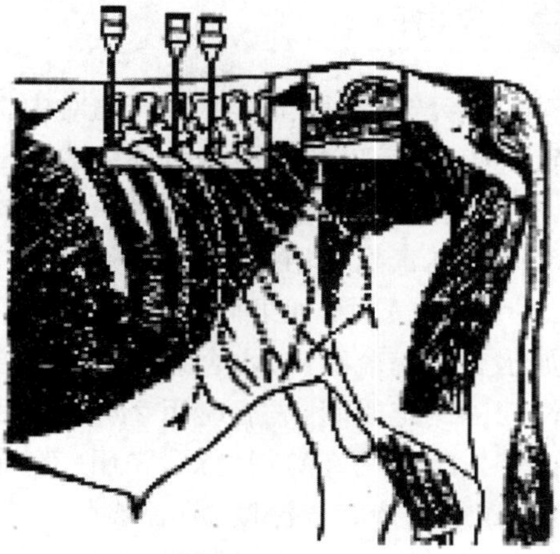

图 1-1-9　腰旁神经干传导麻醉

(4)脊髓麻醉

将局部麻醉药注射到椎管内，阻滞脊神经的传导，以便其所支配的区域无痛，称为脊髓麻醉。根据药液注入椎管内的部位不同，可分为硬膜外腔麻醉和蛛网膜下腔麻醉 2 种。目前，兽医临床上多采用硬膜外腔麻醉。

①注射部位：硬膜外腔麻醉的注射部位有 3 处，即腰、荐椎间隙，荐骨与第一尾椎间隙，第一、二尾椎间隙。由于牛、马第一尾椎与荐骨往往紧密连接，或与荐骨融合，其间隙较狭窄，不便注射操作，因此多在腰、荐椎间隙或第一、二尾椎间隙进行注射(图 1-1-10)。

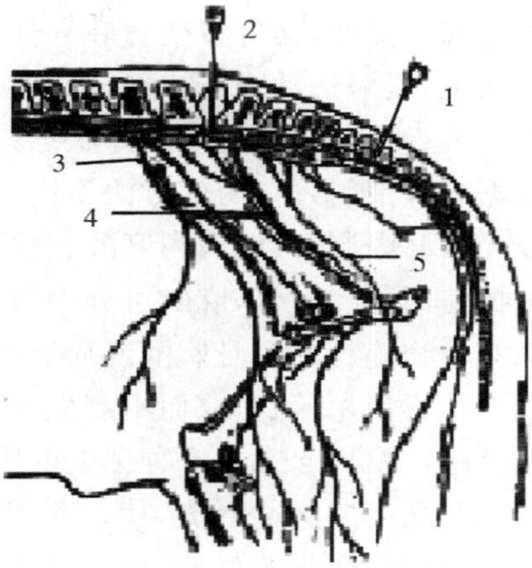

图 1-1-10　脊髓麻醉

1. 荐尾椎间隙硬膜外腔麻醉部位
2. 腰荐间隙硬膜外腔麻醉部位
3. 股神经　4. 坐骨神经　5. 阴部神经

②注射方法：最好在保定栏内进行。注射部位常规剪毛、消毒。将针头垂直刺入皮肤，然后向椎管内刺入硬膜外腔，针头刺入时可感到刺穿弓间韧带的感觉，如刺破窗户纸样，此时可连接注射器，如回抽无血即可注入药液。如果位置正确，药液注入应无过大阻力。

③注射剂量：用药量依动物体的大小而定，牛第一、二尾椎间隙操作可用 2%盐酸普鲁卡因溶液 15～20 mL，注药后 3～5 min 呈现麻醉状态，可维持 1～1.5 h；腰、荐椎间隙可用 3%盐酸普鲁卡因溶液 20～30 mL，注药后 3～5 min 呈现麻醉状态，可维持 1～3 h。牛的硬膜外腔麻醉应用较广，可用于剖腹产术、胃肠手术、乳房手术、后肢手术以及难产时的手术助产等。

④脊髓麻醉需注意：

a)注射药液的温度和注射速度。一次快速注入大量的冷药液可引起呼吸急促、角弓反张或猝倒等严重反应。

b)注入大量药液时，要保持动物前高后低的体位，防止药液向前扩散，阻滞胸段的交感神经，使血管扩张，血压下降；或阻滞胸部神经引起呼吸困难或窒息。

c)脊髓麻醉，尤其是蛛网膜下腔麻醉，要求严密消毒，否则有可能引起脑脊髓的感染。

d)保定要确实，进针操作要谨慎，防止损伤脊髓，导致尾麻痹或截瘫等后遗症。

二、全身麻醉

全身麻醉是利用全身麻醉药物对中枢神经系统产生广泛的抑制作用，从而暂时地使机体的意识、感觉、反射和肌肉张力部分或全部丧失的一种麻醉方法。

全身麻醉时，如果仅单纯采用一种全身麻醉剂施行麻醉的，称为单纯麻醉；为了增强麻醉效果，降低其毒副作用，扩大麻醉剂的应用范围而选用几种麻醉药联合使用的，则称为复合麻醉。在复合麻醉中，如果同时注入 2 种或数种麻醉剂的混合物以达到麻醉的方法，称为混合麻醉（如水合氯醛硫酸镁、水合氯醛酒精）；在采用全身麻醉的同时配合应用局部麻醉，称为配合麻醉；间隔一定时间，先后应用 2 种或 2 种以上麻醉剂的麻醉方法，称为合并麻醉。在进行合并麻醉时，于使用麻醉剂之前，先用一种中枢神经抑制药使动物达到浅麻醉，再用另一种麻醉剂以加深或维持麻醉深度，前者被称为基础麻醉（如为了减少水合氯醛的有害作用并增强其麻醉强度，可在注入之前先用氯丙嗪做基础麻醉），其后注入的麻醉药物（如水合氯醛）作为维持麻醉或强化麻醉以达到麻醉所需的深度。

根据麻醉强度，又可将全身麻醉分为浅麻醉、深麻醉。前者是给予较少量的麻醉剂使动物呈欲睡状态，反射活动降低或部分消失，茫然站立，头颈下垂，肌肉轻微松弛；后者使动物大部分反射消失，肌肉松弛，进入深睡状态。

根据麻醉剂引入体内的方法不同，可将全身麻醉分为吸入麻醉和非吸入麻醉两大类，后者又可分为静脉内麻醉、肌肉内麻醉、直肠内麻醉和腹腔内麻醉等。

根据使用药物与否，麻醉可分为药物麻醉和非药物麻醉。药物麻醉是指应用西药或中药麻醉剂对动物施行的全身麻醉或局部麻醉。非药物麻醉主要有电针麻醉和激光麻醉，此类麻醉的优点是不使用药物，故而不产生药物的毒副作用，缺点是肌肉松弛差。电针麻醉是从我国医学针灸疗法发展起来的一种独特的麻醉技术，是在动物体的 2 个或 2 个以上的穴位上，通过一定频率和强度的脉冲电流，使动物机体获得一定程度上的镇痛效应的一种无痛麻醉方法。激光麻醉是使用激光照射动物的外周神经径路，借以阻断或减弱神经的冲动传导而引起的全身镇痛作用。

随着麻醉学的发展，人们还提出了多种麻醉方法，如分离麻醉、神经安定镇痛麻醉等。

动物在全身麻醉时，会形成特有的麻醉状态。表现为镇静、无痛、肌肉松弛、意识消失等。在全身麻醉条件下，可以施行比较复杂和难度较大的手术。

（一）非吸入性麻醉

非吸入性麻醉是指麻醉药不经吸入方式而进入动物体内并产生麻醉效应的方法。非吸入性麻醉有许多固有的特点，一般不需要有特殊的麻醉装置，操作简便、灵活，给药途径有多种，如静脉注射、皮下注射、肌内注射、腹腔注射、口服甚至直肠灌注等。其中，静脉注射麻醉法因作用迅速、确实，在兽医临床上占有重要的地位。但在静脉注射有困难时，也可根据药物的性质，选择其他适宜的给药途径。非吸入性麻醉的缺点，是不能灵活掌握用药的剂量、麻醉深度和麻醉持续时间，所以要求操作者更准确地了解药物的特性、动物体麻醉反应状况及个体差异，并在实施麻醉时认真地操作，另外，临床经验的积累也很重要。此外，临床上经常用复合麻醉的形式，既发挥了 2 种麻醉的优点，又克服了一些缺点，使麻醉能更加完美地符合手术要求。

非吸入性麻醉药因动物种属的不同，在使用上各有其本身的特点。除应考虑到种属之间的差异外，有时还应考虑个体间的差异。在临床上，应针对动物的种类选择相宜的麻醉药物。

用药的剂量，因给药途径不同而有所差异。剂量过小，达不到理想的麻醉效果，在手术途中追加给药比较麻烦，且多次追加还可能导致蓄积中毒；剂量过大，一旦药物进入体内，则很难消除其持续的效应作用，故应慎重使用。对某些安全范围狭窄的药物尤其须注意。

动物常用的非吸入性麻醉药，包括非巴比妥和巴比妥两大类。

1. 非巴比妥类非吸入性麻醉药

(1)水合氯醛

水合氯醛是一种较古老的全身麻醉剂，由于药源便利，价格便宜，使用方便，比较安全，至今仍在应用，是马属动物较常用的全身麻醉药物。本品在日光照射下，易分解，不耐高热，故宜密封、避光、阴凉处保存。临用前现配，不可久存，用后的药液不宜再用。

水合氯醛是一种良好的催眠剂，但作为麻醉剂其镇痛效果差。安全范围小，麻醉剂量(马每 50 kg 体重 5～6 g)与中毒致死剂量(马每 50 kg 体重 10～15 g)较为接近。

水合氯醛对呼吸有一定的抑制作用，大剂量则抑制延髓的呼吸中枢和血管运动中枢，从而出现呼吸抑制，血压下降。本品对心脏的影响，在对非迷走神经的影响方面表现为抑制心肌代谢，对迷走神经的影响方面表现为心动徐缓。其迷走效应之一是引起大量流涎(牛、羊尤为显著)，采用阿托品作为麻醉前用药可以减轻流涎现象。进行全身麻醉时，其苏醒期常延至数小时，因此临床上常采用浅麻醉配合局部麻醉进行手术。另外，水合氯醛能降低新陈代谢，抑制体温中枢，故在深麻醉时，尤其与氯丙嗪合并应用时，宜注意保温。

用法用量：静脉注射麻醉每千克体重用量，马、牛 8～12 mg，水牛 13～18 mg，猪 15～17 mg，骆驼 10～11 mg，犬、猫 8～10 mg，兔 5～7.5 mg。水合氯醛还可通过口服、胃管投服或直肠灌注法给药。虽然消化道对水合氯醛的吸收良好，但易受胃肠内容物影响，麻醉作用发生较迟且不均匀，故临床上不如静脉注射法应用广泛。

高浓度的水合氯醛对局部组织刺激性很强，静脉注射时，不可将药液漏出血管之外的周围组织，以免引起剧烈炎症，并导致化脓或坏死。静脉注射时，应注意其使用浓度(用生理盐水配制时浓度不超过 10%，醇溶液不超过 5%)。静脉注射的药品纯度要高，应符合药典中所规定的药用标准。用本品内服或灌肠时，应配成加有黏糊剂(淀粉或粥汤等)的 1%～3%溶液，以免刺激黏膜。

(2)隆朋

隆朋化学名为 2,6-二甲苯胺噻嗪，在我国生产的商品名称为麻保静。根据剂量的不同，可出现镇静、镇痛、肌肉松弛或麻醉作用。安全范围较大，毒性低，无蓄积作用。对反刍动物，尤其是牛敏感，用量小，作用迅速，广泛应用于马、牛、羊、犬、猫、兔及野生动物等多种动物。作为镇静剂，随着剂量增加，其镇静时间的延长显著高于镇静程度的加深。作为麻醉剂，在一般剂量下，并不能使动物达到安全的全身麻醉程度，而仅能使动物精神沉郁、嗜睡或呈熟睡状态。在大剂量使用时，也能使动物进入深麻醉状态。此时，往往会出现不良反应。用药后，常出现心跳和呼吸次数减少，静脉注射后常出现一过性房室传导阻滞(尤其在马)，出现短暂的血压升高，随即下降至较正常稍低的水平。为了预防房室传导阻滞的出现，可于用药前注射阿托品。

麻醉作用时间的出现，肌内注射后 10～15 min，静脉注射 3～5 min 即出现作用，通常镇静可维持 1～2 h，而镇痛作用的延续则为 15～30 min。由于用药后动物一般仍处于清醒状态，而且其镇静作用较肌肉松弛作用出现得早，消失得迟，所以，在动物卧倒与恢复站立期间不致有挣扎、摔伤的危险。当给幼驹大剂量时能使其产生窒息，是由于软腭或咽肌松弛，必须给气管内插管建立畅通的呼吸道。本品禁止给反刍动物在妊娠后期使用，能引起流产。

本品对中枢神经的抑制作用，有明显的种属差异性，一般反刍动物较敏感，对马、犬的镇静、镇痛剂量的 1/10 即能引起牛较深的镇静、镇痛作用。此外，也存在个体的差异性。

用法用量：本品的盐酸盐配成 2％～10％的水溶液，可肌内、皮下或静脉注射。马肌内注射，1.5～2.5 mg/kg 体重；牛肌内注射，0.11～0.4 mg/kg 体重，静脉注射减半；羊肌内注射，0.1 mg/kg 体重；犬、猫皮下注射，2.2 mg/kg 体重，静脉注射减半；灵长类动物肌内注射，2～5 mg/kg 体重。

(3)静松灵

化学名为 2,4-二甲苯胺噻唑，其药理特性与隆朋基本相同，是目前在草食动物中应用广泛的麻醉药物。反刍动物对静松灵较敏感，而猪、犬、猫、兔敏感性较差。镇静作用较好，但术后能抑制胃肠道蠕动，易引起便秘。静脉注射时，出现呼吸增数，心搏迟缓，血压先上升、后逐渐下降到低于注射前值。中心静脉压上升，用药后能看到房室阻滞，心排量降低。红细胞压积及血红蛋白减少。血容量和血浆容量有一定程度增加。

用法用量：马肌内注射，0.5～1.2 mg/kg 体重，静脉注射，0.3～0.8 mg/kg 体重；牛肌内注射，0.2～0.6 mg/kg 体重；水牛肌内注射 0.4～1.0 mg/kg 体重；羊、驴和梅花鹿等肌内注射，1～3 mg/kg 体重。

(4)氯胺酮

氯胺酮为苯环己哌啶的衍生物，其药理作用是对大脑中枢的丘脑—新皮质系统产生抑制，但对中枢的某些部位则产生兴奋，故镇痛作用较强。根据使用剂量的不同，可分别产生镇静、催眠或麻醉作用。注射后，虽然有镇静作用，但受惊扰后能醒觉，并表现有意识的反应，这种意识与感觉的分离现象称为“分离麻醉”。

本品诱导迅速，肌内注射后 3～5 min 发生麻醉作用，持续 30 min。多用于马、猪、犬、猫及多种野生动物的化学保定、基础麻醉和全身麻醉药。灵长类动物如猴子和猩猩对本品比较敏感，用药后性情即变温顺。

氯胺酮对心血管系统有兴奋作用，可使心率增快 38％，心排量增加 74％，血压升高 26％，中心静脉压升高 66％，外周阻力降低 26％，因此静脉注射速度要缓慢。对呼吸有轻微的抑制作用，但用量过大、注射过快或与其他药配伍使用时，可显著抑制呼吸，甚至呼吸暂停。但对肝、肾功能未见不良影响。

本品对鹿科动物效果较好，对牛、马则安全性都较低，常和隆朋配合使用。在给鹿注射有效剂量至出现药效时间为 5～20 min，此时可见动物停步伫立，迟疑不动，神态呆滞，全身骨骼肌（以臀肌群最明显）发生由弱至强的震颤，个别有排粪、排尿动作，经 1～3 min，呈现站立不稳而卧地。肌肉松弛期可维持 20 min 以上，但恢复期出现得仓促，如见鹿的头、颈突然有抬起的表示，即是将要起立的信号。

注意事项：使用本品时，于麻醉前停食半天至 1 d，以防瘤胃容积过大影响呼吸或因反流引起异物性肺炎。为了防止分泌液阻塞呼吸道，宜于麻醉前应用小剂量的阿托品。本品对心血管系统有兴奋作用，故静脉注射时速度要缓慢。

(5)噻胺酮注射液(复方氯胺酮注射液)

本品是我国自行复合的一种新型动物用麻醉药。肌内注射较为方便,给药后动物进入麻醉状态时比较稳定,由站立而自行卧倒,在麻醉期体温下降,肌松良好,对呼吸有一定的抑制作用。应用剂量较大时,对循环系统也有影响。本药恢复期较长,且有复睡现象。

噻胺酮安全剂量的范围较宽,起效迅速,诱导和恢复都平稳。连续给药不蓄积,无耐受性。可广泛应用于家畜、家禽与实验动物,并可用于野生动物的制动保定和手术麻醉,尤其对猪和野生凶猛食肉兽的麻醉更有明显的效果。

(6)速眠新注射液(846合剂)

本品是由二甲苯胺噻唑(静松灵)、乙二胺四乙酸(EDTA)、盐酸二氢埃托啡和氟哌啶醇组成的一种复方制剂。具有良好的镇静、镇痛和肌松作用。剂量小,注射方法简单,诱导和苏醒平稳。多用于临床药物制动或手术麻醉,已广泛应用于犬、猫等动物。此外,还可用于马、牛、熊、羊及猴等动物。

本品对动物心血管和呼吸系统有一定的抑制作用。在某些个体,会造成长时间的麻醉状态或苏醒期过长。

用法用量:马0.01～0.015 mL/kg体重,牛0.005～0.015 mL/kg体重,羊、犬、猴0.1～0.15 mL/kg体重,猫、兔0.2～0.3 mL/kg体重,鼠0.5～1 mL/kg体重。

注意事项:本品与氯胺酮、巴比妥类药物有明显的协同作用,复合应用时要特别注意。为了减少唾液腺及支气管腺体的分泌,可在麻醉前10～15 min皮下注射阿托品0.05 mg/kg体重。若手术时间过长,可在术后及时给予苏醒灵4号,使动物尽快苏醒,注射后1～1.5 min动物即可苏醒。

(7)舒泰

舒泰是国外生产的麻醉药物,由苯二氮的衍生物唑拉西泮和分离麻醉剂替来他明组成,现已广泛用于犬、猫、猪、猴等多种家养和野生动物的诱导麻醉或维持麻醉。

舒泰有3种规格:50 mg/mL、100 mg/mL和200 mg/mL,犬、猫使用前可先皮下注射阿托品,15 min后再应用舒泰。犬5～10 mg/kg体重,肌内注射或静脉注射,用于诱导麻醉和一般手术。猫5 mg/kg体重,肌内注射,产生制动作用;7～10 mg/kg体重,肌内注射,用于小手术;10～15 mg/kg体重,肌内注射,用于大手术。

舒泰不要与以下药物一起联合应用:吩噻嗪类药物(乙酰丙嗪、氯丙嗪等),一起应用将抑制心肺功能和引起体温降低;氯霉素,一起应用将降低麻醉药物的清除率。

(8)丙泊酚

丙泊酚(异丙酚),2,6-二异丙基苯酚,常用1%乳化液,由于其外观酷似牛奶,也常被称为"麻醉牛奶",是起效迅速的短效全身静脉麻醉药,丙泊酚镇静和催眠作用良好,但镇痛作用弱,因起效时间快,麻醉时间短,可以在短时间内使动物进入诱导麻醉等优点,故适用于诱导和维持全身麻醉,或与其他药物复合麻醉。犬5～10 mg/kg体重,牛4～6 mg/kg体重,约30 s静注完成,30～60 s起效,作用时间约10 min。

丙泊酚麻醉的诱导和恢复平稳,无兴奋。恢复期偶尔出现呕吐,或食欲增加,猫还可表现出擦面部。丙泊酚注射液为高脂性乳化液,在人有引起胰腺炎的报道,因而对于已诊断患胰腺炎的病例或有发展为胰腺炎的可能情况(胰腺手术)应避免使用。犬在诱导期或恢复期偶尔表现出前肢、颈部和头部肌肉痉挛。尽管如此,它仍可以用于癫痫患病动物的麻醉。

丙泊酚抑制心肌力,同时能引起血管扩张、血压下降。因此,当大剂量、快速注射时,或用于低血容量及老年动物时,有引起严重低血压的危险。对呼吸有明显的抑制作用,表现为潮气量下降和呼吸频率减慢,甚至呼吸暂停。呼吸抑制程度与剂量有关。

2. 巴比妥类非吸入性麻醉药

巴比妥类药物根据作用的时间可分为长、中、短和超短效巴比妥类药。超短效巴比妥类药包括硫喷妥钠、甲乙炔巴比妥钠和硫戊巴比妥钠等;短效巴比妥类药有司可巴比妥;中效巴比妥类药包括戊巴比妥钠、异戊巴比妥钠等;长效巴比妥类药有苯巴比妥。长效和中效巴比妥类药多作为催眠剂或抗痉药使用;短效或超短效巴比妥类药可作为临床麻醉药使用。

(1)硫喷妥钠

硫喷妥钠为超短效全麻药,主要用作静脉麻醉药,可单独使用,也可作基础麻醉。静脉注射时,麻醉诱导和麻醉持续时间及苏醒时间均较短,一次用药后的持续时间可以从 2～3 min 到 25～30 min 不等。麻醉深度与剂量、注射速度有关系,注射越快,麻醉越深,维持时间也越短。在静脉注射时,应将全量的 1/3～1/2 在 30 s 内迅速注入,然后等待 30～60 s,进行观察。若体征显示麻醉的深度不够,可将剩余量在 1 min 左右的时间里注入,一经达到所需麻醉程度,即可停止给药。

硫喷妥钠有较强的中枢性呼吸抑制作用,表现为潮气量降低和呼吸频率减慢,甚至呼吸暂停。因剂量过大中毒而引起呼吸及循环抑制时,可用戊四氮等中枢兴奋药解救。另外,可抑制交感神经,而使副交感神经作用相对增强,而兴奋喉头、气管和支气管反射,易激发喉痉挛或支气管痉挛。

用法用量:静脉注射,临用前用注射用水或生理盐水配制成 2.5%溶液。马、牛、猪、羊 10～15 mg/kg 体重,犊牛 15～20 mg/kg 体重,小猪 25 mg/kg 体重,犬、猫 20～25 mg/kg 体重,兔 25～50 mg/kg 体重。

注意事项:本品粉剂宜密封于安瓿瓶中,若吸潮变质后,其毒性会增加。其水溶液很不稳定,为强碱性溶液,注射时切勿注入皮下组织,以免发生坏死,如误入动脉有可能发生肢体坏死。单独使用时,应避免咽喉部刺激,否则易引起喉痉挛。注射过快易引起呼吸抑制,要密切观察呼吸频率与幅度;注射过快还可能出现血压下降,应注意将其用量控制在血压无明显下降为宜。

(2)戊巴比妥钠

用生理盐水配成 5%溶液,对组织无刺激性。其代谢速率在不同的动物体内有差异,反刍动物特别是山羊、绵羊代谢最快,其代谢产物主要经尿液排出。作为麻醉剂量会对呼吸有明显的抑制作用。能影响循环系统,减少心排量。

本品适用于猪、羊和犬等,不适用于马和牛。戊巴比妥钠和水合氯醛再加硫喷妥钠可作为成年马的复合麻醉。本药的麻醉时间平均在 30 min 左右,但种属间有较大的差别,犬 1～2 h,山羊 20～30 min,绵羊可稍长,猫的麻醉持续时间较长。

临床应用:临床可用戊巴比妥钠复合麻醉液,戊巴比妥钠 5.0 g,1,3-丙二醇 40.0 g,96%酒精 10.5 mL,蒸馏水加至 100 mL,可供静脉注射。犬、猫、兔及大鼠的麻醉剂量为 0.5 mL/kg 体重,也可用于羊和猪,麻醉的持续时间在 100 min 以上。

戊巴比妥钠易透过胎盘影响胎儿，甚至会造成胎儿的死亡，故妊娠动物或进行剖腹产手术时，不宜用本品做麻醉。巴比妥类药物能产生“葡萄糖效应”，进行静脉注射时，在苏醒阶段不可静脉注射葡萄糖溶液，因动物在静脉注射葡萄糖溶液后又会重新进入麻醉状态，有的甚至造成休克死亡。在静脉注射时，速度要慢，动物进入浅麻醉之后应暂停注射，并仔细观察呼吸和循环的变化，然后再决定是否继续给药。

(3)甲乙炔巴比妥钠

常用1%～2.5%溶液，pH 10～11，对组织无刺激性，麻醉效力为硫喷妥钠的2～2.5倍，代谢速度也为其3倍。在诱导与恢复期动物易出现兴奋，复睡现象不如硫喷妥钠明显。其对心脏抑制的程度稍高于硫喷妥钠，对呼吸抑制的程度类似于硫喷妥钠。

(二)吸入性麻醉

吸入性麻醉是指气态或挥发性液态麻醉药物，经呼吸道吸入，在肺泡中被吸收入血液循环，到达神经中枢，抑制中枢神经系统的一种全身麻醉方法。用于吸入性麻醉的药物称为吸入性麻醉药。

吸入性麻醉因其良好的可控性和对机体的影响较小，被称为是一种安全的麻醉形式，受到人们的青睐。吸入麻醉适用于各种大手术、疑难手术和危重病例的手术。

其优点是：吸入性麻醉是可控的，麻醉深浅容易控制，吸入性麻醉通过气管插管确保呼吸道畅通，吸入性麻醉药与氧气一起供给投放，对动物相对安全；手术完成后麻醉药可以通过呼吸道迅速从体内被清除，动物复苏快，吸入性麻醉的这些优点均使麻醉的安全性进一步提高。其缺点是：操作比较复杂，需要特殊的麻醉装置，麻醉药成本和吸入麻醉装置成本比静脉麻醉高。

1. 常用的吸入性麻醉剂

乙醚是最早用于医学麻醉的吸入性麻醉药物，因其易燃易爆、具呼吸道刺激性、血/气分配系数高(12.1)、易引起动物兴奋期的出现等缺点，现仅用于小实验动物的开放性麻醉。氟烷是1956年以后的第一个非易爆性卤素类吸入性麻醉药，麻醉性能较强，但抑制心肌、增加心肌对儿茶酚胺的敏感性、对呼吸有明显抑制、有肝肾毒性等，现已不用于临床麻醉，仅用于猪氟烷基因的检测，淘汰氟烷反应阳性(易出现应激)猪。恩氟烷合成于1963年，是一种化学性质稳定的卤族麻醉剂，无明显刺激味，但对心肌力和呼吸有较强的抑制，现已较少使用。目前，临床上使用的吸入性麻醉药主要有氧化亚氮、异氟烷、七氟烷、地氟烷等。

(1)氧化亚氮

氧化亚氮(N_2O)俗称笑气，为不燃、不爆、无色、无刺激性的气体。N_2O的麻醉性能较弱，对心肌有一定的直接抑制作用，但对心输出量、心率和血压都无明显的影响，可能与兴奋交感中枢有关。对肺血管平滑肌有收缩作用，可使肺血管阻力增加，导致右心房压力升高，但对外周血管阻力无明显的影响。可引起脑血流量增加而使颅内压轻度升高。对呼吸有轻度抑制作用，使潮气量降低和呼吸频率加快，但对呼吸道黏膜无刺激，对肺组织无损害。N_2O几乎全部以原形由呼吸道排出，对肝肾功能无明显影响。

因N_2O的麻醉作用弱，仅与其他吸入性全麻药复合应用于麻醉维持，麻醉时有发生低氧血症及在麻醉恢复期有发生弥散性缺氧的可能。麻醉结束由吸入N_2O-O_2改为吸入空气时，

血液中 N_2O 迅速弥散到肺泡，使肺泡氧浓度降低而导致缺氧。因此，停止使用 N_2O 后应吸纯氧 5～10 min。现 N_2O 在动物已较少使用。

(2)异氟烷(异氟醚)

异氟烷为较新的吸入麻醉剂，麻醉性能强，低浓度对脑血流无影响，高浓度时可使脑血管扩张，脑血流增加和颅内压升高，但其颅内压升高作用较氟烷和恩氟烷轻。对心肌收缩力抑制作用较轻，不会影响心输出量，不引起心律失常。对呼吸系统有轻度的抑制作用，对支气管平滑肌有舒张作用，对呼吸道黏膜有刺激作用，其呼吸抑制作用较氟烷强，但却低于恩氟烷。临床上常用于麻醉的诱导和维持。

(3)七氟烷(七氟醚)

七氟烷是一种无色透明、非易燃性液体，麻醉性能较强。诱导时间较恩氟烷、氟烷短，苏醒时间三者无大差异。对呼吸道无刺激性，对呼吸抑制作用比较强，对气管平滑肌有舒展作用，对呼吸的抑制作用在停药后约 20 min 消失。对脑血管有舒展作用，可引起颅内压升高。对心肌力有轻度的抑制作用，可降低外周阻力，引起动脉压和心输出量下降。对肝、肾毒性低。七氟烷主要经呼出气排出，停止吸入 1 h 后约 40%以原形排出。在体内被代谢为无机氟，经尿液排出。

临床上可用于麻醉的诱导和维持。

(4)地氟烷(地氟醚)

地氟烷的麻醉性能较弱。具有低组织溶解性，麻醉的诱导及苏醒较快，易于调节麻醉深度。对循环系统的影响较其他吸入性麻醉药小，轻度抑制心肌力，对心率、血压和心输出量影响小，仅当浓度升高时引起外周血管阻力降低和血压下降，高浓度可使脑血管舒展，不增加心肌对儿茶酚胺类药物的敏感性。轻度抑制呼吸。在体内代谢极低，是已知的在机体内生物转化最少的吸入麻醉药，因而其肝、肾毒性较低。

临床上用于诱导麻醉和维持麻醉，麻醉的可控性强。较适合于心脏手术或心脏病动物的非心脏手术麻醉。但需要特殊的蒸发罐，价格较贵。

2. 吸入性麻醉机

(1)构造

一台吸入性麻醉机一般由以下 4 部分组成，即气体供应输送系统、蒸发罐、呼吸回路系统及废气回收系统。

①气体供应输送系统。

a)氧气罐。在吸入麻醉中，氧气既满足动物呼吸的需要，同时又是麻醉剂的载体。

氧气罐主要用来提供氧气，蒸发并稀释麻醉剂。高压气体气罐的型号用字母 A～H 表示，A 型是最小的气罐，最常见的是 H 型和 E 型。H 型氧气罐容积为 7 000 L，E 型氧气罐容积为 700 L，满瓶时压力均为 2 100 psi(1 psi＝6.895 kPa)。氧气罐的压力和它容纳的气体量呈正相关，可通过氧气罐的压力计算出剩余氧量，当氧气罐压力低于 500 psi 时，需更换新罐。

b)降压阀。降压阀主要是降低载气压力，使进入麻醉机器的气体维持为低而稳定的压力，约 50 psi。一般要求使用医用级、不可调的、预先设定 50 psi 的降压阀。若使用可调的降压阀，可能会造成压力不够或压力过大，就会引起麻醉系统的问题。

c)流量计。流量计用于测定运载气体的流量。流量计有两种常用计量单位，高于 1 L/min

的流速，单位是 L/min；低于 1 L/min 的流速，单位是 100 mL/min。在流量计上有个圆形按钮，其允许气体绕过挥发罐直接进入麻醉回路，起到快速供氧、稀释麻醉剂浓度的作用。

②蒸发罐。蒸发罐是将麻醉药蒸发成气体，并能精确地调节麻醉药蒸气输出浓度的装置，其质量的好坏关系到吸入麻醉的成败，与患病动物的安危直接相关，是麻醉机的关键部件。当气流进入蒸发罐后，大部分气流（约 80%）经直接通路室流出蒸发罐，小部分气流（约 20%）进入蒸发室与麻醉蒸气混合并带出饱和的麻醉蒸气。根据不同温度和各种吸入麻醉药的蒸发压力，形成不同浓度的麻醉药由出口逸出。

环境温度是影响蒸发罐输出浓度的主要因素，蒸发罐必须有精确控制温度、气流量补偿的装置，以使麻醉剂的浓度都达到设定的高度。如地氟烷沸点为 23.5 ℃，在室温下的蒸气压接近 1 个大气压，故其必须使用电加温的蒸发罐，使蒸发罐内温度保持在 39 ℃恒温、地氟醚蒸气压保持在 200 kPa，直接释放到新鲜气流中去。

根据蒸发罐是否能准确控制输出浓度，将挥发罐分为精确型和非精确型。精确型蒸发罐为回路外挥发罐，放置于呼吸回路之外，往往在设计上注明了为某种麻醉剂专用，并有相应的颜色编码，如紫色代表异氟烷，黄色代表七氟烷。而非精确型蒸发罐为回路内蒸发罐，放置于呼吸回路的吸入支。

③呼吸回路系统。呼吸回路系统是确保气体单向循环的一个密闭式环路，包括新鲜气流输入口、呼气和吸气单向活瓣、机动或手动开关、呼吸螺纹管、Y 形接头、储气囊及 CO_2 吸收器等。其主要功能是给患病动物输送 O_2 和麻醉气体，并排出呼出的 CO_2，还为辅助通气或控制通气提供条件。

a)分类。呼吸回路系统可分为三大类，即面罩式回路、非循环式回路及循环式回路，但由于该方法不能涵盖所有回路，逐渐遭弃用。目前，根据 CO_2 在系统中的去除方式，可将呼吸回路系统分为非再呼吸系统和再呼吸系统。

非再呼吸系统是将麻醉气体经混合气体供给患病动物，动物呼出的 CO_2 与多余的麻醉气体直接经废气处理系统排出。该系统操作简便，特别适合于短时间的手术麻醉。

再呼吸系统是把麻醉气体供给患病动物，动物呼出的 CO_2 与多余的麻醉气体经回收管道进入 CO_2 吸收器，CO_2 被吸收，麻醉气体继续在回路中循环。该系统是小动物常用的吸入性麻醉方法，可保持呼吸道黏膜潮湿和不污染室内环境；可大量节约麻醉药和氧气，常与呼吸机配合使用，适用于长时间的手术麻醉。

b)面罩。将面罩与呼吸管路连接，以便为患病动物提供呼吸麻醉气体。通常应用于诱导麻醉，少数无法插管的小型动物也可用面罩来维持麻醉。要根据动物的种类和体重的大小，选择合适的面罩。面罩要与动物的面颊很好地吻合，这样才能使麻醉气体不易泄漏。

c)加湿系统。在麻醉气体的输送管道上加上加湿器，能使动物的上呼吸道保持湿润，减少动物的术后上呼吸道感染。

d)废气回收系统。废气回收系统在吸入性麻醉过程中也是非常重要的环节，它关系到操作人员的健康和安全。其主要作用是移除从麻醉呼吸系统中排出的废气，降低对环境的污染。废气处理的方法包括：活性炭吸收器吸收，利用实验室的负压排气管道排出，经排气管道或排气扇排出。

(2)操作流程

①麻醉前准备工作。包括临床检查，如血液学检查（如 RBC、WBC、血小板）、生化检查（如

尿素氮、ALT、ALP、胆红素及血糖)及心电图检查等。

设备检查:如气源是否充足,气体通道连接是否正常;蒸发罐和麻醉药是否匹配,是否有漏气,按钮功能是否正常,麻醉药是否添加;麻醉机的压力和潮气量是否正常,呼吸回路系统是否有漏气;检查呼吸活瓣活动是否灵活;CO_2吸收装置是否充满碱石灰或钡石灰;氧浓度、氧流量、气道压力及呼吸末麻醉药浓度等检测设备是否正常。麻醉剂、麻醉方案及麻醉规程的确定。

②气管内插管。

a)目的。保持呼吸道通畅,防止唾液和胃内容物误吸入气管,并能及时吸出气管内的血液、分泌物和误吸物;避免麻醉剂污染环境和手术人员吸入;进行有效的辅助呼吸和人工或机械呼吸,便于对危机动物进行抢救和复苏。

b)方法与步骤。气管插管应在正确的麻醉深度(不要太浅)和肉眼直视下(使用喉镜)小心操作。根据动物的体重与大小选择合适的插管,用适宜的非吸入麻醉剂作基础麻醉,使其咽喉反射基本消失。将动物头、颈伸直,安置金属张口器,操作者左手用纱布包裹夹持舌尖部,将舌体向外拉出,同时持喉镜并用喉镜的压舌片下压舌根背部,显示会厌,继而下压会厌软骨,以显示声门。将局部麻醉药喷至咽喉部,右手以执笔式持住导管中段,准确轻巧地将导管尖端(开口面向上)插入声门、喉室,然后反转使气管插管开口面向下,插入气管内。向套囊内缓慢注气后,将气管插管与上颌一起固定。

c)判定导管是否准确插入。判定导管是否准确插入的方法包括:将细小的纱布条或动物皮毛置于导管口,按压胸部,观察随着呼吸动作纱布条或皮毛是否会动;人工通气时,观察两侧胸廓是否对称起伏,是否有清晰的呼吸音;接通麻醉机后,能自主呼吸的动物可见呼吸囊的缩张等。

d)并发症。常见的并发症有管道阻塞、管道脱出、喉痉挛、喉水肿、喉炎、气管炎、交叉感染及消毒剂污染等。

③连接呼吸麻醉机。接通呼吸麻醉机。吸入性麻醉期间,可随时调整吸入性麻醉药浓度,维持所需麻醉深度。

④吸入性麻醉的监测。麻醉期间应对麻醉深度、心率、脉搏强度、呼吸、体温、血氧饱和度及血压等进行监护。一般通过观察动物眼睑反射、角膜反射、眼球位置、瞳孔大小和咬肌紧张度等大致判断麻醉深度。通过观察动物可视黏膜颜色、呼吸状态、毛细血管再充盈时间及心率等了解心、肺功能。有条件时最好使用现代化的麻醉监护仪,可自动显示心率、收缩压、舒张压、平均血压、呼吸率、动脉血氧饱和度及体温等多项生理指标,若配合心电图仪和血气分析仪等先进仪器便可对麻醉动物实施全面监测。

⑤拔除气管内插管。在手术和麻醉结束、动物恢复自主呼吸和脱离麻醉机呼吸后,将气管内插管套囊中的气体排出。当麻醉动物逐渐苏醒、出现吞咽反射时,即可平稳而快速拔出插管。

(三)全身麻醉手术动物的监护与急救

1.手术动物的监护

手术动物的麻醉事故,与患病动物的年龄、健康状况、麻醉方法和外科手术等有关。监护疏忽是致死性麻醉事故最常见的原因之一。

手术期间，对患病动物的监护范围很广。手术期间的主要关注点是手术过程，而麻醉监护常处于次要地位。如无辅助人员在场，外科医生也能成功进行手术，这是因为麻醉人员和术者通常是同一人。在很多情况下，麻醉监护由助手进行，仅偶尔由第二位兽医师负责。现代化的仪器设备如麻醉检测系统和生理检测系统可快速客观反映出机体在麻醉下的总体情况，但这些设备需要很大的资金投入。

在生命指征消失之前，通常存在一些征兆，及早发觉这些异常，是成功救治的关键。因此，麻醉监护的目的是及早发觉机体生理功能异常，以便能及时治疗。麻醉监护是借助人的感官和特定监护仪器观察、检查、记录器官的功能改变。由于麻醉监护是治疗的基础，所以麻醉监护需按系统进行，其结果才可靠。

特别要注意患病动物在诱导麻醉与手术准备期间的监护。因剪毛和动物摆放的工作令人注意力分散，许多麻醉事故就出现在这个时期。在诱导麻醉期，由于麻醉药的作用，存在呼吸抑制及随后供氧不足与高碳酸血的危险。此期的监护应检查脉搏，观察黏膜颜色，指压齿根黏膜观察毛细血管再充盈时间，以及观察呼吸深度与频率等。

手术期间的患病动物监护重点是中枢神经系统、呼吸系统、心血管系统、体温和肾功能。监护的程度最好视麻醉前检查结果和手术的种类与持续时间而定。通常兽医人员和仪器设备有限，但借助简单的手段如视诊、触诊和听诊，也能及时察觉大多数的麻醉并发症。

(1)麻醉深度

麻醉深度取决于手术引起的疼痛刺激。应通过眼睑反射、眼球位置和咬肌紧张度来判断麻醉深度，呼吸频率和血压的变化也是重要的表现。动物的眼球不再偏转而是处于中间的位置，且凝视不动，又瞳孔放大，对光反射微弱，甚至消失，乃是高深度抑制的表现，表示麻醉已过深。

(2)呼吸

几乎所有的麻醉药均抑制呼吸，因而监护呼吸具有特别的意义。必须确保呼吸的两项功能，即患病动物相应的吸入氧气和二氧化碳的需求，其前提是充足的每分钟通气量。首先应注意观察呼吸的通畅度。吸入性麻醉时麻醉机的呼吸通路、气管内插管(或是吸入面罩)会影响呼吸的通畅度。如果麻醉技术不当，会人为地影响动物的呼吸通畅度，继而呼吸的频率和幅度也会随之发生变化。故呼吸的通畅度、呼吸频率和呼吸的幅度都是观察的重点。若是呼吸的通畅度不好，甚至发生不同程度的阻塞时，则动物会表现为呼吸困难，胸廓的呼吸动作加强，鼻孔的开张度加大，甚至黏膜发绀。观察胸廓的呼吸动作如同应用呼吸监视器那样，仅限于确定呼吸频率。借助听诊器听诊是一项简单的方法，可确定呼吸频率和呼吸杂音。

可以应用潮气量表做较为准确的潮气量测量。呼吸变深、变浅和频率增快等，都是呼吸功能不全的表现。如果发现潮气量锐减，继而很快会发生低氧血症。潮气量减少，多是深度麻醉时呼吸重度抑制的表现。潮气量表可以比较精准地知道潮气量减少的程度，并可测知每分钟通气量的变化。

可视黏膜的颜色可提供有关患病动物的氧气供应和外周循环功能情况，这可通过齿龈以及舌部的黏膜颜色来判断。动脉血的氧饱和度降低表现为黏膜发绀。借助这种方法可粗略地判断缺氧的程度，因为观察可视黏膜的颜色受周围环境光线的颜色与亮度的影响。但贫血动物因氧饱和度极低，不会明显见到黏膜发绀。观察可视黏膜的颜色为最基本的监护，应在手术期间定期进行检查。

有条件者可做动脉采血进行血气分析。它可提供氧气和二氧化碳分压资料，判断吸入氧气和排出二氧化碳是否满足患病动物的需求，又可测定血液 pH 和碳酸氢根以及电解质浓度，监测机体水、电解质和酸碱平衡。

二氧化碳监测仪可连续不断地测定呼出气体的二氧化碳浓度与分压。其原理是以二氧化碳吸收红外线为基础，可通过测气流或主气流来测定呼气末二氧化碳的浓度。呼气末二氧化碳浓度取决于体内代谢、二氧化碳输送至肺和通气状况。监测呼气末二氧化碳浓度变化，就能记录体内这些功能的变化。所测出的呼气末二氧化碳浓度应为 4%～5%。如呼气末二氧化碳浓度升高，则表示每分钟通气量不足，其结果是二氧化碳积聚于血液中，导致呼吸性酸中毒。这可影响心肌功能、中枢神经系统、血红蛋白与氧的结合以及电解质平衡。监测呼气末二氧化碳浓度有助于减少血气分析次数，甚至取而代之。

在吸入麻醉时，连续不断地监测吸入的氧气浓度，可以确保患病动物的氧气供给，因为吸入气体混合物的组成只取决于麻醉机的功能和麻醉助手的调节。它可避免由机器和麻醉失误导致吸入氧气浓度降至 21%以下。

近年来，脉搏血氧饱和度仪也应用于兽医临床。它依据光电比色原理，能无创伤连续监测动脉血红蛋白的氧饱和度。脉搏血氧饱和度的意义在于早期发现手术期间出现的低氧症，也可用于评价氧气疗法和人工通气疗法的有效性。在医学常规麻醉中脉搏血氧饱和度属于最低级别的监护指标。

(3)循环系统

对心脏循环系统的监控，可应用无创伤方法如触摸脉搏、确定毛细血管再充盈时间和心脏听诊。有条件者，可应用心电监护仪监护。

触摸脉搏是一项最古老、最可靠和最有说服力的监测方法，可从心率、节律及动脉充盈状况评价心脏效率，可在后肢的股动脉或麻醉下的舌动脉触摸脉搏。

指压齿根黏膜，观察毛细血管再充盈时间。犬的毛细血管再充盈时间为 1～2 s。当休克或明显脱水时，毛细血管再充盈时间会明显推迟。

心区的听诊是简便易行的方法，可用听诊器在胸壁心区听诊。首先应该注意的是心跳的频率，心音的强弱(收缩力)，判断有无异常变化。血压是心脏功能的一个重要指标，在马可以测量尾部(尾动脉)，在犬可以测量后肢的股动脉。当然用动脉穿刺导入压力传感器的方法也可以精确测知血压，但会造成损伤，操作方法也烦琐，还需要一定特殊设备，在临床上应用比较少。对外周循环的观察可注意结膜和口色的变化，以及毛细血管再充盈时间。

在手术中，如果发现脉搏频数，心音如奔马音，结膜苍白，血管的充盈度很差，这是休克的表现，多由于手术中出血过多，循环的体液和血容量不足，或是由脱水等原因造成。而由于麻醉的过量过深，反射性血压下降，多表现为心搏无力，心动过缓。心电图的监测，可以了解心理活动的状态、心率的变化、传导状况的变化等。

(4)全身状态

对动物全身状态的观察，应注意神志的变化，对痛觉的反应以及其他一些反射，如眼睑反射、角膜反射、眼球位置等。动物处于休克状态时，神志反应很淡漠，甚至昏迷。

(5)体温变化

由于麻醉使动物的基础代谢下降，一般都会使体温下降 1～2 ℃或 3～4 ℃不等。但动物的应激反应强烈或对某些药物的不适应可以发生高热现象。

(6)体位变化

在个体大的动物，特别是牛，由于体位的改变，如倒卧、仰卧等姿势，可对呼吸和循环带来不利的影响。对小动物也应充分注意，或因强力保定，或因用绳索拴缚不当，以致影响呼吸。或是由于肢体的压迫或牵张，而造成肢体的麻痹，常见的如桡神经麻痹或腓神经麻痹等。

2. 心肺复苏

心肺复苏是指当突然发生心跳呼吸停止时，对其迅速采取的一切有效抢救措施。心肺复苏能否成功，取决于快速有效地实施急救措施。生命指征的消失并非没有异常征兆，因此可通过仔细的监控，在出现呼吸、心跳停止之前，及早识别异常征兆，及早实施心肺复苏。每位临床兽医师均应熟悉心肺复苏的过程，并在临床上定期训练。

心跳停止的后果是停止外周氧气供应。机体首先能对细胞缺氧做代偿，血液中剩余的氧气用于维持器官功能。这样短暂的时间间隔，对大脑来说仅有 10 s，然后就无氧气供应，不能满足细胞能量需求。在这种情况下，糖原无氧分解，产生能量，以维持细胞结构，但器官功能受限。因此心跳停止后 10 s，患病动物的意识丧失是中枢神经系统功能障碍的信号。

尽管如此，如果没有不可逆性损伤，器官可在一定的时间内恢复其功能。这一复活时间对不同器官而言，长短不一。复活时间取决于器官的氧气供应、血流灌注量和器官损伤状况以及体温、年龄和代谢强度等。对于大脑而言，它仅持续 4～6 min。

如果患病动物在复活时间内能成功复活，经一定的康复期后，器官可完全恢复其功能。康复期的长短与缺氧的长短成正比。如复活的时间内不能复活，那么就会出现不可逆性的细胞形态损伤，导致惊厥、不可逆性昏迷或脑死亡等后果。

只有迅速实施急救，复活才能成功。实施基础生命支持越早，成活率就越高。在复活时间内开始实施急救是患病动物完全康复的重要先决条件。如果错过这一时间，通常意味着患病动物死亡。

(1)基本检查

在开始实施急救措施前，应对患病动物做一些快速基本检查，如呼吸、脉搏、可视黏膜颜色、毛细血管再充盈时间、意识、眼睑反射、角膜反射、瞳孔大小、瞳孔对光反射等，以便评价动物的状况。这种快速基本检查最好在 1 min 内完成。

在兽医临床上，多是对麻醉患病动物实施心肺复苏，因此不可能评价患病动物意识状态。眼部反射的定向检查可提示患病动物的神经状况。深度意识丧失或麻醉的征象为眼睑反射和角膜反射消失。此外，瞳孔对光无反射是脑内氧气供应不足的表现。心肺复苏时，脑内氧气供应的改善，表现为瞳孔缩小，重新出现瞳孔对光的反射。

做快速基本检查时，主要是评价呼吸功能和心脏功能。如在麻醉中有心电图记录，则是诊断心律失常和心跳停止的可靠方法，但必须排除电极接触不良所致的无心跳或期外收缩等技术失误。即使在心肺复苏时，也必须定期做基本检查以便评价治疗效果。

(2)心肺复苏技术

心肺复苏技术和时间因素决定心肺复苏能否成功。为了在紧急情况下正确、顺利地实施心肺复苏，应遵循一定的模式，所有参与人员必须了解心肺复苏过程，并各尽其职。只有一支训练有素的急救队伍，才可能成功进行心肺复苏，“单枪匹马”多以失败而告终。

心肺复苏可分为 3 个不同阶段：基础生命支持、继续生命支持和成功复苏后的后期复苏处理。通常这样的基本计划已足以保证急救成功，即呼吸道畅通、人工通气、建立人工循环、药物治疗及后期复苏处理。

①呼吸道畅通。首先必须检查呼吸道，并使呼吸道畅通。清除口咽部的异物、呕吐物、分泌物等。为使呼吸通畅和通气充分，必须做一气管内插管。因呼吸面罩不合适，对犬、猫经面罩做人工呼吸常不充分。如无法进行气管内插管，则需尽快做气管切开手术。

②人工通气。在气管内插管之前，可用鼻孔吹气的方法做人工呼吸。只有气管内插管可确保吹入气体不进入食道而进入肺中。气管内插管后，可方便地用嘴做气管插管人工呼吸。有条件者，接人工通气机。

在缺少仪器设备时，也可以有节奏地按压动物胸壁进行人工呼吸。虽然不能完全满足动物呼吸的需要，但可以在短时间内维持动物的生命。另外，按压胸壁也可激发动物的自主呼吸反射，在某些情况下比从鼻孔吹气的方法更有效。

③建立人工循环。为不损害患病动物，只有在无脉搏存在时，才可进行心脏按压。在心跳停止的最初 1 min 内，可施行 1 次心前区叩击做心肺复苏。有条件时，可采用心脏起搏器复苏。若心前区叩击或心脏起搏无效，则应立即进行胸外心脏按压。其方法是：患病动物右侧卧，在胸外壁第 4～6 肋骨进行胸外心脏按压，按压频率为 60～100 次/min，通过触摸脉搏及检查瞳孔直径是否缩小来判定心脏按压效果。心脏按压有效的标志是外周动脉处可触及搏动、发绀消失、散大的瞳孔开始缩小，甚至出现自主呼吸。如在胸腔或腹腔手术期间出现心跳停止，则可采用胸内心脏按压。脑组织耐受缺氧的能力明显弱于心脏，如果脑部血液循环停止 5 min 以上，动物很难苏醒或不易存活。

对犬、猫和其他小动物用手按压胸壁就足够了；但对成年的马和牛，常用膝盖和脚来按压。犬的压迫速率是 60 次/min，成年的马和牛为 30 次/min。

当循环停止时心脏可能出现纤维性颤动，也可能因为药物和胸膈压迫出现心搏停止，这时可进行电击，并借助心电图诊断心跳情况。可用除颤器进行体外电击，也可做体内打击(电极放到心肌上)。动物用的除颤器大多数都是根据动物大小特殊加工的，也可用人医临床的除颤器。在大多数病例中，直接电击心脏的效果理想；若在动物休克前充足供氧，可增加电击的成功率。

在胸外部按压无效，无法提供足够的静脉回流血量时，说明心力衰竭的原因可能是低血容量，机体内有效循环血量不足，这时只有通过补液纠正血容量才有效果。对于原因不明的心力衰竭，可用 5%葡萄糖溶液进行补液；若是因失血过多引起的心力衰竭，应选用胶体溶液作为血浆增容剂。

④药物治疗。药物治疗是属于继续生命支持的阶段。在心肺复苏期间，可应用肾上腺素、异丙肾上腺素等药物进行静脉给药，勿皮下注射或肌内注射给药。心肌持续缺氧后，循环恢复时常出现心动徐缓，这时可用硫酸阿托品治疗。心肺复苏继续生命支持措施见表 1-1-1。

表 1-1-1　心肺复苏继续生命支持措施

适应证	治疗措施
心跳停止	肾上腺素，0.005～0.01 mg/kg 体重，静脉或气管内给药
补充血容量	全血，40～60 mL/kg 体重，静脉给药
期外收缩、心室纤颤、心动过速	利多卡因，1～2 mg/kg 体重，静脉或气管内给药
心动缓慢、低血压	阿托品，0.05 mg/kg 体重，静脉或气管内给药
代谢性酸中毒	$NaHCO_3$，1 mmol/kg 体重，静脉给药

⑤后期复苏处理。后期复苏处理包括进一步支持脑供血、循环和呼吸功能，防止肾功能衰竭、脑水肿、脑缺氧和感染，纠正水、电解质及酸碱平衡紊乱。

及时输液，使血容量、血比容、血清电解质和 pH 恢复正常。

心搏停止，脑部缺氧，会引起大脑皮层水肿，动物常失去知觉，轻度缺氧的病例会在几小时后逐渐苏醒。为了控制脑水肿，苏醒的动物应该静脉注射肾上腺皮质激素（如地塞米松 0.1 mg/kg 体重，每隔 12 h 注射 1 次，连续应用 3～4 次）。此外，还应选用降低颅内压的药物，如甘露醇、山梨醇和利尿剂（呋塞米等），在动物体液基本平衡时，首选使用呋塞米，可以快速改善大脑皮层水肿情况。

如果患病动物的状况允许，可考虑做胸部 X 线检查，以排除胸部按压过程中可能发生的气胸、肋骨骨折等损伤。

犬的平均动脉血压应达到 90 mmHg。另外应注意监测体温。

心肺复苏成功后，应做好重症监护，防止复发。

（四）麻醉常见并发症及处理

1. 呕吐与反流

在动物中，犬、猫、猪相对于其他动物更容易发生呕吐。一般来说，胃肠道手术、咽喉部手术的呕吐发生率较高。犬、猫、猪等动物由药物引起贲门括约肌松弛、胃内容物多、内脏牵拉等而出现呕吐；反刍动物麻醉过深时，躺卧时胃受压，胃内容物发酵，臌气，较容易发生胃内容物倒流入口腔。此时吞咽反射消失，胃内容物常有被吸入气管中引起异物性肺炎，严重时可导致动物的死亡。

为了减少呕吐或反流，应根据手术情况充分的禁食，反刍动物一般禁食 24～36 h，单胃动物一般禁食 12～24 h，对于小型啮齿类动物和鸟类不建议长时间禁食。

全身麻醉时，颈基部适当垫高；侧卧保定时，头部应稍微垫高，口鼻端朝下；仰卧保定时，头部尽量呈侧卧位。可能时将舌头牵拉出口腔外，用湿纱布包裹。一旦发生呕吐，应放低头部，尽可能使呕吐物排出口腔，呕吐停止后用大块纱布清洁口腔。

尽量减轻胃肠臌气和缩短手术时间，做好麻醉管理。反刍动物术前 30 min 可灌服食醋或适量酒精等防止胃内容物发酵。若发生瘤胃臌气，可同时进行瘤胃穿刺放气。

采用浅麻醉或复合麻醉，以减少呕吐的发生。尽可能安置气管插管，将套囊适当充气后堵塞气管，可有效防止异物进入气管。

2. 流涎

流涎是指麻醉时动物唾液分泌过多而流出口腔外的一种常见现象，牛、羊、犬较其他动物更易发生流涎。静松灵、麻保静、速眠新等易引起反刍动物大量流涎；氯胺酮、替来他明较易引起犬、猫等小动物流涎。因此，在术前 15 min 给动物注射少量的硫酸阿托品，可以预防麻醉期间大量流涎。侧卧保定的动物，需要将头颈部放低，术后尽快使动物苏醒。

3. 气管阻塞

气管阻塞可发生于麻醉的各个阶段，造成动物呼吸不畅或无法呼吸，引发缺氧或高碳酸血症，严重时可危及动物生命。口腔分泌物或异物阻塞、舌回缩、喉头痉挛等，是发生气管阻塞的常见原因。完全阻塞时虽有强烈的呼吸动作但无气体交换，不完全阻塞表现为呼吸困难。

治疗气管阻塞的关键是及时发现并解除阻塞和输氧。

因舌阻塞喉部引起呼吸困难时，发现后立即将舌拉至口腔外，症状即自行消失。

口腔分泌物或异物阻塞，应清除咽喉部的分泌物及异物，插入气管插管。

喉痉挛常因浅麻醉下或缺氧时刺激喉头而诱发，轻者给氧即可解除，重者可静注琥珀胆碱后行气管插管。

呼吸道阻塞严重或无法进行气管插管术时，还可行紧急气管切开术。气管切开术能迅速解除动物呼吸困难，挽救动物的生命。对猫，可选用 14 号注射针或穿刺针经皮肤直接刺入气管，短时间内提供足够的氧气；对小型犬，可选用 14—18 号注射针或穿刺针做气管穿刺给氧；对大型犬，需进行气管切开和植入气管导管。

4. 呼吸停止

在麻醉及手术过程中，患病动物受某些因素的作用使呼吸减弱，甚至呼吸停止，如不及时纠正，可发生不良后果，甚至心搏骤停。

气管阻塞、体温降低、过度换气导致的低碳酸血症、疼痛等均可造成呼吸抑制及停止，但最常见的原因是麻醉药物剂量过大或麻醉药静脉推注过快。动物表现为在若干浅表和不整的吸气后，呼吸频率减慢、潮气量降低、呼吸强度减弱甚至消失，pO_2 下降、pCO_2 升高，可视黏膜发绀，创内出血呈暗红色，其后心脏也逐渐停止跳动。进一步诊断可通过 pO_2 来判断呼吸抑制情况，动物的 pO_2 正常值为 95%～99%，低于 95%则为缺氧，90%～95%为轻度缺氧，85%～90%为中度缺氧，低于 85%为高度缺氧。

对呼吸停止的一般处理方法如下：

出现呼吸困难的症状时，立即进行人工通气。按压呼吸麻醉回路中的储气囊可以实施人工供气，但在动物有意识时比较困难。间歇正压通气(IPPV)也称控制机械通气，装置的储气囊或呼吸囊通过半开放呼吸回路的活瓣连接到面罩或气管导管上，可以满足小动物的通气需要。如果需要可在输送空气的基础上，连接供氧管道。

在缺少仪器时，一种方法是立即撤除麻醉，打开口腔，拉出舌头(或以每分钟 20 次左右的节律反复牵拉舌头)，并进行人工呼吸。对大动物可有节律地将两肢向前外侧牵引或是按压胸廓。虽然不能完全满足动物呼吸的需要，但可以在短时间内维持动物的生命。另外，按压胸壁也可激发动物的自主呼吸反射。

药物治疗，可注射尼可刹米、樟脑磺酸钠、樟脑油等，对呼吸中枢也有刺激兴奋作用。

术后的疼痛，尤其胸腹部的疼痛可能导致通气不足，这时使用少剂量的麻醉性镇痛剂就可以减轻疼痛，增加通气量。

5. 心搏停止

心脏活动停止是全身麻醉时最为严重的并发症，通常发生在深麻醉期，其次可见于血压骤降或突然急骤上升、缺氧、二氧化碳蓄积、高钾血症、心源性疾病(如缺血性心脏病、心肌梗死、心肌炎、瓣膜病、严重心律异常）和非心源性疾病（如电解质紊乱、高碳酸血症、肺栓塞）等。心脏活动骤停常常没有预兆，表现为脉搏和呼吸突然消失，瞳孔散大，创内血管停止出血。当遇见心搏停止，应迅速采取有效的心肺复苏抢救措施。

任务三　组织分离

组织分离是根据组织解剖结构特点，利用物理方法将原来完整的组织切开与分离，以造成手术通路，顺利完成手术的外科基本操作技术。选择适宜的组织分离方法，充分显露术野，可以清楚观察手术区域各组织、器官的解剖关系，不但易于操作，而且保证了患病动物安全。

一、常用外科手术器械及其使用方法

常用的基本手术器械有手术刀、手术剪、手术镊、肠钳、牵开器、探针等。

（一）手术刀

手术刀主要用于切开和分离组织，有固定刀柄和活动刀柄两种。固定刀柄手术刀刀柄和刀片为一体；活动刀柄手术刀由刀片和刀柄组成，刀片可以拆卸和更换（图 1-1-11）。此种手术刀锋利，但易折断，故常用于分离皮肤以下的软组织，不宜用于硬组织。

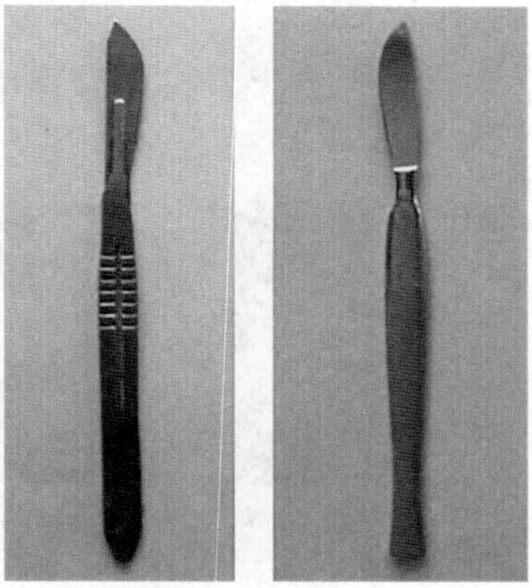

图 1-1-11　手术刀

为了适应不同部位和性质的手术，刀片有不同大小和外形；刀柄也有不同的规格，常用的刀柄规格为 4、6、8 号，这三种型号刀柄只安装 19、20、21、22、23、24 号大刀片，3、5、7 号刀柄安装 10、11、12、15 号小刀片，刀片不能混装于不同型号的刀柄上。按刀刃的形状可分为圆刃手术刀、尖刃手术刀和弯形尖刃手术刀等。

1. *活动刀柄式手术刀片的安装与拆卸*

安装时，用止血钳或镊子夹住刀片的尖部，将刀片的安装部位及方向、斜面与刀柄完全对合，装置于刀柄前端的槽缝内（图 1-1-12）。拆卸时，用止血钳或镊子夹住刀片的尾部背侧，抬起尾部用力推出（图 1-1-13）。

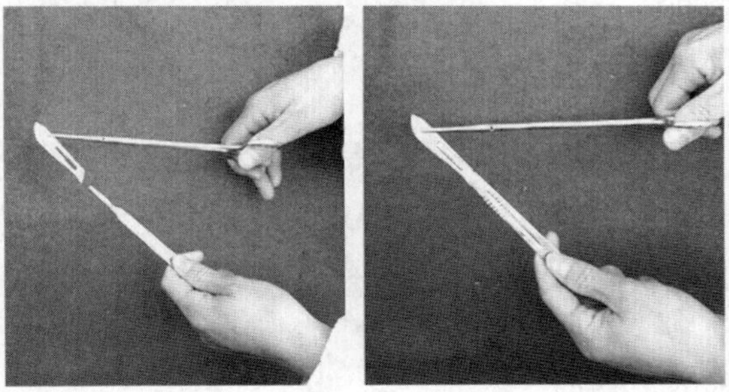

图 1-1-12　刀片的安装

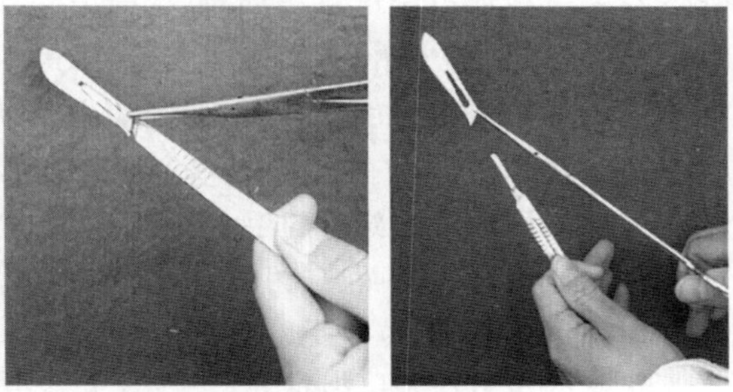

图 1-1-13　刀片的拆卸

2. 常用执刀法

执刀的姿势和动作的力量根据不同的需要有下列几种(图 1-1-14)。

(1)执笔式

执笔式如执钢笔的方法,动作的主要用力在指部,适用于短距离精细操作,如分离血管、分离神经、切开腹膜等。

(2)全握式

用全手握持刀柄的方法。此法强而有力,适用于粗硬而厚的组织切开或较长的皮肤切口。

(3)反挑式

同执笔式,但将刀刃朝上进行切割的方法。适用于切开腹膜、脓肿、腔体或管状脏器等。

(4)弹琴式

用手指轻轻握住刀柄的方法,如同弹琴的手势。此法用力轻微,适用于切开浆膜、黏膜等。

(5)指压式

以拇指和中指、无名指捏住刀柄,食指按在刀背缘上。此方法力量较大,适用于切开皮肤或黏膜组织等。

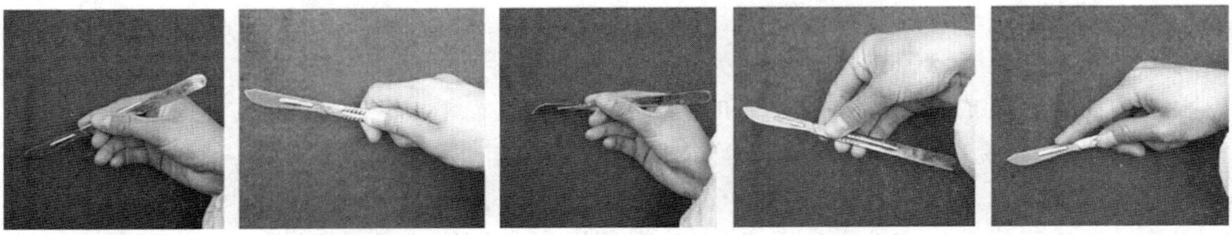
1.执笔式　2.全握式　3.反挑式　4.弹琴式　5.指压式

图 1-1-14　执手术刀的姿势

无论采取何种执刀方式,均应执刀稳妥、有力,并能准确掌握切割深度和运刀距离。握刀柄的位置高低要适当,避免用刀尖插入深层看不见的组织而误伤重要的组织和器官。

手术刀除切割组织外,还可以用刀柄做组织的钝性分离,或代替骨膜分离器剥离骨膜。在手术器械数量不足的情况下,可代替手术剪做切开腹膜、切断缝线等。

(二)手术剪

手术剪(图 1-1-15)主要用于剪短软组织、缝线、敷料及钝性分离。依据用途可分为两种:一种是沿组织间隙分离和剪短组织的,称为组织剪;另一种是用于剪短缝线的,称为剪线剪。由于二者的用途不同,所以其结构和要求标准也有所不同。组织剪的尖端较薄,剪刃要求锐利而精细。为了适应不同性质和部位的手术,组织剪分大小、长短和弯直几种。剪线剪头钝而直,刃较厚,在质量和形式上的要求不如组织剪严格,但也应足够锋利。

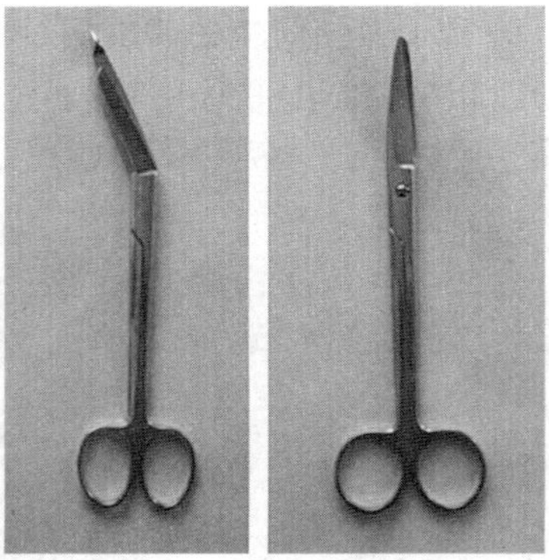
图 1-1-15　手术剪

正确的执剪法是以拇指和第四指(无名指)伸入剪柄的

两环内，但不宜插入过深，食指轻压在剪柄和剪刀交界的关节处，中指附在剪柄旁侧，准确地控制剪的方向和开张程度。

（三）手术镊

一般将手术镊（图 1-1-16）分为有钩和无钩两种。前者尖部有唇头钩，也称外科镊或鼠齿镊，可用于夹持皮肤、筋膜等较坚韧的组织，夹持牢固，不易滑落，但损伤组织较大。后者尖部无唇头钩，只有齿，也称解剖镊、敷料镊，主要用于夹持血管、神经、黏膜等柔软脆弱的组织，损伤组织较小，易滑落。

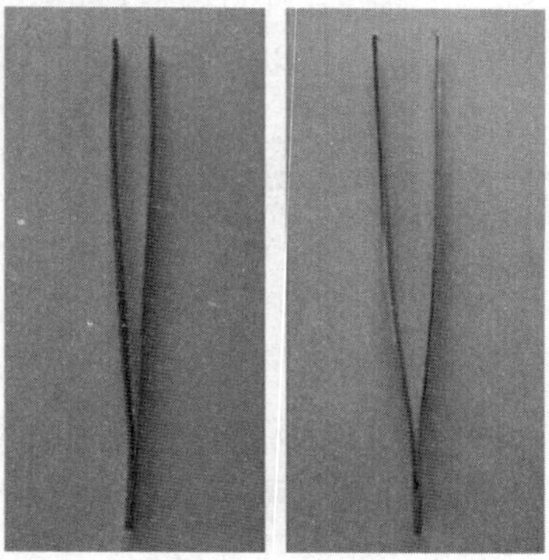

图 1-1-16　手术镊

（四）止血钳

止血钳又称血管钳（图 1-1-17），主要用于夹住出血部位的血管或出血点，以达到直接钳夹止血，有时也用于分离组织、牵引缝线。止血钳一般有弯、直两种，并分大、中、小等型号。直钳用于浅表组织和皮下止血，弯钳用于深部止血，最小的一种蚊式止血钳，用于眼科及精细组织的止血。用于血管手术的止血钳，齿槽的齿较细、较浅，弹力较好，对组织压榨作用和对血管壁及其内膜的损伤也较轻，称为“无损伤”血管钳。止血钳尖端带齿者，称为有齿止血钳，多用于夹持较厚的坚韧组织。骨手术的钳夹止血也多用有齿止血钳。在外科临床上选用止血钳时，应尽可能选择尖端窄小的，以避免不必要地钳夹过多的组织。在结扎止血除去止血钳时，应按正确执拿方法慢慢松开锁扣；在浅部手术及一般组织止血时，可不必将手指插入柄环内，而以右手拇指、中指夹住内侧柄环，食指推动外侧柄环使锁扣松开，这样动作较快，可以节约时间。

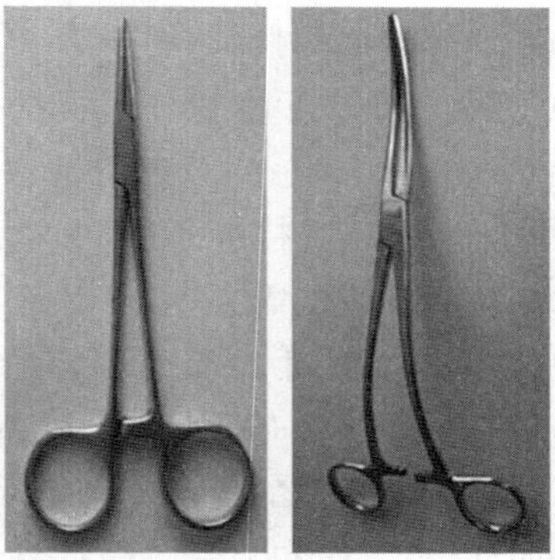

图 1-1-17　止血钳

任何止血钳对组织都有压榨作用，只是程度不同，所以不宜用于夹持皮肤、脏器及脆弱组织。执拿止血钳的方式与手术剪相同。松钳方法：用右手时，将拇指及第四指插入柄环内捏紧使扣分开，再将拇指内旋即可；用左手时，拇指及食指持一柄环，第三四指顶住另一柄环，二者相对用力即可松开。

（五）持针钳

持针钳或称持针器，用于夹持缝针缝合组织，普通有两种形式，即握式持针钳（图 1-1-18）和钳式持针钳，大动物手术常用握式持针钳，小动物手术常用钳式持针钳。使用持针钳夹持缝针时，缝针应夹持在靠近持针钳的尖端，若夹在齿槽床中间，则易将持针折断。一般应夹在缝针的针尾 1/3 处，缝线应重叠 1/3，以便操作。

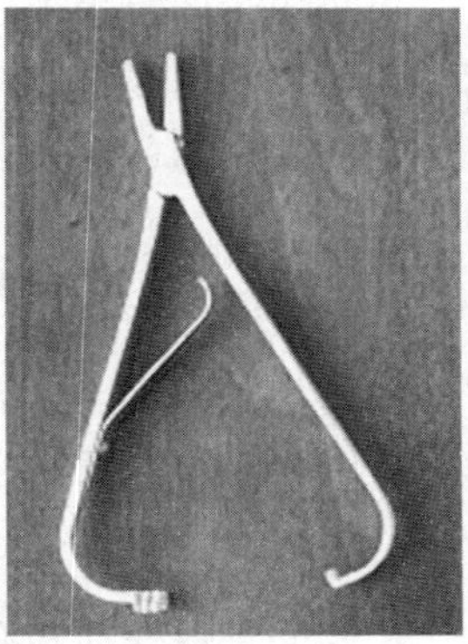

图 1-1-18　持针钳

（六）缝合针

缝合针简称缝针（图 1-1-19），由不锈钢制成，主要用于闭合组织或贯穿结扎。缝合针分为两种类型：一种是带线缝合针或无眼缝合针，缝线已包在针尾部，针尾较细，仅单股缝线穿过组织，使缝合孔道最小,因此对组织损伤小,又称为"无损伤缝针"。这种缝合针有特定包装,保证无菌,可以直接利用,多用于血管、肠管缝合。另一种是有眼缝合针,这种缝合针能多次再利用,比带线缝合针便宜。有眼缝合针以针孔不同分为两种:一种为穿线孔缝合针,缝线由针孔穿进;另一种为弹机孔缝合针,针孔有裂槽,缝线由裂槽压入针眼内,穿线方便、快速。

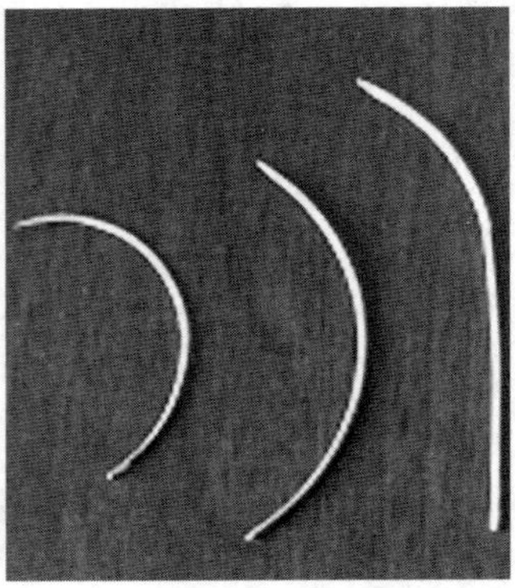

图 1-1-19 缝合针

缝合针一般分为针尖、针身和针孔。按针身的弯曲度可分为弯形、半弯形、直形。缝合针的针尖部有圆形和三棱形两种。前者在穿透组织时阻力较大,但穿透后的针孔能自行闭合,多用于胃肠及其他软组织的缝合。后者易于穿透组织,但穿透后的针孔不易闭合,损伤组织较严重,主要用于缝合皮肤等致密组织。

(七)牵开器

牵开器或称拉钩,用于牵开术部表面组织,加强深部组织的显露,以利于手术操作。根据需要有各种不同的类型,其形状和规格各异,总的可以分为手持牵开器和固定牵开器两种(图 1-1-20)。手持牵开器,由牵开片和手柄两部分组成,按手术部位和深度的需要,牵开片有不同的形状、长短和宽窄。目前,使用较多的手持牵开器,其牵开片为平滑钩状,对组织损伤较小。耙状牵开器,因容易损伤组织,现已不常使用。

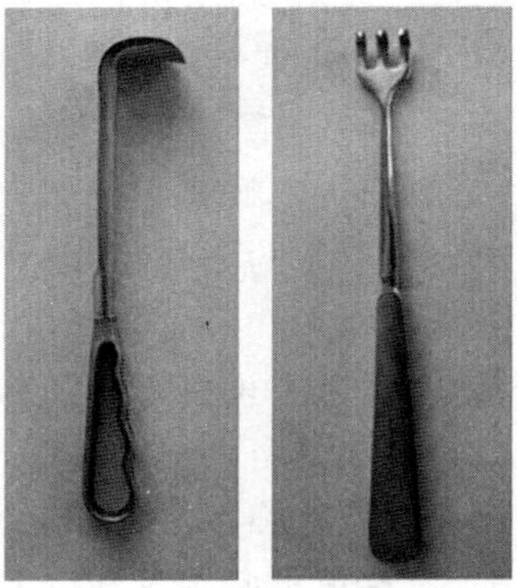

图 1-1-20 牵开器

手持牵开器的优点是可随手术操作的需要灵活地改变牵引的部位、方向和力量。缺点是手术持续时间较长时,助手容易疲劳。

固定牵开器也有不同类型,在牵开力量大、手术人员不足或显露不需要改变的手术区时使用。使用牵开器时,拉力应均匀,不能突然用力或用量过大,以免损伤组织。必要时用纱布垫将拉钩与组织隔开,以减少不必要的损伤。

(八)巾钳

巾钳用于固定手术巾,有数种样式,但最常用的是普通巾钳(图 1-1-21)。使用方法是将手术巾连同皮肤一起用巾钳夹住并扣紧锁止牙即可。其执法同止血钳,正确持法为拇指和无名指分别插入巾钳的两个环中,中指放在第四指环的巾钳柄上,食指压在巾钳的轴节处起稳定作用,便于操作。

(九)肠钳

肠钳用于肠管手术,以阻断肠内容物的移动、溢出或肠壁出血。肠钳结构上的特点是齿槽薄,弹性好,对组织损伤小,使用时需外套乳胶管,以减少对组织的损伤(图 1-1-22)。

(十)探针

探针分普通探针和有沟探针两种。用于探查窦道,借以引导进行窦道及瘘管的切除或切开。在腹腔手术中,常用有沟探针引导切开腹膜(图 1-1-23)。

(十一)舌形钳

舌形钳的钳嘴为一圆环,其目的是减少与组织之间的接触面积,减轻钳夹时对组织的损伤,主要用于从腹腔中夹出胃、脾、肠、子宫、膀胱等脏器(图 1-1-24)。

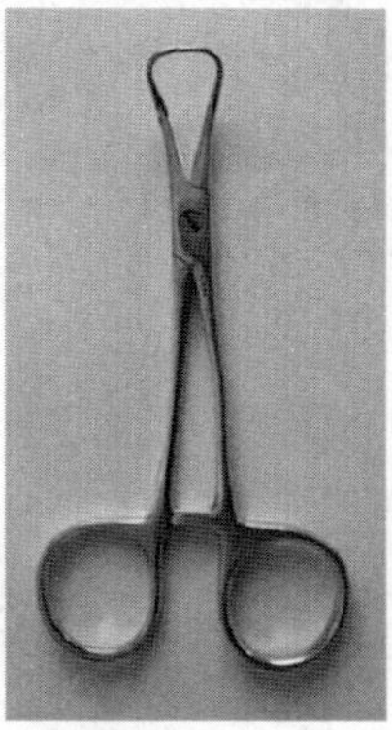

图 1-1-21　巾钳

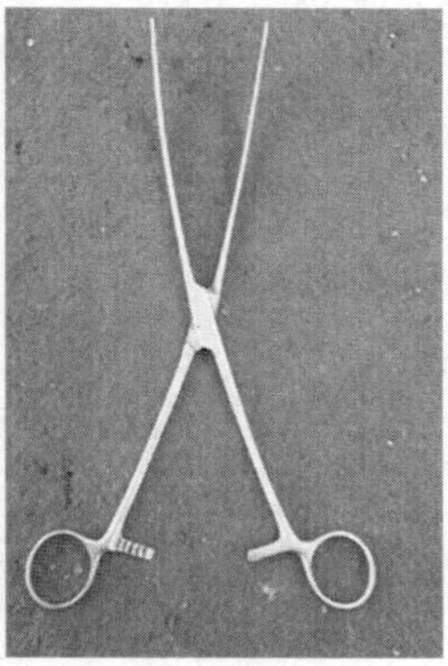

图 1-1-22　肠钳

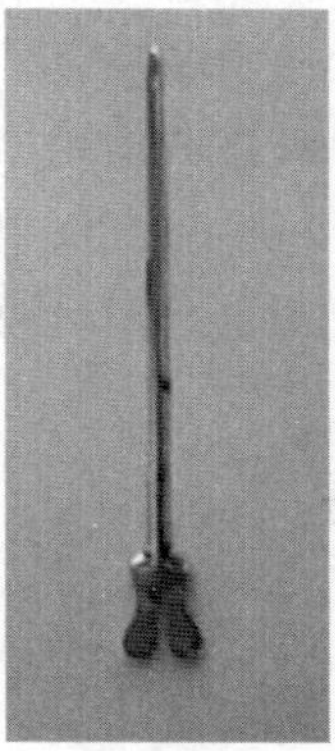

图 1-1-23　探针

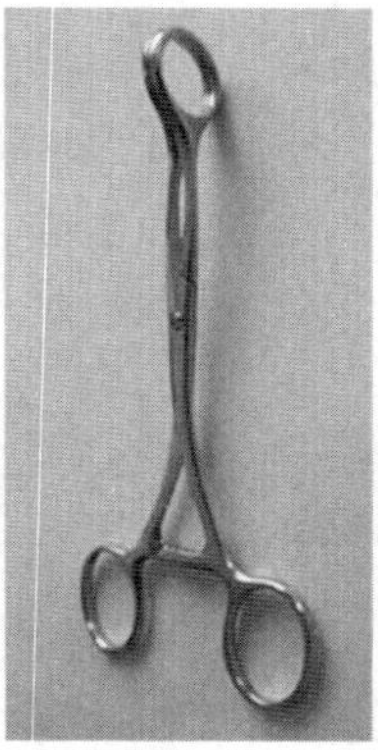

图 1-1-24　舌形钳

在施行手术时,所需要的器械较多,为了争取手术时间,避免在手术操作过程中刀、剪、缝针等器械误伤手术操作人员,手术器械须按正确方法传递。

爱护手术器械是外科工作者必备的素养之一,为此,除正确而合理地使用手术器械外,还要注意保养手术器械。

(1)利刃和精密器械要与普通器械分开存放,以免相互碰撞而损伤。

(2)使用和洗刷器械不可用力过猛或投掷。在洗刷止血钳时要特别注意洗净齿床内凝血块和组织碎片。

(3)手术后要及时将所用器械用清水洗净,擦干、保存,不常用或库存器械要放在干燥处并放置干燥剂。

(4)金属器械,在非紧急情况下,禁止用火焰灭菌。

二、组织分离的一般原则与注意事项

(一)一般原则

组织切开是显露术野的重要步骤。根据手术局部解剖特点,分离组织时既要有利于显露术野,又不能造成过多的组织损伤。组织分离应该遵循下列原则。

(1)切口须接近病变部位,最好能直接到达手术区,并能根据手术需要,便于延长扩大。

(2)切口在体侧、颈侧以垂直于地面或斜行的切口为好,体背、颈背和腹下沿体正中线或靠近正中线的矢状面的纵行切口比较合理。

(3)切口应避免损伤大血管、神经和腺体的输出管,以免影响术部组织或器官的功能。

(4)切口应有利于创液的排出,特别是脓汁的排出。

(5)二次手术时,应该避免在瘢痕上切开,因为瘢痕组织再生力弱,易发生弥漫性出血。

(二)注意事项

(1)切口大小必须适当。

(2)切开时,须按解剖层次分层进行,并注意保持切口从外到内的大小相同。

(3)切开组织必须整齐,力求一次性切开。手术刀与皮肤、肌肉垂直,防止斜切或多次在同一平面上切割,造成不必要的组织损伤。

(4)切开深部筋膜时,为了预防深层血管和神经损伤,可先切一小口,用止血钳撑开,然后再分离。

(5)切开肌肉时,要沿肌纤维方向用刀柄或手指分离,少做切断,以减少损伤。

(6)切开腹膜、胸膜时,要防止内脏损伤。

(7)切割骨组织时,先要切割分离骨膜,尽可能地保存其健康部分,利于骨组织愈合。

三、组织分离的方法

根据组织性质不同,将组织的分离分为软组织(如皮肤、肌肉、筋膜、腱、血管、神经)分离和硬组织的(如软骨、骨)分离。

(一)组织分离

组织分离的操作方法,分为两种。

1. 锐性分离

锐性分离用刀或剪刀进行,也可称为组织切开。用刀分离时,以刀刃沿组织间隙做垂直的、轻巧的、短距离的切开。用剪刀时以剪刀尖端伸入组织间隙内分离组织。锐性分离对组织损伤较小,愈合较快。但必须熟悉解剖结构,应尽量在直视条件下进行。

2. 钝性分离

钝性分离用刀柄、止血钳、剥离器或手指等进行。将这些器械或手指插入组织间隙内,用适当的力量分离周围组织。这种方法适用于肌肉、筋膜和良性肿瘤分离。钝性分离时,组织损伤较重,往往残留许多失去活性的组织细胞,因此,组织反应较重,愈合较慢,在瘢痕较大、粘连过多或血管、神经丰富的部位不宜采取。

(二)各种组织的分离方法

1. 皮肤切开方法

(1)紧张切开

切口部位由术者与助手用手在切口两侧或上、下将皮肤展开固定,或用拇指及食指在切口两旁将皮肤撑紧、固定,刀刃与皮肤垂直,用力均匀地一刀切开所需长度和深度,要避免重复运刀,多次切割,影响创缘对合和愈合(图 1-1-25)。

(2)皱襞切开

切开部位有大血管、神经、分泌管和重要器官,而皮下组织较为疏松,为了使皮肤切口定位正确,且不误伤深部组织,术者或助手应在预定切口两侧用手指或镊子提拉皮肤形成皱襞,再垂直切开(图 1-1-26)。

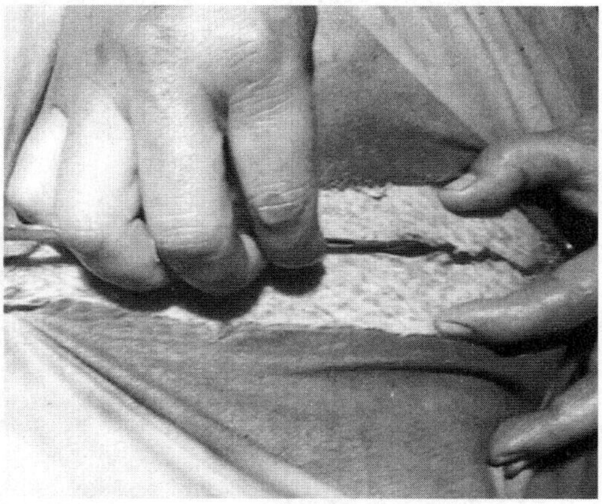

图 1-1-25　皮肤紧张切开法

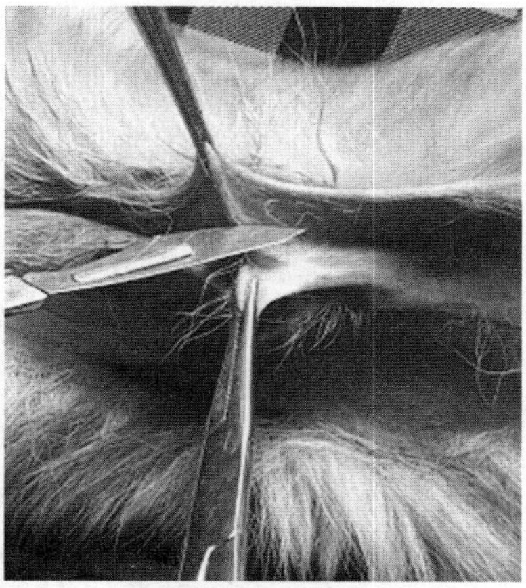

图 1-1-26　皮肤皱襞切开法

2. 皮下组织及其他组织的分离

皮下组织的分离须采用逐层分离切开，以避免或减少对大血管、大神经的损伤。但当切开浅层脓肿时须采用一次切开的方法。

(1)结缔组织的分离

皮肤切开后，先做必要的止血处理，再用刀将疏松结缔组织刺破，然后用手术刀柄、止血钳或手指等进行钝性剥离。

(2)筋膜的分离

用刀在预切口部位中央做一个小切口，再用弯止血钳、圆头剪等在此切口上、下将筋膜下组织与筋膜分开，沿分开线剪开筋膜。筋膜的切口应与皮肤切口等长。如果筋膜下有神经、血管，可用手术镊子将筋膜提起，用反挑式执刀法做一小孔，插入有沟探针，沿探针沟外向切开。

(3)肌肉的分离

沿肌纤维方向用刀柄、止血钳或手指剥离，扩大到所需长度。在紧急情况下，为了使术野开阔及排液方便也可横断切开。

(4)腹膜的分离

为了不伤及内脏，可用组织钳或止血钳提起腹膜做一小的切口，利用食指和中指引导，再用手术刀或手术剪分割。

(5)肠管的切开

肠管侧壁切开，一般在肠管纵带上或在肠系膜对侧纵行切开，切开时要避免伤及对侧肠壁。

(6)索状组织的分离

除可应用手术刀、手术剪做锐性切割外，还可应用捻断的方法，即用手指或器械固定索状组织(如精索)的基部，再用力捻转游离部，最后使之离断。

(7)肿瘤、囊肿及内脏粘连部分的分离

对未机化的粘连部分可以用手指或刀柄直接剥离；对已经机化的致密组织，先用手术刀做一小切口，再用手指或手术刀柄进行钝性剥离。对于一些不易钝性分离的组织，可将钝性分离和锐性分离结合使用,可用弯剪深入组织间隙,将剪尖微微张开,轻轻向前推进。

3.骨膜及骨的分割

先分离骨膜,分离骨膜时,要尽最大可能完好地保存健康成分,以利于骨组织的愈合。用手术刀呈“十”字形或“工”字形切开骨膜,然后用骨膜分离器分离骨膜。

骨组织的分离一般用骨剪剪断或用骨锯锯断,但剪断、锯断骨组织时,一定不要伤及骨膜。为了防止骨的断端伤及软组织可用骨锉挫平断端锐缘,并清除骨片。分离骨组织常用的器械有骨钻、骨钳、骨剪、骨凿、骨膜铲、骨锉、骨锯、圆锯、线锯及骨膜分离器等(图 1-1-27)。

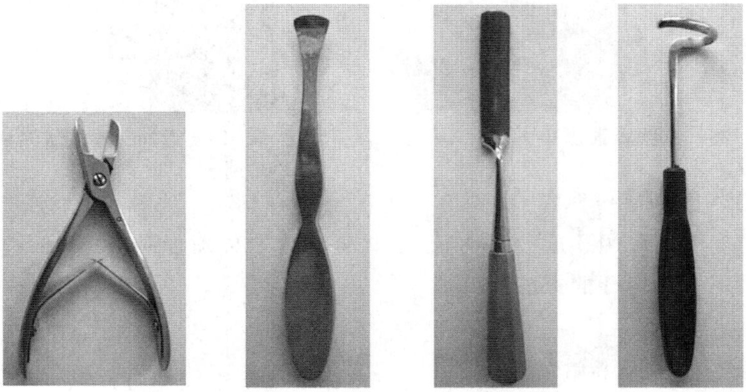

1.骨剪　2.骨膜铲　3.骨锉　4.骨膜分离器

图 1-1-27　骨科常用手术器械

任务四　止　血

止血是手术过程中经常遇到而又必须立即处理的基本操作技术。止血是为防止手术过程中因大量失血而发生意外情况,应用物理或止血药物进行的紧急外科处理技术。手术中及时的止血,可以保证良好显露术部,有利于争取手术时间,避免误伤重要器官,直接关系到施术动物的健康。

一、出血的种类

血液自血管中流出的现象,称为出血。在手术过程中或意外损伤血管时,即伴随着出血的发生。按照受伤血管的不同,出血可分为以下 4 种。

(一)动脉出血

由于动脉管壁含有大量的弹力纤维,动脉压力大,血液含氧量丰富,所以动脉出血的特征为:血液鲜红,呈喷射状流出,喷射状出现规律性起伏并与心脏搏动一致。出血一般自血管断端的近心端流出,按压动脉血管断端的近心端,则搏动性血流立即停止,反之则出血状况无改变。具有吻合支的小动脉破裂时,近心端及远心端均能出血。大动脉的出血必须立即采取有效止血措施,否则可导致出血性休克,甚至引起动物死亡。

(二)静脉出血

血液较缓地从血管中均匀不断地呈泉涌状流出,颜色为暗红或紫红。一般血管远心端的出血较近心端多。小静脉出血经压迫、填塞后会很快止血,但大静脉出血,如腔静脉、股静脉出血,常由于快速大量失血引起动物死亡。

(三)毛细血管出血

多呈渗出性点状出血,色泽介于动脉血液、静脉血液之间。一般可自行止血或稍加压迫即可止血。

(四)实质出血

实质器官、骨松质及海绵组织的损伤,为混合性出血。血液自小动脉、小静脉内流出,血液颜色和静脉血相似。由于实质器官中含有丰富的血窦,而血管的断端又不能自行缩入组织内,所以不易形成断端的血栓,而易产生大失血威胁动物的生命,应予以高度重视。

二、常用的止血方法

(一)全身预防性止血法

于手术前给动物输入同类型血液或注射增强凝血功能药物,以提高机体抗出血的能力,减少手术过程中的出血。常见下列几种方法。

1. 输血

目的在于提高施术动物血液的凝固性,刺激血管运动中枢反射性地引起血管的痉挛性收缩,以减少手术过程中的出血。在术前 30～60 min,输入同种同型动物血液,牛、马 500～1 000 mL,猪、羊 200～300 mL。

2. 注射增加血液凝固性以及促进血管收缩的药物

(1)肌内注射 0.3%凝血质注射液,以促进血液凝固。马、牛 10～20 mL。

(2)肌内注射止血敏注射液,以增强血小板功能及黏合力,减少毛细血管渗透性。马、牛 1.25～2.5 g,猪、羊 0.25～0.5 g。

(3)肌内注射维生素 K 注射液,以促进血液凝固,增加凝血酶原。马、牛 100～400 mg,猪、羊 2～10 mg。

(4)肌内注射安络血注射液,以增强毛细血管的收缩力,降低毛细血管渗透性。马、牛 30～60 mg,猪、羊 5～10 mg。

(5)肌内注射或静脉注射对羧基苄胺,以抑制纤维蛋白原的激活因子,使纤维蛋白溶酶原不能转变成纤维蛋白溶酶,从而减少纤维蛋白的溶解而发挥止血作用。对于手术中的出血及渗血、尿血、消化道出血有较好的止血效果。使用时可加葡萄糖注射液或生理盐水注射液,注射时宜缓慢。牛、马一次量 1～2 g;猪、羊 0.2～0.4 g。

(二)局部预防性止血法

1. 肾上腺素止血

常配合局部麻醉进行。一般是在每 1 000 mL 普鲁卡因溶液中加入 0.1%肾上腺素溶液 2 mL,利用肾上腺素收缩血管的作用,达到手术局部止血的目的。其作用可维持 20 min 至

2 h。但手术局部有炎症病灶时，因高度的酸性反应，可减弱肾上腺素的作用。此外，在肾上腺素作用消失后，小动脉管扩张，如若血管内血栓形成不牢固，可能发生二次出血。

2. 止血带止血

适用于四肢、阴茎和尾部手术。可暂时阻断血流，减少手术中的失血。用橡皮管止血带、绳索或绷带于手术部位近心端 1/3 处缠绕数周并固定，其保留时间夏季为 2～3 h，冬季为 40～60 min，如手术尚未完成，可将止血带临时松开 10～30 s，然后重新缠扎。松开止血带时，用“松、紧、松、紧”的办法，严禁一次松开。

(三)手术过程中的止血法

1. 机械止血法

(1)压迫止血

可用止血纱布或止血棉球压迫出血部位片刻，以清除术部的血液，辨清组织和出血径路以及出血点，以便采取止血措施。在毛细血管渗血和小血管出血时，如机体凝血功能正常，压迫片刻，出血即可自行停止。为了提高压迫止血的效果，可以用温生理盐水、0.1%肾上腺素、2%氯化钙溶液浸湿后拧干的纱布进行压迫止血。在止血时，必须是按压，不可以擦拭，以免损伤组织或使血栓脱落。

(2)钳夹止血

用止血钳的最前端夹住血管的断端达到止血的目的(图 1-1-28)。钳夹方向应尽量与血管垂直。

(3)钳夹扭转止血

用止血钳夹住血管后，扭转 1～2 周后再轻轻拿去止血钳，使血管断端闭合止血，如经钳夹扭转不能止血时，则应予以结扎，此法适用于小血管出血。

(4)钳夹结扎止血

此法多用于较大血管出血的止血。

①单纯结扎止血：先用止血钳夹住血管断端，再用缝线绕过止血钳所夹住的血管和少量组织进行结扎(图 1-1-29)。在结扎第一结扣的同时，由助手放开并取下止血钳，将线拉紧，观察无出血时再打第二道结并剪去多余的缝线。

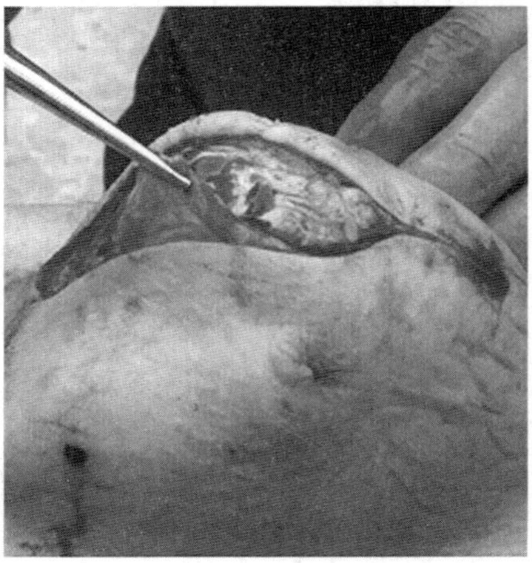

图 1-1-28 钳夹止血

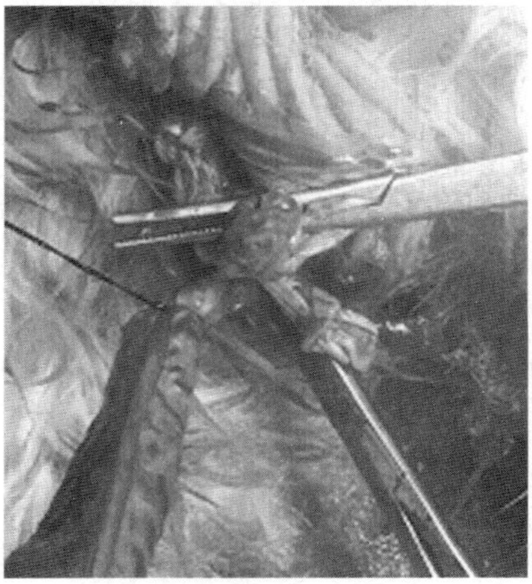

图 1-1-29 钳夹结扎止血

②贯穿结扎止血：是将结扎线用缝针穿过所钳夹组织(注意不要穿透血管)后进行结扎的方法，分为"8"字缝合结扎和单纯缝合结扎。贯穿结扎止血的优点是结扎线不易脱落，适用于大血管或重要血管的止血。在不易用止血钳夹住的出血点，不可用单纯结扎止血，宜采用贯穿结扎止血。

(5)创内留钳止血

用止血钳夹住创伤深部血管断端，将止血钳留置在创伤内24～48 h，同时用绷带固定止血钳的环柄部，并拴在动物的躯体上，以防止止血钳移动。创内留钳止血法，多用于大动物去势后继发精索内动脉大出血。

(6)填塞止血

用灭菌的纱布块填塞于出血的腔洞内，以达到压迫止血的目的。为了保证止血效果，必须将创腔用纱布填满，以便产生足够的压力，必要时可做暂时性缝合固定或压迫包扎，还可事先将所用止血纱布浸上止血药物。

2. 电凝止血及烧烙止血

(1)电凝止血

利用高频电流凝固组织的作用达到止血目的。使用方法是用止血钳夹住断端，向上轻轻提起，擦干血液，将电凝器与止血钳接触，待局部发烟即可。电凝时间不宜过长，否则烧伤范围过大，影响切口愈合。电凝止血的优点是止血迅速，不留线结于组织内，但止血效果不完全可靠，凝固的组织易于脱落而再次出血，所以对较大的血管仍应以结扎止血为宜，以免发生继发性出血。

使用电凝止血时，止血钳除与所夹的出血点接触外，不应与周围组织接触。在使用挥发性麻醉机(如乙醚)做麻醉时，用电凝止血易发生爆炸事故。此法多用于较浅表的小出血点或不宜结扎的渗血。

(2)烧烙止血

用烧热的烙铁或电烧烙器直接烧烙手术创面，使血管断端收缩封闭止血，多用于大面积毛细血管出血。其缺点是组织损伤较多，兽医临床上多用于弥漫性出血、羔羊断尾术和器官摘除手术后的止血。

3. 局部化学及生物学止血法

(1)麻黄素、肾上腺素止血

用1%～2%麻黄素溶液或0.1%肾上腺素溶液浸湿的纱布进行压迫止血。

(2)止血明胶海绵止血

止血明胶海绵止血多用于一般方法难以止血的创面出血、实质器官、骨松质及海绵质出血。使用时将止血海绵铺在出血面上或填塞在出血创口内，即能达到止血的目的。止血明胶海绵种类很多，如纤维蛋白海绵、氧化纤维素及淀粉海绵等。止血海绵能被组织吸收和使受伤血管日后保持贯通。止血明胶海绵不能用于污染创、脑部或高感染危险的区域。

(3)活组织填塞止血

活组织填塞止血是用自体组织如网膜，填塞于出血部位。通常用于实质器官的止血，如肝脏损伤用网膜填塞止血，或用取自腹部切口的带蒂腹膜、筋膜和肌肉瓣，牢固地缝在损伤的肝上。

(4)骨蜡止血

骨蜡是一种用于控制骨损伤出血的止血材料，用于骨的手术和断角术。其一般采用蜂蜡、医用凡士林等材料混合制成，是利用机械填塞的原理，堵住骨髓部毛细血管，封闭骨间的出血通路，从而控制骨损伤出血，止血作用快速且高效。但骨蜡很难再吸收，会成为患病动物康复的物理障碍，或引起感染，应谨慎使用。

(5)纤维蛋白黏合剂止血

纤维蛋白黏合剂由黏合蛋白和凝血酶组成，它含有适当比例的纤维蛋白原、凝血酶、第Ⅷ因子、钙离子等成分，能有效地发挥止血作用。此外，它还有封闭缺损组织、促进创伤愈合、防止组织粘连等功效。

(6)中药止血

某些中药如仙鹤草、血竭、三七等具有止血的作用，临床上有单一或复方的止血药物。

任务五　缝合与打结

缝合是将已分离的组织、器官进行对合，重建其完整性，保证良好愈合的基本操作技术。缝合的目的：为手术或外伤性损伤而分离的组织或器官予以安静环境，给组织的再生和愈合创造良好条件；保护无菌创免受感染；加速肉芽创的愈合；促进止血和创面对合，以防哆开。

一、缝合的基本原则

在愈合能力正常的情况下，愈合是否完善与缝合的方法及操作技术有一定的关系。为了确保愈合，缝合时要遵守以下原则。

(1)严格遵守无菌操作。

(2)缝合前必须彻底止血，清除凝血块、异物及坏死组织。

(3)为了防止缝线拉破组织，进出针位置要与创缘保持一定距离且相等。

(4)缝针刺入和穿出部位应彼此相对，针距相等，否则创口易形成皱襞和裂隙。

(5)凡无菌手术创或非污染的新鲜创经外科常规处理后，可做对合密闭缝合。具有化脓腐败过程的创伤可不缝合，必要时做部分缝合。

(6)各种组织要分层缝合，缝合时不宜过紧，否则将造成组织缺血。

(7)创缘、创壁应互相均匀对合，皮肤创缘不得内翻，创伤深部不应留有死腔、积血和积液。

(8)缝合的创伤，若在手术后出现感染，应迅速拆除部分缝线，以便排出创液。

二、缝合材料

缝线用于闭合组织和结扎血管。兽医外科临床上所应用的缝合材料种类很多。选择适宜的缝合材料是很重要的，选择缝线应根据缝线的生物学和物理学特性、创伤局部的状态以及各种组织创伤的愈合速度来决定。

缝合材料按照在动物体内吸收的情况分为可吸收缝合材料和非吸收缝合材料。缝合材料在动物体内，60 d 内发生变性，其张力强度很快丧失的为可吸收缝合材料。缝合材料在动物体内 60 d 以后仍然保持其张力强度的为非吸收性缝合材料。缝合材料按照其材料来源分为天然缝合材料和人工合成缝合材料。

（一）可吸收缝合材料

1. 肠线

肠线（图 1-1-30）是由羊肠黏膜下组织或牛的小肠浆膜组织制成的，主要为结缔组织和少量弹力纤维。肠线经过铬盐处理，减少被胶原吸收的液体，因此肠线弹力强度增加，变性速度减少。所以，铬制肠线吸收时间延长，减少了软组织对肠线的反应性。肠线可分为 4 种。A 型为普通型或未经铬盐处理型，植入体内 3～7 d 被吸收，可引起严重的组织反应，一般不使用此型。B 型为轻度铬盐处理型，植入体内 14 d 被吸收。C 型为中度铬盐处理型，植入体内 21 d 被吸收，是手术常用的肠线。D 型为超级铬盐处理型，植入体内 40 d 被吸收。肠线适用于胃肠、泌尿生殖道的缝合，不能用于胰脏手术，因为肠线易被胰液消化吸收。

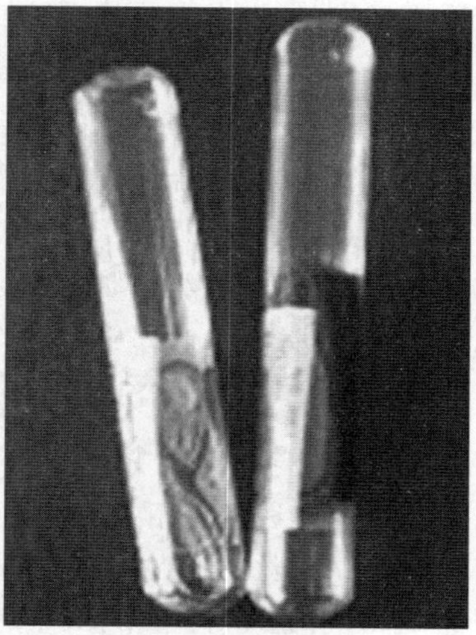

图 1-1-30　肠线

其缺点是易诱发组织的炎症反应，张力强度丧失较快，有毛细管现象，偶尔能出现过敏反应。

使用肠线时应注意下列 5 个问题：

(1)从玻管贮存液内取出的肠线质地较硬，需在温生理盐水中浸泡片刻，待柔软后再用，但浸泡时间不宜过长，以免肠线膨胀、易断。

(2)不可用持针钳、止血钳夹持肠线，也不要将肠线扭折，以致易断。

(3)肠线经浸泡吸水后发生膨胀，较滑，当结扎时，结扎处易松脱，所以需用三叠结，剪断后留的线头应较长，以免滑脱。

(4)由于肠线是异体蛋白，在吸收过程中可引起较大的组织炎症反应，所以一般多用于连续缝合，以免线结太多导致手术后异物反应显著。

(5)在不影响手术效果的前提下，尽量选用细肠线。

2. 聚乙醇酸缝线

聚乙醇酸缝线（PGA）为人工合成可吸收缝合材料，是羟基乙酸的聚合物。聚乙醇酸缝线的吸收方式是脂酶作用，被水解而吸收，在碱性环境中水解作用很快，完全吸收时间为 100～120 d，吸收过程中炎症反应很轻微。其优点是组织反应轻，抗张力较强，有抗菌作用。其缺点是该缝线穿过组织时摩擦系数高，因此通过组织费力、缓慢，能切断脆弱组织。在使用前要浸湿，减少摩擦系数。该缝线打结不结实，打结时，每道结要注意拉紧，打三叠结，防止松脱。

聚乙醇酸缝线适用于清洁创和感染创的缝合，不适合缝合愈合较慢的组织（如韧带、腱），因为该缝线张力强度丧失较快。

(二)非吸收缝合材料

1. 丝线

由蚕茧的连续性蛋白质纤维制成,是传统的、广泛使用的非吸收性缝合材料(图 1-1-31)。丝线有型号编制,使用时应选取不同的型号,用于缝合不同的组织。粗线为 7—10 号,适用于皮肤、大血管结扎,筋膜或张力较大的组织缝合;中等线为 3—4 号,适用于肌肉、肌腱等组织缝合;细线为 0—1 号,适用于皮下、胃肠道组织的缝合;最细线为 000—0000 号,适用于血管、神经缝合。

图 1-1-31 非吸收缝合材料

优点:价廉,应用广泛;容易消毒;编织丝线张力强度高,操作使用方便,打结结实。

缺点:缝合空腔器官时,如果丝线露出腔内,易产生溃疡。缝合膀胱、胆囊时,易造成结石。为此,丝线不能用于空腔器官的黏膜层缝合,也不能缝合被污染或感染的创伤。

2. 不锈钢丝

金属缝线已使用几个世纪。现在使用的不锈钢丝是唯一被广泛接受的金属丝线。适用于制作不锈钢丝的材料是铬镍不锈钢。该丝线操作困难,尤其是打结困难,打结的锐利断端刺激组织,可引起局部组织坏死。

3. 尼龙缝线

尼龙缝线分为单丝和多丝两种,单丝尼龙缝线无毛细管感染现象,在污染的组织内感染率较低。单丝尼龙缝线可用于血管缝合,多丝尼龙缝线可用于皮肤缝合,但不能用于浆膜腔和滑膜腔的缝合,因为埋植的锐利断端能引起局部摩擦刺激而产生炎症或坏死。其缺点是操作比较困难,打结不结实,必须打三叠结。

4. 组织黏合剂

最广泛使用的组织黏合剂是腈基丙烯酸酯。根据涂抹厚度和湿度不同,其凝结时间不同,一般凝结时间为 2~60 s。组织黏合剂用于实验性和临床实践上的口腔手术、肠管吻合术。

三、 打结

(一)结的种类

常用的结有方结、外科结和三叠结。如果操作不正确,可能出现假结和滑结,这两种结应避免发生(图 1-1-32)。

1. 方结

方结又称平结,是手术中最常用的一种,用于结扎较小的血管和各种缝合时的打结,不易滑脱。

2. 外科结

打第一个结时绕 2 次,使摩擦面增大,打第二个结时不易滑脱和松动。此结牢固可靠,多用于大血管、张力较大的组织和皮肤的缝合。

3. 三叠结

三叠结又称加强结，是在方结的基础上再加一个结，共 3 个结，较牢固，结扎后即使松脱一道也无妨，但遗留于组织中的结扎线较多。三叠结常用于有张力部位的缝合，如大血管和肠的结扎。

4. 假结

此结形如平结，唯第二道结的交叉形式与平结相反，易松脱。此结易滑脱不能采用。

5. 滑结

打方结时，两手用力不均，两线一直一屈，固定不牢，只拉紧一条线时则成滑结，易滑脱。此结易滑脱，应注意避免发生。

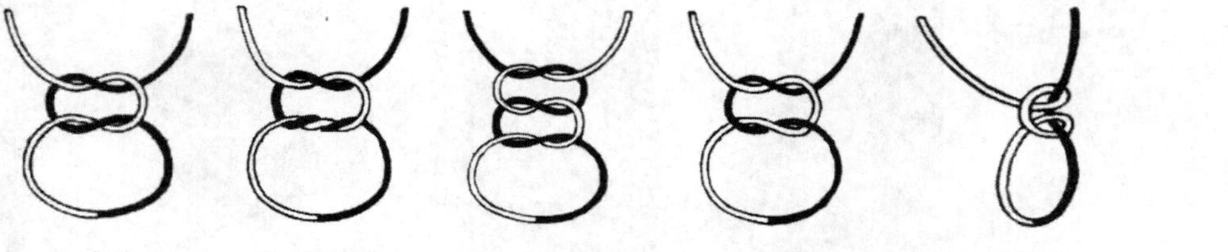

图 1-1-32 各种线结

(二)打结方法

常用的打结方法有 3 种，即单手打结、双手打结和器械打结。

1. 五指打结法

五指打结法见图 1-1-33。

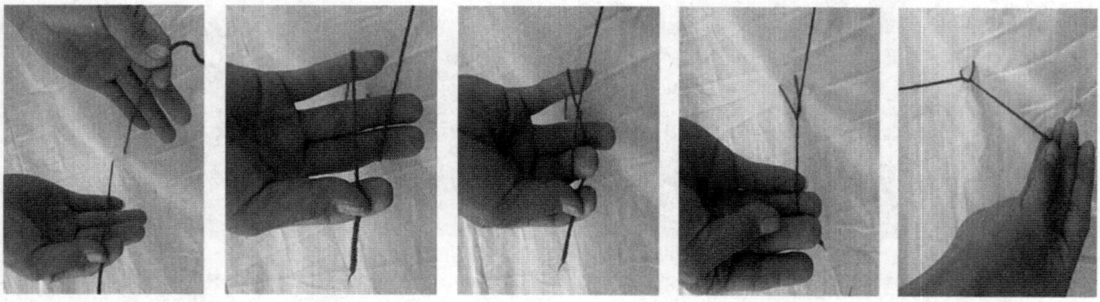

图 1-1-33 五指打结法图解(1～5 为操作顺序)

2. 外科结(五指多重结)的打法

五指多重打结法见图 1-1-34。

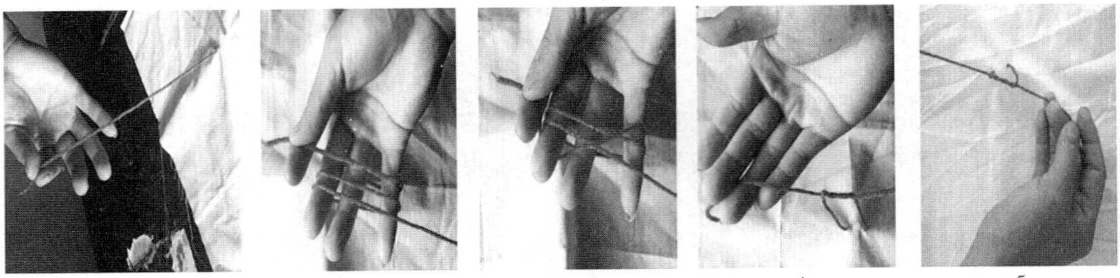

1 2 3 4 5

图 1-1-34 五指多重打结法图解(1～5 为操作顺序)

3. 三指打结法

三指打结法见图 1-1-35。

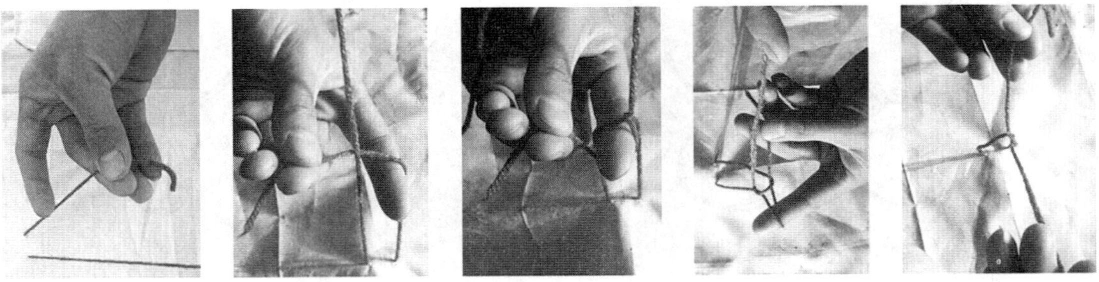

1 2 3 4 5

图 1-1-35 三指打结法图解(1～5 为操作顺序)

4. 器械打结

用止血钳、手术镊或持针钳打结。适用于结扎线过短、狭窄的术部,常用于某些精细手术的打结(图 1-1-36)。

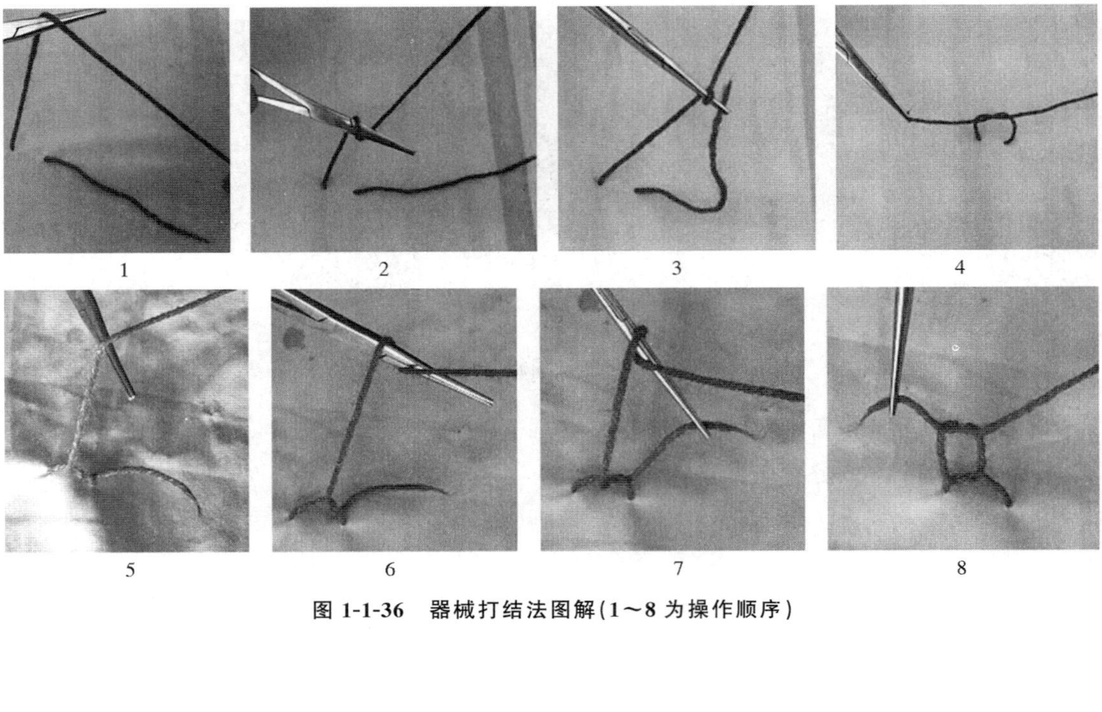

1 2 3 4

5 6 7 8

图 1-1-36 器械打结法图解(1～8 为操作顺序)

(三)打结注意事项

(1)打结收紧时要求三点呈一直线,即左手用力点、右手用力点与结扎点成一直线,不可呈角度提起,否则容易使结扎点拉脱或使结松脱。

(2)无论采用何种方法打结,第一次打结和第二次打结的方向不能相同,即两手交叉,否则即成假结。

(3)用力均匀,如果两手用力不均,可造成滑结。两手的距离不宜离线太远,特别是深部打结时,最好用两手食指伸到结旁,指尖顶住双线,两手握住线端,徐徐拉紧,否则易松脱。埋在组织内的结头,丝线、棉线一般留 3～5 mm,较大血管的结扎应略长,以防滑脱,可吸收缝线留4～6 mm。

(4)正确的剪线方法是术者结扎完毕后,将线尾提起略偏术者的左侧,助手用稍张开的剪刀尖沿着拉紧的结扎线滑至结扣处,再将剪刀稍向上倾斜,然后剪断,倾斜的角度取决于留线头的长短。

(四)打结的视频

二维码 1-1-1　五指打结法

二维码 1-1-2　三指打结法

二维码 1-1-3　镊子打结法

二维码 1-1-4　外科结打结法

四、缝合的种类与技术

(一)缝合的种类

1. 对接缝合

(1)结节缝合

结节缝合又称单纯间断缝合,是最古老、最常用的缝合方式。缝合时,将缝针引入 15～25 cm 的缝线,于创缘一侧垂直刺入,于对侧相应的部位穿出打结。每缝一针,打一次结。缝合时创缘要密切对合。缝线与创缘的距离,根据缝合的皮肤厚度来决定,小动物为 0.3～0.5 cm,大动物为 0.8～1.5 cm。缝线间距应根据创缘张力来决定,使创缘彼此对合,一般间距为 0.5～1.5 cm。打结在切口一侧,防止压迫切口(图 1-1-37)。此法适用于皮肤、皮下组织、筋膜、黏膜、血管、神经、胃肠道缝合。

优点:操作容易,迅速。在愈合过程中,即使个别缝线断裂,其他邻近缝线不受影响,不会导致整个创面裂开。能够根据各种创缘的伸延张力正确调整每个缝线张力。如果创口有感染可能,可将少数缝线拆除排液。对切口创缘血液循环影响较小,有利于创伤的愈合。

缺点:需要较长时间,使用缝线较多。

(2)螺旋缝合

螺旋缝合又称单纯连续缝合,是用一条长的缝线自始至终地缝合一个创口,最后打结。第一针与打结操作同结节缝合,以后每缝一针以前,对合创缘,避免创口形成皱褶,使用同一缝线以等距离缝合,拉紧缝线,最后留下线尾,在一侧打结(图 1-1-38)。常用于具有弹性、无太大张力的较长创口。适用于皮肤、皮下组织、筋膜、血管、胃肠道的缝合。

优点:节省缝线和缝合时间,密闭性好。

缺点:一处断裂,全部缝线拉脱,创口哆开。

(3)十字缝合

十字缝合又称"8"字形缝合,从第一针开始,缝线从一侧到另一侧做结节缝合,第二针平行第一针从一侧到另一侧穿过切口,缝线的两端在切口上交叉形成"十"字形,拉紧打结(图 1-1-39)。多用于深层创伤的缝合。

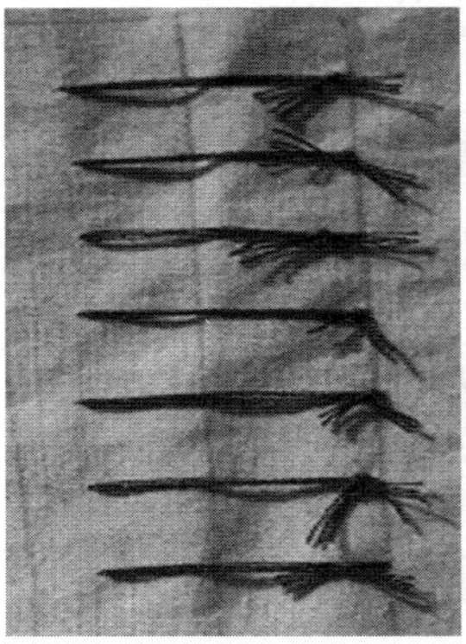

图 1-1-37 结节缝合

图 1-1-38 螺旋缝合

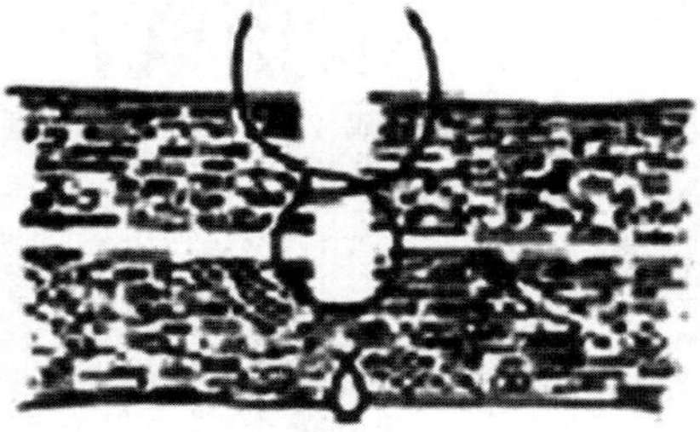

图 1-1-39 "8"字形缝合

(4)连续锁边缝合

连续锁边缝合又称锁扣缝合,该缝合方法与单纯连续缝合基本相似,在缝合时每次将缝线交锁。此种缝合能使创缘对合良好,并使每一针缝线在进行下一次缝合前就得以固定(图 1-1-40)。多用于皮肤直线形切口及薄而活动性较大的部位缝合。

(5)表皮下缝合

缝合在切口一端开始,缝针刺入真皮下,再翻转缝针刺入另一侧真皮,在组织深处打结。应用连续水平褥式缝合平行切口。最后缝针翻转刺向对侧真皮下打结,埋置在深部组织内。一般选择可吸收缝合材料。适用于小动物表皮下缝合。

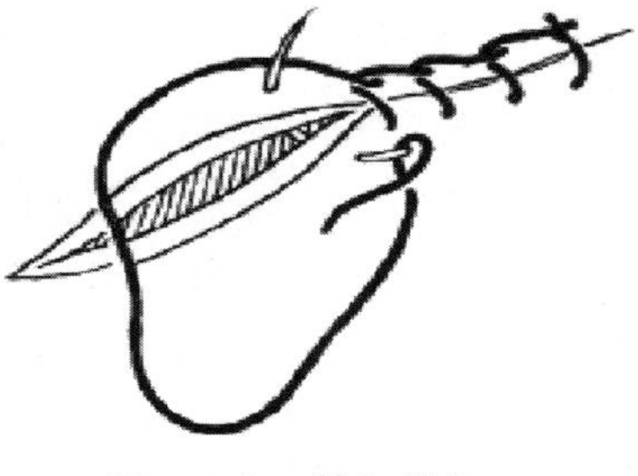

图 1-1-40 锁扣缝合

优点:能消除普通缝合针孔的小瘢痕。操作快,节省缝线。

缺点:具有连续缝合的缺点。这种缝合方法张力强度较差。

(6)减张缝合

适用于张力过大组织的缝合，以防止缝线扯裂创缘组织。操作时，常与结节缝合配合使用，先在距创缘较远处做几针等距离的结节缝合(图 1-1-41)，缝线两端可系薄纱布卷或橡胶管(圆枕缝合)(图 1-1-42)，然后在其间再做适当的结节缝合即可。

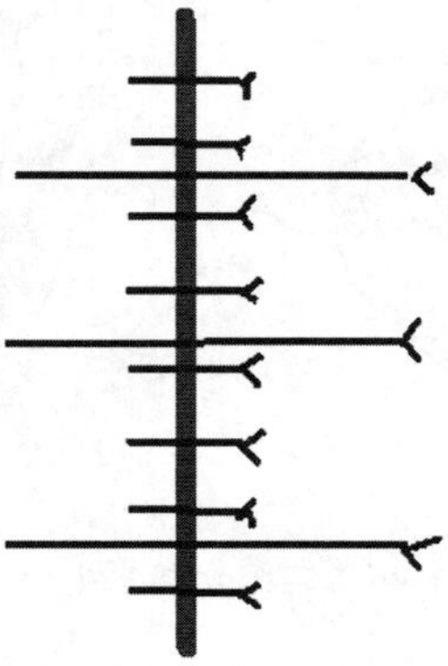
图 1-1-41　减张缝合

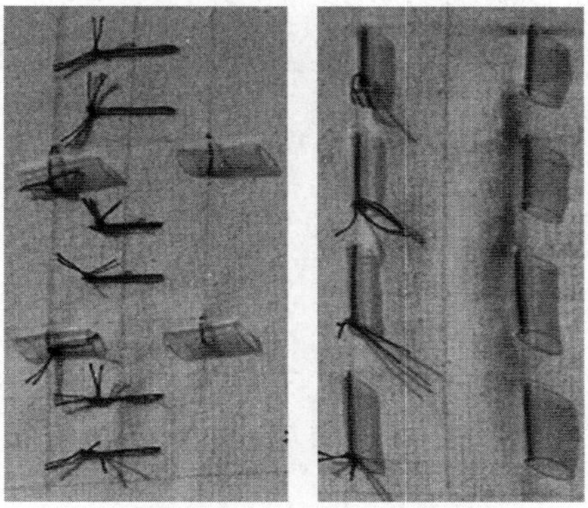
图 1-1-42　圆枕缝合

2. 内翻缝合

内翻缝合是内脏切口第一层的浆膜肌肉层的缝合，其目的是进一步保护和强化切口的缝合，以防内脏粘连和穿孔。主要用于胃、肠、子宫及膀胱等空腔器官的缝合。

(1)垂直褥式内翻缝合法(伦勃特氏缝合法)

此法是胃肠手术的传统缝合方法，分为间断与连续两种。

①间断垂直褥式内翻缝合(间断伦勃特氏缝合法)：在第一层缝合后，缝线分别穿过切口两侧浆膜及肌层即行打结，使部分浆膜内翻对合，用于胃肠道的外层缝合(图 1-1-43)。

②连续垂直褥式内翻缝合(连续伦勃特氏缝合法)：在第一层缝合后，于切口一端开始用同一缝线做浆膜肌层连续缝合至切口另一端(图 1-1-44)。其用途与间断内翻缝合相同。

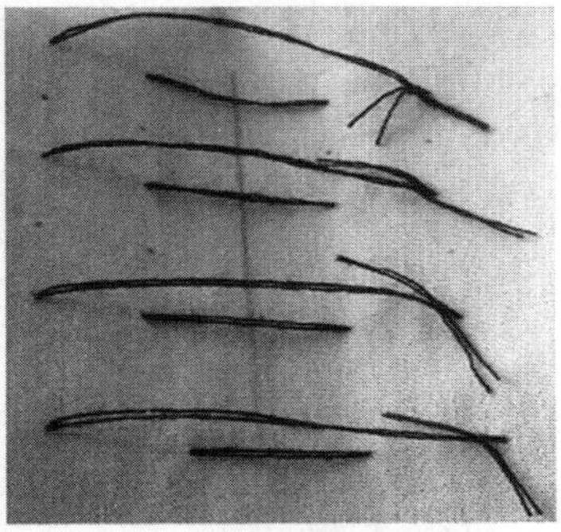
图 1-1-43　间断垂直褥式内翻缝合

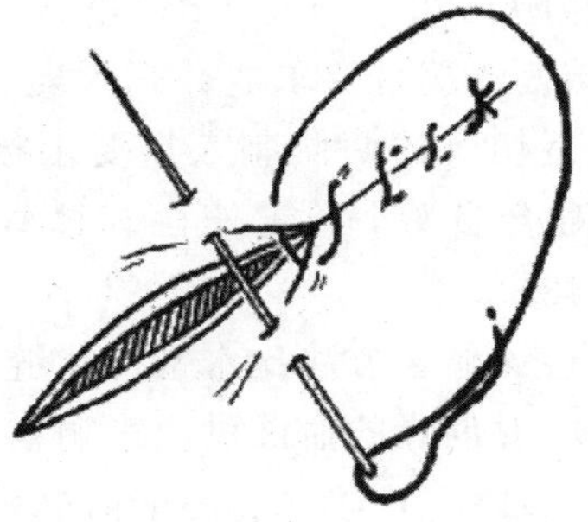
图 1-1-44　连续垂直褥式内翻缝合

(2)连续水平褥式内翻缝合(库兴氏缝合法)

在第一层缝合后，于切口的一端用同一缝线平行于切口做浆膜肌层连续缝合至切口另一端。适用于胃、子宫浆膜肌层缝合(图 1-1-45)。

(3)连续全层水平内翻缝合(康奈尔氏缝合法)

缝合时缝针要贯穿全层组织,当将缝线拉紧时,则肠管切面即翻向肠腔。多用于胃、肠、子宫壁缝合(图 1-1-46)。

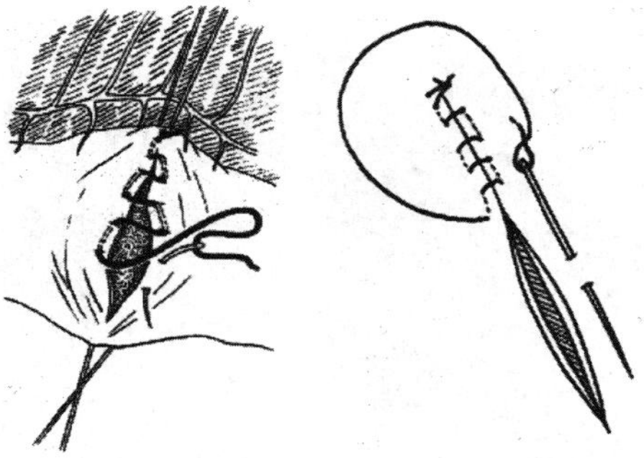

图 1-1-45 连续水平褥式内翻缝合

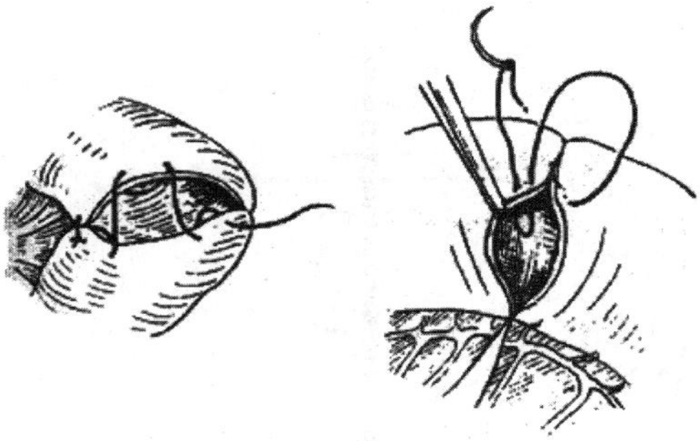

图 1-1-46 连续全层水平内翻缝合

(4)荷包缝合

在第一层缝合后,做环状的浆膜肌层连续缝合。主要用于胃、肠壁上小范围的内翻缝合,如缝合小的胃、肠穿孔。此外,还用于胃、肠及膀胱等引流固定的缝合方法(图 1-1-47)。

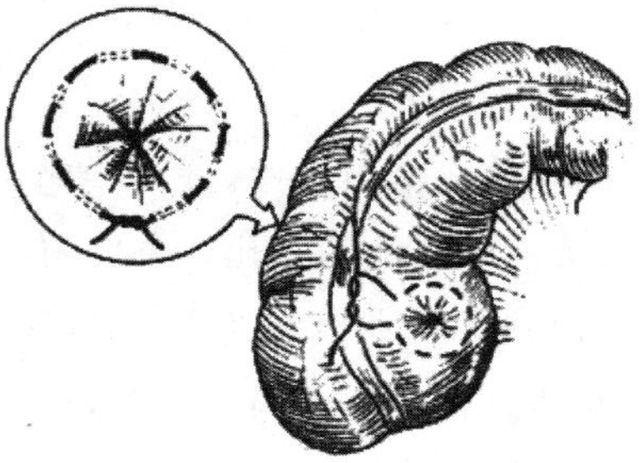

图 1-1-47 荷包缝合

3. 张力缝合

(1)间断垂直褥式缝合

间断垂直褥式缝合是皮肤全层外翻减张缝合的一种。缝合针刺入皮肤,距离创缘约0.8 cm,创缘相互对合,越过切口到相应对侧刺出皮肤。然后缝合针翻转在同侧距离切口约 0.4 cm 处进入皮肤,越过切口到相应对侧距离切口约 0.4 cm 处刺出皮肤,与另一端缝线打结。该缝合要求缝针刺入皮肤时,只能刺入真皮下,接近切口的两侧刺入点要求接近切口,这样皮肤创缘对合良好,不能外翻。缝线间距为 0.5 cm(图 1-1-48)。

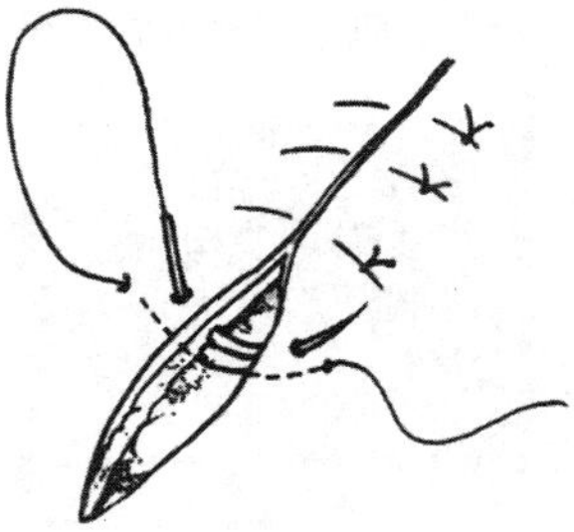

图 1-1-48 间断垂直褥式缝合

优点:该缝合方法比水平褥式缝合具有较强的抗张力强度,对创缘的血液供应影响较小。

缺点:缝合时,需要较长的时间和较多的缝线。

(2)间断水平褥式缝合

间断水平褥式缝合是皮肤全层外翻减张缝合的一种。适用于马、牛和犬的皮肤缝合。针刺入皮肤,距创缘 0.2～0.3 cm,创缘相互对合,越过切口到对侧相应部位刺出皮肤,然后缝线与切口平行向前约 0.8 cm,再刺入皮肤,越过切口到相应对侧刺出皮肤,与另一端缝线打结。该缝合要求缝针刺入皮肤时刺在真皮下,不能刺入皮下组织,这样皮肤创缘对合才能良好,不出现外翻。根据缝合组织的张力，每个水平褥式缝合间距为0.4 cm(图 1-1-49)。

优点：使用缝线较省，操作速度较快。该缝合方法具有一定抗张力条件，对于张力较大的皮肤，可在缝线上放置胶管或纽扣，增加抗张力强度。

缺点：该缝合方法对初学者操作较困难。根据水平褥式缝合的几何图形，该缝合方法能减少创缘的血液供应。

图 1-1-49　间断水平褥式缝合

(3)连续外翻缝合

连续外翻缝合是皮肤全层外翻减张缝合的一种，多用于腹膜缝合和血管吻合。若胃肠胀气、张力较大或炎症所致腹膜水肿，均需用连续外翻缝合以避免腹膜撕裂。缝合时自腔(管)外开始刺入腔(管)内，再由对侧穿出，于距 0.1～0.5 cm 处再向相反方向进针。两端可分别打结或与其他缝线头打结(图 1-1-50)。

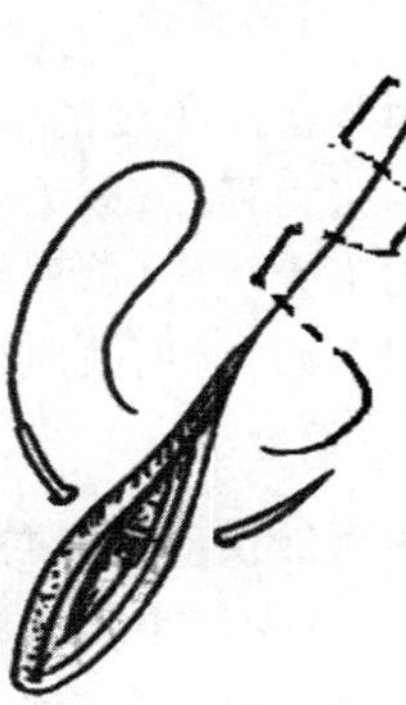

图 1-1-50　连续外翻缝合

(4)远端-近端缝合

远端-近端缝合是组织紧密缝合的一种。缝合方法是从一侧的近端进针，从另一侧的远端出针，再从进针侧的远端进针，从对侧的近端出针，相当在同一部位缝了两圈或两针，最后打结(图 1-1-51)。

优点：能使所缝合的组织对合良好，并且有一定的抗张力强度。

缺点：需要缝线数量较多，异物较多，血液循环不良，有感染的可能。

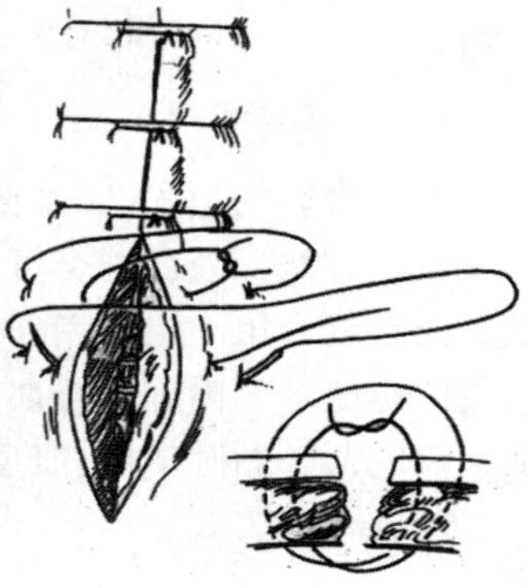

图 1-1-51　近端-远端缝合

(二)各种软组织的缝合技术

1. 皮肤的缝合

缝合前将创缘对好，缝线在同一深度将两侧皮下组织拉拢，以免皮下组织内遗留空隙，滞留血液或渗出液易引起感染。两侧针眼距离创缘 1～2 cm，距离要相等。皮肤的缝合采用间断缝合，缝合结束时在创缘侧面打结，打结不能过紧。皮肤缝合完毕后，必须再次将创缘对好。

2. 皮下组织的缝合

缝合时要使创缘两侧皮下组织相互接触，一定要消除组织的空隙，可减小皮肤缝合的张力。使用可吸收缝合材料，打结应埋植在组织内。选用圆弯针进行缝合。

3. 肌肉的缝合

肌肉缝合要求将纵行纤维紧密连接，瘢痕组织生成后，不能影响肌肉收缩功能。缝合时，应用结节缝合分别缝合各层肌肉。小动物手术时，肌肉一般是纵行分离而不切断，因此，肌肉组织经手术细微整复后，不需要缝合。对于横断肌肉，因其张力大，应该在麻醉或使用肌松剂的情况下连同筋膜一起缝合，进行结节缝合或水平褥式缝合。

4. 腹膜的缝合

马的腹膜薄且不易耐受缝合，应连同部分肌肉组织缝合腹膜。犬的腹膜具有特殊性质，缝合时可以考虑单层腹膜缝合。腹膜缝合必须完全闭合，不能使网膜或肠管漏出或嵌闭在缝合切口处。

5. 空腔器官缝合

空腔器官(如胃、肠、子宫及膀胱)缝合，根据空腔器官的生理解剖学和组织学特点，缝合时要求具有良好的密闭性，防止内容物泄漏；保持空腔器官的正常解剖组织学结构和蠕动收缩功能。因此，对于不同动物和不同器官，缝合要求是不同的。

(1)犬猫的胃缝合

胃内具有高浓度的酸性内容物和消化酶。缝合时要求良好的密闭性防止污染，缝线要保持一定的张力强度，因为术后动物呕吐或胃扩张对切口产生较强压力；术后胃腔容积减少，对动物影响不大。所以，胃缝合第 1 层采用连续全层缝合或连续水平褥式内翻缝合；第 2 层缝合在第 1 层上面，采用浆肌层间断或连续垂直褥式内翻缝合。

(2)小肠缝合

小肠血液供应好，肌肉层发达，其解剖特点是低压力导管，而不是蓄水囊。内容物是液态的，细菌含量少。小肠缝合后 3～4 h，纤维蛋白覆盖密封在缝线上，产生良好的密闭条件，术后肠内容物泄漏发生机会较少。由于小肠肠腔较小，缝合时要特别注意防止造成肠腔狭窄。马的小肠缝合可以使用内翻缝合，但是要避免较多组织内翻引起肠腔狭窄。小动物(犬、猫)的小肠缝合使用单层对接缝合，肠管外用网膜覆盖，并用 2 针可吸收缝线将网膜与肠系膜固定在一起。

(3)大肠缝合

大肠内容物呈固态，细菌含量多。大肠缝合并发症是内容物泄漏和感染。内翻缝合是唯一安全的方法。内翻缝合可使浆膜与浆膜对合，防止内容物泄露，并能保持足够的缝合张力强度。内翻缝合第 1 层采用连续全层缝合或连续水平内翻缝合，第 2 层采用间断垂直褥式浆膜肌层内翻缝合。内翻缝合部位血管受到压迫，血流阻断，术后第 3 天黏膜水肿、坏死，第 5 天内翻组织脱落。黏膜下层、肌层和浆膜保持接合强度。术后第 14 天瘢痕形成，炎症反应消失。

(4)子宫缝合

剖腹取胎术实行子宫缝合有其特殊的意义，因为子宫缝合不良会导致母畜不孕，术后出血和腹腔内粘连。母牛子宫缝合，首先在子宫浆膜面做斜行刺口，使第一个结埋置在内翻的组织内，然后连续库兴氏缝合，每一针都做斜行刺入，但是不穿透子宫内膜。浆膜与浆膜紧密对合，缝线埋置在内翻的组织内，而连续缝合的最后一个结也要求埋置在组织内，不使其暴露在子宫浆膜表面。这种缝合方法，使缝线不但不能在子宫表面暴露，而且也不在子宫内膜暴露。所以，该法能防止缝线和结与内脏器官粘连，特别是缝线和结不露在子宫内膜上，不易引起慢性子宫内膜炎。

6. 血管的缝合

血管缝合常见的并发症是出血和血栓形成。操作要轻巧、细致，不得损伤血管壁。血管端端吻合要严格执行无菌操作，防止感染。血管内膜缝合时要对合紧密，并且缝合后对合面要光滑，因此血管的边缘必须外翻（图 1-1-52），让内膜接触，外膜不得进入血管腔。缝合处不宜有张力，血管不能有扭转。血管吻合时，应该用弹力较低的无损伤的血管夹阻断血流。缝合处要有软组织覆盖。

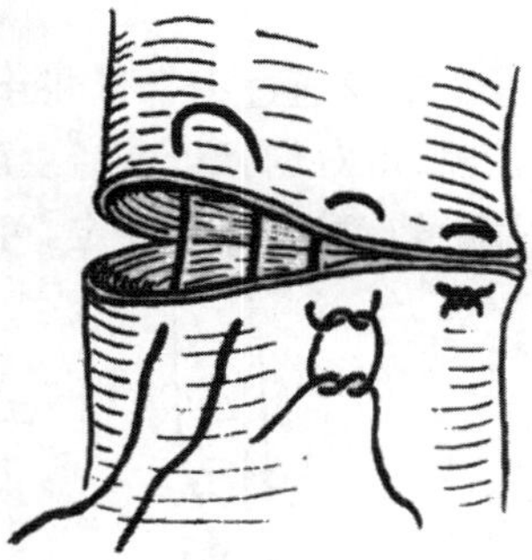

图 1-1-52　血管的缝合

7. 腱的缝合

腱的断端应紧密连接，如果末端间有裂缝被结缔组织填补，将影响腱的功能。操作要轻柔，不能使腱的末端受到挫伤而引起坏死。缝合部位周围粘连，会妨碍腱愈合后的运动。因此，腱的缝合要求腱鞘要保留或重建；腱、腱鞘和皮肤缝合部位，不要相互重叠，以减少腱周围的粘连，手术必须在无菌操作下进行。腱的缝合使用白奈尔氏缝合，缝线放置在腱组织内，保持腱的滑动功能（图 1-1-53）。腱鞘缝合使用结节缝合和非吸收缝合材料，特别使用特制的细钢丝缝合。肢体固定是非常重要的，至少要进行肢体固定 3 周，使缝合的腱组织不能有任何张力。

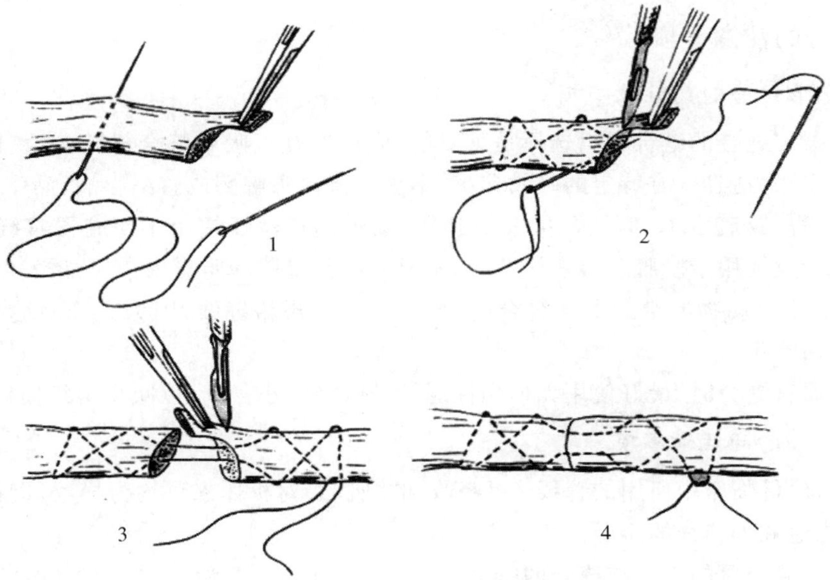

图 1-1-53　腱的缝合（1～4 为操作顺序）

（三）骨缝合

骨缝合是应用不锈钢丝或其他金属丝进行全环扎术和半环扎术。

1. 全环扎术

全环扎术是应用不锈钢丝紧密缠绕 360°，固定骨折断端。该方法适用于圆柱形骨，如股骨、肱骨、胫骨等。如果圆锥形骨容易滑脱，应该在骨皮质上做成缺口。再则，配合骨髓针内固定效果最好。一个金属丝不能同时固定邻近的两个骨，如桡骨和尺骨。金属环距骨折断端不少于 0.5 cm（图 1-1-54）。骨折处固定只应用一个金属丝缠绕不确实，容易滑脱。

2. 半环扎术

金属丝通过每个骨断片钻成小孔，将骨折端连接、固定称为半环扎术。金属丝从皮质穿入骨髓腔，由对侧骨折断片皮质出口，然后两个金属末端拧紧(图 1-1-55)。这种方法容易出现骨断片旋转，配合螺钉固定，可以避免骨断片旋转。

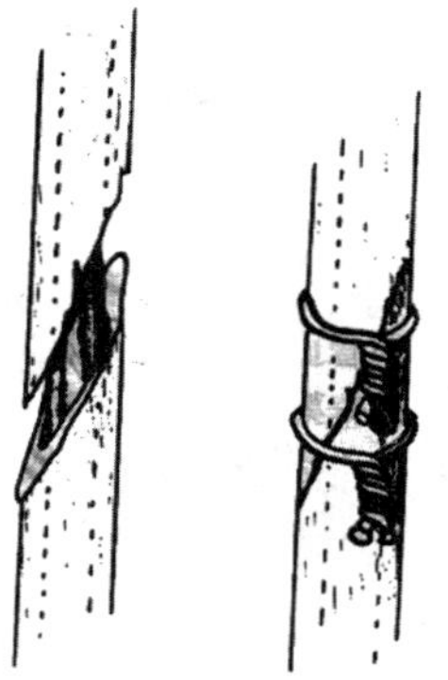

图 1-1-54 全环扎术

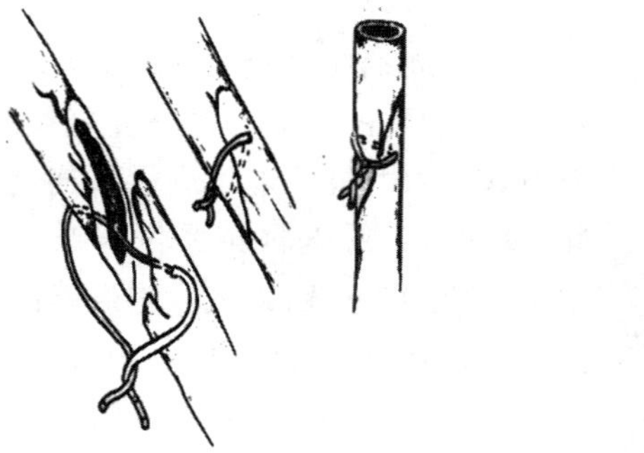

图 1-1-55 半环扎术

(四)缝合的注意事项

1. 空腔器官缝合时的注意事项

(1)空腔器官缝合的缝合材料选择是重要的，应该选择可吸收缝合材料，常使用聚乙醇酸缝线，具有一定张力强度，有特定的吸收速率，不易受蛋白水解酶或感染影响，操作方便。铬制肠线也常用于胃、肠道手术，但是不能暴露到胃、肠道内。丝线常用于空腔器官缝合，操作方便，打结结实。丝线用于膀胱和胆囊缝合时，不要暴露到膀胱和胆囊内，以防诱发结石。

(2)犬、猫等小动物的空腔器官缝合时，要求使用小规格缝线，因为大规格缝线通过组织时，对组织损伤严重。

(3)空腔器官缝合时，最好使用无损伤性缝针、圆体针、小号针，以减少组织损伤。

2. 组织缝合时的注意事项

(1)目前，外科临床中所用的缝线（可吸收和非吸收）对机体来讲均为异物，因此在缝合过程中要尽可能地减少缝线的用量。

(2)缝线在缝合后的张力与缝合的密度(即针数)成正比，但为了减少伤口内的异物，缝合的针数不宜过多，一般间隔为 1～1.5 cm，使每针所加于组织的张力相近似，以便均匀分担组织张力。缝合时不可过紧或过松。皮肤缝合后应将积存的液体排出，以免造成皮下感染和线结脓肿。

(3)连续缝合具有力量分布均匀、抗张力强、缝合速度快的优点，但一处断裂则全部缝线松脱，伤口裂开。

(4)组织应按层次进行缝合，较大的创伤要由深而浅逐层缝合，以免影响愈合或裂开。浅而小的伤口，一般只做单层缝合，但缝线必须通过各层组织。

(5)空腔器官缝合要求闭合性好，不漏气，不透水，更不能让内容物溢入腹腔，保持原有的收缩功能。

五、缝合视频

二维码 1-1-5　结节缝合

二维码 1-1-6　连续螺旋缝合

二维码 1-1-7　垂直褥式内翻缝合法

二维码 1-1-8　水平褥式内翻缝合法

六、拆线

拆线指拆除缝线。缝线拆除的时间一般是在手术后 8～10 d 进行，但创伤已化脓或创缘已被缝线撕断不起缝合作用时，可根据创伤治疗需要随时拆除全部或部分缝线。拆线方法如下。

(1)用碘酊消毒创口、缝线及创口周围皮肤后，将线结用镊子轻轻提起，拆线剪刀插入线结下，紧贴针眼将线剪断。

(2)拉出缝线，拆线方向应向拆线的一侧，动作要轻巧，如强行向对侧硬拉，则可能将伤口拉开。

(3)再次用碘酊消毒创口及周围皮肤。

任务六　绷带包扎

绷带是用于动物体表的包扎材料，是辅助治疗或主要治疗的一种措施。其作用是固定敷料，患部保温，吸收创液，保护伤口，防止感染，压迫患部，使创缘接近，以促进创伤愈合。

一、包扎材料及其应用

(一)敷料

常用的敷料有纱布、海绵纱布及棉垫等。

1. 纱布

纱布要求质软、吸水性强。多选用医用的脱脂纱布。根据需要裁剪成不同大小的纱布块，纱布块四边要光滑、没有脱落棉纱，并用双层纱布包好，灭菌后备用，用于覆盖创口、止血、填充创腔和吸收创液等。

2. 海绵纱布

海绵纱布是一种多孔皱褶的棉制纺织品，质地柔软，吸水性比纱布好，其用法同纱布。

3. 棉垫

棉垫选用脱脂棉、棉布缝制而成，即两层纱布间铺一层脱脂棉，再将纱布四周毛边向脱脂棉折转，使其成方形或长方形棉垫。其大小按需要制作。单纯用脱脂棉也常作为四肢骨折外固定的重要敷料。

(二)绷带

由纱布、棉布等制作成圆筒状，故称卷轴绷带，用途最广。根据绷带的临床用途及其制作材料的不同，还有复绷带、夹板绷带、支架绷带、石膏绷带等。

二、包扎方法

根据敷料、绷带性质及其不同用法，包扎方法有以下几类。

(一)干绷带法

干绷带法又称干敷法，是临床上最常用的包扎方法。凡敷料不与其下层组织粘连的均可用此法包扎。本法有利于减轻局部肿胀，吸收创液，保持创缘对合，提供干净的环境，促进愈合。

(二)湿敷法

对于严重感染、脓汁多和组织水肿的创伤，可用湿敷法。此法有助于除去创内湿性组织坏死，降低分泌物黏性，促进引流等。根据炎症的性质，可采用冷、热敷包扎。

(三)生物学敷法

生物学敷法指皮肤移植。将健康的动物皮肤移植到缺损处，消除创伤面，加速愈合，减少瘢痕的形成。

(四)硬绷带法

硬绷带指夹板绷带和石膏绷带等。这类绷带可限制动物活动，减轻疼痛，降低创伤应激，缓解缝线张力，防止创口裂开和术后肿胀等。

根据绷带使用的目的，通常有各种名称。例如，局部加压借以阻断或减轻出血及制止淋巴液渗出，预防水肿和创面肉芽过剩为目的而使用的绷带，称为压迫绷带；为防止微生物侵入伤口和避免外界刺激而使用的绷带，称为创伤绷带；当骨折或脱臼时，为固定肢体或体躯某部，以减少或制止肌肉和关节不必要的活动而使用的绷带，称为制动绷带。

三、绷带类型与操作技术

(一)卷轴绷带

卷轴绷带通常称为绷带或卷轴带，是将纱布剪成狭长带条，用卷绷带机或手卷成。

1.卷轴带种类

按其制作材料可分为纱布绷带、棉布绷带、弹力绷带和胶带4种。

(1)纱布绷带

纱布绷带是临床上常用的绷带,有多种规格。长度一般为6 m,宽度为3 cm、5 cm、7 cm、10 cm、15 cm不等。根据临床需要选用不同规格。纱布绷带质地柔软,压力均匀,价格便宜,但在使用时易起皱、滑脱。

(2)棉布绷带

棉布绷带用本色棉布按上述规格制作。因其原料厚,坚固耐洗,施加压力不变形或断裂,常用于固定夹板、肢体等。

(3)弹力绷带

弹力绷带是一种弹性网状织品,质地柔软,包扎后有伸缩力,故常用于烧伤、关节损伤等。此绷带不与皮肤、被毛粘连,故拆除时动物无不适感。

(4)胶带

目前多数胶带是多孔的,能让空气进入其下层纱布、创面,免除伤口因潮湿不透气而影响蒸发。目前我国多用布制胶带,又称胶布或橡皮膏。

2.基本包扎法

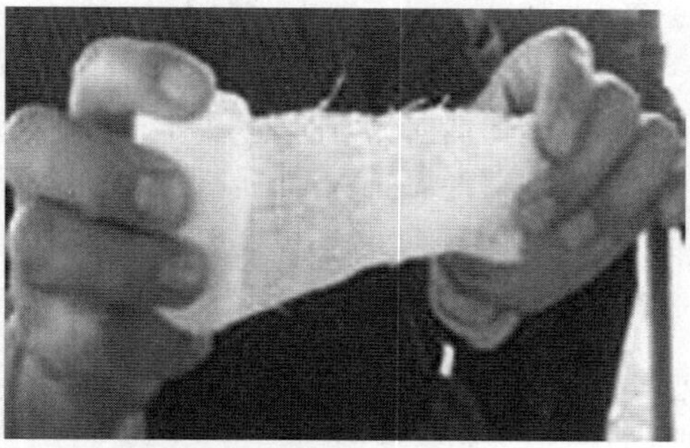

图 1-1-56　绷带的拿法

卷轴绷带多用于动物四肢游离部、尾部、头角部、胸部和腹部等。包扎时一般以左手持绷带的开端,右手持绷带卷(图1-1-56),以绷带的背面紧贴肢体表面,由左向右缠绕。当第一圈缠好之后,将绷带的游离端反转盖在第一圈绷带上,再缠第二圈压住第一圈绷带。然后根据需要进行不同形式的包扎法缠绕。无论用何种包扎法,均应以环形开始并以环形终止。包扎结束后将绷带末端剪成两条打个半结,以防撕裂。最后打结于肢体外侧,或以纱布将末端加以固定。卷轴绷带的基本包扎有以下几种(图1-1-57)。

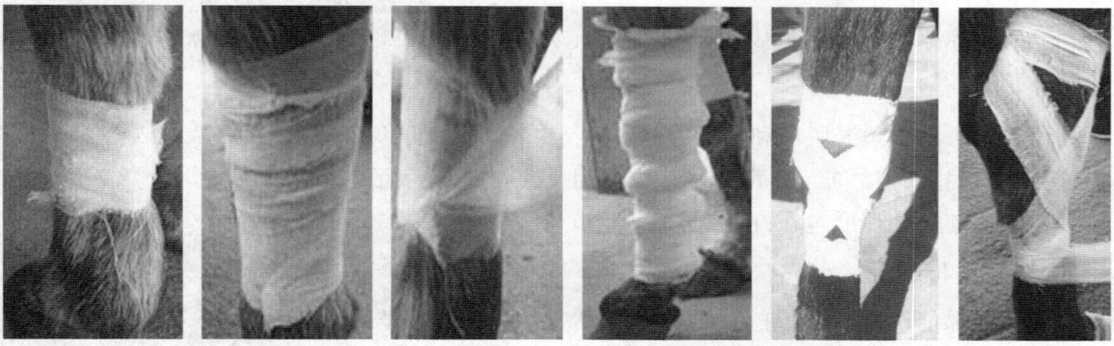

1.环形带　2.螺旋形带　3.折形带　4.蛇形带　5.前肢交叉带　6.后肢交叉带

图 1-1-57　卷轴绷带的包扎方法

(1)环形包扎法

在患部把卷轴带呈环形缠绕数周,每周盖住前一周,最后将绷带末端剪开打结或以胶布加以固定。用于系部、掌部、趾部等小创口的包扎。常作为其他包扎形式的起始和结尾。

(2)螺旋包扎法

以螺旋形由下向上缠绕,后一圈覆盖前一圈1/3～1/2。用于掌部、趾部及尾部等的包扎。

(3)折转包扎法

折转包扎法又称螺旋回反包扎,用于粗细不一致的部位,如前臂和小腿部。类似螺旋包扎法,但每圈缠绕至肢体外侧时均向下回折,再向上缠绕,最后以环形带结束。

(4)蛇形包扎法

蛇形包扎法又称蔓延包扎。斜行向上延伸,各圈互不遮盖。用于固定绷带的衬垫材料。

(5)交叉包扎法

交叉包扎法又称“8”字形包扎,用于腕、跗、球关节等部位,方便关节屈曲。包扎方法是在关节下方做一环形带,然后在关节前面斜向关节上方,做一圈环形带后再斜行经过关节前面至关节下方,如上操作至患部完全被包扎住,最后以环形带结束。

3. 各部位包扎法

(1)蹄包扎法

蹄包扎法是将绷带的起始部留出约20 cm作为缠绕的支点,在系部做环形包扎数圈后,绷带由一侧斜经蹄前壁向下,折过蹄尖经过蹄底至踵壁时与游离部分扭缠,以反方向由另一侧斜经蹄前壁做经过蹄底的缠绕。同样操作至整个蹄底被包扎,最后与游离部打结,固定于系部(图1-1-58A)。为防止绷带被沾污,可在其外部加上帆布套。

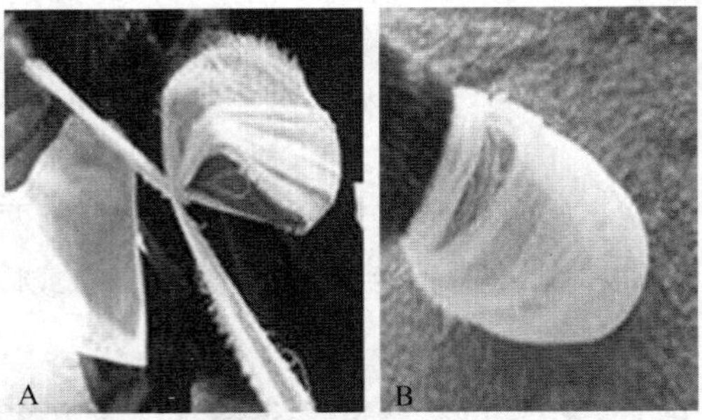

图 1-1-58 蹄绷带

(2)蹄冠包扎法

包扎蹄冠时,将绷带两个游离端分别卷起,并以两头之间背部覆盖于患部,包扎蹄冠,使两头在患部对侧相遇,彼此扭缠,以反方向继续包扎。每次相遇均相互扭缠,直至蹄冠完全被包扎为止。最后打结于蹄冠创伤的对侧(图1-1-58B)。

(3)角包扎法

角包扎法用于角壳脱落和角折。包扎时先用一块纱布盖在断角上,用环形包扎固定纱布,然后用另一角作为支点,以“8”字形缠绕,最后在健康角根处环形包扎打结(图1-1-59)。

图 1-1-59 角绷带

(4)尾包扎法

用于尾部创伤或后躯、肛门、会阴部施术前、后固定尾部。先在尾根做环形包扎,再将部分尾毛折转向上做尾的环形包扎后,将折转的尾毛放下,做环形包扎,目的是防止包扎滑脱,如此反复多次,用绷带做螺旋形缠绕至尾尖时,将尾毛全部折转做数周环形包扎后,绷带末端通过尾毛折转所形成的圈内(图 1-1-60)。

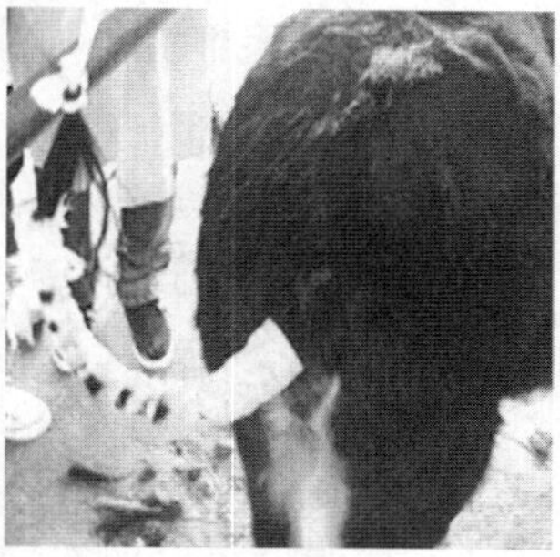
图 1-1-60　尾绷带

(5)耳包扎法

耳包扎法用于耳外伤。

①垂耳包扎法。患耳背侧安置棉垫,将患耳及棉垫反折使其贴在头顶部,并在患耳耳郭内侧填塞纱布。然后绷带从耳内侧基部向上延伸到健耳后方,并向下绕过颈上方到患耳,再绕到健耳前方。如此缠绕 3～4 圈将耳包扎。

②竖耳包扎法。多用于耳成形术。先用纱布或材料做成圆柱形支撑物填塞于两耳郭内,再分别用短胶布条从耳根背侧向内缠绕,每条胶布断端相交于耳内侧支撑处,依次向上缠绕。最后用胶带"8"字形包扎,将两耳拉紧竖直(图 1-1-61)。

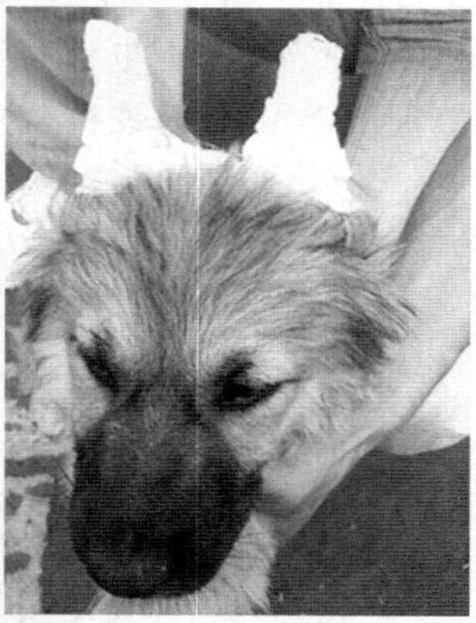
图 1-1-61　竖耳绷带

4. 卷轴绷带操作的注意事项

(1)按包扎部位的大小、形状选择宽度适宜的绷带。

(2)包扎要求迅速确实,用力均匀,松紧适宜,避免一圈松一圈紧。在操作时绷带不得脱落、污染。

(3)在临床治疗中不宜使用湿绷带进行包扎,因为湿绷带不仅会刺激皮肤,而且容易造成感染。

(4)对四肢部位的包扎须按静脉血流方向,从四肢的下部开始向上包扎。

(5)包扎至最后末端应妥善固定以免松脱,一般用胶布贴住比打结固定更为光滑、平整、舒适。

(6)绷带包扎结束,不能在伤口上或隆突处打结,四肢部位应打在外侧。

(7)包扎应美观,绷带应平整无皱褶,以免发生不均匀的压迫。

(8)解除绷带时,先将末端的固定结松开,再朝缠绕反方向以双手相互传递松解。解下的部分应握在手中,不要拉得很长或拖在地上。紧急时可以用剪刀剪开。

(9)对破伤风等厌氧菌感染的创口,尽管做过一定的外科处理,也不宜用绷带包扎。

(二)复绷带

复绷带是按动物体一定部位的形状而缝制,具有一定结构、大小的双层盖布,在盖布上缝合若干布条以便打结固定(图 1-1-62)。复绷带虽然形式多样,但都要求装置简便、固定结实。装置复绷带时应注意的几个问题。

(1)盖布的大小、形状应适合患部解剖形状和大小的需要,否则外物易进入患部。

(2)包扎固定须牢靠,以免动物运动时松动。

(3)绷带的材料与质地应优良,以便经过处理后反复使用。

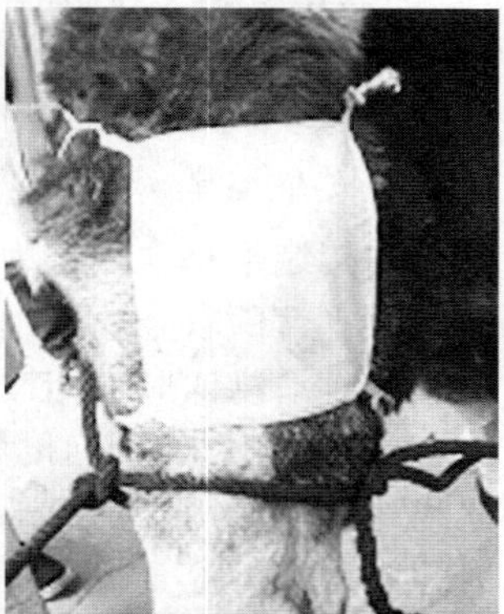
图 1-1-62　复绷带的一种——眼绷带

(三)结系绷带

结系绷带又称缝合包扎，是用缝线代替绷带固定敷料的一种保护手术创口或减轻伤口张力的绷带。结系绷带可装在动物体的任何部位，其方法是在圆枕缝合的基础上，利用游离的线尾，将若干层灭菌纱布固定在圆枕之间和创口之上。

(四)固定绷带

1. 夹板绷带

夹板绷带是借助夹板保持患部安静，避免加重损伤、移位和使受伤部位进一步复杂化而装置的制动绷带。可分为临时夹板绷带和预制夹板绷带两种。前者通常用于骨折、骨裂、关节脱位以及矫形时的紧急救治，后者可作为较长时期的制动。临时夹板绷带可用胶合板、普通薄木板、竹板等作为夹板材料。小动物可选用压舌板、硬纸壳、竹筷子作为夹板材料。预制夹板绷带常用金属丝、薄铁板、木料、塑料板等制成适合四肢解剖形状的各种夹板。

另外，对小动物，厚层棉花和绷带的包扎也起到夹板作用。无论是临时夹板绷带还是预制夹板绷带，皆由衬垫的内层、夹板和各种固定材料构成(图 1-1-63、图 1-1-64)。

夹板绷带的包扎方法：先将患部皮肤刷净，包上较厚的棉花、纱布棉花垫等衬垫，并用蛇形带或螺旋带包扎固定，然后装置夹板。夹板的宽度视需要而定，长度应既包括骨折部上下两个关节，使上下两个关节同时得到固定，又要短于衬垫材料，以免夹板两端损伤皮肤。最后用绷带螺旋包扎或结实的细绳加以捆绑固定。铁制夹板可用皮带固定。

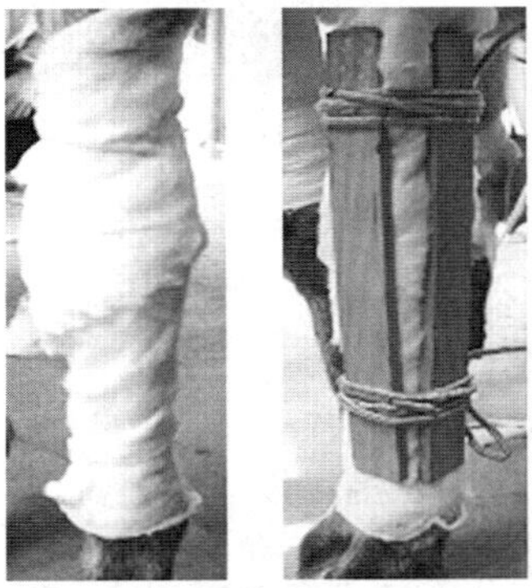

1.包棉花　2.装夹板

图 1-1-63　夹板绷带

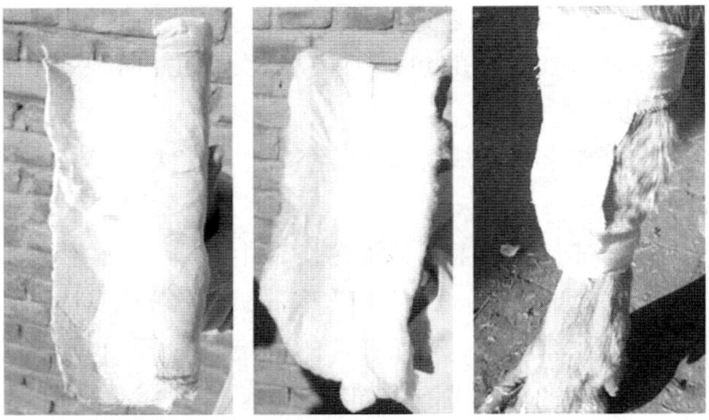

1.做模板　2.铺垫棉花　3.装夹板

图 1-1-64　石膏模型夹板绷带

2. 支架绷带

支架绷带是在绷带内作为固定敷料的支持装置。这种绷带应用于动物的四肢固定时，用套有橡皮管的软金属或细绳构成的支架，借以牢靠地固定敷料，而不因动物走动失去它的作用。在小动物四肢常用改良托马斯支架绷带。其支架多用铝棒根据动物肢体长短和肢上部粗细自制。应用在鬐甲、腰背部的支架绷带为被纱布包住的弓状金属支架，使用时可用布条或细软绳将金属架固定于患部。支架绷带具有防止摩擦、保护创伤、保持创伤安静和通气的作用，因此为创伤的愈合提供了良好的条件。

(五)硬化绷带

1. 石膏绷带

石膏绷带是在淀粉液浆制过的大网眼纱布上加上煅制石膏粉制成，这种绷带用水浸泡后质地柔软，可塑制成任何形状敷于伤部，一般十几分钟后开始硬化，干燥后成为坚固的石膏夹。石膏绷带常用于整复后的骨折、关节脱位的外固定或矫正肢蹄等。

(1)石膏绷带的制备

医用石膏是将自然界中的生石膏，即含水硫酸钙($CaSO_4 \cdot 2H_2O$)，加热烘焙，使失去一半水分而制成煅石膏($CaSO_4 \cdot H_2O$)。自制煅石膏和石膏绷带，是将生石膏研碎、加热(100～120 ℃)，煅成洁白细腻的石膏粉，用手拭粉时略带黏性发涩，或手握粉能从指缝漏出，为煅制成功的标志。将干燥的上过浆的纱布卷轴带，放在堆有石膏粉的搪瓷盘中，打开卷轴带的一端，从石膏堆轻轻拉过，再用木板刮匀，使石膏粉进入纱布网孔，然后轻轻卷起，根据动物大小，制成长 2～4 m，宽 5～10 cm 或 15 cm 的石膏绷带卷备用。

(2)石膏绷带的装置方法

应用石膏绷带治疗骨折时，可分为无衬垫和有衬垫两种。

一般认为无衬垫石膏绷带疗效较好。骨折整复后，消除皮肤上泥灰等污物，涂布滑石粉，然后于肢体上、下端各绕一圈薄纱布棉垫，其范围应超出装置石膏绷带卷的预定范围。根据操作时的速度逐个地将石膏绷带轻轻地横放到盛有 30～35 ℃的温水桶中，使整个绷带卷被淹没(图 1-1-65)。待气泡出完后，两手握住石膏绷带圈的两端取出，用两手掌轻轻对挤，挤去多余水分(图 1-1-66)。从病肢的下端先做环形包扎，后做螺旋包扎向上缠绕，直至预定的部位。每缠一圈绷带，都必须均匀地涂抹石膏泥，使绷带紧密结合。骨的突起部，应放置棉花垫加以保护。石膏绷带上下端不能超过衬垫物，并且松紧要适宜。根据伤肢重力和肌肉牵引力的不同，可缠绕 6～8 层(大动物)或 2～4 层(小动物)。在包扎最后一层时，必须将上下衬垫向外翻转，包住石膏绷带的边缘，最后表面涂石膏泥，待数分钟后即可成型(图 1-1-67)。

图 1-1-65　石膏绷带浸湿

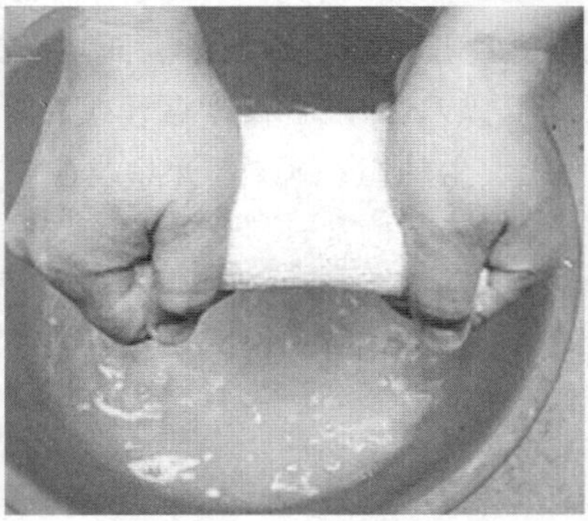

图 1-1-66　石膏绷带挤水

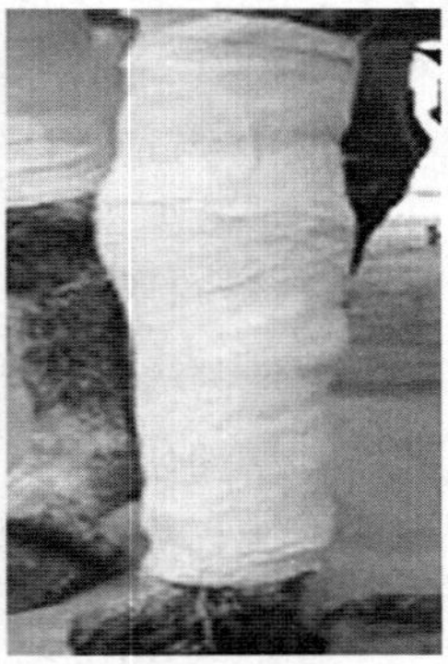

图 1-1-67　装置好的石膏绷带

(3)包扎石膏绷带的注意事项

①将一切物品备齐，然后开始操作，以免临时出现问题延误时间。由于水的温度直接影响石膏硬化时间(水温降低会延缓硬化过程)，应予以注意。

②患病动物必须保定确实，必要时可做全身麻醉或局部麻醉。

③装置前必须将骨折断端整复到解剖位置，使病肢的主要力线和肢轴尽量一致。为此，在装置前最好应用 X 线检查。

④长骨骨折时，一般应固定上下两个关节，才能达到制动目的。

⑤骨折发生后，使用石膏绷带做外固定时，必须尽早进行包扎。若在局部出现肿胀后包扎，则在肿胀消退后，皮肤与绷带间出现空隙，达不到固定作用。

⑥要求松紧适宜，过紧会影响血流循环，过松会失去固定作用。缠绕的基本方法是把石膏绷带"贴上去"，而不是拉紧了"缠上去"，每层力求平整。为此，应一边缠绕一边用手将石膏泥抹平，使其厚薄均匀一致。

⑦未硬化的石膏绷带不要指压，以免向下凹陷压迫组织，影响血液循环或发生溃疡、坏死。

⑧石膏绷带装置完毕后，用少许石膏粉加水调成糊，涂在表面，使之光滑整齐。石膏夹两端的边缘，应修理光滑并将石膏绷带两端的衬垫翻到外面，以免摩擦皮肤。

⑨最后用铅笔或毛笔在硬化的石膏夹表面写明装置和拆除石膏绷带的日期。

(4)石膏绷带的拆除

石膏绷带拆除的时间，应根据不同的患病动物和病理过程而定。一般大家畜为 6～8 周，小家畜为 3～4 周，但遇下列情况，应提前拆除或拆开另行处理。

①石膏夹内有大出血或严重感染。

②患病动物出现原因不明的高热。

③包扎过紧，肢体受压，出现血液循环障碍。表现为烦躁不安，食欲减少，末梢部肿胀，蹄(指)温变冷。

④肢体出现萎缩现象。

⑤石膏绷带过大或严重破损。

由于石膏绷带干燥后十分坚硬，拆除时多用专门工具，包括石膏锯(图 1-1-68)、石膏刀、石膏剪、石膏分开器等。拆除的方法是先用热醋、过氧化氢或饱和食盐水在石膏绷带表面划好拆除线，使之软化，然后沿拆除线用石膏刀切开、石膏锯锯开或石膏剪逐层剪开。为了减少拆除时可能发生的组织损伤，拆除线应选择在较平整和软组织较多处。外科临床上也常直接用长柄石膏剪沿石膏绷带近端外侧缘纵行剪开，而后用石膏分开器将其分开，石膏剪向前推进时，剪的两页应与肢体的长轴平行，以免损伤皮肤。

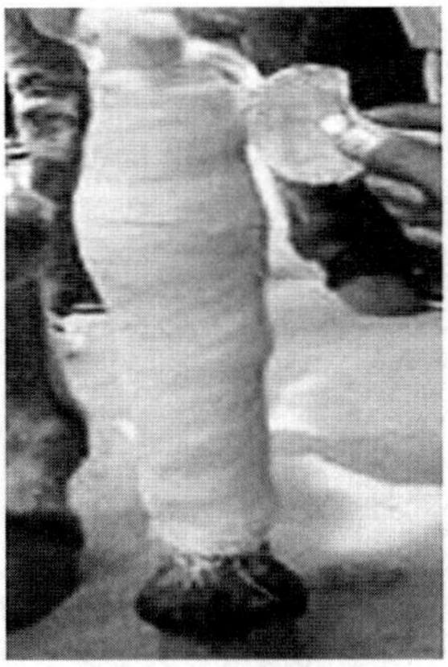

图 1-1-68　石膏绷带拆除

2. 其他硬化绷带

(1)Vet-Lite 绷带

Vet-Lite 绷带是一种热熔可塑型的塑料，浸满在有网孔的纺织物上。如将其放在水中加热至 71～77 ℃，则变得很软，并可产生黏性。然后置室温下冷却，几分钟后就可硬化；Vet-Lite 绷带多用于小动物的硬化夹板。

(2)纤维玻璃绷带

纤维玻璃绷带为一种树脂黏合材料。绷带浸泡冷水中 10～15 s 就起化学反应，随后在室温条件下几分钟则开始热化和硬固。纤维玻璃绷带主要用于四肢的圆筒铸型，也可以用作夹板，具有重量轻、硬度强、多孔及防水等特性。

(六)绷带操作视频

二维码 1-1-9　环形绷带的打法

二维码 1-1-10　交叉绷带的包扎法

二维码 1-1-11　蛇形绷带的打法

二维码 1-1-12　折转绷带的打法

二维码 1-1-13　牛角绷带的打法

二维码 1-1-14　尾绷带的打法

二维码 1-1-15　石膏支架制作及打法

二维码 1-1-16　石膏绷带的打法

二维码 1-1-17　夹板包扎法

二维码 1-1-18　蹄绷带的打法

任务七　手术前后的措施

一、术前准备

(一)施术动物的准备

1. 术前准备

这项工作是手术的基础工作。因此,术者在了解病史的基础上,对施术动物做必要的术前临床检查或实验室检查,了解患病动物各系统器官的变化,对所患疾病进一步确诊。然后制订手术计划,确定保定、麻醉及手术方法,保证手术顺利进行。

2. 术前治疗

根据病情及手术的种类决定术前是否采取治疗措施。但是术前给予青霉素、链霉素,能较好地预防手术创感染。若施术动物的体质较差，在施行肠胃手术及其他较大手术之前，最好给动物注射抗生素、强心剂，必要时还要输液、输血。当施术动物腹内压较高并伴有胃肠臌气时，在手术前最好做瘤胃、盲肠或膀胱穿刺术，必要时给予制酵剂(如鱼石脂、酒精、甲醛溶液、松节油或植物油)。术前给予止血剂，以防手术中出血过多。

3. 禁食

根据手术的需要，于术前应该禁食半天或一天。对侧卧保定的动物施行会阴部或腹部手术时必须禁食，以免腹内压增高而致心力衰竭，使手术不能顺利进行。

4. 动物体准备

动物的体表，特别是四肢及尾部污物较多。因此，术前应刷拭动物体表清除污物，然后向被毛喷洒5%煤酚皂溶液或0.1%新洁尔灭。也可以用湿布擦拭被毛，以防止动物骚动时污物飞扬，污染术部。在动物的腹部、后躯、肛门及会阴等处施行手术时，术前给动物包扎尾绷带。会阴部的手术前，应给动物灌肠导尿，以免术中动物排粪尿，污染术部。在做四肢下部或蹄部手术之前，用1%煤酚皂溶液清洗、消毒术部及周围的被毛。

5. 预防注射

当创伤严重污染、创道狭长及在四肢部位做手术时，为了预防破伤风，在非紧急手术前2周，给施术动物注射破伤风类毒素0.5～1 mL，幼畜及小动物的用量减半。在紧急手术时，给施术动物注射破伤风抗毒素，大家畜用1万～2万IU，小家畜用0.3万～0.4万IU。

(二)拟订手术计划

在检查、分析施术动物全身症状及局部病理变化、参阅文献及观察标本的基础上，手术人员拟订手术计划，提出手术的主要环节，可能遇到的问题及其急救措施。

手术计划的内容有：手术的名称、目的、日期及手术人员分工；手术前必须采取的防制措施，如禁食、胃肠减压、灌肠、导尿、给药的种类和方法，给动物注射破伤风类毒素或破伤风抗毒素等；所需要的手术器械、药品、敷料及其他用品的种类、数量和消毒的方法、保定及麻醉的方法；手术操作过程中应注意的问题；手术过程中可能出现的问题，如大出血、休克及窒息等；术后的饲养、护理及治疗措施。

手术人员都要参与手术计划的制订，明确手术中各自的责任及相互合作，以保证手术的顺利进行。手术结束后，管理器械的助手要清点器械。全体手术人员都要认真总结手术的经验教训，以便提高手术水平及治愈率。

(三)施行手术的工作组织

外科手术必须在精心指挥、严密组织、协调一致的工作中进行，依靠集体的智慧和力量才能取得成功。为此，手术人员必须要适当分工，以便在手术时尽职尽责、相互配合，完成手术任务。因此，手术人员都应熟知自己的责任、手术过程、注意事项，以保证手术的成功。手术人员分工如下。

(1)术者，是手术的负责人，手术的主要操作者。任务是：术前检查施术动物的病情；复习与手术有关的局部解剖标本、资料及文献；组织手术人员拟订手术计划；检查手术前准备情况；指挥手术人员协调一致地做好手术和全体工作人员共同完成手术任务；做好手术总结，提出术后饲养、护理及治疗措施。

(2)第一助手，负责麻醉、术部消毒、放置手术巾、配合术者做切开、止血、清除术野、缝合及术后处理等工作。必要时可代替术者进行手术。手术过程中第一助手站在术者对面。

(3)第二助手，其职责是做第一助手未能完成的工作。协助术者及第一助手做好动物的保定、麻醉、消毒、止血、清洁创面、牵引拉钩、解除动物的保定、术后护理及清理手术场所等工作。手术过程中第二助手应该站在术者的左侧。

(4)器械助手，其职责是熟悉及准备所用的手术器械、敷料、药品及消毒工作。手术过程中器械助手应将器械及时、准确地传递给术者，及时清理器械上的血迹、污物及线头。在组织缝合之前清点器械及敷料的数量，以免将其遗留在体腔或组织内。术后清洁器械并做好保管工作。手术过程中器械助手应站在术者的对面或右侧。

(5)辅助人员，在施行较大的手术时(如肠吻合术、瘤胃切开术和剖腹产)，还需要增加辅助人员，主要负责保定、麻醉、供应药品及敷料。当患病动物的病情恶化时，都能投入挽救患病动物的工作中，使其转危为安。

在实际手术中，我们根据手术的难易程度及实际需要，安排手术人员的数量。如小的手术只要术者一人即可完成，一般的手术 2～3 人也可完成，只有在做大手术时才需要配套齐全的手术人员。

(四)手术记录

手术记录表样式见表 1-1-2。

表 1-1-2　手术记录表

手术号：　　　　　　　　　　　　　　　　　　　手术日期：　年　　月　　日

畜主姓名		畜别		性别		年龄	
初诊日期				术前诊断			
病史摘要							
术前检查							
手术名称		手术时间				术后诊断	
手 术 者		助手 1		助手 2		助手 3	
保定方法							
麻醉方法及效果							
手术方法							
术后处理							
医　　嘱							

完整的手术记录是总结手术经验，提高手术的技术水平，为临床、教学及科研服务的重要资料。因此，术者或助手应该在手术过程中或手术后详细填写手术记录。其主要内容包括：患病动物登记、病史、病症摘要及诊断，手术名称、日期、保定及麻醉的方法；手术部位、术式、手术用药的种类及数量；患病动物病灶的病理变化与手术前的诊断是否符合术后患病动物的症状、饲养、护理及治疗措施等。

二、术后措施

给动物做完手术，只是完成治疗工作的一部分。而大量的工作还依赖于术后及时治疗、处理。术后措施是否得当，直接影响着治疗效果。一些危重病例在手术过程中由于组织的损伤、失血及脱水等原因，使病情恶化。如果在术后能及时进行合理的治疗，悉心护理，往往能加快治愈疾病。相反，某些病例病情虽轻，如果术后治疗、护理及饲养失误，轻者导致创口感染化脓，重者可致动物死亡。因此，我们要制订合理的术后饲养、护理及治疗措施，认真执行，方能确保患病动物早日康复。

（一）术后治疗措施

1. 预防术后感染

手术创是否感染和患病动物的抵抗力、手术的无菌操作以及组织损伤的程度有着密切的关系，也和术后是否采取抗感染措施有关。术后抗感染常用的药物有磺胺类药物和抗生素类药物。

磺胺类药物能抑制革兰阳性球菌、革兰阴性球菌及杆菌，但不能杀菌。可以口服、注射或外用。常用的磺胺类药物有氨苯磺胺、磺胺嘧啶钠、磺胺二甲嘧啶、磺胺间甲氧嘧啶等。脓血中含有对氨基苯甲酸，能对抗磺胺药的抑菌作用。因此，只有在清创之后应用磺胺类药物，才能最大限度地发挥其抑菌作用。一些在生物体内能分解出对氨基苯甲酸的药物（如普鲁卡因）也可降低磺胺的药效。

用抗生素类药物作抗感染药物时，首选药物是青霉素 G，能抑制革兰阳性球菌及少数革兰阴性球菌。氨苄西林钠对革兰阳性细菌的效力略低于青霉素 G，但对革兰阳性细菌有较强的抗菌能力，这一作用略强于氯霉素、四环素，但比卡那霉素、庆大霉素差。另外，还可选用头孢菌素、红霉素等。为了防治大肠埃希菌的感染，可依次选用庆大霉素、卡那霉素及四环素。为了防止绿脓杆菌的感染，可选用多黏菌素、庆大霉素等。为了抵抗严重的感染，经常合并应用青霉素、四环素或其他广谱抗生素。为预防胃肠道手术后的炎症，选用肠道不易吸收的链霉素、卡那霉素、庆大霉素及磺胺脒等，这些药物进入肠道后在肠道内能保持较高的药物浓度，发挥显著的抗菌作用。利福霉素具有特殊的作用，不仅能杀死细胞外细菌，而且还能渗透到白细胞内，杀死细胞内的葡萄球菌，这是大多数抗生素所没有的特性。假如使用青霉素和蛋白水解酶的混合溶液灌注创口，能使青霉素的效力明显提高，非常有利于创口的愈合。

2. 输液

在施行较大的手术时，动物失血、出汗较多，引起水及电解质的紊乱，使动物的体质下降。为了挽救患病动物，提高治愈率，必须给施术动物输液、输血和使用强心剂。通常给患病动物静脉注射复方氯化钠注射液、5%葡萄糖氯化钠注射液。当手术过程时，动物失血过多时，给动物输血或静脉注射 6%小分子右旋糖酐注射液，大动物一次 1 000～2 000 mL，小动物一次 500～1 000 mL。当动物出现酸中毒时静脉注射 5%碳酸氢钠注射液，大动物一次 300～1 000 mL，小动物 50～150 mL。患病动物体质较弱时，还要静脉注射 10%～25%葡萄糖注射液适量。

维生素是机体生产代谢过程中不可缺少的重要成分。为促进上皮生长，可给患病动物补充维生素 A；为促进骨折的愈合，可给患病动物补给维生素 D。为纠正手术后的胃肠功能紊乱，可给患病动物补充维生素 B_1 及维生素 B_2。维生素 C 能促进胶原纤维的合成，增加血管的致密度，降低血管的通透性，并有较强的还原性，因为维生素 C 又参与机体内的氧化还原反应，所以给患病动物补充维生素 C 是不可缺少的，它能促进创伤的愈合。

(二)术后护理

患病动物被麻醉及苏醒后的一段时间内，其体温下降，这时应注意患病动物的保暖，防止感冒及呼吸道感染。在术后患病动物还未完全苏醒，站立不稳时，要防止患病动物摔伤及骨折。全身麻醉的患病动物，在苏醒以后的半日内，由于其吞咽能力还未完全恢复，不宜让其饮水及采食，以防误咽。术后每日全面检查患病动物 1～2 次，主要是检查体温、呼吸及脉搏，系统检查及必要的实验室检查，以便及时掌握患病动物的状况。

术后对患病动物采取必要控制措施，以防止啃咬，摩擦创口，并减轻创口的张力，减少污染。术后 1～1.5 d 内应该限制患病动物的活动。数日以后，可以让患病动物做适当的运动，有利于增强体质，加速创口的愈合。施行了截腱术、截肢术、阴茎截断术、颈静脉结扎术的患病动物，为了防止术部的断裂、出血，应使患病动物保持安静。后期可适当活动，以利于术部愈合及功能恢复，对重症、难以站立的患病动物，应给予垫草，每日让其翻身数次，或用悬吊器具吊起，这样可防止褥疮。

在腹部手术后的次日，让患病动物自由活动或牵遛运动，以便促进胃肠功能的恢复，防止肠粘连。最初运动时间较短，一次 10～20 min，以后可逐渐增加运动的时间。

(三)术后饲养

施术动物由于手术的刺激，组织的损伤以及饲料中营养物质的相对缺乏，均使其营养状况下降，影响创伤的愈合。所以，应该给施术后的动物补充富含蛋白质的饲料。

维生素是维持及调节机体代谢所必不可少的物质。而且，动物所需要的维生素大部分从饲料中获得。因此，在术后应给患病动物饲喂苜蓿、青草及一些块根类饲料。

在施行胃肠手术后 1～3 d 内，禁止给患病动物饲喂草料，但可以饲喂一定量的半流质食物。当患病动物不会采食，也不能采食时，可用胃管给患病动物投服流质食物。牛的胃肠手术后，若其食欲已经恢复，可饲喂青草、苜蓿等，并适当补充精饲料。

任务八　引　流

引流是指通过引流物将创腔内的渗出液或体腔的内容物引出体外的方法。其作用是促使创内炎性产物或炎性渗出物排出，以减轻创内压力，缓解疼痛，防止感染恶化和炎症扩散，促进创口愈合。

一、引流的适应证

1. 严重感染治疗

皮肤和皮下组织发生严重感染时，经过清创处理后，仍不能控制感染时，在切口内放置引流物，使切口内渗出液排出，以免蓄积发生感染，一般需要引流 24～72 h。

2. 严重污染时的预防感染

在创伤等污染创时，经过清创处理后，仍不能控制感染时，在切口内放置引流物，使切口内渗出液排出，以免蓄积发生感染，一般需要引流 24～72 h。

3. 脓肿治疗

切开排脓后，放置引流物，可使继续形成的脓液或分泌物不断排出，使创腔逐渐缩小而治愈。引流时间根据实际需要而定。

二、引流的适应范围

（1）切口内渗血，未能彻底控制，有继续渗血可能，尤其有形成残腔可能时，在切口内放置引流物，可排除渗血、渗液，以免形成血肿、积液或继发感染。一般需要引流 24～48 h。

（2）愈合缓慢的创伤。

（3）手术或吻合部位有内容物漏出的可能。

（4）胆囊、胆管、输尿管等器官手术，有漏出刺激性物质的可能。

三、引流的种类

1. 纱布条引流

纱布条引流是将防腐灭菌的干纱布放置在创腔内，将创腔内的液体吸附在纱布条上或引流到创腔外，是临床最常用的引流方法。有时为了在引流的同时预防或治疗创伤感染，常将纱布条预先浸以药物，如碘伏、抗生素、高渗盐水等。纱布条引流具有安装简便、适用性广等优点，但同时也存在引流质量差、对组织有刺激性，以及有引起感染的可能性等缺点。

2. 胶管引流

一般选择合适长度和粗细的乳胶管或硅胶管进行引流。在插入创腔前用剪刀将引流管剪成若干分散的小孔。引流管小孔能引流其周围的创液。这种引流管对组织无刺激作用，在组织内不变质，对组织引流的反应很小。应用这种引流类型能减少术后血液、创液的蓄积。

四、引流的操作要领

创伤缝合时，引流管插入创内深部，创口缝合，引流管的外部一端缝到皮肤上。在创内深处一端，由缝线固定。引流管不要由原来切口处引出，而要在其下方单独切开一个小口通出引流管。引流管要每天清洗，以减少发生感染的机会。引流管在创内放置时间越长，引起感染的机会增多，如果认为引流管已经失去引流作用时，应该尽快取出。应该注意，引流管本身是异物，放置在创内，易诱发创液产生。

五、引流的护理

应该在无菌状态下引流，引流出口应该尽可能向下，有利于排液。出口下部皮肤涂以软膏，防止创液、脓汁等腐蚀、浸渍被毛和皮肤。每天应该更换引流管或纱布，如果引流排出量较多，更换次数要多些。因为引流管的外部已被污染，不应该直接由引流管外部向创内冲洗，否则引流管外部细菌和异物会进入创内。要控制住患病动物，防止引流物被咬或拉出创腔外。

六、引流的缺点

引流管或纱布插入组织内，能出现组织损伤，引流物本身是动物体内的异物，能损伤其附近的腱鞘、神经、血管或其他脆弱器官。如果引流管或纱布放置时间太长，或放置不当，会腐蚀某些器官的浆膜表面。引流的通道与外界相通，在引流物的周围，有发生感染的可能。

引流插入部位上有发生创口裂开或疝形成的可能。引流的应用，虽然有很多适应证，但是不应该代替手术操作的充分排液、扩创、彻底止血和良好的缝合。

七、引流的注意事项

1.使用引流的类型和大小一定要适宜

选择引流类型和大小应该根据适应证、引流物性能和创流排出量来决定。

2.放置引流物的位置要正确

一般脓腔和体腔内引流出口尽可能放在低位。不要直接压迫血管、神经和脏器，防止发生出血、麻痹或瘘管等并发症。手术切口内引流应放在创腔的最低位。体腔内引流最好不要经过手术切口引出体外，以免发生感染。应在其手术切口一侧另造一小创口通出。切口的大小要与引流物的粗细相匹配。

3.引流物要妥善固定

不论深部或浅部引流，都需要在体外固定，防止脱落。

4.引流物必须保持畅通

注意不要压迫、扭曲引流物。引流物不要被血凝块、坏死组织堵塞。

项目二
常见的手术

学习目标

☞ 牢固树立消毒与无菌观念。

☞ 掌握常见外科疾病的诊断，确定是否进行手术治疗。

☞ 熟悉手术器械的使用方法与保养方法。

☞ 掌握术前的准备工作，包括术前的检查、术前的会诊、手术器械的准备、手术室与手术场地的准备等。

☞ 掌握灭菌与消毒技术、麻醉方法、各组织分离方法、外科止血方法、缝合技术及绷带包扎技术，并能够将外科手术基础操作技术应用于临床操作。

素养目标

☞ 具备吃苦耐劳、乐于钻研、爱岗敬业的工作态度。

☞ 具备主动服务社会的意识和团结协作的精神。

☞ 树立人与动物和谐相处的生态理念，尊重生命，关爱动物。

☞ 提高应对和处理手术过程中可能出现的各种意外情况的综合能力，提高解决实际问题的能力。

☞ 具备正确处理医患关系的能力。

任务一　去势术

一、睾丸摘除术

雄性动物的去势术，俗称阉割。

(一)适应证

(1)有睾丸严重疾患的动物，如睾丸癌、睾丸炎、睾丸瘤等。

(2)改变雄性动物性情，便于管理。

(3)改变动物的激素含量，提高肉的质量和产量。

(二)保定及麻醉

大动物倒卧保定，小动物侧卧保定。小动物去势术一般不做麻醉，大动物视情况进行适当镇静或麻醉。

(三)术前检查

(1)有软骨病和传染病的不宜施术。

(2)阴囊疝不宜采用该手术。

(四)手术器械

止血钳、手术刀、缝合线、5%碘酊、75%酒精、消毒液等。

(五)手术方法

1. 手术切口

(1)与腹中线平行切口法

术者左手握住阴囊基部,固定两个睾丸,使阴囊皮肤展平,阴囊中线位于两个睾丸之间。在阴囊中线两侧约 1.5 cm 处各做一平行切口(图 1-2-1),一次切开阴囊壁及总鞘膜,切口长度以能挤出睾丸为宜。睾丸露出后,剪断附睾鞘膜韧带,再沿精索后缘将其上方与鞘膜相连的部分撕断,睾丸即可下垂不能缩回。该方法适合除牛、羊以外的其他动物。

(2)纵行切口法

捏住睾丸与睾丸长轴的方向,即动物的纵向靠近睾丸的顶部切开,将两侧睾丸挤出阴囊。该方法适合牛、羊。

(3)横断切口法

捏住睾丸顶部,将其切除(图 1-2-2),并将两侧睾丸挤出阴囊(图 1-2-3),该方法适合牛、羊。

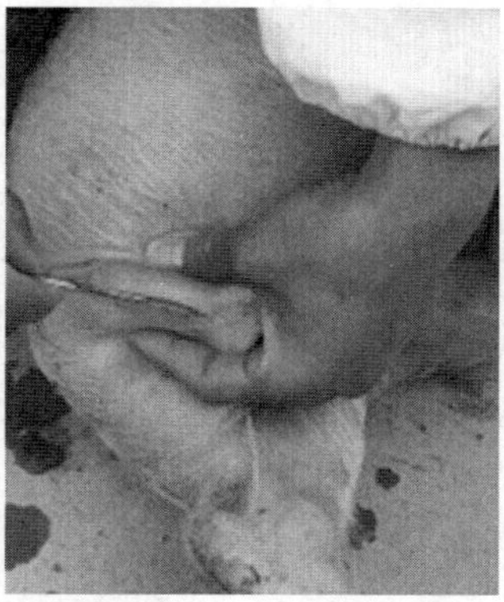

图 1-2-1　平行切口

图 1-2-2　切除阴囊顶部

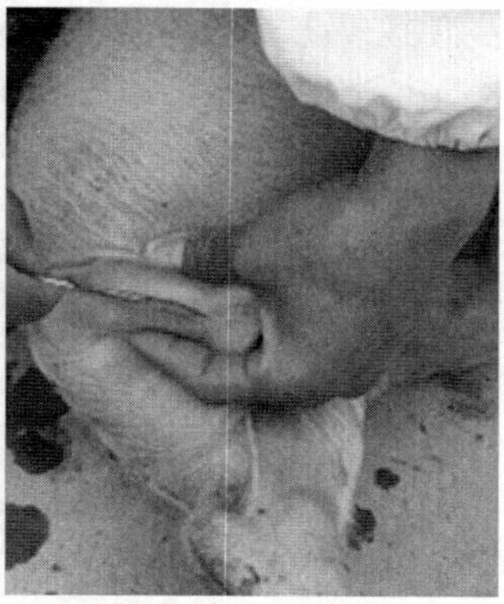

图 1-2-3　挤出睾丸

2. 摘除睾丸

切断精索的常用方法有以下几种。

(1)捻转法

小动物都采用这种方法。将阴囊推向腹部,以充分暴露精索;固定钳在睾丸上方精索部固定,使固定钳与精索垂直钳住,再将固定钳贴于腹部;在固定钳下方 2～3 cm 处用捻转钳夹住精索,向右捻转,先慢后快直至完全捻断。在精索断端涂 5%碘酊,缓慢除去固定钳。另一侧睾丸用同样方法摘除。

(2)结扎法

大动物都采用这种方法，睾丸、精索暴露后，先在睾丸上方 5～8 cm 处，用消毒缝线做双套结结扎精索，在结扎处下方 1.5～2 cm 处剪断精索。该方法适用于老年家畜的去势，止血确实，安全可靠。

(3)挫切法

睾丸、精索暴露后，先将锉切钳夹在睾丸上方 5～8 cm 的精索处，用手握住钳柄用力挫切，睾丸即可断离。锉切钳应继续钳夹 2～3 min，缓慢松钳并取下，该方法适用于 2～3 岁的幼龄公畜的去势。

(4)烧烙法

用烧红的金属将精索烧断。

(六)术后护理

术后的猪应置于干燥清洁的圈舍内，伤口每天涂擦 5%碘酊 2 次。

二、卵巢摘除术

雌性动物的卵巢摘除术，也称劁。

(一)适应证

(1)治疗有卵巢严重疾患的动物，如卵巢癌、卵巢囊肿、卵巢瘤等。

(2)改变雌性动物生理周期和卫生，便于管理。

(3)改变动物的激素含量，提高肉的质量和产量。

(4)消除动物的生育能力，减少因生育带来的麻烦。

(二)保定及麻醉

大动物倒卧保定，小动物侧卧保定。小动物去势术一般不麻醉，大动物视情况进行适当镇静或麻醉。

(三)术前检查

查看是否有不适合去势的疾病。

(四)手术器械

止血钳、手术刀、缝合线、5%碘酊、75%酒精、消毒液等。

(五)手术过程

1. 手术部位

(1)腹外侧切口

由髋结节、髋结节水平线与最后肋骨的交点、膝壁膝皱褶消失处三点组成的三角形的中央(图 1-2-4)，即肷部三角区中央切口。

(2)腹中线切口

在倒数第 2 乳房的腹中线处(图 1-2-5)。

(3)乳房外侧切口

在乳房连线外 2 cm 处(图 1-2-6)。

2. 手术通路

其方法同腹部切开术,详见本项目任务七腹部手术。

3. 取出卵巢

根据情况用手指、钩子、止血钳等取出卵巢。向外牵拉卵巢阻力过大时,可用手撕断卵巢悬韧带,但应注意不要撕破卵巢动脉、静脉。

图 1-2-4　腹外侧切口

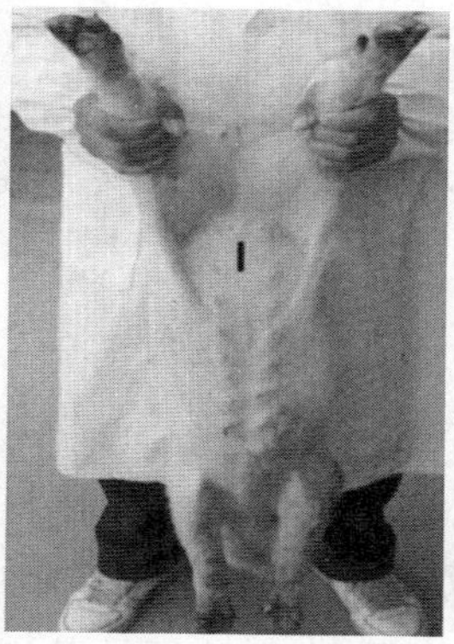

图 1-2-5　腹中线切口

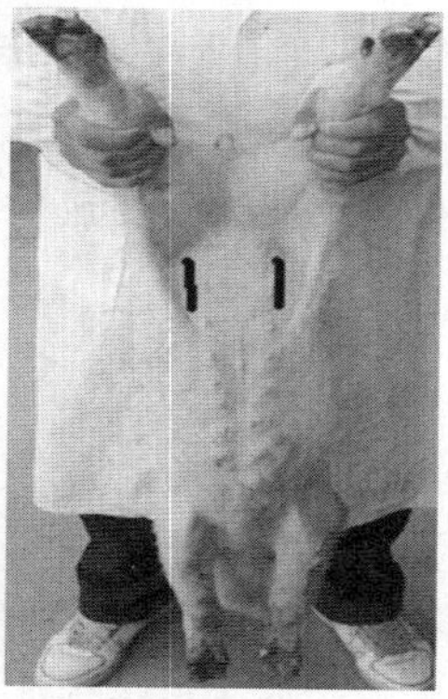

图 1-2-6　乳外侧切口

4. 摘除卵巢

小动物卵巢较小直接撕断即可。大动物卵巢较大,血管较粗,需结扎,方法是在卵巢系膜上用止血钳尖端戳一小口,引入两根丝线,一根结扎卵巢动脉、静脉和卵巢系膜;另一根结扎子宫动脉、子宫静脉、子宫阔韧带和输卵管,然后切除卵巢。也可用烧红的金属将精索烧断。

(六)护理

术后的猪应置于干燥清洁的圈舍内,伤口每天涂擦 5%碘酊 2 次。

任务二　犬耳整容成形术

(一)适应证

适用于短耳术、竖耳术、耳郭偏向耳背侧、耳郭从中部以上折向耳腹侧、耳郭从根部折向耳腹侧的整容。

(二)保定及麻醉

动物俯卧保定,全身麻醉。

(三)术部位置的确定

根据宠物主人的要求和犬的品种而定。

(四)器械

直尺、手术刀、弯头止血钳、直缝合针、10 号缝合线、断耳夹子、5%碘

二维码 1-2-1　犬的短耳术

酊、75%酒精。

(五)手术方法

1.短(断)耳术

将下垂的耳尖向头顶方向拉紧伸展,用尺子测量所需耳的长度,长度是从耳郭与头部皮肤折转点到耳前缘边缘处,留下耳的长度用细针在耳缘处标记下来,将对侧的耳朵向头顶方向拉紧伸展,将两耳尖对合,用一细针穿过两耳,以确实保证在两耳的同样位置做标记,然后用剪子在针标记的稍上方剪一缺口,作为手术切除的标记。用1对稍弯的断耳夹子或肠钳分别装在每个耳上,装置位置是在标记点到耳屏间切迹之间,并可能闭合耳屏,每个耳夹子的凸面朝向耳前缘,两耳夹子装好后两耳形态应该一致,牵拉耳尖处可使耳变薄些,牵拉耳后缘则可使每只耳保留的更少些。耳夹子固定的耳外侧部分,可以完全切除,仅保留完整的喇叭形耳,此时还可剪开耳屏间切迹的封闭的软骨,使切口的腹面平整匀称。

二维码 1-2-2 竖耳术

2.竖耳术

(1)断耳竖直法

按宠物主人的要求或犬的头形、品种和性别的需求确定耳的长短和形状,并进行断耳(同断耳术),而后用直针进行单纯连续缝合,从距耳尖0.75 cm处软骨前面皮肤上进针,通过软骨于对面皮肤上出针,缝线在软骨两边形成一直线。耳尖处缝合不要拉得太紧,否则会导致耳尖腹侧面歪斜或缝合处软骨坏死。缝合线要均匀,力量要适中,防止耳后缘皮肤折叠或缝线过紧导致腹面屈折。

(2)直接竖直法

将下垂的耳尖向头上方拉动,用直尺在耳郭背侧基部与颅骨连接处测量,距离耳郭后缘约0.6 cm,前缘1.2~1.6 cm处,纵行切开皮肤及皮下组织,暴露盾形软骨。钝性分离盾形软骨后,将其向头顶中央方向牵引,用水平褥式缝合法把它固定到颞肌筋膜上,结节缝合皮肤,用直针进行单纯连续缝合,从距离耳尖0.75 cm处软骨前面皮肤上进针,通过软骨于对面皮肤上出针,缝线在软骨两边形成一直线。耳尖处缝合要均匀,力量要适中。

3.耳郭偏向耳背侧

将下垂的耳尖向头上方拉直,用直尺在耳郭背侧基部与颅骨连接处测量,距离耳郭后缘约0.6 cm,前缘1.2~1.6 cm处,纵行切开皮肤及皮下组织,暴露盾形软骨。钝性分离盾形软骨后,将其向头顶中央稍偏耳郭前缘的方向牵引,用水平褥式缝合法把它固定到颞肌筋膜上。结节缝合皮肤后,耳郭正好稍偏向头外侧。

4.耳郭从中部以上折向耳腹侧

在耳郭背侧发生弯曲的部位用弯头止血钳夹持皮肤,使耳郭弯曲部分能重新直立;沿止血钳夹痕处切除一椭圆形的皮肤块,结节缝合闭合切口。缝合时缝线要穿过部分耳软骨(但不要穿透)。

5.耳郭从根部折向耳腹侧

手术方法按耳郭偏向耳背侧的操作方法,把盾形软骨固定到颞肌筋膜上。把皮肤切口修整为椭圆形,然后做3针改进的间断垂直褥式缝合。在抽紧缝线的同时,把耳郭向上牵引,进针的深度及打结时拉力的大小以打结后耳郭仍偏向头外侧方向 10°为宜；结节缝合皮肤切口，把棉拭子放在切口的位置，将耳郭卷到棉拭子上，用橡皮筋固定。

（六）术后护理

防止犬抓挠产生新的创伤，用纱布包扎术部及脚爪，隔日用碘甘油涂擦术部，3 d 后拆除棉拭子。肌内注射氨苄西林钠，20 mg/kg 体重，2 次/d；静脉滴注 10%葡萄糖 250 mL、维生素 C 20 mL、10%樟脑磺酸钠 5 mL、复方氯化钠 250 mL。饲喂一些营养丰富、易消化的流质食物，如稀粥、熟鸡蛋、牛奶、火腿肠等。

手术后用绷带包扎，待犬清醒后解除保定。若发生突然下垂可用绷带在耳基部包扎，以促使耳竖直（图 1-2-7）。术后第 7 天拆除缝线。拆线后如果犬耳突然下垂，可用脱脂棉塞于耳道内，并用绷带在耳基部包扎，5 d 后解除绷带，若仍不能直立，再行包扎绷带，直至耳直立为止。

图 1-2-7　犬耳绷带

任务三　眼睛手术

一、眼睑内翻矫正术

（一）适应证

各种原因引起的眼睑器质性内翻，特别是一些品种的幼龄犬（如沙皮犬、松狮犬等）由于遗传缺陷所发生的眼睑内翻。

（二）器械

一般软组织切开器械、止血器械、缝合器械。

（三）保定与麻醉

侧卧保定，固定头部。全身麻醉配合局部麻醉。

（四）手术方法

1. 暂时性缝合纠正术

适合于有遗传缺陷的幼犬。在内翻眼睑外侧皮肤距离眼睑 0.5～1 cm 处做 1 至数个垂直钮孔状缝合，使缝合处皮肤外翻。皮肤外翻程度以内翻的眼睑恢复正常为合适。

2. 切除皮肤纠正术

局部剃毛、消毒。在离眼睑缘 0.5～1.5 cm 处，与眼睑缘平行做第 1 切口。切口的长度要比内翻的两端稍长为合适。然后再从第 1 切口与眼睑缘之间做 1 个半月状第 2 切口，其长度与第 1 切口长度相同。其半圆最大宽度应根据内翻的程度而定。将已切开的皮肤瓣包括眼轮肌的一部分一起剥离切除，然后将切口两缘拉拢，结节缝合。术部涂布红霉素软膏，7 d 后拆线。

二维码 1-2-3　眼睑内翻矫正术

(五)护理

常规护理。为了防止犬自己抓伤，颈部安装颈圈。

二、眼睑外翻矫正术

(一)适应证

因眼睑外翻，眼结膜长期暴露在外，可引起结膜炎、角眼睑外翻。

(二)器械

一般软组织切开器械、止血器械、缝合器械。

(三)保定与麻醉

侧卧保定，固定头部。全身麻醉配合局部麻醉。

(四)手术方法

1. 松皮法

在眼睑外翻较明显处的眼睑周围进行剃毛、消毒，将皮肤和皮下组织切一与眼睑边缘平行的0.5～1 cm切口，不缝合切口，让其开放，并将上下眼睑用缝针缝合一针，将伤口及眼睛包扎即可。术后每天换药2次，颈部安装颈圈。7 d后拆线。

2. 紧皮托举法

紧皮托举法又称“V-Y”形矫正术。下眼睑周围进行剃毛、消毒，距离眼睑下缘2～3 mm处做一“V”形皮肤切口，深达皮下组织，并从尖端向上分离皮下组织，使三角形的皮瓣游离。“V”形基底部应宽于外翻的部分。然后从尖端向上做“Y”形缝合，即从“V”形尖部开始缝合，边缝合边向上移动皮瓣，直到外翻矫正为止。最后缝合皮瓣和皮肤切口。使“V”形切口变为“Y”形切口(图1-2-8)。应使下面的皮拉紧，将外翻的眼睑托起，以达到矫正的目的。术后每天换药2次，颈部安装颈圈。7 d后拆线。

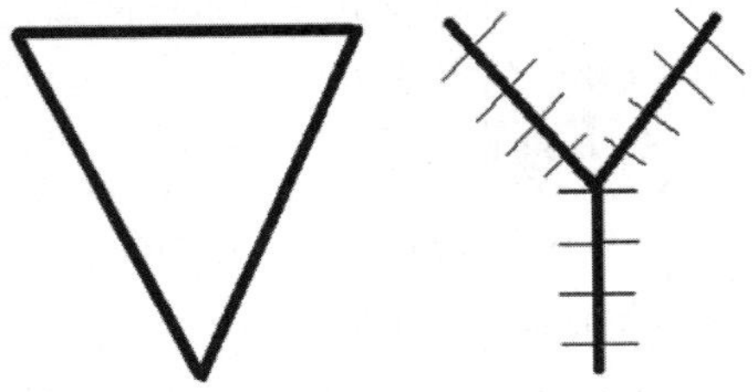

图1-2-8 切口与缝合形状

二维码1-2-4 眼睑外翻松皮矫正术

二维码1-2-5 眼睑外翻“V-Y”形矫正术

三、第三眼睑增生修复术

(一)适应证

病眼的第三眼睑严重充血、肿胀甚至破溃，患病动物的病眼呈“樱桃眼”状(图1-2-9中A)。

(二)保定

病侧朝上侧卧保定,将颈部垫高。

(三)术部位置的确定

增生物的基部。

(四)手术方法

1. 第三眼睑切除术

将眼睑拉开,用止血钳将增生物提起,然后用 2 个止血钳从两边夹住增生物的基部,最好稍夹住一点健康的部位,用烧红的刀片(有利于止血)切下增生物,再继续钳夹数分钟后去掉止血钳即可(图 1-2-9 中 B、C)。

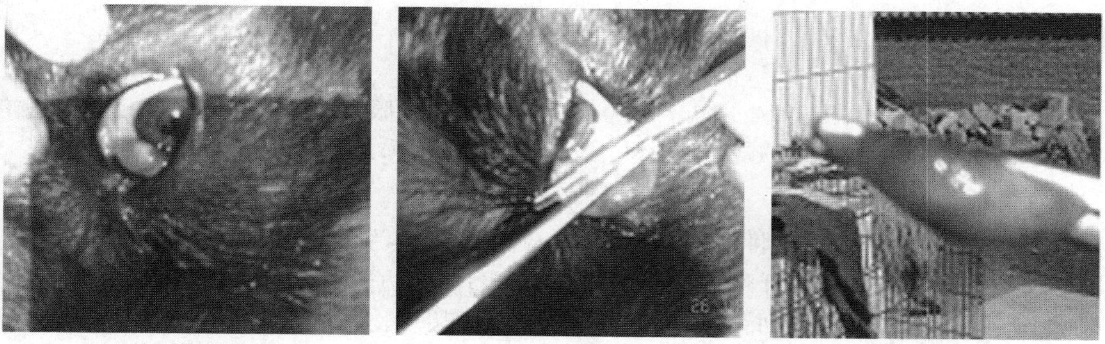

A.第三眼睑增生　　B.夹住增生物　　C.切下增生物

图 1-2-9　第三眼睑增生切除术

2. 第三眼睑包埋术

用眼科扩张器将眼睑扩开,用止血钳将第三眼睑拉出,用缝针在增生物的两侧各缝 1 针,并留有较长的线,分别将缝线拉紧,以便固定肿胀物,从肿胀物的基部周围黏膜处切开黏膜和部分增生组织,连续缝合黏膜,术后眼内每天滴 3 次眼药水,颈部安装颈圈。7 d 后拆线。

二维码 1-2-6　犬第三眼睑切除术

二维码 1-2-7　犬第三眼睑包埋术

四、眼球摘除术

(一)适应证

严重眼穿孔、严重眼突出、眼内肿瘤、难以治愈的青光眼、全眼球炎等适宜做眼球摘除术。

(二)局部解剖

眼球似球形,由眼球、保护装置、运动器官及视神经组成。眼球位于眼眶的前部和眼睑的后侧，在眼球后有眼球直肌、眼球斜肌、眼球退缩肌，神经和脂肪的间隙称为眼球后间隙。眼球借助视神经通过视神经孔与大脑相连接，眼睑的内面被覆眼睑结膜，翻转到眼球上的称为眼球结膜，翻转处称为眼球穹隆。

(三)保定

一般采用侧卧保定。

(四)麻醉

大动物做全身麻醉，也可做球后麻醉或眼底封闭。当眼球后麻醉时，注射针头于眶外缘与下缘交界处，经外眼角结膜，向对侧下颌关节方向刺入，针头贴住眶上突后壁，沿眼球伸向球后方，注入2%盐酸普鲁卡因溶液20 mL。也可经额骨颧弓下缘经皮肤刺入眼底做眼底封闭。小动物多实施全身麻醉。

(五)手术方法

1. 眼球脱落切除术

当眼球脱落时，将眼球用生理盐水冲洗干净，用止血钳将眼球往外拉，另一把止血钳从没有损伤处夹住，切除眼球，电烙铁烧烙止血，用生理盐水清洗干净，涂擦碘酊，松开止血钳即可。

2. 经眼睑处眼球摘除术

手术时，先做连续缝合，将上、下眼睑缝合一起，环绕眼睑缘做一个椭圆形切口，切开皮肤、眼轮匝肌至睑结膜(不要切开睑结膜)后，一边牵拉眼球，一边分离球后组织，并紧贴眼球壁切断眼外肌，以显露眼球退缩肌。用弯止血钳伸入眼窝底连同眼球退缩肌及其周围的动脉、静脉和神经一起钳住，再用手术刀或者弯剪刀沿止血钳上缘将其切断，取出眼球。于止血钳下面结扎动、静脉，控制出血。移走止血钳，再将球后组织连同眼外肌一并结扎，堵塞眶内死腔。此法既可止血，又可替代纱布填塞死腔。最后结节缝合皮肤切口，并做结系绷带或装置眼绷带以保护创口。

二维码1-2-8 眼睑处眼球摘除术

3. 经眼睑内结膜眼球摘除术

用眼睑开张器张开眼睑。为了扩大眼裂，先在眼外眦切开皮肤1～2 cm(图1-2-10中A)。用组织镊夹持角膜缘，并在其缘外侧的球结膜上做环形切开。用弯剪刀顺巩膜面向眼球赤道方向分离筋膜囊，暴露4条直肌和上、下斜肌的止端，再用手术剪挑起，尽可能靠近巩膜将其剪断。眼外肌剪断后，术者一手用止血钳夹持眼球直肌残端，一手持弯剪紧贴巩膜，利用其开闭向深处分离眼球周围组织至眼球后部。用止血钳夹持眼球壁做旋转运动，眼球可随意转动，证明各眼肌已断离，仅遗留退缩肌及视神经束。将眼球继续前提，弯剪继续深入球后剪断退缩肌和视神经束(图1-2-10中B)。

二维码1-2-9 眼睑内眼球切除术

4. 缝合

眼球摘除后，立即用温生理盐水纱布填塞眼眶，压迫止血。出血停止，取出纱布块，再用生理盐水清洗创腔。将各条眼外肌和眶筋膜对应靠拢缝合。也可先在眶内放置球形填充物，再将眼外肌覆盖于其上面缝合，可减少眼眶内腔隙。将球结膜和筋膜创缘做间断缝合，最后闭合上下眼睑(图1-2-10中C)。

5. 术后护理

术后可能因眶内出血使术部肿胀，且从创口处或鼻孔流出血清色液体。术后3～4 d渗出物可逐渐减少。局部温敷可减轻肿胀，缓解疼痛。对感染的外伤眼，全身应用抗生素。术后7～10 d拆除眼睑缝线。

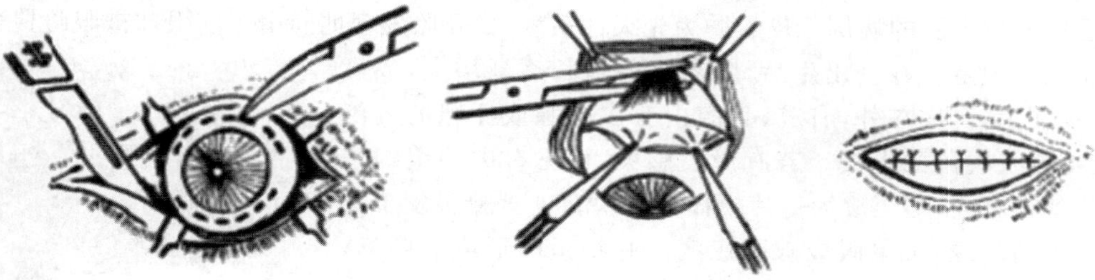

A B C

图 1-2-10 经眼睑内结膜眼球摘除术

五、 眼睑淋巴瘤切除术

(一)适应证

眼睑的淋巴瘤(图1-2-11)。

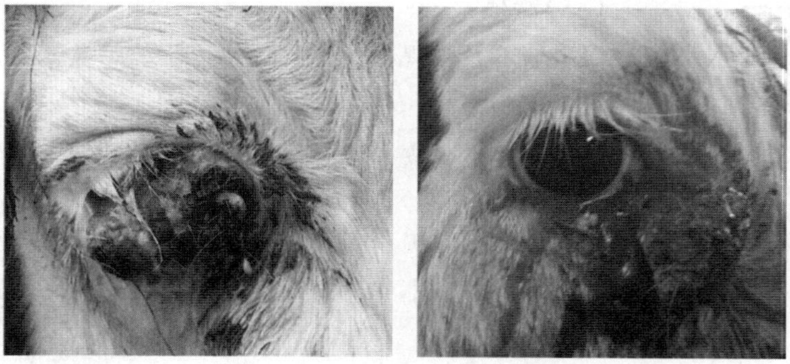

图 1-2-11 眼睑淋巴瘤

(二)保定与麻醉

健侧卧保定，固定头部，全身麻醉配合眼球表面麻醉以及眼球周围浸润麻醉。

(三)器械

电烙铁、眼科弯剪及常规手术器械。

(四)手术方法

眼睑周围剪毛、消毒，从淋巴瘤周围的健康皮肤处切一环形的切口，用组织钳夹住皮肤，慢慢将淋巴瘤的根部分离，小的出血用电烙铁烧烙止血，大血管出血用眼科剪沿角膜缘分离采用结扎止血，待淋巴瘤彻底清除后，将创缘修理平整，用大量的眼药水冲洗，再将健康的皮肤、

二维码 1-2-10 眼睑淋巴瘤切除术

黏膜等缝合。7 d 后拆线，勤滴眼药水直到角膜恢复正常。

六、眼角膜皮囊肿切除术

(一)适应证

适应皮样囊肿的病例。皮囊肿为先天性疾病，在胚胎发育期间由于前眼球被眼睑覆盖，皮肤细胞在角膜上生存。出生后，随着年龄增长逐渐增大，成囊性，表皮在里，真皮在外，有腔，且腔内有皮脂腺或汗腺的分泌物；有毛发及脱落的上皮。若有激发感染，可见有肉芽组织增生及广泛性粘连，甚至成为一片模糊的肿块。皮囊肿多发于外眼角下方角膜缘，可单眼或双眼患病。肿物呈圆形或椭圆形，呈灰白色或褐色，粗糙有皱纹，表面似皮肤，有被毛生长。与角膜和巩膜粘连。由于角膜有肿物覆盖，可严重影响视力，并造成眼睛不适。由于被毛刺激结膜、角膜，可引起结膜及角膜的慢性炎症，继发结膜炎及角膜炎症状。严重者可造成角膜穿孔、全眼球炎、眼球坏死(图 1-2-12)。

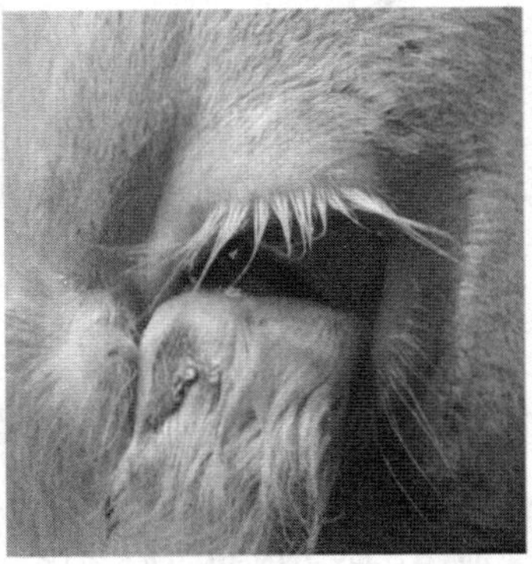
图 1-2-12　眼角膜皮囊肿

(二)保定与麻醉

健侧卧保定，固定头部，全身麻醉配合眼球表面麻醉以及眼球周围浸润麻醉。

二维码 1-2-11　眼角膜皮囊肿切除术

(三)器械

眼科弯剪及常规手术器械。

(四)手术方法

用组织钳夹住皮样囊肿，用眼科剪沿角膜缘分离皮样囊肿(小心剥离，不要伤及角膜)，将创缘修理平整，用大量的眼药水冲洗，然后用第三眼睑覆盖角膜，在眼睑和角膜之间挤满红霉素眼膏，做上下眼睑封闭。7 d 后拆线，勤滴眼药水直到角膜恢复正常。

任务四　头颅手术

一、颅腔圆锯术

(一)适应证

脑肿瘤、脑结核、脑血管破裂、脑包虫及其他绦虫。

(二)器械

开颅器械(图 1-2-13)、剪毛剪 1 把、消毒镊 2 把、外科手术刀各 2 把、布巾钳 4 把、创巾 1 块、止血钳 2 把、手术剪 2 把、无齿镊 1 把、有齿镊 1 把、骨膜剥离器 1 个、创钩 2 个。

(三)麻醉与保定

全身麻醉与局部麻醉，侧卧保定，颈部垫起，头部摆正，头顶朝上。

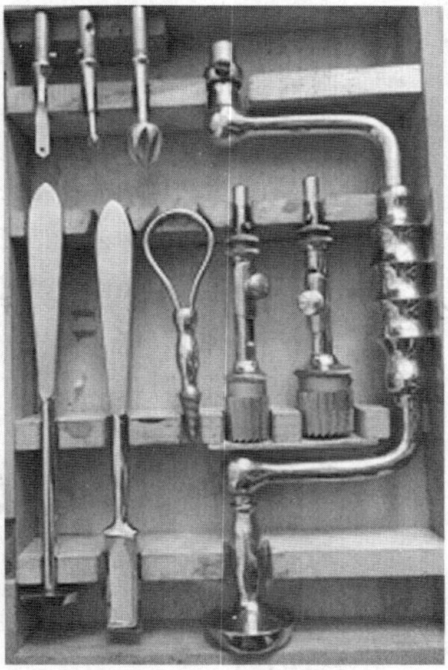

图 1-2-13　开颅器械

(四)切口部位

1. 小脑部位

手术开口应在项韧带附着点的前面、中线上(在小脑之上的中线上无纵行静脉窦)。在此处开口能直接达到小脑的两侧(图 1-2-14 中 1)。

2. 枕叶部位

手术开口的后缘应距枕骨嵴 1.8 mm，距中线 3 mm(图 1-2-14 中 2)。

3. 颞顶叶部位

手术开口应在顶骨上，有角羊是在角根后缘后方约 1 cm处，距中线约 3 mm(图 1-2-14 中 3)。

4. 额叶部位

手术开口的前缘不超过两眶上孔之间的连线，开口的内缘距中线 2～3 mm，无论绵羊有角与否均在此处。这个开口因破坏额窦，操作也不方便，故临床上多不采用(图 1-2-14 中 4)。

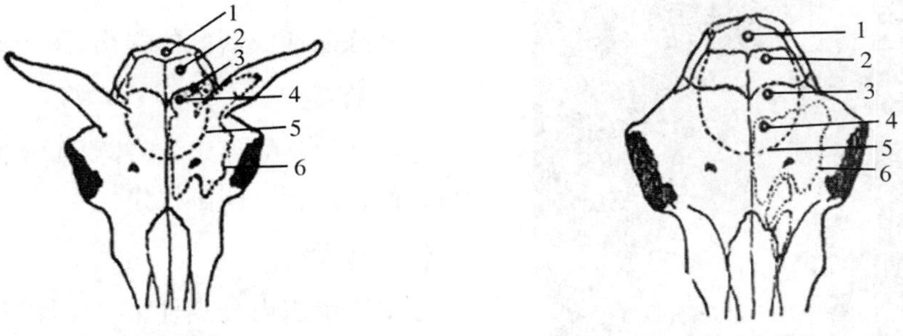

A.有角绵羊　　B.无角绵羊

图 1-2-14　绵羊圆锯孔位置

1. 小脑术部　2. 枕叶术部　3. 颞顶叶术部　4. 额叶术部
5. 虚线表示脑腔范围　6. 虚线表示额窦范围

(五)手术方法

1. 切开皮肤

皮肤“U”形切开，“U”口向角侧，将皮瓣提起，分离骨膜，显露颅骨，彻底止血。

2. 切开骨膜

骨膜呈“T”或“十”字形切开，再用颅骨骨膜剥离器将切开的骨膜分离。

二维码 1-2-12　羊的开颅术

3. 打开颅腔

将圆锯头内侧的顶针前推，使其突出于圆锯口 0.2 mm 并固定（目的是在顶骨上做一轴心，便于圆锯按一个轨迹运行）。准备好后行圆锯术，打开颅腔。在此过程中应缓慢小力量运行圆锯，直至圆锯头按一个轨迹运行时将顶针退回圆锯头内 2～3 mm。锯透全层颅骨并用骨螺丝取出锯开的骨片，显露硬脑膜。用球头刮刀修饰创缘，再用镊子将脑硬膜轻轻夹起，然后用尖头手术刀呈“十”字形切开脑硬膜。

4. 缝合伤口

整理脑膜、骨膜后，皮肤、皮下结缔组织做一次性结节缝合，外敷磺胺软膏，并固定。

注意：为了避免损伤静脉窦而造成手术失败，应由中线一侧切开硬脑膜。大静脉窦有 2 条：矢状窦位于大脑纵轴上，横窦位于大脑和小脑之间，手术时应注意避开，否则会造成严重出血。

（六）护理

常规护理。

二、牛鼻修复术

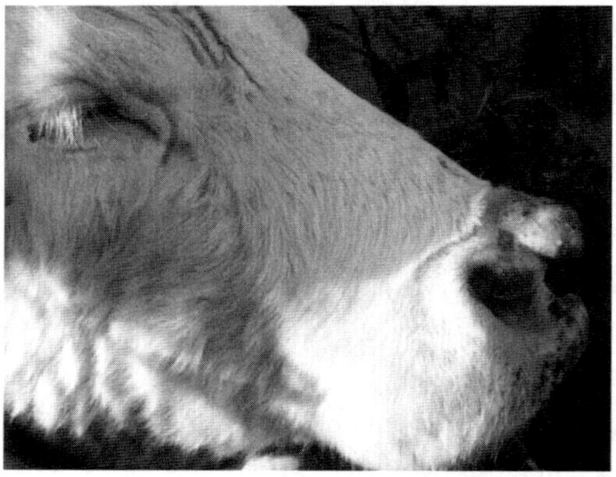

图 1-2-15 牛鼻陈旧性损伤

（一）适应证

牛鼻陈旧性或新鲜的损伤（图 1-2-15）。

（二）保定

可柱栏内站立保定，头部要可靠固定，颈部稍抬高和伸直。也可侧卧保定。

（三）麻醉

在皮下组织内分点注入 2%盐酸普鲁卡因溶液 30～40 mL。

（四）手术方法

术部剃毛、消毒等常规处理，对合部位的两侧陈旧皮下切除，两侧切去的皮肤面积和形状一定要相同。新鲜创的要把坏死和不整齐的组织切除。待清洗和消毒后进行结节缝合，缝后涂擦 5%碘酊。

二维码 1-2-13 牛鼻修复术

（五）术后护理

为防止继发感染，用青霉素与链霉素混合，肌内注射，早晚各 1 次。5%碘酊涂擦，3 次/d。

任务五 颈部手术

一、犬声带切除术

(一)适应证

为降低犬的音量防止扰民而实行喉室声带切除术。

(二)局部解剖

胸骨舌骨肌是一条较大的肌肉,起始于舌骨止于第1肋软骨。其上1/3覆盖喉的腹部。犬的喉头比较短。环状软骨的软骨板很宽广,与甲状软骨后角形成关节。关节面在一嵴状隆起的后侧方,距离后缘较远,为凹面,环状软骨弓的前缘下部凹入,有环甲软骨韧带附着,环甲软骨呈三角形,底边附着于环状软骨弓的前缘,三角的两侧边附着于甲状切迹的两侧缘。腹面有纵走的增强纤维,背侧甲状切迹有横行纤维。甲状软骨的软骨板高而短。腹侧缘互相融接形成软骨体,其前部有显著的隆起,可用手触之。

(三)器械

眼科弯剪刀及常规组织切开、止血、缝合等器械。

(四)保定与麻醉

仰卧保定,头颈伸展,在颈部垫一10 cm厚的软垫,保定时应采用后高前低的姿势,使面部充分和手术台接触。由口腔切除喉室声带,应采用俯卧保定姿势,后高前低,用开口器将犬的口腔打开,经口腔喉室声带切除术也可配合咽部表面浸润麻醉。

(五)术部

喉室声带切除术以甲状软骨突起为手术切开部位,术部剃毛、消毒。

(六)手术方法

1. 喉室声带切除术

颈部腹下区皮肤常规剃毛、消毒。在喉的腹中线上,以甲状软骨突起处为切口中心,切开皮肤4～6 cm,钝性分离胸骨舌骨肌,锐性分离筋膜,充分暴露甲状软骨,用手术刀纵行切开甲状软骨,用开张器打开喉室,充分暴露声带,用小止血钳夹住声带,用弯手术剪将声带剪除,用同样的方法将对侧的声带剪除。如出血较多用纱布蘸肾上腺素液进行压迫止血。

手术中应尽量避开声带背面附近喉动脉的分支,如果喉动脉的分支出血,应电灼止血、压迫止血或钳夹捻转止血,彻底止血后,喉的甲状软骨用可吸收缝线进行间断缝合,缝线不要穿透甲状软骨,胸骨舌骨肌全层连续缝合,皮肤间断缝合。清除口腔内的凝血块。

2. 口腔内喉室声带切除术

用开口器打开口腔,用压舌板压低会厌软骨尖端,暴露喉室2条呈“V”字形的声带。用一弯形长止血钳,钳夹声带,剪开钳夹处黏膜并切除。电烙止血或用纱布球压迫止血。在声带的

二维码 1-2-14　犬的声带切除术

背面和后面有喉动脉的 2 个分支，若损伤该血管，可引起出血。因出血位置较深，钳夹成结扎止血点有一定的困难，故应防止血流入气管深部。为此，在声带切除后，给患病动物插入气管插管，以保证足够的通气量和防止吸入血液，并将患病动物的头部放低，一般出血在短时间内即可停止。在患病动物苏醒后恢复吞咽时，拔除气管内插管，并尽量减少引起患病动物咳嗽的因素。

（七）术后护理

术后为防止声带创面出血和伤口感染，肌内注射酚磺乙胺和抗生素。

二、气管切开术

（一）适应证

气管切开术常是由上呼吸道疾病而引起的严重呼吸困难以及窒息等威胁生命时采取的一种有效的急救手术。如鼻骨折、气管阻塞、咽喉水肿、喉囊积脓引起的呼吸困难等。

（二）保定

四柱栏内站立保定，头部要可靠固定，颈部稍抬高和伸直。也可侧卧保定。

（三）麻醉

切口部分做菱形皮下浸润麻醉。在皮下组织和肌肉下的深肌膜内注入 2%盐酸普鲁卡因溶液 30～40 mL

（四）手术部位

手术的切口位置是在颈腹侧中线的上 1/3 段与中段的交界处。此处有两侧胸头肌与肩胛舌骨肌共四条肌肉，构成一个菱形区域。在此区域内，气管与表面皮肤之间只隔着左右两条薄的胸骨甲状舌骨肌，气管的位置较浅，是手术最安全区域。

二维码 1-2-15　气管切开术

（五）手术方法

手术部剃毛、消毒等常规处理，在颈部正中线上做 5 cm 左右的切口，切开皮肤和皮下组织，钝性分离左右两条胸骨舌骨甲状肌和气管周围结缔组织。用扩创钩将切口向两边拉开，充分暴露气管并彻底止血。按照气管切开手术的要求及气管导管的大小，在邻近两个气管环上各做一半圆形切口，形成一个近圆形的孔。气管创缘如有出血，应立即压迫止血，防止血液流入气管内。然后插入气管套管，保持气道通气。在切除软骨环时，有软骨和组织碎片，必须用镊子夹住，以免落入气管内，引起气管堵塞和窒息。气管切开后，正确插入气管导管，并将它用绷带固定好，或将可固定的气管导管用缝合的方法固定于切口上，在临时没有气管导管时，可采用气管软骨撑开法，即把气管纵行切开 3～4 个软骨环，让切开的软骨一端连着气管，另一端游离，然后用一根小木棍把前后两软骨环撑开，并用丝线固定好，使切开的气管切口保持扩张通气状态。

(六)术后护理

术后密切注意气管套管是否通畅。如有分泌物,应立即清除。一旦气管通气功能恢复,原发病解除,就可拔除气管套管。上呼吸道手术动物,多数在术后 24～48 h 拔管。严重病例可延长数日或数周。套管拔除前,手捂住套管外口。如动物鼻道呼吸正常,即可拔除套管。套管拔除后,创口做一般处理,取二期愈合。

三、食道切开术

(一)适应证

食道切开术,主要是因为食道被团块食物堵塞或异物阻塞等疾病,团块食物或其他阻塞异物既不能从口腔取出,也不能用胃管推送入胃内时,或经打气法和食道探子等治疗无效者,可用食道切开术进行治疗。此外,食道内的肿瘤、憩室和外伤也可用食道切开术进行治疗。

(二)保定

可以采用站立保定或右侧卧保定,确实固定头部,充分伸展颈部。

(三)麻醉

手术部位施行菱形浸润麻醉,在皮下组织和肌肉的深部注射 2%盐酸普鲁卡因溶液 30～40 mL,必要时可配合注射镇静、肌肉松弛的药物。

(四)手术部位

食道堵塞位于颈部左侧的颈静脉沟处,周围有颈静脉、颈动脉、迷走神经等,手术过程应注意避免伤及这些重要的血管神经。先用手指在颈静脉沟触诊,以确定阻塞部位,一般也就是手术伤口的位置。按照食道堵塞的病情和手术的要求。手术部位有上下两个切口:上切口是在颈静脉之上,臂头肌的下缘,此处距食道最近,主要用于食道受损伤程度不严重的单纯性食道堵塞疾病。下切口在颈静脉沟下方,尽量靠近胸腔入口处,主要用于食道堵塞时间较长,且有炎症化脓坏死,手术后需要排液引流的病例。

(五)手术方法

二维码 1-2-16　羊食道切开术

术部剃毛、消毒等常规处理,确定切口部位时,先用手指压迫术部下的颈静脉,使它暴露出来。为避免误伤颈静脉沟的血管神经,要确实摸准切口位置是在臂头肌(上切口)或胸头肌(下切口)的皮肤。判断的方法:如果是肌肉,有厚实感;如果在颈静脉上,按压较软有弹性。然后按照确定的切口部位切开皮肤,切口与颈静脉平行,切口的长度依阻塞物的大小而定。切开皮肤后,这时就能看到皮下的血管,注意避开,以免伤及。接着继续切开皮下筋膜和皮肌,用扩创钩扩大切口,然后彻底止血。再继续切开臂头肌的腱膜,此处离颈静脉最近,切勿伤及。

创口继续深入,则要切开肩胛舌骨肌,并钝性分离肩胛舌骨肌的腱膜和颈深筋膜。彻底止血,清洁创面。用扩创钩扩大创口,充分显露术野。此时,手术通路已告完成。下一步可根据食道阻塞物或食道病变寻找到食道。然后用手指或止血钳分离其周围的结缔组织,充分暴露食道,在食道上做纵行切口,切口的大小要根据阻塞物的大小、形状来定。阻塞物软质而长时,切口可小一点；阻塞物硬质而大时，切口较大。食道切开时，一般用手术刀一次切开食道壁各层，以免黏膜与肌肉层分离。食道切开后，用镊子、钳子或手指将阻塞物取出，取完后用灭菌生理盐水冲洗干净，同时用纱布吸净食道分泌物和残留冲洗液，以免流入皮肤切口内。然后用可吸收缝线螺旋缝合食道黏膜切口，缝合要紧密，然后再用结节缝合法缝合肌肉层及外膜的切口，缝合要均匀，以免引起食道狭窄。缝合完毕后，在伤口涂上青霉素油剂，取出衬垫的纱布及器械，将食道送回原位。用灭菌生理盐水冲洗肌肉切口，同时散布消炎粉，用可吸收缝线或丝线结节缝合法闭合创口。再用 7—8 号丝线结节缝合皮肤切口。必要时，在缝合肌肉及皮肤时可放置纱布条引流。

（六）术后护理

术后护理得好坏直接影响到手术的成败，一有差错，就会导致食道瘘，应特别注意。

（1）保持局部安静，防止在饲槽上摩擦或啃咬，以免影响愈合。

（2）禁食 1 周，每日补给一定量的葡萄糖及复方盐水，饲喂流食，再由流食到喂给少量青饲草，半个月后逐渐向自由采食过渡。

（3）如发现创口有感染，应拆除皮肤缝合线，处理伤口，开放治疗。

（4）发现创内有唾液或食物时，说明食道缝合不严密或缝线松脱，应立即禁食，进行二次缝合。

任务六　胸部手术

一、胸部食管切开术

（一）适应证

主要适用于胸部食管的探查、食管内异物和阻塞的排除，或食管憩室的治疗等。

（二）保定及麻醉

侧卧保定，全身麻醉。手术时进行正压间歇通气。

（三）术部

左、右两侧均可进行手术。但因为食管位于心基的右侧，故手术通路常选在右侧胸壁。一般从胸腔入口到心基部食管的手术通路应选在第 4 肋间。从心基部到食管末端的通路，选在第 8～9 肋间。

（四）手术方法

二维码 1-2-17　犬胸部食道切开术

（1）常规处理手术部位。

（2）切口皮肤，分离皮下组织，显露肋骨，必要时切除一根肋骨，打开胸腔。之后，用牵拉器扩开手术创口，用生理盐水浸湿的纱布垫在肺周围，尽量暴露前部食管，注意保护伴行的迷走神经。接近食管时，要注意组织粘连状态，不得强拉，小心分离，必须控制出血，使视野清晰。避开腔静脉和主动脉，不要误伤。术者必须准确评价食管的活力与血液供应状态，判断组织能否成活。如果在食管内有尖锐物体，如鱼钩或针，应注意固定，不得损伤邻近的器官，特别是主动脉、腔静脉或肺部的血管。

(3)拉出并切开食道。锐性切开纵隔，分离食管。

(4)将迷走神经包裹起来，以防损伤。

(5)设法将食道拉出胸腔外，用肠钳夹住要切开部位的两端，纵行切开，并用吸引器将血液、食道积液吸出，防止污染胸腔。

(6)缝合食道。食道做两层缝合，第一层用可吸收缝线连续缝合全层，第二层对纤维肌肉层做间断缝合。用生理盐水清洗，然后还纳食道。

(7)闭合创口。

(五)术后护理

常规护理。

二、肋骨切除术

(一)适应证

当发生肋骨骨折、骨髓炎、肋骨坏死或化脓性骨膜炎时，作为治疗手段进行肋骨切除手术。为打开通向胸腔或腹腔的手术通路，也需切除肋骨。

(二)麻醉

全身麻醉，对于性情温顺的马、牛也可用局部麻醉。局部麻醉采用肋间神经传导麻醉和皮下浸润麻醉相结合。皮肤切开之前，在切开线上做局部浸润麻醉。

(三)保定

大动物的肋骨切除，一般采用站立保定，但也可侧卧保定。

(四)器械

除一般常用软组织分割器械外，还要有骨膜剥离器、肋骨剪、肋骨钳、骨锉等。

(五)手术方法

二维码 1-2-18　肋骨切除术

在欲切除肋骨中轴，直线切开皮肤、浅肌膜、胸深肌膜和皮肌，显露肋骨的外侧面。用创钩扩开创口，认真止血。在肋骨中轴纵行切开肋骨骨膜，并在骨膜切口的上、下端做补充横行切口，使骨膜上形成“工”字形骨膜切口。用骨膜剥离器剥离骨膜，先用直的剥离器分离外侧和前后缘的骨膜，再用半圆形剥离器插入肋骨内侧与肋膜之间，向上向下慢慢推动，使整个骨膜与肋骨分离。

骨膜分离之后，用骨剪或线锯切断肋骨的两端，断端用骨锉挫平，以免损伤软组织或术者的手臂。拭净骨屑及其他破碎组织。

骨膜剥离的操作要谨慎，注意不得损伤肋骨后缘的血管神经束，更不得把胸膜戳穿。闭合手术创口时，先将骨膜展平，用可吸收缝线或非可吸收缝线间断缝合，肌肉、皮下组织分层常规缝合。

(六)注意事项

当发生骨髓炎时,肋骨呈宽而薄的管状,其内充满坏死组织和脓汁。在这样的情况下,肋骨切除手术变得很复杂,骨膜剥离很不容易,只能细心剥离,以免损伤胸膜。如果骨膜也发生坏死,应在健康处剥离,然后切断肋骨。

三、胆囊切口术

(一)适应证

结石的治疗、胆汁引流及人工培植牛黄等。

(二)器械

一般用于软组织切开、止血、缝合器械。

(三)保定与麻醉

仰卧保定、全身麻醉。

(四)手术部位

自右侧髋结节向前引一与脊柱平行线。另一条线是自右肩关节向后引一与脊柱平行线。自倒数第二或第三肋间隙做垂线(两平行线之间连线)。此连线中点即为切口的中心,切口长6~8 cm。黄牛、奶牛切口应在倒数第二肋间隙,牦牛切口应在倒数第三肋间隙。

(五)手术方法

1. 开腹

术部常规处理后,沿肋间隙切开皮肤及皮下肌肉,继而切开肋间外肌与肋间内肌,及时止血,清洁创面。然后切开膈肌筋膜,并钝性分离膈肌。按腹膜切开的方法切开腹膜。在切口上角即可见到肝脏的边缘。

二维码 1-2-19 胆囊切开术

2. 取出并切开胆囊

术者以左手食、中二指经切口伸入腹腔,先摸到肝脏下缘,然后在倒数第三肋骨内侧找到呈梨形的胆囊,用食、中二指夹住胆囊底部轻轻拉出于切口之外。如胆囊内胆汁过多难以拉出时,可先用注射器抽出部分胆汁,或轻轻按摩胆囊使部分胆汁经胆管流入十二指肠,再将胆囊拉出切口之外。用浸有生理盐水的纱布将胆囊与创口隔离。继而按施术目的和手术种类切开胆囊,即用手术剪在胆囊体上剪一小孔,随后再扩大至所需长度。根据施术目的,取出结石;置入塑料支架,放置引流管等。

3. 缝合胆囊切口

用可吸收细线螺旋缝合黏膜及肌肉层,再用胃肠缝合法(库兴氏缝合)缝合浆膜肌层。缝合一定要严密,勿使胆汁漏出。用生理盐水冲洗胆囊,除去隔离纱布,胆囊还纳于腹腔。

4. 闭合腹壁创口

螺旋缝合法缝合腹膜,用结节缝合法分层缝合膈肌、肋间内肌、肋间外肌、皮下肌肉及皮肤。装置结系绷带。

(六)术后护理

手术后按一般常规护理。

(七)注意事项

手术中当切开肋间肌时,随着呼吸,空气可进入胸腔,应及时用灭菌纱布暂时堵塞,并尽快分离膈肌,以免过多的空气进入胸腔。

任务七　腹部手术

一、开腹术

(一)适应证

开腹术常用于肠阻塞、肠套叠修整、肠切开术、肠吻合术及腹腔肝、肾、剖腹产等手术的通路或腹部疾病探查。

(二)保定

根据不同疾病的不同手术目的和手术的操作难易等,一般采用站立、侧卧或仰卧保定。

(三)麻醉

小动物可采用全身麻醉,大动物可采用腰旁神经干传导麻醉,必要时可配合盐酸氯丙嗪肌内注射。

(四)手术部位

开腹术切口的部位和大小应根据手术的目的和要求而定,也与动物的种类有关。常用部位有侧腹壁切开法、正中线切开法和中线旁切开法。

1. 侧腹壁切开法

左右侧腹壁均可,切口部位由髋结节、髋结节水平线与最后肋骨交点的连线中点的下 10～15 cm 处(图 1-2-16)。

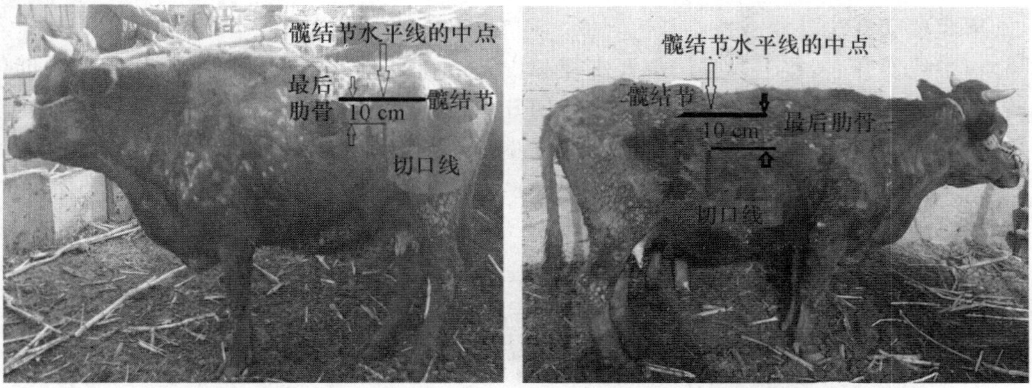

A.左侧切口处　　B.右侧切口处

图 1-2-16　腹部切口处

2. 正中线切开法

切口部位在正中白线上，脐的前部或后部，雄性动物应在脐的前部(图 1-2-17，A)。

3. 中线旁切开法

切口部位在白线的一侧 2 cm 处，做一与正中线平行的切口，此切口部位可不受性别的限制(图 1-2-17，B)。

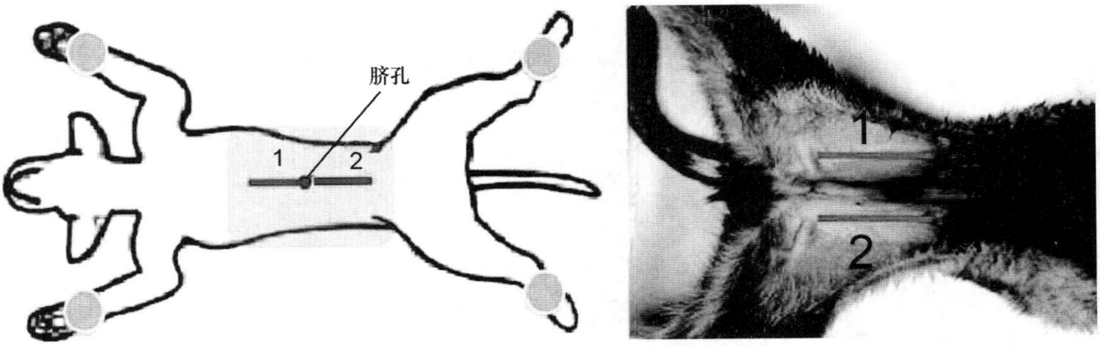

A. 正中线切开　　B. 中线旁切开

图 1-2-17　腹下切口

(五)手术方法

(1)选择合适的手术部位。

(2)术部剃毛、消毒、放置创巾、麻醉等按常规处理。

(3)手术通路。

①侧腹壁切开法。切开皮肌、皮下结缔组织及肌膜，彻底止血，用扩创钩扩大创口，充分显露术野。按肌纤维方向在腹外斜肌或其腱膜上做一小切口，并用钝性分离肌肉切口，再以同样方法按肌纤维方向切开腹内斜肌及其腱膜，彻底止血、清洁创面。再往深部，也按肌纤维方向切开并钝性分离腹横肌及其腱膜。腹壁肌肉切开后，充分止血，用扩创钩拉开腹壁肌肉。充分显露腹膜，然后切开腹膜。切腹膜时，保护腹腔器官，用刀反挑式切开或用剪刀剪开腹膜。接着用灭菌生理盐水浸湿的纱布，衬垫整个腹壁切口，勿使肠管脱出。准备进行下一步手术。

②下腹壁切开法。

a)正中线切开法：按上述方法切开皮肤和皮下结缔组织，充分止血、用扩创钩扩大创口充分显露术野，然后切开白线，显露腹膜。切开腹膜，同样以皱襞切开法切开，即先提起腹膜切个小口，插入有钩探针或镊子保护腹腔器官，反挑式切开或用剪子剪开腹膜。

二维码 1-2-20　开腹术

b)中线旁切开法：按上述方法切开皮肤和皮下结缔组织，继而切开腹直肌外鞘，然后按肌纤维的方向用钝性分离法分离腹直肌，再切开腹直肌的内鞘，最后按前述方法切开腹膜。

当腹腔切开后，可分别进行不同目的的手术的操作。

二、犬的胃切开术

(一)适应证

犬的胃切开术适用于取出胃内异物、摘除胃内肿瘤、急性胃扩张减压、胃扭转整复术及探查胃内的疾病等。

(二)器械

一般软组织切开、止血、缝合器械。尽可能准备两套器械(污染手术与无菌手术分开使用)。

(三)保定与麻醉

仰卧保定、全身麻醉。

(四)术部

在腹正中线上,剑状软骨与脐连线的中点,即为切口的中点。术部剪毛、剃毛、消毒,术部隔离。

(五)手术方法

常规切开皮肤、皮下组织、腹白线及腹膜。把胃从腹腔中轻轻拉出。胃的周围用大隔离巾与腹腔及腹壁隔离。以防切开胃时污染腹腔。

在胃大弯部切一小口,要注意避开胃大弯的网膜静脉。创缘用舌钳牵拉固定,防止胃内容物进入腹腔。必要时扩大切口,取出胃内异物,探查胃内各部(如贲门、胃底、幽门窦、幽门)有无异常。如有异常可进行手术治疗。如是胃扭转应进行胃整复术,胃壁固定术。用温青霉素生理盐水冲洗或擦拭胃壁切口,然后用可吸收缝线做黏膜肌层连续缝合及第二层浆膜肌层连续水平内翻褥式缝合。再用温青霉素生理盐水冲洗胃壁,后将之还纳于腹腔,腹壁常规闭合。

二维码 1-2-21　犬的胃切开术

(六)术后护理

术后 2 d 禁食,经 3～4 d 开始给予易消化的流食,以后 10 d 内保持少量饮食。防止胃过于胀满后撑破胃壁切口。最初数天给静脉输液。连续应用抗生素 5～7 d。

三、瘤胃切开术

(一)适应证

瘤胃切开术适用于瘤胃积食、创伤性网胃炎,以及吞食塑料袋等不易消化的异物;也可用于瓣胃阻塞治疗时的经瘤胃按摩等。

(二)保定

可采用柱栏内站立保定。

(三)麻醉

静松灵少量肌内注射,用于镇静,配合 2%～3%盐酸普鲁卡因溶液做腰旁神经干传导麻醉和局部浸润麻醉。

(四)手术部位

手术切口的确定方法是在左侧肷部的髋结节与最后肋骨连线的中间点,自腰椎横突尖端向下 4～5 cm 处,做 15～20 cm 长的切口。如果手术动物体型较大,切口部位可以稍向前下方移动,达最后肋骨后缘 3～4 cm,腰椎横突下 5～10 cm,切口由前上方向后下方倾斜,与最后肋骨方向一致。这样切口目的是使术者的手臂能触摸到网胃底部。

(五)手术方法

1. 切开腹壁

术部剃毛、消毒、放置创巾等,按常规处理。在手术部位上做 15～20 cm 切口,切开皮肤,及时止血。然后切开皮肌和皮下结缔组织,及时止血。随后,按肌纤维的方向钝性分离腹外斜肌、腹内斜肌、腹横肌,接着切开腹膜,并用灭菌生理盐水浸湿的纱布覆盖创缘。

2. 诊断创伤性网胃炎时的腹腔探查

当患病动物被怀疑可能患有创伤性网胃炎时,可在切开瘤胃之前,用手经腹壁和瘤胃之间的空隙往前伸到网胃和膈肌之间进行触摸探查,铁钉和铁丝等尖锐异物经常经此刺透网胃、膈肌,甚至损伤心包,造成创伤性网胃-心包炎,并被结缔组织增生并包埋形成网膜和膈肌之间的粘连,可用此方法检查发现异物和结缔组织增生粘连物,确诊疾病并直接分离,取出异物并治疗。

3. 切开瘤胃

先将腹壁切口用扩创钩撑开,把切口下的瘤胃壁的一部分背囊拉出到腹壁切口的外面,并在瘤胃壁与腹壁切口之间衬垫用灭菌生理盐水浸湿的纱布,以防止瘤胃切开后的瘤胃内容物流入腹腔。然后在下面两种方法中选择一种方法固定瘤胃壁和切开瘤胃壁。一种方法是在拉出的瘤胃壁准备做距离切口处 3～5 cm 的四角,用 10 号丝线分别穿上 4 条牵引线,张开牵引固定瘤胃壁。在牵引线中央切开瘤胃,切口长 15～20 cm,随即将切开的瘤胃壁外翻,由助手牵拉固定,直到瘤胃壁缝合为止。另一种方法是在拉出的瘤胃壁从左下角开始往上将其缝在左侧的腹壁切口皮肤创缘上,到左上角后转弯,经右上角继续将瘤胃壁缝合在右侧腹壁切口的皮肤创缘上,直至右下角,缝合围绕腹壁切口创缘周围一圈。缝合时用 10 号丝线,做螺旋缝合,每一针都应抽紧缝线,使瘤胃壁与腹壁切口皮肤创缘紧密贴合和固定牢固。然后在预定切口部位切开瘤胃,由助手用套有胶皮管的胃钳夹着牵拉切开的瘤胃壁边缘张开,同时在切口瘤胃壁周围垫上用灭菌生理盐水浸湿的纱布,防止瘤胃内容物流入和污染腹腔。

二维码 1-2-22 牛瘤胃切开术

4. 取出瘤胃内容物和异物

瘤胃壁切开和固定好以后,术者尽快取出瘤胃内容物,要寻找到堵塞物为止,有时甚至要取出全部瘤胃内容物才能找到。如果想经过瘤网胃口取出造成创伤性网胃炎的铁钉铁丝时,也必须取出大部分的瘤胃内容物,才能摸到和取出。当取刺透瘤胃壁的铁钉铁丝时,要谨慎小心,以免不知不觉地把瘤胃钩破穿孔,造成腹膜炎。完成上述的治疗操作后,由于术者的手已经被瘤胃内容物严重污染,所以必须洗手、消毒和重新更换手套,然后才可以进行下一步的工作。

5.缝合瘤胃壁

用灭菌生理盐水冲洗瘤胃壁，并注意冲洗时不要让冲洗液流进腹腔。然后拉紧瘤胃壁的端缘，使切口对齐，用可吸收缝线缝合瘤胃切口。缝合方法可采用螺旋缝合法或者锁扣缝合法缝合瘤胃壁全层。缝完后用灭菌生理盐水冲洗干净，用可吸收缝线采取库兴氏缝合法进行第二次缝合瘤胃壁的浆膜肌层，再用含有青霉素的灭菌生理盐水冲洗干净，并用灭菌纱布拭干，在缝合部位涂上青霉素油剂消炎。然后拆除手术时固定瘤胃壁的牵引线或螺旋缝合在皮肤上的缝合线，将瘤胃送回腹腔。接着进行分层缝合，用可吸收缝线或丝线采取螺旋缝合法把腹膜和腹横肌缝合，闭合腹壁前向腹腔内注入青霉素粉，以防止术后并发腹膜炎。腹膜缝合完后，用含青霉素的灭菌生理盐水冲洗腹壁切口，用可吸收缝线或丝线采取结节缝合法分别缝合腹内斜肌和腹外斜肌。用含青霉素灭菌生理盐水冲洗干净。再用 10 号丝线采取减张缝合法缝合皮肤切口，缝完后用镊子整理缝线和创缘，使两侧皮肤创缘对齐和紧密接触，利于愈合。最后在缝合的切口上涂碘酊消毒，装上绷带。

(六)术后护理

(1)术后禁食 36～48 h，待瘤胃蠕动恢复，出现反刍后开始给予少量优质饲草。

(2)术后 12 h 即可进行缓慢的牵遛运动，以促进胃肠功能的恢复。当有脱水表现时应给予补液。

(3)术后 4～5 d 内，每天 2 次使用抗生素，如青霉素、链霉素等。注意观察原发病是否消退，有无手术并发症，并根据情况进行必要的处理与治疗。

四、真胃切开术

(一)适应证

皱胃(真胃)积食、皱胃内肿瘤的切除及严重的皱胃溃疡胃部分切除术，皱胃内毛球、纤维球及积沙的取出，皱胃阻塞(图 1-2-18)。

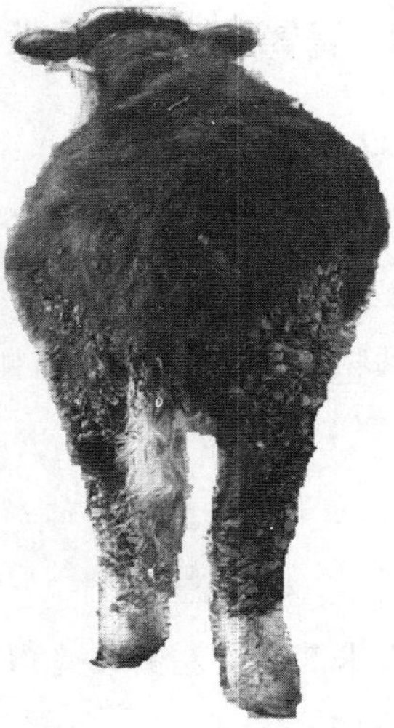

图 1-2-18　真胃阻塞，真胃区突出

(二)术前准备

当瘤胃内充满大量液状内容物时，术前应对病牛(羊)进行导胃，以减轻侧卧保定时的腹内压力；对皱胃积食和瓣胃梗死进行手术时，术前应准备好冲洗用的温生理盐水、漏斗、胃导管等物品。

(三)麻醉

静松灵 0.2 mg/kg 体重，肌内注射，术部配合局部浸润麻醉。

(四)保定

左侧侧卧保定。

(五)手术部位

右侧肋弓下斜切口,距右侧最后肋骨末端 25～30 cm 处,定为平行肋弓斜切的中点,在此中点上做一 20～25 cm 平行肋弓的切口。也可在右侧下腹壁触诊皱胃,以皱胃轮廓最明显处来确定切口部位。

(六)手术方法

切开皮肤,分离皮下组织,切开腹膜,打开手术通路,显露皱胃。当皱胃内容物较少时,术者手经切口伸入腹腔。将皱胃向切口外推移以充分显露。当皱胃内容物较多,胃充满时,用纱布填塞于腹壁切口和皱胃壁之间,然后将一橡胶洞巾连续缝合在胃壁预定的切开线上,切开皱胃,彻底止血。当皱胃积食时,应先用手指将皱胃干涸内容物取出一部分,随后改用温盐水冲洗胃。术者手持导管口,将导管带入皱胃内,导管另一端连接漏斗向皱胃内灌注温水。并用手指松动干硬胃内容物,胃内容物被温盐水泡软冲散后经切口反流至体外,反复冲洗,将胃内容物排出。

二维码 1-2-23　真胃切开术

闭合手术切口。拆除胃壁上缝合的橡胶洞巾,彻底清洗胃壁上的血凝块、草渣及异物。用可吸收缝线进行连续全层缝合。撤去胃壁与腹壁切口之间填塞的纱布。用生理盐水反复冲洗胃壁切口后进行库兴氏缝合。缝合结束,胃壁涂以抗生素软膏,将皱胃还纳回腹腔内。最后闭合腹壁切口。

(七)护理

术后禁食 24 h 以上,经口腔插入胃导管,导出瘤胃内液状内容物,以减轻瘤胃对左方变位的皱胃的压迫。

五、 真胃变位矫正术

(一)麻醉

腰旁神经干传导麻醉,牛也可肌内注射静松灵进行镇静。

(二)保定

动物站立保定、前躯右侧卧保定或后躯半仰卧保定。

(三)手术方法

1. 皱胃左方变位复位术

(1)手术部位

手术部位有左侧腹壁、右侧腹壁、左右侧腹壁切口 3 种方法,不同切法各有利弊。

(2)术式

术式 1:采用真胃切开手术,将真胃掏空后真胃可自然复位。

术式 2:向右推移固定法。

步骤 1　在左腹部腰椎横突下方 25～35 cm,距第 13 肋骨 6～8 cm 处做一长 15～20 cm 垂直切口;打开腹腔,暴露皱胃,导出皱胃内的气体和液体;牵拉皱胃寻找大网膜,将大网膜引至切口处。

步骤 2　整复固定。

整复固定方法 1：用 10 号双股缝合线，在皱胃大弯的大网膜附着部做 2～3 个纽扣缝合，术者掌心握缝线一端，紧贴左腹壁内侧伸向右腹底部皱胃正常位置，助手根据术者指示的相应体表位置，局部常规处理后，做一个皮肤小切口，然后用止血钳伸入腹腔，钳夹术者掌心的缝线，将其引出腹壁外。同法引出另外的纽扣缝合线。然后术者用拳头抵住皱胃，沿左腹壁推送到瘤胃下方右侧腹底，进行整复。纠正皱胃位置后，由助手拉紧纽扣缝合线，取灭菌小纱布卷，放于皮肤小切口内，将缝线打结于纱布卷上，缝合皮肤小切口。

整复固定方法 2：用长约 2 m 的可吸收缝线，在皱胃大弯的大网膜附着部做一褥式缝合并打结，剪去余端，带有缝针的另一端留在切口外备用；将皱胃沿左腹壁推送到瘤胃下方右侧腹底。纠正皱胃位置后，术者掌心握着备用的带可吸收缝线的缝针，紧贴左腹壁内侧伸向右腹底部，并按助手在腹壁外指示的皱胃正常体表位置处，将缝针向外穿透腹壁，由助手将缝针拔出，慢慢拉紧缝线。将缝针从原针孔刺入皮下，距针孔 1.5～2.0 cm 处穿出皮肤，引出缝线，将其与入针处线端在皮肤外打结固定。常规闭合腹壁切口，装置结系绷带。

术式 3：滚转复位法。禁食 1～2 d，并限制饮水，使瘤胃容积缩小；使牛右侧横卧 1 min，将四蹄缚住，然后转成仰卧 1 min，随后以背部为轴心，先向左滚转 45°，回到正中，再向右滚转 45°，再回到正中（左右摆幅 90°）。如此来回地向左右两侧摆动若干次，每次回到正中位置时静止 2～3 min。将牛转为左侧横卧，使瘤胃与腹壁接触，转成俯卧后使牛站立。也可以采取左右来回摆动 3～5 min 后，突然停止；在右侧横卧状态下，用叩诊和听诊结合的方法判断皱胃是否已经复位。若已经复位，停止滚转；若仍未复位，再继续滚转，直至复位为止。然后让病牛缓慢转成正常卧地姿势，静卧 20 min 后，再使牛站立。

治疗过程中，适时口服缓泻剂与制酵剂，应用促反刍药物和拟胆碱药物，静脉注射钙剂和口服氯化钾，以促进胃肠蠕动，加速胃肠排空，消除皱胃弛缓。若存在并发症，如酮病、乳房炎、子宫炎等，应同时进行治疗。滚转法治疗后，让动物尽可能地采食优质干草，以促进胃肠蠕动，增加瘤胃容积，从而防止复发。

2. 皱胃右方变位复位术

在右腹部第 3 腰椎横突下方 10～15 cm 处，向下做垂直切口，切开腹壁至需要的长度。按常规方法切开腹壁显露皱胃后，将腹膜与皱胃壁浆膜肌层进行隔离缝合，当皱胃内蓄积大量气体和液体时，可先用带长胶管的针头穿刺，排出部分皱胃内的气体与液体，而后在皱胃壁上先做一荷包缝合，在荷包缝合的中央做 3～4 cm 的切口，切开皱胃壁，然后迅速插入粗胶管（或者胃导管）抽紧荷包缝合线加以固定，继续排出皱胃内积液，待液体排尽后，拔出胶管抽紧荷包缝合线，缝合皱胃切口。如果皱胃内下方液体未排尽或皱胃内蓄积食物尚需排出时，可延长皱胃壁切口，再将胃内容物排出。最后皱胃壁切口先进行全层连续缝合，再行浆膜肌层缝合，拆除腹腔隔离缝合线，将皱胃复位还纳于正常位置，并尽可能地按照皱胃左侧变位复位后的固定缝合法，将大网膜或胃底部缝合固定于右侧腹壁，以防皱胃变位的复发。

二维码 1-2-24　真胃变位矫正术

六、肠管手术

(一)适应证

适用于如肠变位、肠扭转、肠套叠、肠阻塞、肠肿瘤等引起肠局部坏死需要根治的手术。

(二)动物保定、麻醉、手术部位的选择

同开腹术。

(三)手术过程

1. 肠壁切开术

用手伸入腹腔探查患病肠段,将病变的肠管小心拉到腹壁切口之外,并在拉出的肠管下面衬垫用灭菌生理盐水浸湿的纱布,防止肠切开后肠内容物流入和污染腹腔。接着沿着与肠管纵轴方向切开肠壁,但切口要避开肠的纵肌带,切口的长度依肠堵塞物的大小、形状而定,以使肠堵塞物易于取出。

如果肠管内有液状内容物,应先切小口,小心排出肠内液体内容物,并要严防肠内粪水流入腹腔;排净肠内液体后,再扩大切口,取出肠内堵塞物,然后用温生理盐水冲洗肠壁切口及周围肠段区域;接着将肠壁用可吸收缝线先连续缝合再水平内翻缝合,后用温生理盐水冲洗干净,涂青霉素油剂后送入腹腔。最后闭合腹腔。

二维码 1-2-25 肠切开术

2. 肠套叠整复术

用手触到的套叠肠管质地较硬、有痛感;如果是肠阻塞,触到的阻塞肠管质地坚硬如石,痛感更剧烈。找到患病肠段,将其拉出腹腔切口之外,在套叠肠管或阻塞肠管下面衬垫生理盐水浸湿的纱布。用双手的手指自套叠端进行推挤,使其逐渐复位,不可用手使劲硬拉,否则因肠壁较薄或套叠较紧,易于拉断肠管或造成肠破裂。如果整复有困难,可在套叠鞘内滴加少量液状石蜡润滑后继续整复,如多方整复似无效果,可剪开套叠的外层肠管,然后按肠切开的肠壁缝合法进行双层缝合肠壁。最后,详细检查肠管和肠系膜,如无出血、水肿、坏死等病理变化和异常,可送回腹腔;如因上述这些变化而使肠管失去正常生理功能时,则应进行肠切除和肠吻合术(图 1-2-19)。

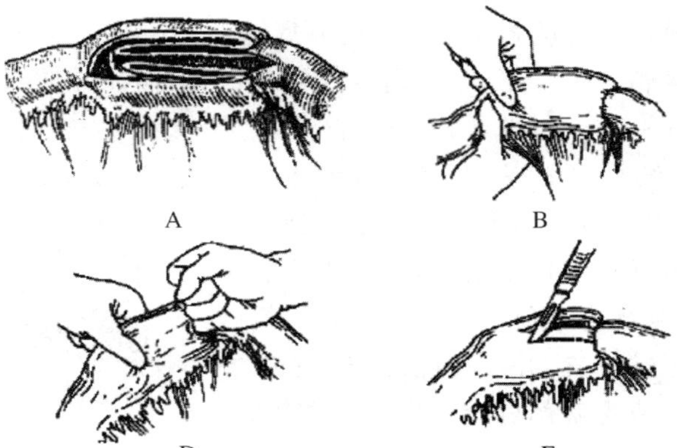

图 1-2-19 肠套叠及其矫正法

A. 肠套叠 B. 推挤法 C. 牵拉法 D. 小拇指分离法 E. 切开法

3. 肠管断端吻合术

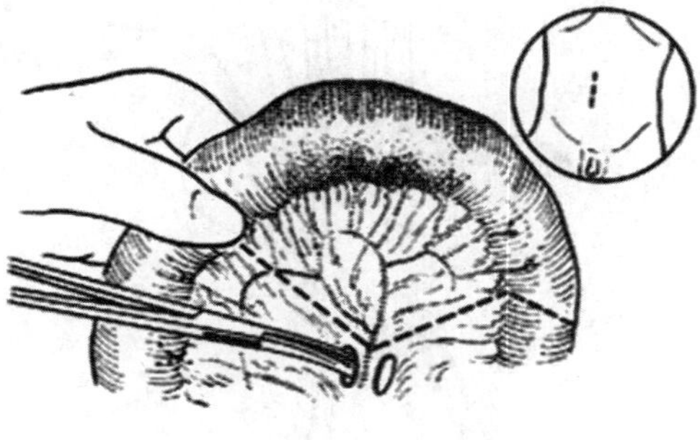

图 1-2-20　扇形切断

腹腔切开后，用手将要进行手术的患病肠段拉到腹壁切口之外，并在拉出的肠管下面衬垫用灭菌生理盐水浸湿的纱布，以防止切开的肠管内容物流入腹腔造成污染。在预定要切除的肠段两端用肠钳固定。首先结扎要切除的肠段的肠系膜血管，以防手术时出血。然后用手术剪将病变的肠段剪断。接着将其相应的肠系膜做扇形剪除(图 1-2-20)，用含有青霉素的生理盐水清洗肠管断端。缝合肠管时，先将带有肠钳的两肠管断端并拢在一起，检查吻合的肠管是否有扭转。用细丝线先从肠管的系膜侧将上、下两段肠管断端做一针浆肌层间断缝合以做牵引(图 1-2-21)。缝合时注意关闭肠系膜缘部无腹膜覆盖的三角形区域。在其对侧缘也缝一针，用止血钳夹住这两针作为牵引，暂勿结扎。再用可吸收缝线间断全层缝合吻合口后壁(图 1-2-22)，针距一般为 0.3～0.5 cm。然后，将肠管两侧的牵引线结扎。再缝合吻合口前壁(图 1-2-23)，缝针从一端的黏膜入针，穿出浆膜后，再自对侧浆膜入针穿出黏膜，使线结打在肠腔内，将肠壁内翻(图 1-2-24)，完成内层缝合。取下肠钳，再进行外层(第二层)缝合。用细丝线做浆肌层间断缝合，针距 0.3～0.5 cm，进针处距第一层缝线以外 0.3 cm 左右，以免内翻过多，形成瓣膜，影响肠腔的大小而影响肠内容物的通过。在前壁浆肌层缝毕后，翻转肠管，缝合后壁浆肌层。注意系膜侧缘和系膜对侧缘肠管应对齐闭合，必要时可在该处加固 1～2 针，全部完成对端吻合。用手轻轻挤压两端肠管，观察吻合口有无渗漏，必要时追补数针。用拇指、食指指尖对合检查吻合口有无狭窄(图 1-2-25)。

取下周围的消毒巾，更换盐水纱布垫，更换肠切除吻合用过的污染器械。手术人员洗手套或更换手套。再用细丝线缝合肠系膜切缘(图 1-2-26)，消灭粗糙面。缝合时注意避开血管，以免造成出血、血肿或影响肠管的血液循环和肠蠕动。

缝合完毕后将肠管放回腹腔，但须注意勿使其扭转，然后逐层缝合腹壁切口。

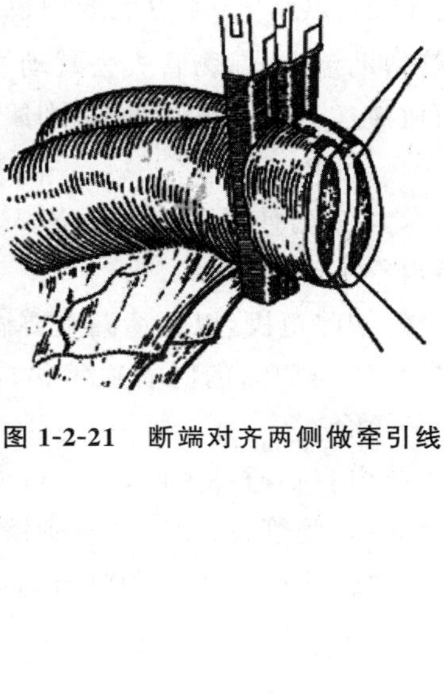

图 1-2-21　断端对齐两侧做牵引线

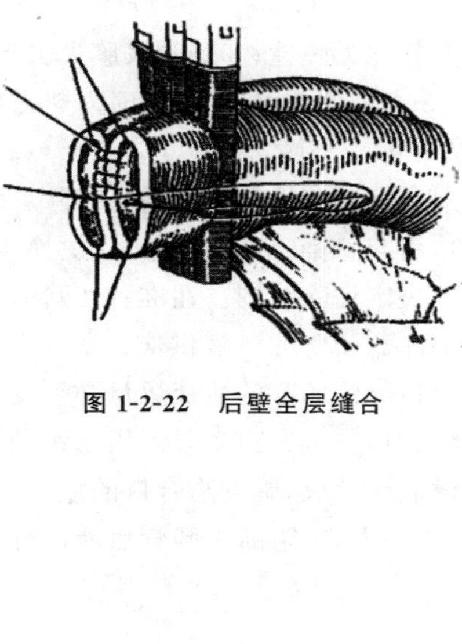

图 1-2-22　后壁全层缝合

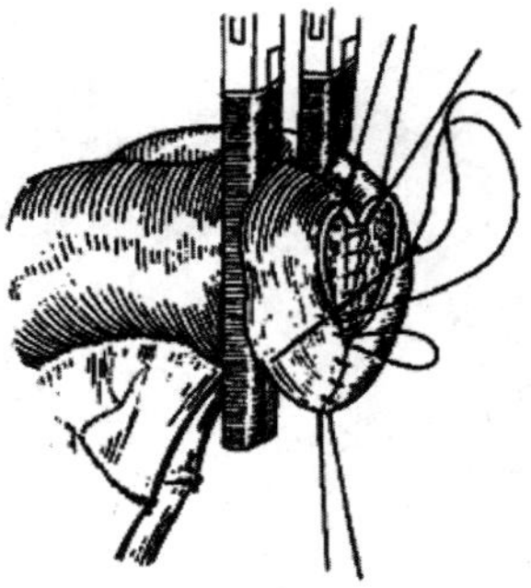

图 1-2-23 前壁全层缝合

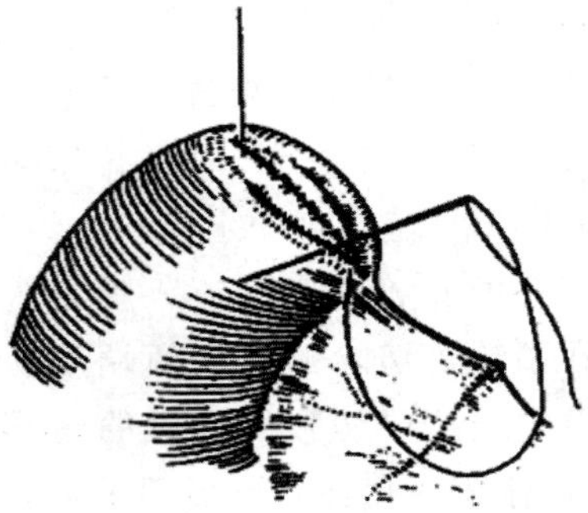

图 1-2-24 吻合处全部做浆膜层内翻缝合

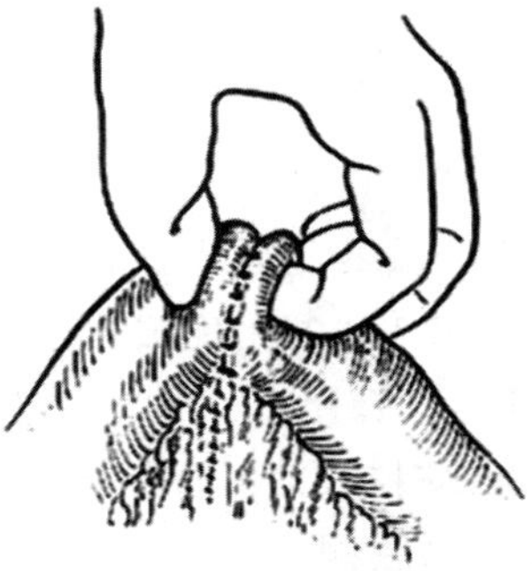

图 1-2-25 检查吻合口

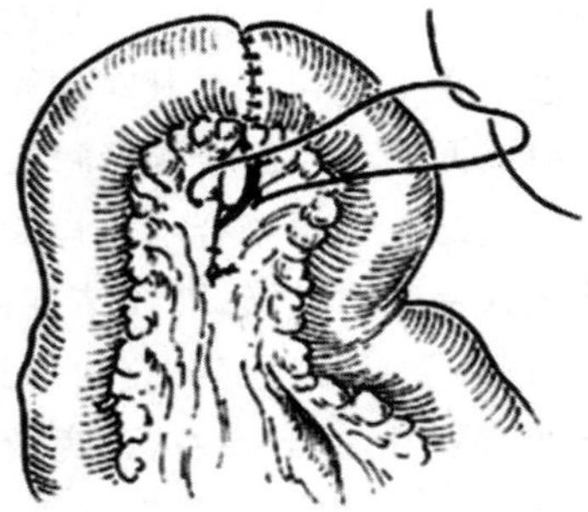

图 1-2-26 缝合肠系膜切缘

二维码 1-2-26 肠吻合术

(四)术中注意事项

(1)正确判断肠管的活力。尤其在疑有大段肠管坏死时,由于留下肠管不多,必须争取保留尽可能多的肠管,所以严格确定肠管是否坏死就显得更为重要。

判定肠管是否坏死,主要根据肠管的色泽、弹性、蠕动、肠系膜血管搏动等征象。如:①肠管呈紫褐色、黑红色、黑色或灰白色;②肠壁菲薄、变软和无弹性;③肠管浆膜失去光泽;④肠系膜血管搏动消失;⑤肠管失去蠕动能力。具备以上 5 点中的 3 点,经较长时间热敷后放入腹腔内,而血液运行无明显改善时,即属肠坏死,应予以切除。

(2)注意无菌操作。目前肠切除后多用开放式吻合,应注意勿使肠管内容物流入腹腔,污染切口,引起感染。吻合完毕,应更换所用器械和手套后再行关腹操作。

(3)决定切除范围。在准备切除前,先行肠管检查,决定切除范围,以免遗漏重要病变。

(4)注意肠管的血液供应。肠系膜切除范围应呈扇形,使与切除的肠管血液供应范围一致,吻合口部位肠管的血液运行必须良好,以保证吻合口的愈合。

(5)肠钳不宜夹得太紧。用肠钳夹住肠管以刚好阻止肠内容物通过为度,以免造成肠壁损伤,继发血栓形成,影响吻合口的愈合。以往常在肠钳上套一软胶管,试图减少对肠壁的损伤,但常因钳夹太紧,阻断了肠管血液运行,反而增加损伤。肠钳位置应放置在距吻合口 3～5 cm

为宜，如肠内容物不多，进行吻合时，可不用肠钳。

(6)吻合时宜注意避免肠管的扭曲。由于连续全层缝合后肠管内径日后不易扩大，可导致狭窄和通过不良，故应该用间断缝合。吻合时肠壁的内翻不宜太多，避免形成肠腔内的瓣膜。全层缝合的线头最好打 3 个结，不使过早松脱。前壁缝合应使肠壁内翻，浆肌层缝合必须使浆膜面对合。不要缝合太深或太浅。吻合完毕后必须仔细检查吻合口一遍，看有无漏针，尤应注意系膜附着处两面及系膜对侧是否妥善对齐。

(7)两端肠腔大小悬殊时的吻合。可将口径小的断端的切线斜度加大，以扩大其口径。另一种方法是适当调整两个切缘上缝线间距离，口径大的一边针距应宽一些，口径小的一边应窄一些。若差距过大，可缝闭远端，另做端侧吻合术。

(8)肠端吻合时注意，应先止血，以防止术后吻合口出血。

(9)缝合系膜时注意不要扎住血管，同时也应注意勿漏缝，以免形成漏洞，产生内疝。

(五)术后护理

(1)肠切除术后继续禁食，胃肠减压 1～2 d，至肠功能恢复正常为止。小肠手术后 6 h 内即可恢复蠕动，故无肠梗阻的动物，术后第 1 天开始服少量不胀气流质饲料，逐渐加至半流质。对小肠切除多者，或对保留肠管生机仍有疑问者，饮食应延缓，需待排气、排便、腹胀消失后开始。

(2)在禁食期间，每日需输液，以补足生理需要和损失量。脱水和电解质平衡失调较重者，开始进食后，仍应适当补充液体。

(3)一般用青霉素、链霉素控制感染，必要时可选用广谱抗生素。

(4)术后早期应多活动，以预防肠粘连及肺部并发症。

七、 瓣胃按摩与冲洗术

(一)适应证

胃阻塞的治疗。

(二)保定

采取站立或右侧卧保定。

(三)麻醉

同瘤胃切开术。

(四)手术方法

1. 瘤胃冲洗法

按瘤胃切开术的方法切开腹壁及瘤胃，取出 1/3 瘤胃内容物，然后隔着瘤胃按压瓣胃。继而将胃管一端通过瘤网沟送入瓣胃，胃管另端接上漏斗，由助手向瓣胃内注入温水。术者将手退回瘤胃按压瓣胃，接着继续注水，边注水边按压瓣胃，反复进行，直到瓣胃内容物软化。

2. 真胃冲洗法

对体形较大的牛，做瘤胃切开实施瓣胃按摩与冲洗术确有困难时，则通过真胃切开术进行冲洗。即按真胃切开术的方法切开腹壁及真胃。取出真胃内容物，将一胃管通过瓣皱口送入瓣胃，并间断注入温水，术者另一只手由腹壁切口伸入腹腔，直接按摩瓣胃，如此反复进行，直至瓣胃变小、内容物变软。

（五）注意事项

（1）通过瘤胃冲洗瓣胃时，因水不能排出，故注水总量不宜过多。通过真胃冲洗瓣胃时，因水能随时排出，故水量不限。

（2）冲洗时胃管头不可反复冲撞瓣胃，以免损伤黏膜及瓣叶。

（3）术后护理同瘤胃切开术。

八、犬猫膀胱切开术

（一）适应证

适用于膀胱或尿道结石、膀胱肿瘤及膀胱破裂修补等。

（二）保定和麻醉

仰卧保定，全身麻醉。

（三）术部

母犬距耻骨前缘 2～3 cm 向前切开 5～10 cm，在腹白线上进行；公犬在阴茎旁 2 cm 做一与腹中线平行的切口，长度 5～10 cm。

（四）手术方法

1. 腹壁切开

母犬的腹壁切开，选择在耻骨前缘腹白线切口。公犬的腹壁切开，选择在耻骨前缘，皮肤切口在包皮侧一指宽。切开皮肤后，将创口的包皮边缘拉向侧方，露出腹壁白线，在白线切开腹壁，避免损伤腹壁血管。腹壁切开时应该特别注意，防止损伤膨满的膀胱。

2. 膀胱切开

腹壁切开后，如果膀胱膨满，需要排空蓄积尿液，使膀胱空虚。用一或两指握住膀胱的基部，小心地把膀胱翻转出创口外，使膀胱背侧向上。然后用纱布隔离，防止尿液流入腹腔。

3. 膀胱壁切开

在膀胱顶部切开 1～2 cm 的切口，将膀胱内的结石取出或将肿瘤切除。在切之前，切口两端放置牵引线，以防膀胱进入腹腔、膀胱内容物外溢等，也便于切口的缝合。

4. 切除或取出病理产物

如果是结石，需取出结石，应特别注意取出狭窄的膀胱颈及近端尿道的结石。防止小的结石阻塞尿道，在尿道中插入导尿管，反复冲洗，保证尿道和膀胱颈畅通。

5. 膀胱缝合

在支持线之间，应用双层连续内翻缝合，保持缝线不露在膀胱腔内，因为缝线暴露在膀胱腔内，能增加结石复发的可能性。应该采用吸收性缝合材料。第一层膀胱壁浆膜肌层连续水平内翻缝合；第二层膀胱壁浆膜肌层连续垂直内翻缝合。

6. 腹壁缝合

缝合膀胱壁之后，膀胱还纳腹腔内，常规缝合腹壁。

(五)术后护理

(1)术后观察患病动物排尿情况，特别注意在手术后 48～72 h，有轻度血尿，或尿中有血凝块。

(2)给予患病动物抗生素治疗，防止术后感染。

二维码 1-2-27 膀胱结石术

二维码 1-2-28 膀胱破裂修复术

九、剖腹产术

(一)大动物剖腹产手术

1. 保定

常采用站立或侧卧保定。

2. 手术部位

牛、马、羊的切口有左肷部切口、右肷部切口、腹中线(旁)切口、下腹侧壁切口、左肷部斜切口。猪的手术部位仅选在肷部。

3. 手术方法

(1)术部准备

术部按常规方法清洗、剃毛、消毒和隔离。

(2)切开腹壁

切开腹壁后，助手将大网膜及瘤胃向前推，暴露子宫。术者一手进入腹腔，把子宫孕角大弯一部分拉出切口外，用灭菌纱布填塞于子宫角和切口之间。若为右肷部切口，则需要使用大块灭菌纱布或布块按压堵住小肠，以防其涌出。

(3)切开子宫孕角，取出胎儿

在子宫孕角大弯血管较少处，避开胎盘子叶，一次性切透子宫壁。子叶部位可在子宫壁上触诊而确定。为了预防子宫壁的撕裂，切口应该有足够的长度。撕破胎衣，注意防止胎水流入腹腔。术者缓慢拉出胎儿，交助手处理。若拉出胎儿过快，母牛腹腔血管因腹压下降而过度充血，可致使全身循环血量不足而发生休克。子宫发生捻转时，先矫正子宫再切开取出胎儿，不能矫正时先切开子宫，取出胎儿缝合后再矫正。

(4)剥离胎衣，闭合子宫角切口

胎儿取出后，胎衣能剥离的则剥离完全后取出，不能剥离的，可在子宫腔内注入 10%氯化钠溶液,停留 2 min 再剥离。如果剥离确实很困难,用灭菌纱布充分蘸干子宫内的液体,放入抗生素,剪除子宫切口附近的胎衣,让其溶解后排出。子宫切口采用两层缝合,第一层采用可吸收缝线连续锁边缝合全层,第二层采用间断或连续伦勃特氏缝合。用温生理盐水清洗子宫,涂布抗生素软膏后还纳腹腔。猪的胎衣可不用剥离。

(5)闭合腹壁切口

按组织层次,常规闭合腹壁。

4. 术后护理

术后立即静脉输注葡萄糖溶液,并帮助患病动物保持正常的俯卧位置。肌内注射催产素以促进子宫收缩,全身应用抗生素以防治伤口感染。术后 8~10 d 拆除皮肤缝线。

(二)犬猫剖腹产术

1. 保定及麻醉

根据手术切口的部位不同采用仰卧保定或侧卧保定,全身麻醉。

2. 手术方法

(1)确定切口部位

剖腹产手术切口的部位主要有脐后腹中线切口和腹侧壁切口。脐后腹中线切口前端定位在脐后约 1 cm,切口长度一般为 4~8 cm。该切口出血少,操作方便,易于切开与闭合,但易破坏乳腺,术后动物舔舐可造成创口裂开而不易愈合(尤其在猫)。腹侧壁切口术后创口护理方便,伤口易于愈合,但手术操作稍复杂,且在子宫出现坏死时子宫摘除术手术难以进行。

(2)术部准备

术部按常规方法清洗、剃毛、消毒和隔离。

(3)切开腹壁,暴露子宫

在腹中线或腹侧壁预订切口处依次切开皮肤、皮下组织等。部分小型犬的乳腺较靠近腹中线,且在分娩前乳腺腺泡未充盈,不易辨认其轮廓。因此,选择腹中线切口切开皮肤时应特别小心不要切破乳腺。切开皮肤后,应用止血钳从中线向两侧推开乳腺组织,然后切开腹白线。通过腹侧壁或腹中线手术通路打开腹壁后,暴露子宫,并将一侧子宫角牵引至切口外,用生理盐水浸湿的纱布围隔。

(4)切开子宫,取出胎儿

子宫拉出切口后,在子宫体的背部做切口。此处切口出血较少,且有利于两侧子宫角内胎儿的取出和胎盘的剥离,不会影响再次受孕。术者于子宫体背部的血管较少处,纵行切开子宫壁全层,撕开胎膜,取出胎儿,在距胎儿脐孔 1~2 cm 处双重结扎脐带,并在两结扎线间剪断脐带,将胎儿交给助手处理。胎儿取出后,应剥离子体胎盘,即向外持续缓慢牵拉胎衣,直至子体胎盘与母体胎盘完全分离。助手将子宫切口邻近的另一胎儿隔着子宫壁向切口方向轻轻挤压,术者手指伸入子宫切口内撕破胎衣,牵出胎儿。取出胎儿后,缓慢牵拉胎衣以分离子体胎盘。按此法依次取同侧子宫内胎儿,然后术者手指由子宫切口通过子宫体进入另一侧子宫角,牵拉另一侧子宫内胎儿的胎衣,同时助手在子宫外挤压胎儿,撕破胎衣,取出胎儿。在所有胎儿取出后,清除子宫内的积液、血块。

(5)缝合

子宫切口用可吸收缝线做两次缝合,第一次为全层连续缝合,第二次为间断伦勃特氏缝合。按常规方法闭合腹壁切口。

对于腹中线切口的腹壁缝合,应注意:

①不要刺破切口两侧的乳腺组织,以防造成乳汁的渗漏。

②个别动物对丝线的异物刺激作用比较敏感,可能在数月后缝线部位皮肤出现溃烂,甚至生成瘘管。因此,在确保伤口不裂开的情况下,选用较细缝线;在缝合皮肤时尽可能地带有适量皮下组织以将下层的缝线包埋,以减少其对皮肤的刺激。

3. 术后护理

术后全身使用抗生素防止感染,局部涂擦活力碘,佩戴伊丽莎白圈防止舔舐伤口。7～10 d 后拆除皮肤缝线。

二维码 1-2-29　牛剖腹产　**二维码 1-2-30　犬剖腹产**　**二维码 1-2-31　猪剖腹产**　**二维码 1-2-32　羊剖腹产**

十、马的胃状膨大部切开术

(一)适应证

因胃状膨大部严重阻塞而行手术疗法。

(二)手术部位

自右侧第 14 或第 15 肋骨终末端引一延长线,距肋弓 6～8 cm 处为切口中点,切口与肋弓平行,切口长度为 25～30 cm。

(三)手术方法

(1)一次切开皮肤并分离皮下组织,用灭菌纱布垫保护皮肤创缘。

(2)逐层切开腹外斜肌,钝性或锐性分离腹内斜肌、腹横肌,并显露腹膜,彻底止血。

(3)术者左手持手术镊子提起腹膜,轻轻摆动,确保镊子夹持处的腹膜上没有任何脏器附着时,方可用两把止血钳夹住提起腹膜,然后在提起的腹膜上切一小口,切开时刀片应倾斜成小的锐角,然后将食指和中指或手术镊子伸入切口内,在两手指间或镊子间用剪刀扩大切口至需要的长度。切口两侧创缘用生理盐水纱布垫隔离,用拉钩牵开创口,显露腹腔。在进行腹腔内操作、牵拉切口的两侧以及向腹腔内填塞纱布时都应十分小心,不要伤及娇嫩的腹膜内皮层,否则容易引起粘连。

二维码 1-2-33　马的胃状膨大部切开术

(4)拉出胃状膨大部将其与皮肤接触处缝合,然后切开肠壁,掏出阻塞物。或在胃状膨大部上装一特制的套管,保证取出阻塞物时不能将其掉入腹腔中。去除阻塞物后,胃切口用可吸收缝线先连续缝合,再内翻缝合,清洗后将胃状膨大部送入腹腔中。

(5)缝合。腹膜切口缝合前,应彻底检查腹腔内有无血凝块及其他手术物品遗留。连续缝合腹膜和腹横肌,间断或连续缝合各层斜肌,皮肤进行间断缝合。

十一、疝治疗术

(一)适应证

腹壁疝、阴囊疝(图 1-2-27)、脐疝等。

(二)麻醉与保定

全身麻醉,仰卧、侧卧、倒立等方法保定。

(三)手术方法

(1)局部处理。进行剪毛、剃毛、消毒等常规处理。

(2)切开皮肤。将皮肤用两把止血钳提起一皱褶,在确定没有夹住疝内容物的情况下,切开皮肤。

(3)分离疝内容物。小心分离,注意不要伤及疝内容物。

(4)将疝内容物送还腹腔。

(5)连续缝合腹膜。

(6)切除多余的皮肤并进行结节缝合。

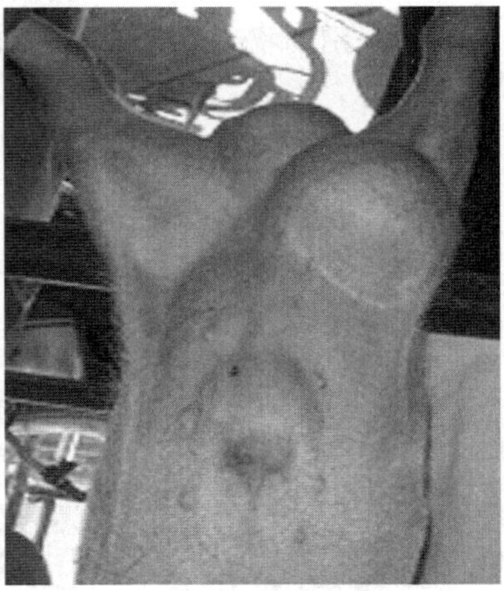

图 1-2-27 猪阴囊疝和腹股沟疝

二维码 1-2-34 猪脐孔疝

二维码 1-2-35 牛脐疝

任务八 尿道手术

一、公犬尿道切开术

(一)适应证

尿道结石或异物。

(二)麻醉与保定

全身麻醉,仰卧保定。

(三)手术方法

使用导尿管或探针插入尿道,确定尿道阻塞部位。根据阻塞部位,选择手术路径,可分为前方尿道切开术和后方尿道切开术。

1. 前方尿道切开术

应用导尿管或探针插入尿道，确定阻塞部位是阴茎骨后方。术部确定为阴茎骨后方到阴囊之间。包皮腹侧面皮肤剃毛、消毒。左手握住阴茎骨提起包皮和阴茎，使皮肤紧张伸展。在阴茎骨后方和阴囊之间正中线做 3～4 cm 长的切口，切开皮肤，分离皮下组织，显露阴茎缩肌并移向侧方，切开尿道海绵体，使用导尿管或探针指示尿道。在结石处纵行切开尿道 1～2 cm。用钝刮匙插入尿道小心取出结石。然后导尿管进一步向前推进到膀胱，证明尿道通畅，冲洗创口。如果尿道无严重损伤，应用可吸收缝合材料缝合尿道。如果尿道损伤严重，不要缝合尿道，进行外科处理，大约 3 周即可愈合。

2. 后方尿道切开术

术部选择在坐骨弓与阴囊之间，正中线切开。术前应用柔软的导尿管插入尿道。切开皮肤，钝性分离皮下组织，大的血管必须结扎止血，在结石部位切开尿道，取出结石，生理盐水冲洗尿道，清洗松散结石碎块。其他操作同前方尿道切开术。

二、公犬尿道造口术

(一)麻醉

全身麻醉。

(二)手术部位

会阴部。

(三)手术方法

术前如有可能，在阴茎内插入导尿管。将会阴部稍稍抬高，环绕阴囊和包皮做纵行椭圆形切口。向背侧后翻阴茎，并切除其周围结缔组织，向坐骨弓处阴茎附着物的腹侧和外侧扩大切口，锐性分离腹侧的阴茎韧带，横切坐骨处的坐骨海绵体肌和坐骨尿道肌，注意不要损伤阴部神经分支。向腹侧后翻阴茎，暴露其背侧尿道球腺，避免对阴茎的背侧位过度分离，以防损伤供应尿道肌的神经和血管。切除尿道上的阴茎缩肌，纵行切开阴茎尿道，超过尿道球腺水平约 1 cm。使用可吸收缝线缝合尿道黏膜和皮肤。

(四)术后护理

在麻醉苏醒前，给患犬佩戴伊丽莎白圈，以防犬拔出导尿管或舔咬尿道造口。术后使用抗生素预防继发感染，1 周后拔除导尿管。

三、阴茎截除术

(一)适应证

阴茎远端的增生物、冻伤、深的创伤和阴茎部分坏死等。

(二)保定

中小动物可采用仰卧保定；大动物侧卧保定，后上肢转位固定。

(三)麻醉

全身镇静加硬膜外腔麻醉,或阴部内神经传导麻醉、全身麻醉。

(四)手术方法

手术由阴茎截断术和尿道造口术两部分组成。术部常规准备,将麻醉后脱出的阴茎向外拉直,先后用0.5%高锰酸钾溶液和生理盐水冲洗,切实洗净包皮和阴茎的污垢,确定尿道造口部位(要位于健康的阴茎组织)并按手术要求消毒、隔离,在阴茎预定切口上端做临时性结扎止血。先绕阴茎周缘切除过多的部分包皮(注意不要切除太多),再插入导尿管,沿阴茎腹侧正中线依次纵行切开白膜、尿道海绵体、尿道黏膜,长度约3 cm。然后在尿道切口的远端切除阴茎的坏死部分,注意不要垂直切,要切成凹面,适量保留阴茎两侧和背侧的白膜,用可吸收缝线结节缝合白膜,尽可能使海绵体被白膜包住。解除临时性结扎线,将尿道黏膜边缘与同侧皮肤切口边缘用丝线结节缝合,造成人工尿道开口。接着结节缝合其余的包皮,注意包皮要展平并保持一定的紧张性,最后整理皮缘外翻并消毒。为防止阴茎海绵体出血,可选用适当粗细的橡胶管向上插入尿道以缝线将其固定在阴茎的余端上,利用压迫尿道海绵体的作用进行止血。公牛宜同时行去势术。

若犬阴茎软骨处发生坏死,则需截除阴茎软骨,并在会阴部或阴囊前做人工尿道造口,手术方法同公犬尿道切开术。

(五)术后护理

术后几天内做适当的运动,注意局部清洁,每天用抗生素生理盐水冲洗创口,并涂抹抗生素软膏,直到创口愈合。注射抗生素2周,防止尿道继发感染。术后10 d拆除造口及皮肤缝合线。

四、犬的阴道黏膜囊肿切除术

(一)适应证

阴道黏膜囊肿是指阴道及外阴部黏膜充血、水肿和增生,而向后脱出于阴门内或阴门外的一种外生殖道疾病(图1-2-28)。

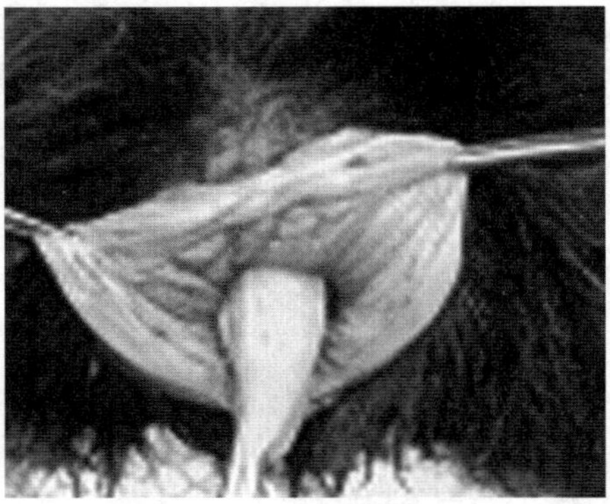

图1-2-28 阴道黏膜增生

(二)保定及麻醉

犬采取侧卧或俯卧保定,后躯垫高。尾巴用绳拴住向前弯曲固定。在肛门内塞入纱布块以防粪便排出污染术部。

(三)手术方法

会阴部洗净、剃毛、消毒术区及增生物。

1. 切除法

将增生物用止血钳夹住提起,从阴道的内侧开始,先切一小口,并用可吸收缝线缝合,然后采取边切边缝的方法,逐渐将增生物切除,缝合完毕即可。

2. 结扎法

术前打开尿道口，插入导尿管，以防尿道损伤或将尿道缝合住。用大号缝针穿两条较粗的非吸收缝线，从距尿道口背侧 2 cm 处穿入增生物基部，两条缝线分别向增生物基部两侧打结，线尾不要剪掉，等待下一步固定弹性绷带。用一条 15～20 cm 的弹性绷带在缝线部绕过增生物基部结扎、系紧，用两条缝线的预留线尾固定绷带以防滑脱，剪掉缝线和绷带的尾部，切除增生的黏膜，剩余的黏膜还纳阴道内，拔出导尿管。随着伤口的愈合，黏膜萎缩，绷带和缝线会自行脱落，排出阴道之外。

二维码 1-2-36　犬阴道黏膜囊肿切除术

(四)注意事项

术后的 6 d 内要仔细观察病犬，置犬于安静、清洁环境，限制躁动、静养，限制运动、减少努责，以防再次脱出。术后 5～7 d 使用抗生素防止感染，7 d 后拆线。

任务九　直肠与肛门手术

一、直肠脱整复固定术

(一)适应证

直肠脱出后充血、肿胀、破裂(图 1-2-29、图 1-2-30)。

(二)保定及麻醉

侧卧保定或倒立保定，全身麻醉与局部浸润麻醉相结合。

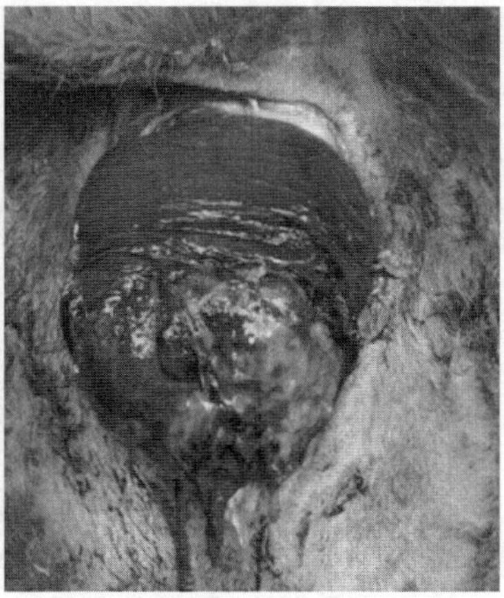

图 1-2-29　牛直肠脱出

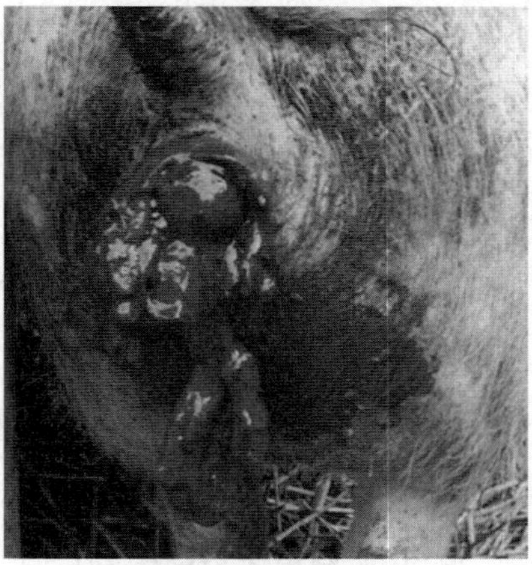

图 1-2-30　猪直肠脱出

(三)手术方法

1. 直接固定法

先用 0.1％高锰酸钾溶液冲洗脱出的直肠，将脱出的黏膜洗涤干净，并热敷。然后将脱出的直肠还纳于肛门内。为防止整复后里急后重，可直肠内灌注 0.1％盐酸普鲁卡因液 50～

60 mL，或施行荐尾硬膜外麻醉。为防止复发，整复后用 75%酒精 15～30 mL，在肛门旁侧上、左、右分三点注射，刺针深度为 5～8 cm。也可用粗线，距肛门 1～2 cm 做袋口缝合，针距 1～1.5 cm，每针均在皮下，勿穿透直肠黏膜。缝线打结松紧要适当，既要考虑防止复发，又要考虑排粪通畅，并打一活结，以便随时观察调整。

2. 部分切除黏膜固定法

先挤压腹部或灌肠使肠道内蓄积的粪便全部排出，用生理盐水冲洗干净。用手术刀在两端病变与健康交界处的健康处轻轻做环形切口，注意只切透黏膜不要伤及肌层和浆膜层，清除肿胀和坏死的组织，将两断端的黏膜用可吸收线缝合在一起，待完全缝合好之后将直肠放入骨盆腔内，用缝合的方法在尾根两侧分别固定，固定方法是将左手食指插入直肠内，右手持针从皮肤进入至直肠内在与尾平行处出针，打结固定即可。然后用碘酊消毒。术后，肌内注射青霉素、链霉素、破伤风抗毒素。以后每天注射 2 次青霉素、链霉素，2 周后拆除固定线（图 1-2-31）。

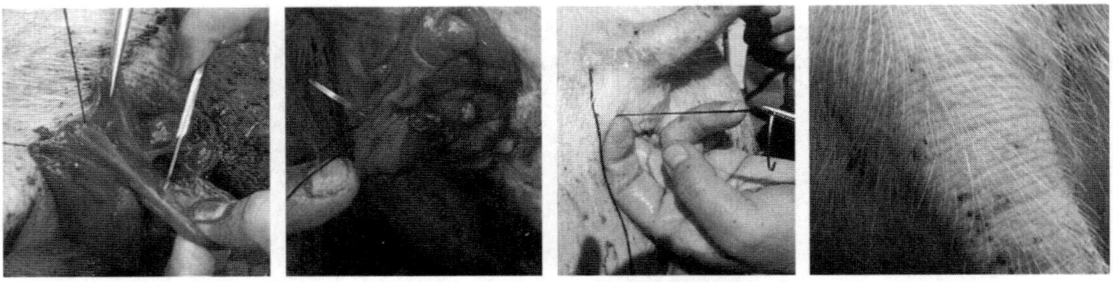

1.固定并切除病变组织　2.缝合肠黏膜　3.固定皮肤与肠壁　4.涂碘酊

图 1-2-31　直肠脱出的手术治疗方法

二、直肠切除术

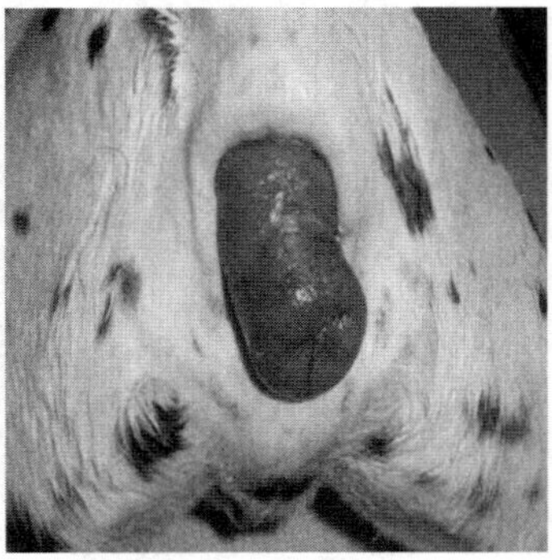

图 1-2-32　犬直肠脱出

（一）适应证

反复性直肠脱出已发生组织坏死或严重损伤（图 1-2-32）。

（二）器械

一般软组织切开、止血、缝合器械，6～9 cm 长的金属针 2 枚，1 cm 宽的胶带或塑胶管。

（三）术前准备

术前 24～36 h 禁食，灌肠，使直肠空虚。

（四）保定与麻醉

侧卧保定、俯卧保定，全身麻醉。

（五）手术方法

1. 肠管固定法

（1）充分清洗消毒脱出肠管，用两根灭菌的长针，紧贴肛门外十字交叉刺穿脱出的肠管将其固定（图 1-2-33），防止切开后断端进入腹腔。

（2）若是牛、马等大动物，直肠管腔较粗大，可将橡胶管、塑料管或胡萝卜等插入直肠内，然后用针交叉固定。

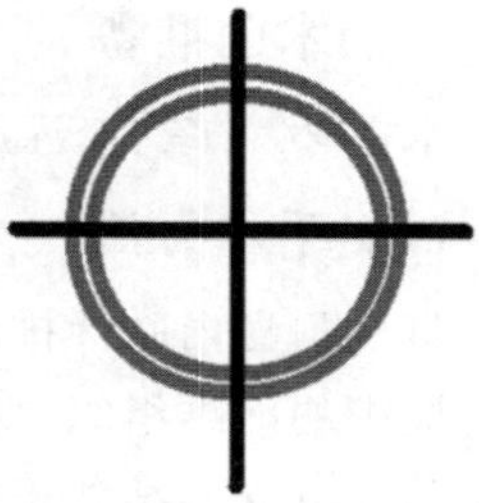

图 1-2-33　用针十字交叉固定法

2. 切除直肠

在距固定针 1～2 cm 处，切除坏死肠管，充分止血。

3. 缝合

（1）浆膜和肌层

用细丝线和圆针，把肠管两层断端的浆膜和肌层（其在切面的中间）分别做连续缝合。

（2）黏膜层缝合

连续缝合黏膜层（在切面里面和外面）。然后用 0.1%高锰酸钾溶液充分冲洗，涂以碘甘油或抗生素软膏。除去固定，将直肠还纳于肛门内，荷包缝合肛门（图 1-2-34，A、B、C）。

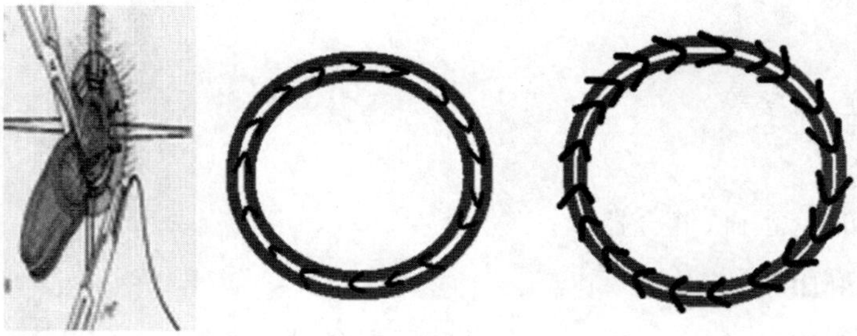

A　B　C

图 1-2-34　直肠切除与缝合法

（六）术后护理

术后禁食 1～2 d，静脉输液，以后逐渐给予流食和易消化的食物。连续注射抗生素 5～7 d。

三、肛门囊摘除术

（一）适应证

慢性肛门囊炎、肛门囊脓肿等。

（二）器械

一般软组织切开、止血、缝合器械。

（三）保定与麻醉

俯卧保定，后躯抬高、尾上举固定。全身麻醉配合局部麻醉。

（四）术部位置

肛门两侧下方。

(五)术前准备

术前 24 h 禁食,灌肠,清除直肠内的蓄粪。

(六)手术方法

将肛门囊内脓汁排除、冲洗、消毒后将有沟探针插入囊底。沿探针方向切开囊壁,分离肛门囊周围的纤维组织,切断排泄管,使肛门囊游离摘除。分离时不要损伤肛门内括约肌,对直肠动脉的分支要结扎止血,用青霉素生理盐水对创面进行冲洗,从基底部开始缝合,不得留有死腔。

(七)术后护理

术后给予抗生素疗法,局部涂抗生素软膏。如有感染,应及时拆线,开放创口,按感染创处理。

四、肛门再造术

(一)适应证

先天性无肛症、肛瘘等。

(二)器械

一般软组织切开、止血、缝合器械。

(三)保定与麻醉

俯卧保定,后躯抬高、尾上举固定。全身麻醉配合局部麻醉。

(四)术部位置的确定

肛门痕迹处。

(五)术前准备

术前 24 h 禁食。

(六)手术方法

将肛门痕迹周围剃毛、冲洗、消毒。用彩色笔画出切口线,用止血钳将皮肤提起,沿着事先确定好的手术切线切开皮肤,钝性分离并切除多余的结缔组织和肌肉,露出带有盲端的直肠,环形切开直肠,带粪便排出后将切口处用生理盐水彻底清洗,喷洒青霉素等抗生素,最后将直肠壁连同黏膜一起缝合在一起,注意不能形成皱褶。涂擦 5%碘酊消毒。

二维码 1-2-37 羊肛门再造术

(七)术后护理

术后给予抗生素疗法,局部涂抗生素软膏。如有感染,应及时拆线,开放创口,按感染创处理。

任务十　四肢及尾部手术

一、筋腱断裂缝合术

(一)适应证

筋腱受尖锐物体的损伤所致的断裂。

(二)器械

一般软组织切开、止血、缝合器械。

(三)保定与麻醉

倒卧固定,受损肢需伸直,不能屈曲。全身麻醉配合局部麻醉。

(四)手术方法

将断裂部位剪毛、剃毛,清洗,除去异物及受损的坏死组织,涂碘、脱碘,在断裂部位的两端与筋腱平行的方向切开皮肤,切口的大小应以充分暴露筋腱及便于缝合筋腱为宜。缝合筋腱时从缝合断裂端的一侧进针,从断面中出来;再从另一端的断面中进入,从侧面出来;然后,从距离 0.5 cm 处进针,从断面中出来,再从另一端的断面中进入,从侧面出来;将缝线打结,形成一个纽扣状缝合(图 1-2-35、图 1-2-36)。缝合时根据断裂筋腱的粗细确定缝合针次的数目,总之以结实可靠为宜,每针之间不应在同一个切面上,应该错开,以免缝线将筋腱再次切断。缝合之后,彻底清理创口,再缝合皮肤,最后装好固定绷带。

(五)术后护理

术后给予抗生素疗法,局部涂抗生素软膏。如有感染,应及时拆线,开放创口,按感染创处理。在恢复过程中要限制患肢的用力运动。

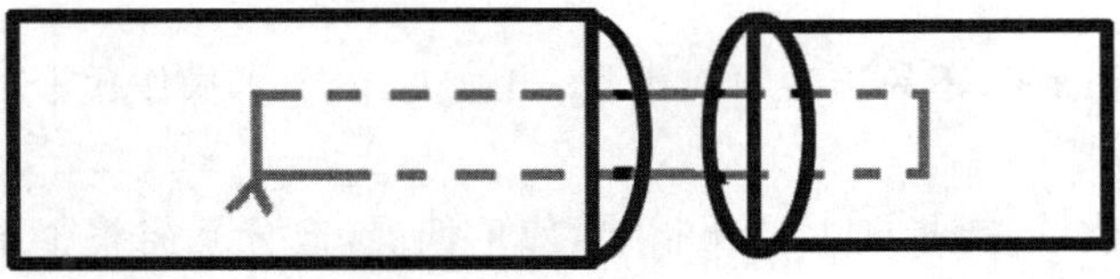

图 1-2-35　筋腱缝合示意图

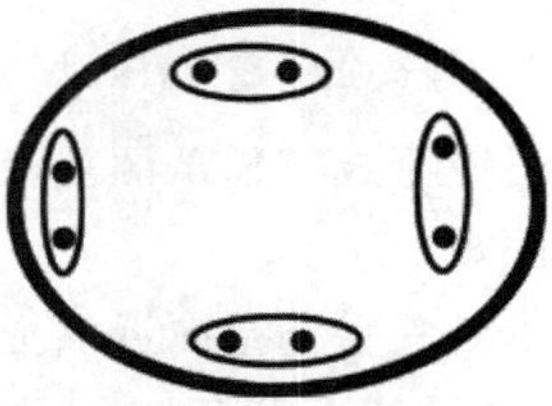

图 1-2-36　筋腱缝合切面示意图

二、猫截爪术

(一)适应证

应主人的要求或猫爪出现基部损伤,保守治疗无效。

(二)准备工作

(1)全身麻醉。

(2)采用侧卧保定。

(3)趾部清洗、消毒。

(4)腕(跗)关节上方结扎止血带。

(5)由助手提起患肢,便于术者操作。

(三)截爪部位

(1)第三趾骨与角质层结合处(图 1-2-37,A)。

(2)第三趾骨中间处(图 1-2-37,B)。

(3)第三趾骨第二趾形成关节处(图 1-2-37,C)。

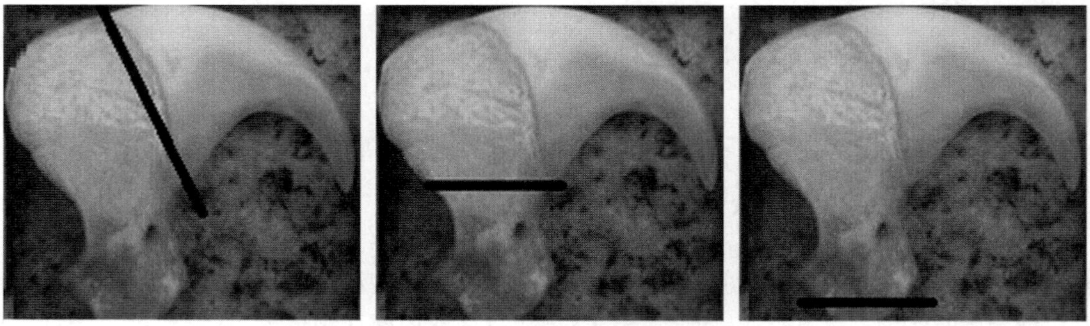

图 1-2-37 截肢部位

(四)手术方法

1.截爪钳截爪法

术者一手食指向近端推移爪背面皮肤,拇指向上推压指垫,使爪伸展,充分暴露整个第三趾,另一手持截爪钳,套入趾爪部位紧贴皮肤处,在背侧将第三趾角质部分剪除。其他爪以同样的方法截除。

2.第三趾节骨切除法

适应于成年猫爪的截除,此法切除彻底,不易出现再次生长,出血少,但手术操作比上种方法稍困难。

术者一手食指向近端推移爪背面皮肤,拇指向上推压指垫,使爪伸展,充分暴露整个第三趾,另一手持手术刀,在爪脊与第二趾骨间隙环形切开皮肤,切断背侧韧带,暴露关节面。沿第三趾关节向前向下运刀,将深部的软组织一次性分离,直至第三趾节骨断离为止。用止血钳夹住爪部,用力向枕部曲转使关节背侧皮肤处于紧张状态,用截爪钳在背侧两关节间将第三趾剪除。其他趾爪以同样的方法截除。对出血部位做结扎,皮肤 1～2 针缝合,装上绷带。截除后伤口如有出血,应进行止血。切除时,应将第三趾节骨背侧全部截除,因为此处爪脊为爪生长的基础。不能损伤趾垫。

(五)护理

术后 24 h 拆除绷带。第一周关在屋内,限制外出活动。地面保持安静,以免创口感染。

三、 犬趾切除术

(一)适应证

切除对动物有生命危害的或者造成长期痛苦的患肢,如严重损伤,尤其是粉碎性骨折、气性坏疽、恶性肿瘤(图 1-2-38)等。

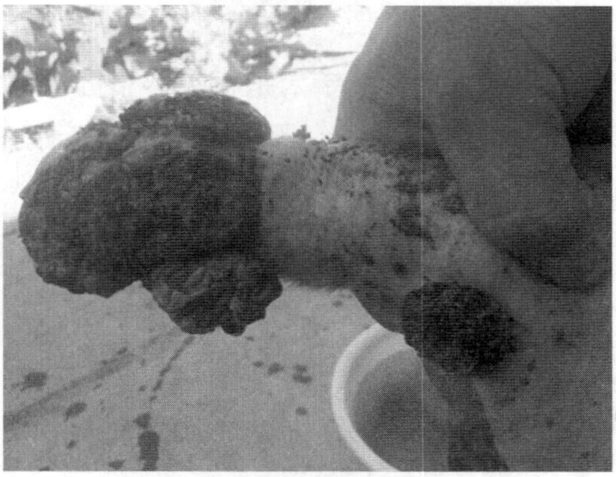

图 1-2-38 猪蹄恶性菜花瘤

(二)麻醉与保定

全身麻醉,在预切断部上方 3～5 cm 处进行环形局部麻醉。采用患肢在上的横卧保定。

(三)手术方法

1. 止血带的应用

为了减少出血和休克,在健侧先垫上纱布块之后绑上止血橡皮管。如大型犬应绑上两条止血带。在肢体离断后,先将主要血管和能找到的中小血管结扎后,再放松止血带彻底止血。

2. 截骨平面

截骨平面应尽量保留残肢的长度,使病犬(猫)留有较多的健康组织。

二维码 1-2-38 前肢截肢术

3. 皮瓣的设计

在截肢部位设计合适的皮瓣,使之恰当地覆盖残端创面。这种皮瓣要有适当厚度的皮下组织、正常的感觉和活动度;切口愈合后的疤痕应当少而平整,不和深层组织粘连,并使皮瓣的缝合缘在压力和张力最小的部位。两皮瓣的长度之和应等于或略大于截骨平面的肢体直径,但两皮瓣的长度不一定相等。切口应从截骨平面处开始,向肢体远端的前后(或掌背)两侧绕切或切成弧形皮瓣。

4. 肌肉的处理

沿皮瓣回缩的边缘切断肌肉,一般应与皮瓣的长度大体一致,并且用刀沿皮瓣的弧度斜行切向截骨平面,保持截骨平面有长、短、厚、薄适度的肌瓣保护。如肌肉留得过短过薄,不能覆盖截骨平面,则影响断端愈合。但肌肉也不宜留得过长或过多,以免截肢残端组织臃肿滑动。

5. 骨端的处理

在预定的截骨平面、用刀将骨膜环形切开,边缘要整齐,用骨膜剥离器向远端剥离骨膜,但不能剥离近侧骨膜,在距离近侧骨膜边缘 0.2 cm 左右锯断骨骼。骨骼锯断后将截骨断面的边缘挫圆,骨髓腔不作任何处理。在缝合之前用生理盐水冲洗,去除残留的骨屑。

6. 血管的处理

主要动脉断端分离后用 7 号丝线结扎,再在结扎的远端侧贯穿缝扎一道(或用双重结扎),小血管用 4 号丝线结扎。然后放松止血带,再仔细止血。

7. 神经的处理

神经分离后,向下轻轻地牵拉断端,用 1%盐酸普鲁卡因溶液做局部封闭,用锋利的刀片切断多余的部分，使断面平整。有时要将伴行的营养血管结扎，神经断端则任其退缩到肌肉组织中，以防止术后粘连和疼痛。

8. 切口缝合

一次完成的截肢手术是在无感染的情况下进行的，应依次缝合肌肉筋膜瓣、皮下组织和皮肤。

(四)术后护理

术后给予抗生素疗法，局部涂抗生素软膏。如有感染，应及时拆线，开放创口，按感染创处理。

四、犬断尾术

(一)适应证

为了参赛达到国际标准，有些品种的犬需要断尾术，如罗维拿、拳师犬、杜伯曼犬(杜宾犬)、迷你杜宾犬、贵宾犬、可卡犬、雪纳瑞犬、吉娃娃犬等。另外，患有外伤、肿瘤、尾骨骨折、畸形、自咬症等的犬也需要断尾术。

(二)保定与麻醉

俯卧保定，全身麻醉。对于刚出生的幼犬可不进行麻醉。

(三)手术方法

根据品种的不同，所需断尾的长短也不一样。

1. 结扎断尾法

幼犬出生后 7～10 d，局部剃毛、消毒，用橡皮筋、丝线或涤纶线在所需要截断的部位(即两尾椎的关节处)进行结扎，结扎时要确实可靠，防止滑脱。结扎部位涂布碘酊。一般 7 d 左右坏死的尾端会自行脱落。

二维码 1-2-39　橡皮筋结扎断尾术

二维码 1-2-40　断尾术

2. 手术断尾法

术部剃毛、消毒，在尾根部扎止血带，在所要截断关节的下一个关节处的侧面进行弧形切开。分离皮瓣，将血管进行钳压捻转止血，在关节的部位用手术刀切除，如有出血还需钳压止血，用可吸收线将皮下组织和断端的肌肉进行结节缝合，皮肤用丝线进行结节缝合。如小型品种，出血少可用组织胶进行黏合。消毒后打上尾绷带。

五、四肢黏液囊手术

(一)适应证

结节间滑液囊炎、肘头皮下黏液囊炎、腕前皮下黏液囊炎、跟骨头皮下黏液囊炎等(图 1-2-39)。

图 1-2-39　牛黏液囊炎

(二)保定和麻醉

全身麻醉。站立保定或侧卧保定,充分暴露黏液囊肿大部。

(三)手术方法

沿肢体长轴,于肿大部外后侧做一弧形切口。钝性分离黏液囊,使之与周围组织完全剥离。结节缝合手术创口,并做纽孔减张缝合,细胶管引流,或装压迫绷带。

(四)术后护理

术后常规抗生素治疗,压迫绷带保持 3 周,并多次更换。注意地面的平整,铺垫干燥而柔软的垫草。视患畜状况而定,最迟在术后 2 周拔除引流管。

任务十一　乳头管和乳池狭窄与闭锁治疗手术

(一)适应证

乳头管、乳池损伤(挤奶方法不当或踏伤)引起的慢性炎症、结缔组织增生、瘢痕收缩;乳头括约肌、乳池先天性或获得性肥大或新增物等所致的乳头管、乳池狭窄或闭锁,均可用手术纠正。

(二)麻醉

乳头基部做环形浸润麻醉,乳头或乳池内注入 2%利多卡因 5～10 mL。

(三)保定

柱栏内保定,必要时侧卧位保定。

(四)手术方法

1. 扩张法

适应于乳头管狭窄或闭锁的手术治疗方法,也适应于使乳头括约肌的张力松弛或将瘢痕组织切开的手术治疗方法。手术器械选用锥度较大的锥形针或不同规格的扩张塞(可用金属、电木和塑料等材料制成)。手术方法是先将乳头清洗消毒后,用涂抹液状石蜡或抗生素油膏的锥形针或扩张塞慢慢插入皮肤、乳孔、乳管中,插入扩张塞的大小以紧密塞入乳头管不滑脱为宜。一般最初用较细的扩张塞,逐渐用较粗的,以免一次塞得过紧而压伤黏膜或使括约肌破裂,导致更多的组织增生。每天扩张1～2次,每次不超过30 min。

2. 乳头管切开术

消毒乳头后,先挤去一部分乳汁,借以排除可能存在乳头管末端的细菌。然后用消毒过的双刃或多刃乳头管刀,快速插入乳头管,用挤奶的办法扩张乳头管。此时,乳头管刀在乳头管内转动90°,然后拔出乳头管刀,使乳头管造成"十"字形切口。术后插入带有螺丝帽的乳导管或乳头管扩张塞,直至创口痊愈为止。

在乳头管闭锁的病例,如闭锁仅限于乳头末端,当挤压乳汁到乳头管时,常可见到乳头口处皮肤略向外突出。用烧红的铁丝或大头针对准乳头口穿通皮肤进入乳头管,即可有奶汁逸出。术后需插入乳导管或乳头管扩张塞,防止新开的皮肤孔缩小和闭合。近年来,有报道采用传导冷冻法治疗乳头闭塞,即以液氮为冷源,采用各种治疗器,通过插入乳头内的针头或细铁棒,以传导方式达到冷冻病灶的目的。

3. 乳池狭窄与闭锁的手术治疗方法

乳头乳池局部狭窄或堵塞病例,其乳房患叶充满乳汁,但病变部以下的乳头乳池只能缓慢充满或空虚,触诊乳头可发现不能移动的增厚部分。用探针或乳导管探诊也可感到增厚或阻塞部分。严格消毒后,小心插入冠状刀或乳头锐匙,将增厚病灶或堵塞的息肉去除。或用上皮切割器插入乳头乳池内,将其切面对着病灶,用手指通过乳头壁压迫病灶,在刀刃上来回活动,将病灶去除,使乳汁顺利流出。术后为了避免粘连和感染,需插入扩张器或抗生素药栓。对于乳池狭窄或堵塞也可实施冷冻疗法。

对于较大的病灶,有时需要在干乳期做乳头乳池切开手术。若整个乳头乳池狭窄或闭锁,可见整个乳头壁变硬变厚,触诊感到乳头内有索状物,手术治疗难以见成效。

乳头基部堵塞也称为膜状阻塞,通常是干乳期由环形皱襞慢性炎症所致,乳窦黏膜从乳管分离并又导致粘连。虽然乳房乳池有波动,但乳头乳池不能充满或表现空虚,阻塞膜薄或厚。用探针小心地插入乳管,通过粘连的环形皱襞中央穿破阻塞膜,然后拔出探针,将双刃隐刃刀伸入已穿破的阻塞膜孔,按不同方向扩大膜的切口。或用Hudson氏乳管螺簧转入乳头口和乳头管,通过阻塞膜破口进入乳窦,旋转3～4周,使其进一步进入乳房乳池,然后抓住乳头端,快速向下拔出乳管螺簧,将阻塞膜撕开。在创伤愈合前,完全不挤奶有助于创口的愈合,因乳房乳池与乳头乳池中的乳汁充满于创口之中,有防止粘连的作用。过肥的膜状阻塞时,预后较差,因复发狭窄或闭锁的可能性很大。

任务十二 骨手术

骨固定是治疗骨折的一个至关重要的环节,固定方法可分为内固定和骨外固定两种。

一、内固定

内固定技术是治疗骨折的重要方法,能在动物的不同部位进行,是直接固定骨组织的方法，通常是通过手术的方法将固定材料装置骨折断端的做法。内固定的器材为特制的金属髓内针、骨螺钉、金属丝和接骨板等。

1. 内固定的基本原则

为确保内固定取得良好的效果，操作者要遵循下列最基本的原则。

(1)固定材料要根据骨折部位骨的形状、骨受力的大小、骨折的程度来确定。

(2)骨的整复和固定，要利用力学作用原理，如骨段间的压力、张力、扭转力和弯曲力等，有助于合理的整复，促进骨折的愈合。

(3)手术通路的选择、内固定的方法确定要依据骨折的类型、部位的不同，做出合理的设计和安排。

2. 内固定技术

(1)体内针固定

体内针固定适用于长骨干骨折。髓内针的成角应力控制较强，而对扭转应力控制较差。髓内针有多种类型，依针的横断面可分为圆形、菱形、三叶形和"V"形 4 种。髓内针固定有非开放性固定和开放性固定两种。对于稳定、容易整复的单纯闭合性骨折，一般采用非开放性髓内针固定，即整复后，针头从体外骨近端钻入。对某些稳定、非粉碎性长骨开放性骨折也可采用开放性髓内针固定，有两种钻入方式：一种是髓内针从体外骨的一端钻入；另一种则是髓内针从骨折近端先逆行钻入，再做顺行钻入(图 1-2-40)。

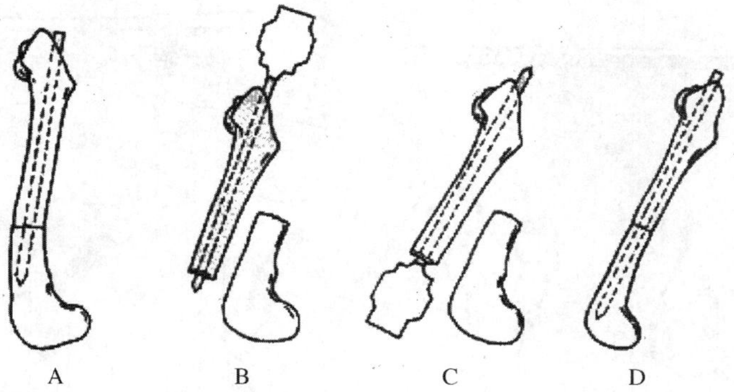

图 1-2-40　骨内针的钻入法

髓内针多用于股骨、胫骨、肱骨、尺骨和某些小骨的单纯性骨折。如髓内针固定达不到稳定骨折的要求，可加用辅助固定，以防止骨断段的转动和短缩。常用的骨辅助固定法有以下几种。

①两道金属丝环形结扎和半环形结扎(图 1-2-41，A、B)。

②外固定支架辅助固定(图 1-2-41，C)。

③插入骨螺钉(图 1-2-41，D)。

④同时插入两个或多个体内针(图 1-2-41，E)。

⑤金属丝绕髓内针跨骨折线固定(图 1-2-41，F)。

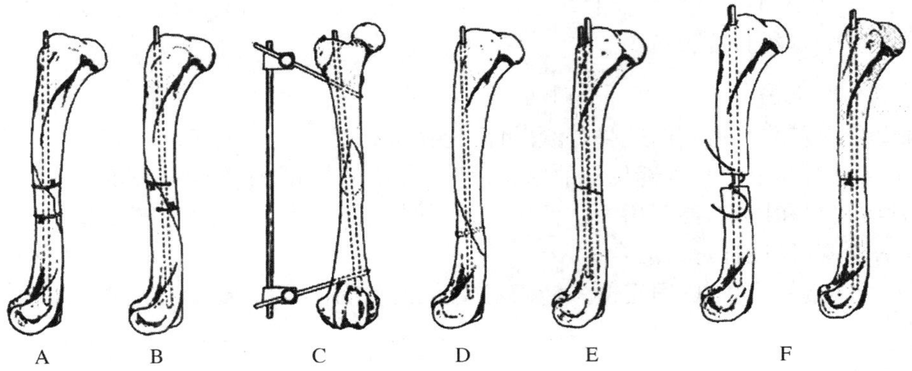

图 1-2-41 骨辅助固定法

(2)骨螺钉固定

骨螺钉固定有皮质骨螺钉和松质骨螺钉两种。皮质骨螺钉的螺柱粗，全长螺纹，螺纹浅，螺纹距小，适用于加压或拉力固定。松质骨螺钉的螺柱相对较细，螺纹深，螺纹距大，可为全长螺纹或部分(占螺钉长度的 1/3～1/2)螺纹。当固定骨折时螺钉的螺纹越过骨折线后，再继续拧紧，可产生良好的压力作用(图 1-2-42)。

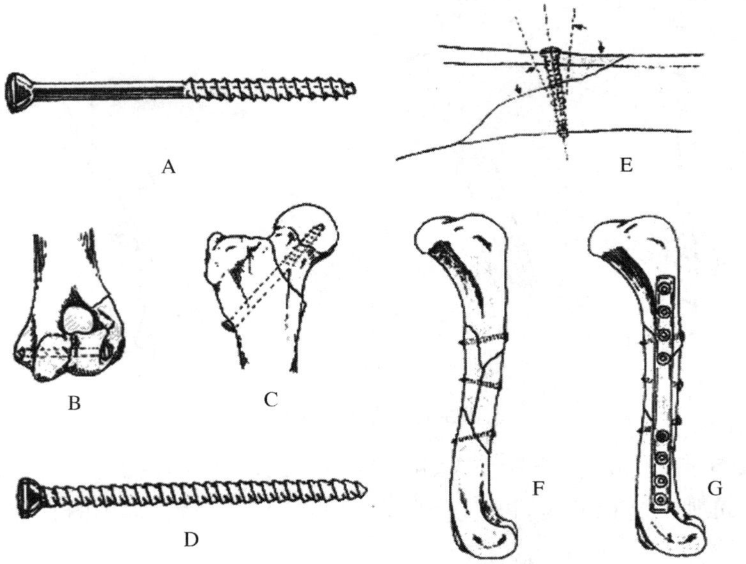

图 1-2-42 骨螺钉固定法

皮质骨螺钉的螺纹密而浅，多用于骨干骨折固定。为了加强螺钉的固定作用，先用大小合适的骨钻打孔，再装螺钉固定。当骨干斜骨折固定时，螺钉的插入方向应在皮质垂直线与骨折面垂直线夹角的二等分处。为了使皮质骨螺钉发挥应有的加压固定作用，可在近侧骨的皮质以螺纹为直径的钻头钻孔(滑动孔)，而在远侧皮质的孔以螺钉柱为直径的钻头钻孔(螺纹孔)，这样骨间能产生较好的压力作用。

在骨干的复杂骨折，骨螺钉能起到帮助骨端整复和辅助固定作用，对形成圆筒状骨体的骨折整复有积极作用。

(3)金属丝环形结扎和半环形结扎固定

该技术很少单独使用,主要应用于长斜骨折或螺旋骨折以及某些复杂骨折,为辅助固定或帮助使骨断段稳定在整复的解剖位置上。使用该技术时,应有足够的强度,又不得力量过大而将骨片压碎。要注意保证血液循环畅通,保持和软组织的连接。如果长的斜骨折需多个环形结扎,环与环之间要保持1～1.5 cm的距离,过密将影响骨的活动。另外,用金属丝建立骨的圆筒状解剖结构时,不得有骨断片的丢失(图1-2-43)。

(4)张力带金属丝固定

多用于肘突、大转子等的骨折,与髓内针共同完成固定。张力带的原理是将原有的拉力主动分散,抵消或转变为压缩力。其操作方法是:先切开软组织,将骨断端复位,在肘突的后内或后外角将针插入,针朝向远侧皮质,以稳定骨断端。若针尖达不到远侧皮质,只到骨髓腔内,则其作用将降低。针插进之后在远端骨折段的近端,用骨钻钻一横孔,穿金属丝,与钢针剩余端之间做"8"字形缠绕并扭紧。用力不宜过大,否则易破坏力的平衡(图1-2-44)。

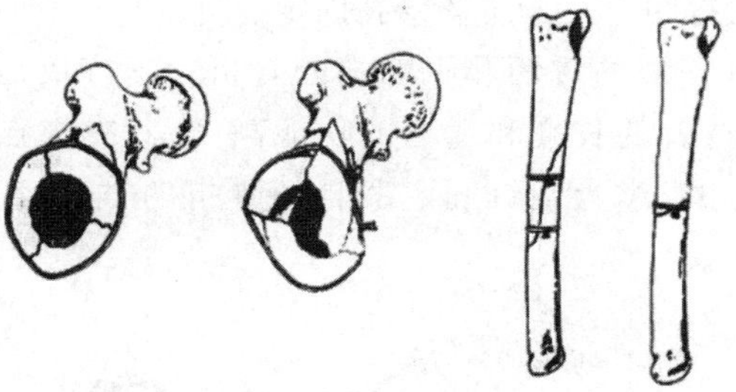

图1-2-43 金属丝结扎固定法

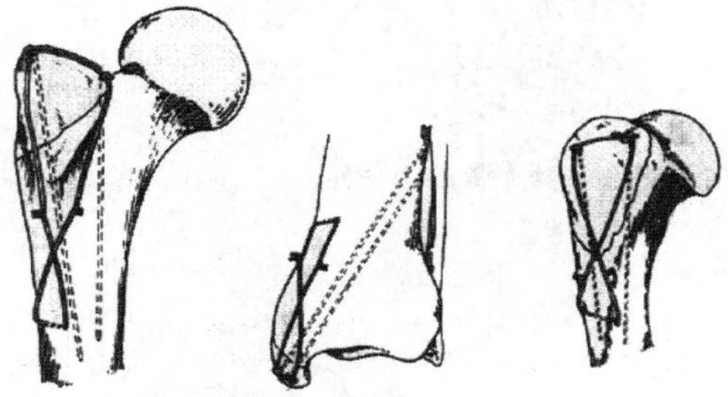

图1-2-44 张力带金属丝的使用

(5)接骨板固定

接骨板固定和骨螺钉固定是最早应用的接骨技术。接骨板的种类很多(图1-2-45)。经验表明,接骨时两侧骨断端接触过紧或留有间隙,都得不到正常骨的愈合过程,会出现断端坏死或大量骨痂增殖,延迟骨的愈合。在临床上经常使用各样压力器,或改进接骨板的孔形等,目的是使断端紧密相接,增加骨断段间的压力,防止骨断端活动。骨痂的形成不能达到骨的一期愈合时,则会拖延治疗时间,严重影响骨折的治愈率。

接骨板依其功能分为张力板、中和板及支持板3种。

①张力板。多用于长骨骨干骨折,接骨板的安装位置要从力学原理考虑。应将接骨板装在张力一侧,能改变轴侧来的压力,使骨断端密接,固定力也显著增强。以股骨为例,长骨体重的压力是偏心负担,其力的作用形式像一弯圆柱,若将张力板装在圆柱的凸侧面,能抵抗来自上方的压力,从而提供有效的固定作用。相反,如装在凹侧面,将起不到固定作用,由于张力板承受过多压力,会再度造成骨折。股骨骨干骨折,选择外侧为手术通路,是力学的需要。图1-2-46中A为股骨偏心负担,B为其力学关系似弯圆柱,C为凸表面装接骨板,D为凹面装接骨板。

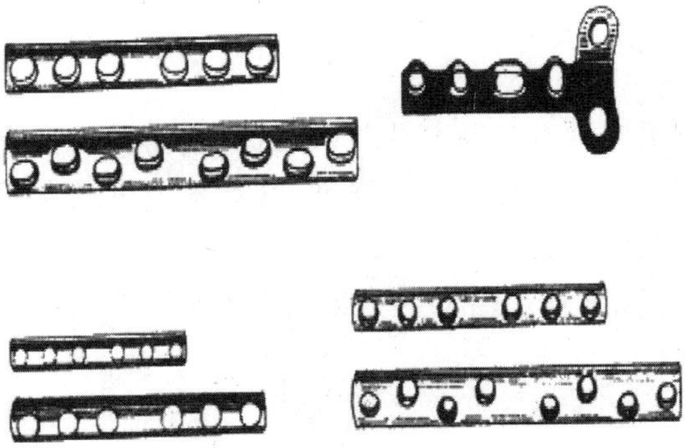

图 1-2-45 接骨板

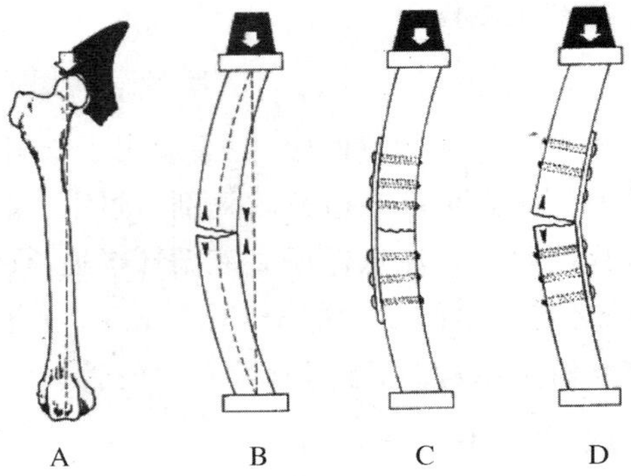

图 1-2-46 张力板的应用

②中和板。将接骨板装在张力的一侧，能起中和或抵消张力、弯曲力、分散力等的作用，上述的各种力在骨折愈合过程中均可遇到。在复杂骨折中，常把中和板与骨螺钉同时并用，以达到固定的目的。在复杂骨折中也可用金属丝环形结扎代替骨螺钉，完成中和作用。图 1-2-47 中 A 为复杂性骨折，B 为螺钉固定及金属丝结扎固定，C 为中和板、螺钉固定及金属丝结扎固定。

二维码 1-2-41 骨的内固定

③支持板。用于骨松质的骨骺和干骺端的骨折。支持板是斜向支撑骨折断段，能保持骨的长度和适当的功能高度，其支撑点靠骨的皮质层。图 1-2-48 中 A 为螺钉固定股骨颈骨折的方法，B 为支持板固定骨折的方法。

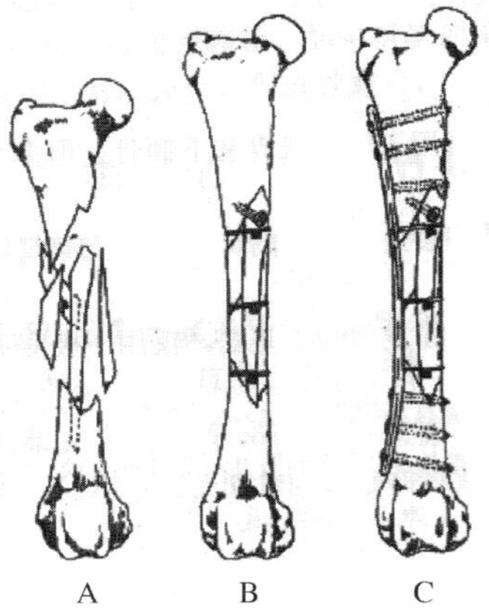

图 1-2-47 中和板等复合固定法的应用

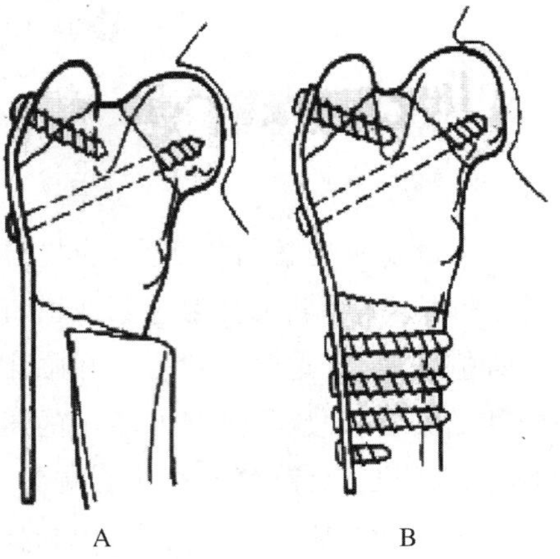

图 1-2-48 支持板的应用

二、骨外固定

骨外固定支架固定技术是骨折治疗的重要方法。它是在两骨折段近心端与远心端经皮穿入固定针（钉），并在皮外用连接杆及固定夹将其连接，达到固定骨折的目的。其基本原理是利用力的平衡，通过钢针变形对骨折断面产生纵向压力，避免了坚强内固定的应力遮挡作用。由于该技术可在体外操作，组织损伤小，出血少，骨折愈合快，功能恢复早，故归属于生物学内固定和微创外科的范畴。骨外固定支架最大优点是适用于骨折化脓性感染，或骨愈合延迟和骨不连接，也可用于稳定性或不稳定性骨折、开放性骨折及某些关节的固定。

1. 支架组成

骨外固定支架由固定针、连接杆和固定夹组成(图 1-2-49)。

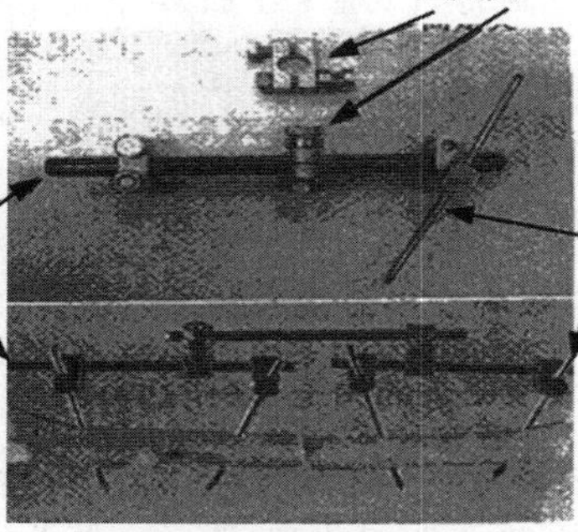

图 1-2-49　骨外固定支架组成

(1)固定针

固定针为穿透皮质骨构成外固定支架与骨骼相连的不锈钢针，分半固定针和全固定针两种。前者穿透一侧皮肤及两侧皮质骨；后者穿透两侧皮肤和两侧皮质骨。

(2)连接杆

连接杆用于连接固定针，有不锈钢、碳纤维或钛合金等材质。碳纤维或钛合金连接杆可增加直径和刚性，但不增加重量。临床常用 3 种型号连接杆，即小型、中型及大型。

(3)固定夹

固定夹又称锁针器，用于夹住固定针和连接杆。有单固定夹和双固定夹两种。前者夹住固定针和一根连接杆；后者则夹住两根连接杆。

2. 支架分类

(1)Ⅰ型

Ⅰ型又称单侧骨外固定支架，用半固定针进行骨的固定。可用于四肢长骨和下颌骨，但多为一侧骨的固定。

(2)Ⅱ型

Ⅱ型又称双侧骨外固定支架，因用全固定针，故这种类型的骨外固定支架仅用于肢体下部，即肘部或膝部以下。

(3)Ⅲ型

Ⅲ型又称双侧双边型骨外固定支架，这种骨外固定支架最坚固，仅用于极度不稳定的骨折，如胫骨、桡骨粉碎性骨折。

(4)环形骨外固定支架

用多根直径小的克氏针作为固定针，主要用于骨成角畸形或肢体延长的骨切开矫形术。

3. 骨外固定支架操作要领

(1)无菌操作

包括动物准备、手术室、手术器械、手术人员准备，术后护理等。

(2)选择适宜的骨平面进针

胫骨单侧骨外固定支架的最好骨面是内侧，桡骨为前内侧或内侧面，肱骨是前外侧面，股骨为外侧面。

(3)使用适宜类型的骨外固定支架

“工”型单侧骨外固定支架可用于所有长骨和下颌骨，但双侧骨外固定支架限用于胫骨、桡尺骨和下颌骨，以避免干扰体壁。

(4)使用辅助固定材料

根据骨折类型，在插入固定针时配合使用拉力螺丝、髓内针、克氏针、环扎术等，有助于维持骨复位和加强其稳定性。

(5)应在维持复位状态下安置骨外固定支架

骨折整复后，其周围软组织恢复到正常位置，插入固定针就不受周围软组织干扰。

(6)钻入固定针不能损伤软组织

在皮肤上切一小口(2～3 mm)。如需穿过肌肉，可用止血钳插入肌肉进行钝性分离，以形成一通道，然后张开止血钳以便固定针通过该通道抵至骨头，这样针旋转时不易损伤软组织。

(7)钻针技术是关键

使用低速钻头钻入固定针。高速钻会产生过多热量，引起骨坏死，固定针松动。

(8)固定针必须穿透两层皮质骨

固定针未全部插入两层皮质骨，其针会松动，不能达到固定的目的。一般针尖穿透至对侧皮质骨手可触摸到为止。

(9)固定针与骨轴呈 70°角方向钻入

这个角度对外固定支架可产生最大的强度和最大的抗拉出力。

(10)在同一平面钻入所有固定针

即先在骨折骨的远、近端钻入两根固定针，将欲钻固定针的固定夹全部套入固定杆，再将连接杆上两个远端固定夹分别安置于骨远、近端固定针，最后分别通过剩余的固定夹针孔将固定针钻入。

(11)在适宜的骨折断段进针

一般在骨断段远、近端进针其稳定性最大。固定针应与骨折线保持骨直径一半的距离，否则太近易发生骨裂。

(12)选择适宜数量、粗细的固定针及连接杆

每个主要骨断段钻入固定针最少 2 根，最多 4 根。中型固定夹配 4.6 mm 连接杆，配 2.4～3.2 mm 固定针；小型固定夹配 3.2 mm 连接杆和直径 2 mm 固定针。

(13)固定夹与皮肤间连接杆的最佳长度

取决于动物的大小和术后肿胀程度。一般为 10～13 mm。

(14)骨缺损需骨移植

如骨折缺损多，可在自体的其他骨骼(如肱骨头或髂骨结节)采集骨松质。

二维码 1-2-42　骨的外固定

知识拓展

公畜的去势术

一、大公猪与雄性马属动物的去势术

睾丸摘除术是雄性动物的去势术，俗称阉割或骟。

(一)适应证

(1)主要适用于需要消除动物的性欲和繁殖能力，以使动物性情温顺耐劳，便于管理。

(2)改善动物的肉质并提高其产肉量。

(3)控制畜群中的交配行为，从而利于良种的繁殖和选育等。

(二)术前检查

(1)有软骨病和传染病的不宜施术。

(2)有阴囊疝的不宜采用本手术。

(三)手术器械

手术刀、剪毛剪、手术剪、小镊子各 1 把，止血钳 2 把，粗细缝线适量。

(四)保定

采用在平坦地面上倒卧保定，用木杠压住猪的颈部，四肢用绳捆缚。也可用猪的手术台保定。

(五)麻醉

可进行镇静或麻醉。

(六)消毒

用 0.1%新洁尔灭溶液擦洗阴囊并拭干后涂擦 5%的碘酊，再用 75%酒精脱碘。

(七)手术方法

1. 与腹中线平行切口法

术者左手握住阴囊基部，固定两个睾丸，使阴囊皮肤展平，阴囊中线位于两个睾丸之间。在阴囊中线两侧约 1.5 cm 处各做一平行切口(图 1-2-50)，一次切开阴囊壁及总鞘膜，切口长度以能挤出睾丸为宜。睾丸露出后，剪断附睾鞘膜韧带，再沿精索后缘将其上方与鞘膜相连的部分撕断，睾丸即可下垂不能缩回。该方法适合除牛、羊以外的其他动物。

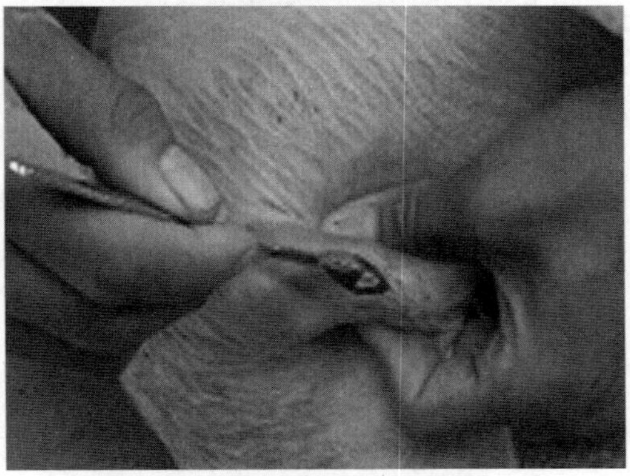
图 1-2-50　与腹中线平行切口法

2. 切断精索法

(1)结扎法　大动物都采用这种方法，睾丸、精索暴露后，先在睾丸上方 5～8 cm 处，用消毒缝线做双套结结扎精索，在结扎处下方 1.5～2 cm 处剪断精索。该方法适用于老年家畜的去势，止血确实，安全可靠。

(2)挫切法　睾丸、精索暴露后，先将锉切钳夹在睾丸上方 5～8 cm 的精索处，用手握住钳柄用力挫切，睾丸即可断离。锉切钳应继续钳夹 2～3 min，缓慢放开钳唇并取下，此种方法适用于 2～3 岁幼龄公畜的去势。

二维码 1-2-43　公驴去势术

(八)术后护理

术后的猪应置于干燥清洁的圈舍内，伤口每天涂擦 5%碘酊 2 次。

二、小公猪的去势术

(一)适应证

(1)主要适用于需要消除动物的性欲和繁殖能力，以使动物性情温顺耐劳，便于管理。

(2)改善动物的肉质并提高其产肉量。

(二)术前检查

有阴囊疝、发热性疾病的不宜采用本手术。

(三)保定

由助手握住后肢倒提保定或在地面上左侧卧保定，术者位于背部，左脚踩住颈部，右脚踩住尾巴进行保定。

(四)麻醉

一般不麻醉。

(五)消毒

用 0.1%新洁尔灭溶液擦洗阴囊并拭干后涂擦 5%的碘酊，再用 75%酒精脱碘。

二维码 1-2-44　公猪去势术

(六)手术方法

(1)固定睾丸　左手掌外缘将小公猪的右后肢压向前方，中指屈曲压在阴囊颈前部，同时用拇指及食指将睾丸固定在阴囊内，使睾丸纵轴与阴囊纵缝平行。

(2)手术切口的方向　采用腹中线平行切口法。

(3)摘除睾丸　切开阴囊及总鞘膜露出睾丸，切断鞘膜韧带露出精索，左手固定精索，右手将睾丸精索撕断将睾丸除去，创口涂碘酊消毒。手术的全过程见图 1-2-51。

(七)术后护理

术后的小公猪应置于干燥清洁的圈舍内，伤口每天涂擦 5%碘酊 2 次。

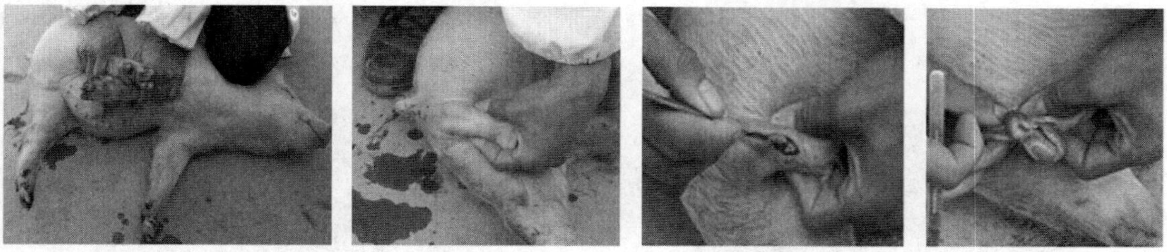

1.保定　2.固定睾丸　3.切开阴囊　4.挤出睾丸

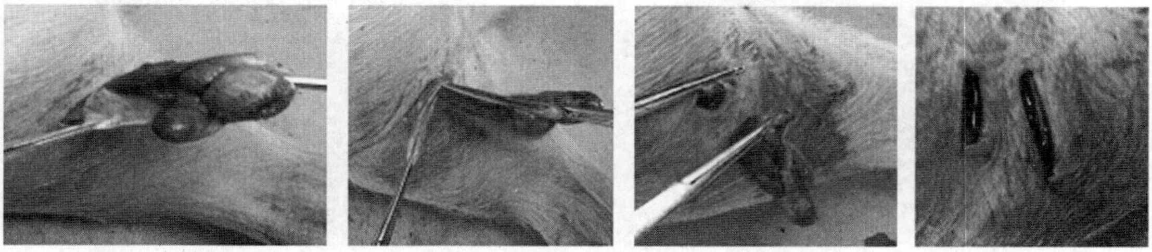

5.找出总鞘膜　6.分离总鞘膜　7.撕断精索　8.伤口涂碘酊

图 1-2-51　公猪去势图解(1～8 为手术顺序)

三、公牛与公羊的去势术

(一)适应证

通常在出生后 6 个月左右施行,对肉用牛,可提前施术,以加快育肥、提高肉质。对役用牛可于出生后 1 年左右施术,以保证其充分发育。对于淘汰的种公牛及以治疗为目的时,则不受年龄限制。

(二)术前检查

有阴囊疝、发热性疾病的不宜采用本手术。

(三)保定

以右侧卧保定较为安全,操作也较便利。站立保定也可,但要确实固定其两后肢及尾巴。

(四)麻醉与消毒

3%盐酸普鲁卡因溶液进行精索内神经传导麻醉,阴囊涂擦 5%的碘酊,再用 75%酒精脱碘。

(五)手术方法

1. 有血去势法

(1)切口

①纵切法:术者左手紧握阴囊颈部,将睾丸挤向阴囊底,右手持手术刀在阴囊后面或前面中缝两侧,距中缝 2 cm,由上而下与中缝平行切开两侧阴囊皮肤及总鞘膜,切口的下端应切至阴囊最底部(图 1-2-52)。

②横切法:术者握紧阴囊颈部,将睾丸挤向阴囊底部,在阴囊底部由左侧至右侧做与中缝垂直相交的切口,一次切开阴囊的左右两室(腔),切口即在阴囊最底部(图 1-2-53)。

(2)切开总鞘膜　露出睾丸、挤出睾丸。

(3)分离精索　用止血钳夹住精索。

(4)断离精索　采用结扎、捻转、烧烙、刮挫等方法断离精索。精索断端、阴囊内及切口涂擦5%的碘酊。

图 1-2-52　切除阴囊底部

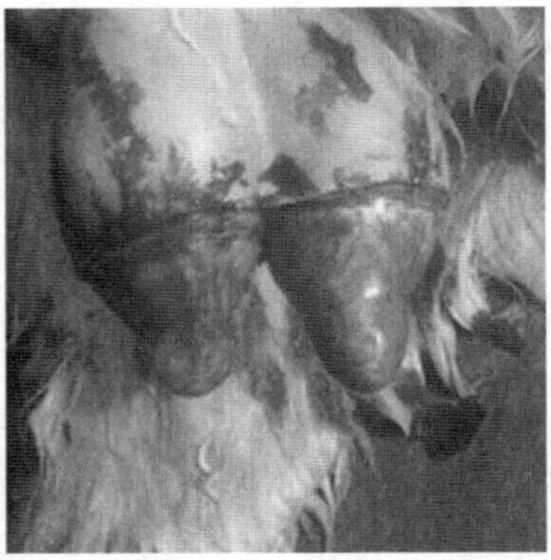

图 1-2-53　挤出睾丸

2. 无血去势钳去势法

助手于阴囊颈部将一侧精索挤到阴囊的一侧固定，术者用无血去势钳在阴囊颈部夹住精索并迅速用力关闭钳柄，听到类似腱被切断的声音，继续钳压1 min，再缓慢张开钳嘴。为确保精索被彻底挫断，可于第一次钳夹处下方2 cm处再钳夹一次，按同法钳夹另一侧精索。最后术部皮肤涂布碘酊消毒。

(六)术后护理

术后的牛、羊应置于干燥清洁的圈舍内，伤口每天涂擦5%碘酊2次。

二维码 1-2-45　公羊去势术

二维码 1-2-46　公牛的无血去势钳去势术

四、隐睾阉割法

(一)适应证

睾丸不在阴囊内，而在猪的腹腔内。

(二)保定及麻醉

一侧性隐睾阉割法，采用半仰卧保定(使其呈45°～60°的倾斜)或采用倒悬式保定均可。两侧性隐睾阉割法，采用仰卧保定或倒悬式保定均可。

(三)术部位置的确定

在隐睾同侧的髋结节向下引一条垂线与腹正中线交点的上方2 cm处，腹中线第二乳头处稍靠耻骨联合处(图1-2-54)。

(四)手术方法

消毒后做一长度约为4 cm左右切口，用食指或中指寻找睾丸，或者用去势刀的弯钩部分伸入切口钩出精索并将找到的睾丸拉出切口(图 1-2-55),结扎精索,切除睾丸。腹膜、肌肉做连续缝合,皮肤做结节缝合,切口处涂擦碘酊。

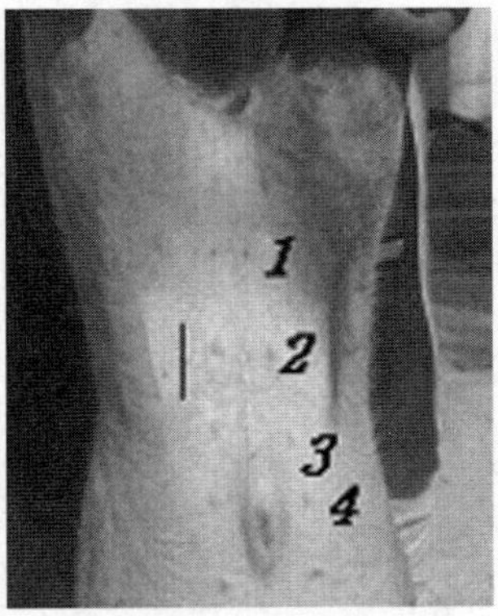

图 1-2-54　手术位置

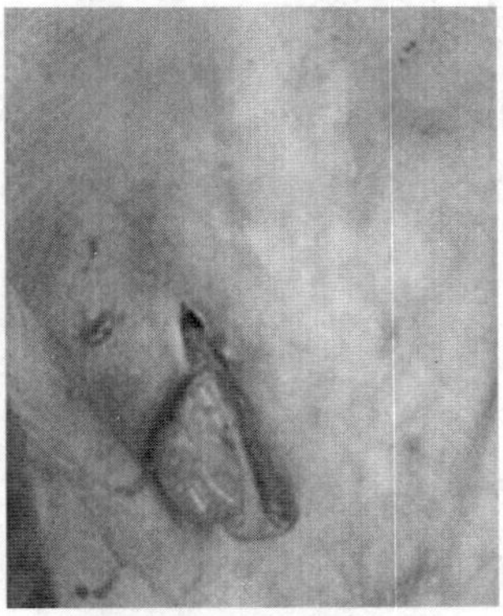

图 1-2-55　取出睾丸

(五)术后护理

术后的猪应置于干燥清洁的圈舍内,伤口每天涂擦 5%碘酊 2 次。

五、阴囊疝阉割法

(一)适应证

阴囊疝多是小猪的一种先天性疾病,小肠直接穿通腹壁与睾丸混在一起。最佳阉割年龄段为 30～60 日龄。

(二)保定

倒悬式保定。

(三)术部位置

阴囊处或腹股沟处(图 1-2-56)。

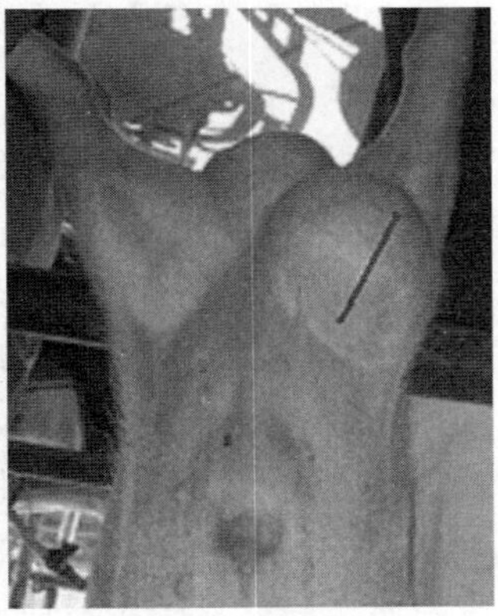

图 1-2-56　手术位置

(四)手术方法

(1)先将阴囊内的小肠送回腹腔内。

(2)腹股沟处切开法:术部消毒后,手指摸见腹股沟孔,根据腹股沟孔的大小做一与后肢方向一致的切口,先切开皮肤再切开腹股沟,缝合腹股沟孔,取出睾丸并摘除,缝合皮肤。

(3)阴囊处切开法:将疝气侧阴囊壁消毒后切开,剥离总鞘膜至腹股沟,然后握住睾丸同总鞘膜捻转 3～4 周,分离睾丸,摘除睾丸。

(4)将疝内容物经疝孔送入腹腔。

(5)连续缝合疝孔,再缝合皮下组织,最好缝合皮肤,涂擦 5%碘酊(图 1-2-57)。

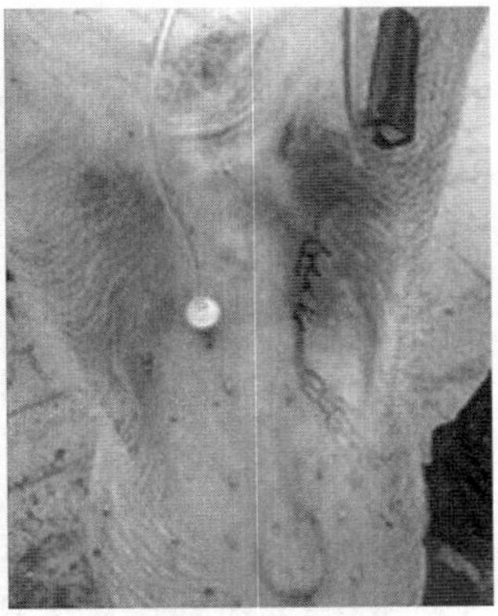

图 1-2-57　术后处理

也可在接近腹股沟管处用消毒的丝线横穿一针并结扎,在结扎的后方切断精索,或撕开总鞘膜,切断精索并摘除睾丸,为了保险起见最好在腹股沟孔处做一针较深的结节缝合。

二维码 1-2-47 阴囊疝去势术

(五)术后护理

术后的猪应置于干燥清洁的圈舍内,伤口每天涂擦5%碘酊2次。

六、公犬去势术

(一)适应证

主要适用于需要消除动物的性欲和繁殖能力,以使动物性情温顺耐劳,便于管理。

(二)术前检查

健康无疾病。

(三)保定

仰卧保定。

(四)麻醉

吸入麻醉或用舒泰做全身麻醉。

(五)消毒

用0.1%新洁尔灭溶液擦洗阴囊并拭干后涂擦5%的碘酊,再用75%酒精脱碘。

(六)手术方法

按常规将手术部剪毛,涂擦5%碘酊消毒,术者用左手的拇指、食指,从前方握住阴囊颈部,使睾丸不能自由活动,并使阴囊底壁皮肤绷紧,右手持刀,在睾丸最突出的阴囊壁处,做与阴囊中缝相平行的一个或两个切口,分别挤出睾丸,剪开或用手指撕开阴囊韧带,左手抓住睾丸,右手沿精索将阴囊皮肤向腹部推挤,使其充分显露精索,用消毒过的缝合线双重结扎精索,手拉尾线,在结扎线后约0.3 cm处剪断精索,同时,用碘酊消毒断端,确定无出血,则剪断尾线,让精索端自由缩回。按同样的方法,摘除另一侧睾丸。

也可以用左手拇、食指尖端,在精索最细部分,不断来回推刮,直至精索刮断为止,睾丸被摘除。此法一般用于年幼的犬。术后要仔细观察是否出血,发现出血时,要及时处理。对另一侧睾丸,做同样处理。切口不必缝合,可在切口内撒布消炎粉,用碘酊涂擦阴囊四周,并消毒切口。

(七)术后护理

术后的犬应置于干燥清洁的圈舍内,伤口每天涂擦5%碘酊2次。

七、公猫去势术

(一)适应证

主要适用于需要消除动物的性欲和繁殖能力,以使动物性情温顺耐劳,便于管理。

(二)术前检查

测试体温、呼吸、心跳三大生理指标。观察外阴部等有无异常。如体况不佳或有疾病时,暂不宜手术,等康复后再进行去势术。术前禁食半天,并要用破伤风抗毒素100～2 000 IU进行预防注射。

(三)手术器械

手术刀、剪毛剪、手术剪、小镊子各1把,止血钳2把,粗细缝线适量,术前应用0.1%新洁尔灭溶液浸泡,灭菌纱布3~4块。

(四)麻醉

全身麻醉。

(五)保定

左侧或右侧卧保定,两后肢向腹前方伸展,猫尾要反向背部提举固定,充分显露肛门下方的阴囊。猫有锐利的爪和牙齿,保定时,务必小心谨慎,确保人和动物的安全。

(六)术部消毒和准备

用绷带包扎尾根的被毛,并固定尾巴,进行局部剪毛后,以0.1%新洁尔灭溶液消毒,擦干。用2%碘酊消毒后,再用70%酒精棉球涂擦,然后用一块灭菌纱布,从当中剪开3~5 cm,作为创巾盖住会阴部,使阴囊充分显露。如果是麻醉保定,则麻醉后,应将猫横卧保定。

(七)手术方法

以左手拇指和食指固定一侧睾丸,使阴囊的皮肤绷紧,右手持刀,沿睾丸的纵轴方向,并与阴囊中缝平行,一次切开阴囊和总鞘膜1~2 cm,将睾丸挤出,剪开阴囊韧带(或用手撕开),再分离睾丸系膜,将阴囊和总鞘膜推向腹壁方向,使精索暴露,然后用丝线进行双重结扎,手拉尾线,在结扎线后约0.3 cm处,剪断精索,用2%碘酊消毒断端,确定无出血时,剪断尾线,精索断端缩回,用同样的方法摘除另一侧睾丸。然后用备好的消炎粉,撒入阴囊切口内,除去创巾,局部消毒。

(八)术后护理

解除保定,待猫完全清醒后,可给予新鲜干净饮水,再经2~3 h,给予食物,但饲喂量不宜太多,此后逐步恢复正常的饲喂。应保持阴囊切口部干燥,清洁卫生,防止阴囊切口感染。6~7 d后,阴囊萎缩,创口愈合。

术后2~3 d,如发现局部硬肿,有分泌液流出,触之敏感,体温升高,应及时诊治。当局部感染时,可肌内注射抗生素,2次/d,每次注射青霉素10万~20万IU,连续3~4 d,并要对症治疗。

卵巢摘除术

卵巢摘除术俗称劁,除母猪以外,其他的雌性动物都是通过腹部切开术进行的,其方法同腹部切开术,待腹腔打开后,去除卵巢及子宫。向外牵拉卵巢阻力过大时,可用手撕断卵巢悬韧带,但应注意不要撕破卵巢动、静脉。大动物需结扎,方法是在卵巢系膜上用止血钳尖端捅一小口,引入两根丝线,一根结扎卵巢动脉和静脉、卵巢系膜(悬韧带);另一根结扎子宫动脉和静脉、子宫阔韧带及输卵管,然后切除卵巢。

一、母猪的“小挑花”

(一)适应证

50日龄左右,体重5~15 kg的小母猪。

（二）保定

术者左手握住小猪左后肢，倒立提起；右手以中指、食指和拇指抓住耳朵，向下扭转半周，将其头部右侧耳、面贴于地面，术者右脚外脚掌踩住右侧耳朵（如耳朵小可踩颈部）。左手将其后躯放低贴于地面，两手抓住左后肢用力将体躯和左后肢拉直（猪蹄前面朝上），使猪成半仰卧势，左脚踩住其左后肢小腿部。

（三）术部

左手中指的指肚顶住猪的左侧髋结节，拇指用力按压其同侧皱襞边缘下方 1～2 cm 处腹壁，其按压点与中指顶住的髋结节相对应，髋结节与腹壁按压点成一垂直线，术部切口在拇指按压点稍下方。

（四）手术方法

用手术刀切开皮肤（不超过 0.5 cm），再用刀柄垂直戳入腹腔（避开腹主动脉），左手拇指紧压腹壁，右手持刀柄沿切口前后滑动，以扩大肌肉和腹膜创口，拇指用力按压腹壁，子宫角随刀柄前后滑动即可由创口涌出，一同摘除卵巢和子宫角，让子宫体复位即可（图 1-2-58）。

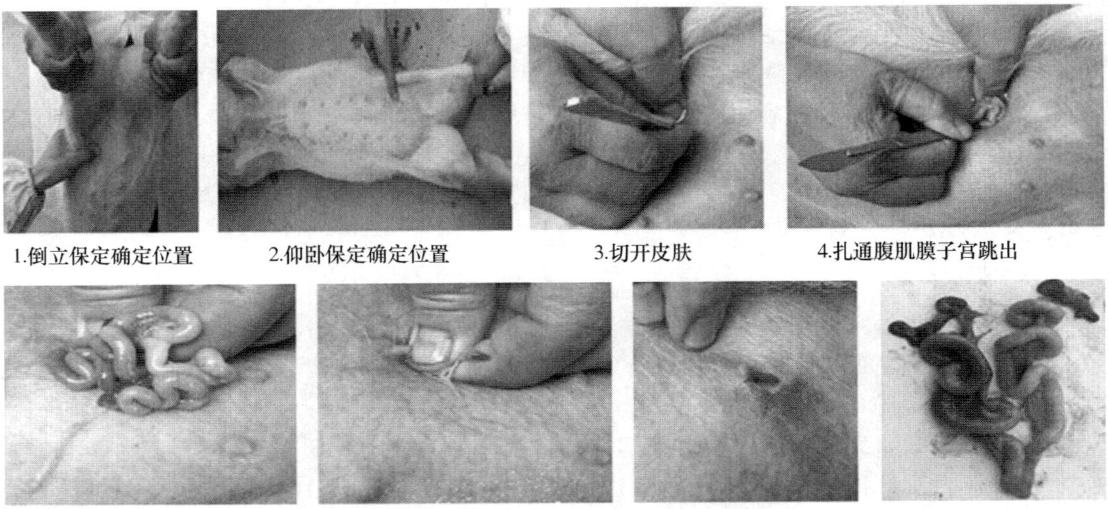

1.倒立保定确定位置 2.仰卧保定确定位置 3.切开皮肤 4.扎通腹肌膜子宫跳出

5.拉出两侧卵巢及子宫 6.拉断卵巢和子宫 7.子宫断端缩回腹腔 8.检查子宫卵巢

图 1-2-58 母猪去势图解

（五）手术中可能出现的问题

1. 子宫角不能自动冒出

不见子宫角冒出的常见原因是保定方法不当，切口位置不准，术者左手拇指按压无力。如果切口位置基本正确，子宫角不冒出时，应在左手拇指紧压术部的配合下，将刀柄钩端伸入腹腔内轻轻做弧形滑动，并向外勾，子宫角即可冒出。

二维码 1-2-48 母猪小挑花

2. 出血

正常情况下切口出血不多，如遇大出血则是手术刀损伤了腹腔内较大的动、静脉所致，应立即停止手术并进行止血。

3. 膀胱圆韧带冒出切口

原因为切口偏后，如切口偏前或偏后施术则可能冒出肠管；如遇这些情况应用刀柄钩端伸入腹腔向相反方向做弧形滑动，并向切口勾，以使子宫角冒出。

4. 卵巢遗留在腹腔内

在摘除子宫角和卵巢时，由于子宫角断裂而使卵巢遗留在腹腔内，这就需待卵巢发育较大后再进行手术摘除。

二、母猪"大挑花"

（一）适应证

适用于个体较大，体重 30 kg 左右，已饲养 1.5 个月以上且发过 1～2 次情的小母猪。

（二）保定

侧卧保定。

（三）切口部位及方向

在髋结节下方 5～10 cm 处，指压抵抗力小的部位为好，详见图 1-2-4。

（四）手术器械

阉割刀 1 把，止血钳 2 把，持针钳 1 把，三角缝合针（或圆形缝合针）1 根。医用缝合线、药棉。5％碘酒、70％酒精、外用磺胺结晶消炎粉及高锰酸钾。水桶（或脸盆等）、毛巾（或普通纱布块）。

（五）手术方法

1. 切透腹壁

切开皮肤 2～3 cm 的切口，分离皮下结缔组织和肌肉，用刀柄戳开腹膜。

2. 掏出卵巢

用右手食指经切口伸入腹腔，沿脊柱侧腹壁，由前向后探查左侧卵巢。摸到卵巢后，用指尖压住并沿腹壁向外勾出，当用食指向外勾出卵巢时，需用中指、无名指及小指用力按压腹壁，使卵巢不致滑脱。当卵巢到达切口时，用刀柄协助勾出。手指再伸入腹腔，通过直肠下方到右侧，探查右侧卵巢，用同法勾出。

当猪体过大导致食指无法探查对侧卵巢时，可令助手把手伸到猪体腹壁下面，将腹壁垫高，让对侧卵巢上移，与此同时，术者食指在腹腔内向切口处划动腹水，卵巢和系膜随划动而移至指端，术者可趁机捕捉卵巢和系膜。

3. 摘除卵巢

卵巢较小的直接撕断卵巢即可，卵巢较大的先结扎卵巢动脉和静脉，再切除卵巢。

4. 还纳子宫

摘除卵巢后将子宫还纳至腹腔。

5. 缝合

依次缝合腹膜、肌肉、皮肤。

(六)术后护理

母猪术后不能马上睡觉,应让母猪自由走动。猪栏要清洁、干净、垫草。

三、母猪阉割倒吊挑花术

(一)适应证

适用于所有年龄的母猪。

(二)保定

倒吊保定,首先术者把长约16 cm的绳子两端连在一起打成一个死结绳圈,然后把绳圈套住在木桩或树干、能移动的楼梯等保定物上。同时,把绳圈的游离端绕成左右两个小圈,以供待阉割母猪的两后肢穿入后倒吊。绳圈高度可按照术者个子高矮上下调节,以术者站立对术部进行阉割挑花时顺手为宜。

(三)切口部位及方向

详见图1-2-5和图1-2-6。

(四)手术器械

阉割刀1把,止血钳2把,持针钳1把,三角缝合针(或圆形缝合针)1根。医用缝合线、药棉。5%碘酒、70%酒精、外用磺胺结晶消炎粉及高锰酸钾。水桶(或脸盆等)、毛巾(或普通纱布块)。

(五)手术方法

1.切透腹壁

切开皮肤2～3 cm的切口,分离皮下结缔组织和肌肉,用刀柄戳开腹膜。

2.掏出卵巢

用右手食指经切口伸入腹腔,沿脊柱侧腹壁,由前向后探查左侧卵巢。摸到卵巢后,用指尖压住并沿腹壁向外勾出,当用食指向外勾出卵巢时,需用中指、无名指及小指用力按压腹壁,使卵巢不致滑脱。当卵巢到达切口时,用刀柄协助勾出。手指再伸入腹腔,通过直肠下方到右侧,探查右侧卵巢,用同法勾出。

3.摘除卵巢

卵巢较小者直接撕断卵巢即可,卵巢较大者先结扎卵巢动脉和静脉,再切除卵巢。

4.还纳子宫

摘除卵巢后将子宫还纳至腹腔。

5.缝合

依次缝合腹膜、肌肉、皮肤。缝合时不要损伤肠管,腹膜缝合要严密。

四、母犬绝育术

(一)适应证

根据动物主人的意愿进行去势术。

(二)术前检查和准备

术前要禁食0.5～1 d。

（三）保定和麻醉

仰卧保定，全身麻醉。

（四）术部确定

1. 局部解剖

母犬的卵巢有一对，左、右侧各一个，位于盆腔的入口处，悬挂在第三四腰椎处（大约在最后肋骨与髋结节水平连线的中央处）。卵巢小，呈长而稍扁平的卵圆形，平均长度约为 2 cm，内含有卵泡，表面凸凹不平，好像小核桃一样，包在输卵管伞内，输卵管伞开口很小，伞内四周有很多脂肪，其卵巢和输卵管伞都被脂肪包住，所以不容易将卵巢自输卵管伞挤出。两侧卵巢系膜和输卵管较短，子宫角长而直，呈"V"字形，子宫角较肠壁厚，子宫阔韧带和肠系膜相似，但血管很少，可以与肠系膜区别开来。

2. 切口位置

母犬的手术部位在脐后 1～2 cm 的腹正中线上。

（五）手术方法

1. 消毒

术部按常规剪毛、消毒。

2. 切透腹壁，找出卵巢

可做半月形或纵形切口，其切口长度为 1.5 cm 左右，术者左手食指伸入切口内，钝性分离腹肌层，捣破腹膜，扩大切口，在骨盆腔入口处寻摸卵巢或子宫角，由于母犬的子宫角周围脂肪多，要将脂肪拉出切口，方可找到卵巢，然后用消毒过的丝线结扎。

3. 摘除卵巢

首先用圆利针穿两根线，然后避开血管，通过子宫阔韧带，一根结扎卵巢动脉和卵巢系膜，另一根结扎子宫动脉、子宫阔韧带及输卵管，不要结扎子宫角，以免引起出血。此时，用剪刀剪破卵巢囊，用纱布擦拭血液，然后用镊子持着卵巢，剪去卵巢囊组织，确认不再出血后，将抗生素撒布卵巢囊内，剪断结扎线。用同法摘除另一侧卵巢。然后，将子宫角连同周围的脂肪，一起送入骨盆腔，并在切口内整理好子宫。

二维码 1-2-49　犬卵巢摘除术

4. 缝合

依次缝合腹膜、肌肉、皮肤。

（六）术后护理

术后要将母犬单独饲养，犬舍保持清洁干燥，同时限制活动，避免乱跑。3～4 d 内限制饮食，一般只给吃半饱，但应饲喂营养丰富的食物，以促进康复。

五、母猫绝育术

（一）适应证

根据动物主人的意愿进行去势术。

（二）术前检查和准备

术前要禁食0.5～1 d。

（三）保定方法

全身麻醉，仰卧保定。

（四）手术方法

1. 手术部位

在倒数第1对乳头到第2～3对乳头间，以腹中线为中心，在10 cm×5 cm大小的范围内。

2. 消毒

术部按常规剃毛。用0.1%新洁尔灭彻底清洗术部，并擦干，用2%碘酊消毒，再用70%酒精棉球涂擦。

3. 手术方式

一次切开皮肤3～4 cm长切口，再切开皮下脂肪和腹直肌，剪开腹膜，然后，伸入食指，沿腹壁向左或向右，寻找卵巢（卵巢皮肤投影在倒数第2对乳头的后下2 cm左右处），其卵巢似豌豆大小，成年猫的卵巢呈椭圆形，质硬而有弹性。当触摸到卵巢后，拉出体外。

4. 摘除卵巢

用食指、拇指捏住卵巢，为防止卵巢滑脱，可用4号线穿过卵巢基部，进行双重结扎（注意穿针时，要避开血管，以防止出血），在离结0.3 cm处剪断，卵巢被摘除，确定无出血时，剪断尾线，送回腹腔，用同样方法，寻找并摘除对侧卵巢，再次复查，确定无出血时，可将腹直肌和腹膜一起连续缝合。

5. 缝合

依次缝合腹膜、肌肉、皮肤。

（五）术后护理

基本和公猫去势后的护理相同。母猫去势后伤口多数在7 d左右愈合，故要及时拆线。如发现有感染时，要请兽医师及时诊治，按要求肌内注射抗生素，同时要对症治疗。

项目三
外伤及感染

学习目标

- ☞ 了解创伤的概念、病因、一般症状、愈合过程，掌握创伤的治疗方法。
- ☞ 了解脓肿、血肿、蜂窝织炎及败血症的概念、病因，掌握其症状、诊断及治疗方法。
- ☞ 了解外科感染的概念、分类，掌握其诊断及一般治疗方法。

素养目标

- ☞ 培养严谨求实的科学态度。
- ☞ 提高社会责任感和使命感。
- ☞ 培养安全规范操作的意识和自我医学防护的素养。

任务一　开放性损伤——创伤

损伤是由各种外界因素作用于机体，引起机体组织器官的形态学或功能发生改变以及代谢紊乱，并伴有不同程度的局部或全身反应的一种综合征，其可分为开放性损伤和非开放性损伤两种。开放性损伤通常称为创伤。

一、创伤的概述

创伤是由锐性外力或强烈的钝性外力作用于机体组织或器官，使受伤部位皮肤或黏膜出现伤口及深在组织与外界相通的机械性损伤。

创伤一般由创围、创缘、创壁、创口、创腔、创底构成(图 1-3-1)。

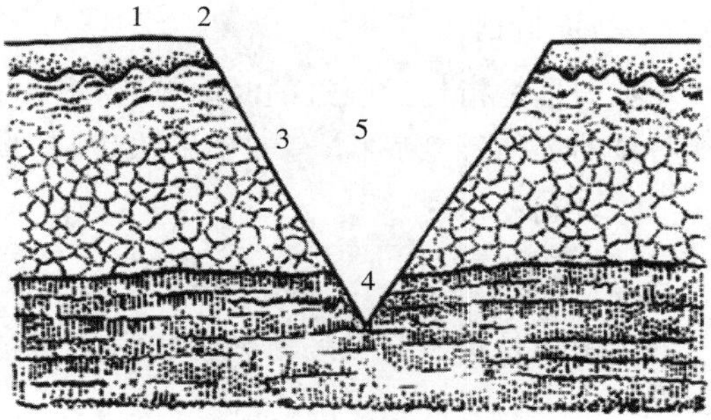

图 1-3-1　创伤各部位名称

1. 创围　2. 创缘　3. 创壁　4. 创底　5. 创腔

创围是指围绕创口周围的皮肤或黏膜；创缘是指创口边缘的皮肤或黏膜及其疏松结缔组织；创壁是由受伤的肌肉、筋膜及位于其间的疏松结缔组织构成；创口是指创缘之间的间隙，创腔是指创壁之间的间隙，管状创腔称为创道；创底是创伤的最深部位。并非所有的创伤都具有上述六个组成部分，如浅表的损伤则无创腔。

二、创伤的一般特征

1 出血

出血量的多少取决于受伤的部位、损伤的程度、损伤血管的种类及血液的凝固性等，出血可分为原发性出血和继发性出血，内出血和外出血，动脉出血、静脉出血、毛细血管出血及实质性出血。毛细血管及小血管出血能较快地自行停止；动脉、较大的静脉及内脏血管受损时多呈持续性出血，应及时采取止血措施。少量出血对患病动物影响不大，但血凝块为微生物的生长提供了良好的环境，不利于伤口的愈合，必须及时清除。急性大出血较危险，易出现出血性休克而引发死亡。

2. 创口裂开

创口裂开是由于受伤组织断裂和收缩而引起的，创口裂开的程度取决于受伤的部位，创口的方向、长度、深度及组织的弹性等。活动性较大的部位，长而深的创口裂开比较明显，肌肉及肌腱的横创比纵创裂开宽。

3. 疼痛及功能障碍

疼痛是因为感觉神经受损伤或炎性刺激而引起的，疼痛的程度与受伤的部位、组织损伤的形状、动物的种属及个体差异有关。富有感觉神经的部位，如蹄冠、外生殖器、肛门和骨膜等处发生创伤则疼痛明显。由于疼痛的刺激及创伤部位的解剖组织学结构被破坏，常常出现局部和全身的功能障碍。

三、创伤的分类及临床症状

1. 按伤后经过的时间分

(1)新鲜创

新鲜创是指伤后的时间较短，一般指受伤以后 24 h 之内的创伤，创内尚有血液流出或存有血凝块，且创内各部组织的轮廓仍能识别，有的虽被严重污染，但未出现创伤感染症状。

(2)陈旧创

陈旧创是指伤后经过的时间较长，多在 24 h 以上的创伤，创内各组织的轮廓不易识别，出现明显的创伤感染症状，有的排出脓汁，有的出现肉芽组织。

2. 按创伤有无感染分

(1)无菌创

无菌创是指没有被病原微生物污染、不会发生感染的创伤。如在无菌条件下所做的手术创等。

(2)污染创

污染创是指被病原微生物和异物所污染，受伤时间较短，进入创内的病原微生物仅与损伤组织发生机械性接触，局部无感染症状的创伤。污染严重的污染创，如未得到及时而彻底的外科处理，常常可发展成为感染创。

(3)感染创

进入创内的病原微生物大量生长繁殖，对机体呈现致病作用，使受伤部位的组织出现明显的创伤感染症状，严重的可引发机体的全身反应。

(4)保菌创

创伤感染后，经过一定的时间，健康肉芽组织的增生，使病原微生物仅仅停留在创内，没有向健康组织蔓延的趋势。应注意，保菌创和感染创在临床上是可以相互转化的。

3. 按致伤物的性状分

(1)刺创

刺创是指由尖锐而细长的物体刺入机体组织内发生的创伤。刺创的创口小，创道狭而长，深部组织常被损伤，并发生内出血或形成组织内血肿。刺入物有时折断并留在创道内，加之刺入物带入创道的病原微生物、污物等，因此刺创极易感染化脓，甚至形成化脓性窦道或引起厌氧菌感染。带锈的铁钉或铁丝引起的刺创常可引发破伤风。

(2)切创

切创是指因锐利的物体(如玻璃片、刀)切割机体组织发生的创伤。切创的创缘和创壁比较平整，组织受挫轻微，出血量多，疼痛相对较轻，创口裂开明显，污染较少。一般经适当的外科处理和缝合能较快愈合。

(3)砍创

砍创是指由柴刀、马刀等砍切机体组织发生的创伤。由于致伤物重，致伤力量大，故创口裂开大，组织损伤严重，出血量多，疼痛剧烈。

(4)挫创

挫创是指由钝性外力(如打击、冲撞)的作用或动物跌倒在硬地上所致的损伤。挫伤的创形不整，挫灭破碎组织多，出血量少，创内常见有创囊和血凝块，创面多被污染，极易感染化脓。

(5)裂创

裂创是指由于钉、钩等钝性致伤物的牵引作用，组织发生机械性牵张而断裂的损伤。裂创的创形不规则，组织发生撕裂或剥离，创内深浅不一，创壁及创面凸凹不平，出血较少，创口裂开大，疼痛剧烈，撕裂组织容易发生坏死或感染。

(6)压创

压创是指由车轮碾压或重物挤压所导致的机体组织损伤。压创的创形不整，存有大量的挫灭组织、压碎的肌腱碎片或皮肤缺损，严重的伴发粉碎性骨折和关节脱位。压创一般出血较少，疼痛不剧烈，创伤污染严重，极易发生化脓性感染。

(7)搔创

搔创是指由动物的爪搔抓导致的损伤。皮肤常常被损伤，创伤呈线形，一般发生在浅表。

(8)缚创

常因细绳捆缚所致，创伤常呈环形。

(9)咬创

咬创是指由动物的啃咬所致的组织损伤。轻度的咬伤出现成对的齿痕,严重的被咬伤处呈管状创或似裂创或呈软组织缺损创,创内常见有挫灭组织,出血少。由于动物口腔内含有的病原微生物较多,被咬处常常继发蜂窝织炎。被猫、犬等动物咬伤时要注意预防狂犬病。

(10)毒创

毒创是指被毒蛇咬伤或被毒蜂刺螫等所致的组织损伤。被咬刺部位呈点状损伤,常常不易被发现,但毒素进入组织后,引起患部剧烈疼痛,迅速肿胀,以后出现坏死和分解,毒素引起的全身反应迅速而严重,可因呼吸中枢和心血管系统的麻痹而死亡。

(11)火器创

火器创是指由枪弹或弹片致伤所造成的开放性损伤,损伤程度与火器性质、损伤部位有关。

(12)复合创

同时具备上述两种以上创伤的特征。

四、创伤的愈合

创伤的愈合过程分为一期愈合、二期愈合和痂皮下愈合。

1. 一期愈合

这是一种较为理想的愈合形式。其特点是创缘、创壁整齐,创口吻合良好,无肉眼可见的组织间隙,创腔内无异物、无坏死组织及血肿,组织仍有活性,没有感染且炎症反应轻微。愈合以后不留瘢痕,没有器官的功能障碍。无菌手术绝大多数可以达到一期愈合。

当创伤出血停止后,就开始了一期愈合。创腔内的血液、血浆纤维蛋白、淋巴液、白细胞、少量的挫灭组织等将伤口创壁黏合。这些黏合物质刺激创壁组织,毛细血管扩张充血,渗出浆液、白细胞、巨噬细胞,创伤内的纤维素、血凝块及微生物等均被白细胞吞噬,然后又被细胞溶解酶溶解并吸收,使创腔得到净化,为组织再生创造了良好的环境条件。

创伤发生 1～2 d 后,创壁的毛细血管内皮细胞及结缔组织细胞增殖,形成新生的肉芽组织,使创壁之间连接起来。此时创缘的上皮细胞由病灶的四周向中央生长,覆盖创口而痊愈。这种愈合呈线状、淡红色,较脆弱。经过 7 d 后创伤便形成一条平滑、暗红色的线状瘢痕,所以无菌手术可在术后 7 d 左右拆线。

2. 二期愈合

二期愈合的特征是创内增生多量的肉芽组织,填充创腔,然后形成疤痕组织被覆上皮组织而治愈。伤口大,伴有组织缺损,创缘、创壁不整齐,创内有感染、血凝块、异物、坏死组织等,致使组织丧失一期愈合能力时,取二期愈合。

根据本病愈合过程中生物学形态、物理学及胶体化学变化特点,把二期愈合分为两个时期,即化脓期(炎性净化期)和肉芽生长期(组织修复期)。这两个时期不能截然分开,是由一个时期过渡到另一个时期,而在表现形式上各有其侧重点。

(1)化脓期(炎性净化期)

此期是通过炎症反应来达到创伤的自身净化。临床上主要表现为创伤部发炎、肿胀、增温、疼痛，随后创内组织坏死，组织液化，形成脓汁，从伤口流出。

创伤净化过程的特点，各种动物不尽相同。犬和马以浆液性渗出为主，液化过程完全，清除坏死组织迅速，但易引起吸收中毒；牛、羊、猪则以浆液-纤维素性渗出为主。液化过程较弱，是通过形成化脓性分离界面使坏死组织脱离的，净化过程慢，但不易引起吸收中毒。

(2)肉芽生长期(组织修复期)

肉芽组织是由新生的成纤维细胞和毛细血管构成的，其中成纤维细胞是由伤口周围的原始结缔组织细胞分裂增生而来的，这种细胞在受伤后的初期增生快，由伤口边缘和底部逐渐向中心生长。与此同时，有大量的毛细血管混杂在成纤维细胞之间，自伤口周围向中心靠拢而产生伤口收缩，使创面缩小，有利于伤口愈合。

肉芽组织除有成纤维细胞和毛细血管外，还有中性粒细胞、巨噬细胞和其他炎性细胞，但无神经纤维，故肉芽组织无感觉，触之不痛。健康的肉芽组织呈红色，较坚实，表面湿润呈颗粒状，并附有很少的一层黏稠、灰白色的脓性物，对肉芽组织有保护作用。肉芽组织是坚强的创伤防卫面，防止感染蔓延，所以在诊疗创伤时要保护肉芽面不受损伤。合理选用促进肉芽正常生长的药物和措施十分重要。

肉芽组织成熟过程，在伤后 5～6 d，增生的成纤维细胞开始产生胶原纤维，到 2 周左右，胶原纤维形成最为旺盛，以后逐渐减慢，到 3 周左右胶原纤维的产生就很少了。此时成纤维细胞转化为纤维细胞。与此同时，肉芽组织中的大量毛细血管闭合、退化、消失，只留下部分毛细血管和细小的动脉和静脉营养该处。至此肉芽组织逐渐成熟为瘢痕组织，呈灰白色，硬韧。

在肉芽组织开始生长的同时，创缘的上皮组织增殖，新生的上皮由周围向中心生长，当肉芽组织增生高达皮肤面时，新生的上皮再生结束。覆盖创面而愈合。如果创面较大，由创缘生长的上皮不足以覆盖整个创面时，则以上述瘢痕形成而告终。由此可能引起伤部的功能障碍，瘢痕组织中无毛囊、无汗腺和皮脂腺。

3.痂皮下愈合

发生皮肤表面的损伤，伤面浅在，一般损伤仅伤及表皮。在没有发生感染的情况下，受伤后局部表面渗出的血液和淋巴液逐渐凝固干燥后，形成暗褐色的痂皮，覆盖在创伤的表面，痂皮脱落后露出新生的上皮，即痂皮下愈合。若在痂皮下发生感染而化脓时，则痂皮分离而脱落，创伤取二期愈合。

五、影响创伤愈合的因素

创伤愈合的速度受许多因素的影响，这些因素包括外界条件方面的、人为的和机体方面的。创伤治疗时，应尽量消除妨碍创伤愈合的因素，创造有利于创伤愈合的良好条件。

1.创伤感染

创伤感染化脓是创伤愈合延迟的主要因素。由于病原菌的致病作用，一方面使创伤深部组织遭受更大的破坏，延长愈合时间；另一方面使机体吸收细菌毒素和有害的炎性产物，降低机体抵抗力，影响创伤的修复过程。

2.创内有异物和坏死组织

当创内特别是创伤深部存留异物和坏死组织时，炎性净化过程不能结束，化脓不会停止，创伤就不能愈合，甚至形成化脓性窦道。

3. 创伤部位不安静

创伤发生的最初几天，伤口肉芽组织幼嫩，创面结合不牢固。如果此时创伤部位活动过强，不但可以引起出血及疼痛，还可以损伤幼嫩的肉芽组织，使细菌侵入创腔，造成感染。另外创伤止血不充分、清创不彻底，频繁地做外科处理等都可破坏创伤的安静，影响愈合。因此在动物受伤后应保证创伤部位的相对安静。

4. 伤部血液循环不良

创伤的愈合过程是以炎症为基础的过程，受伤部血液循环不良，既影响炎性净化过程的顺利进行，又影响肉芽组织的生长，从而延长创伤愈合的时间。

5. 机体营养不良

蛋白质或维生素等缺乏都会妨碍创伤的愈合。蛋白质是组织修复所必需的物质，蛋白质缺乏，可使机体衰弱，抵抗力下降，创伤易发生感染；维生素 A 缺乏，可导致上皮细胞再生迟缓，皮肤出现干燥及粗糙；B 族维生素缺乏，可影响神经纤维的再生；维生素 C 缺乏，毛细血管的脆性增强，致使肉芽组织水肿，容易出血；维生素 K 缺乏，可导致血液凝固迟缓，创伤愈合慢。

6. 其他因素

如年老、体弱、贫血、脱水以及使用皮质类固醇类药物等都会延缓创伤的愈合。

六、创伤治疗的一般原则

1. 抗休克

一般是先抗休克，待休克好转后再进行清创术，但对大出血、胸壁穿透创及肠脱出，则应在积极抗休克的同时进行手术治疗。

2. 防治感染

灾害性创伤，一般不可避免地被细菌或污物所污染，伤后应立即开始使用抗生素，预防化脓性感染，同时进行积极的局部治疗，使污染的伤口转变为清洁伤口并进行缝合，但对战时火器创的处理，原则上只做清创不做缝合。

3. 纠正水与电解质失衡

通过输液调节机体水、电解质和酸碱平衡失调。

4. 消除影响创伤愈合的因素

在创伤治疗过程中，应注意消除各种影响创伤愈合的因素，使肉芽组织生长正常，促进创伤早期治愈。

5. 加强饲养管理

给予高蛋白及富含矿物质、维生素的饲料，增强机体抵抗力，促进伤口愈合。

七、创伤的治疗

1. 新鲜创的治疗

(1)原则

及时止血，防止休克，矫正水、电解质和酸碱平衡紊乱，防止感染和继发损伤，尽早做清创手术，给创伤愈合创造良好的条件，争取一期愈合或缩短二期愈合的时间。

(2)治疗方法

①止血：可采取压迫、钳夹、结扎等方法止血，也可用药物止血，如肌内注射安络血或静脉注射维生素 K 或 $CaCl_2$ 等。

②清洁创围、创腔及清创：首先用灭菌纱布盖住创面，剪除创口周围的被毛和清除异物，用温肥皂水清洗创围、创腔，必要时要进行扩大创口、清除创腔内的异物及凝血块，修整创缘，然后用碘酊消毒创围，再用镊子去除创腔内的坏死组织，用 0.1%高锰酸钾或 0.1%新洁尔灭溶液反复冲洗创腔，再用灭菌纱布吸去冲洗液，做到彻底、干净、无损伤、组织活性好，争取一期愈合。

③创伤用药：创伤用药的目的在于防止创伤感染，可选用的药物有：青霉素、链霉素、呋喃西林、碘仿、磺胺乳剂、碘仿磺胺粉等，必要时配合地塞米松等皮质激素类药物治疗。对已污染的可进行开放治疗，定期用 0.1%新洁尔灭或 0.1%高锰酸钾溶液冲洗创腔，并做适当引流，至肉芽生长为止。

④缝合包扎：对受伤后数小时的清洁创或经彻底外科处理的新鲜创应尽早施行缝合，采用外科手术的原则对创口进行缝合，必要时进行分层缝合，促进组织愈合。缝合后，进行创伤包扎，包扎应根据创伤的具体情况而定，一般经外科彻底处理后的新鲜创伤均可包扎。

2.化脓创的治疗

(1)原则

控制感染，清除创内坏死组织和异物，加速炎症净化过程，保证脓汁顺利排出，防止转为全身性感染，促进创伤愈合。

(2)治疗方法

①清洗创腔：常用药物有生理盐水、2%碳酸氢钠、0.1%新洁尔灭、0.1%高锰酸钾等。

②处理创腔：冲洗排脓后，应扩大创口，修整创缘、创壁，除去创内异物，切除坏死组织、化脓组织及失活破碎组织，造成新的创壁，为创伤排脓创造条件。

③引流：当创腔深、创道长、创内有坏死组织或创底滞留渗出物等时，为使创内炎性渗出物流出创外，常用引流疗法。以纱布条引流最为常用。纱布条引流具有毛细血管引流的特性，只要把纱布条适当地导入创底和弯曲的创道，就能将创内的炎性渗出物引流至创外。如用涂布 10%磺胺乳剂或松碘油膏的纱布条引流。

当创伤炎性肿胀和炎性渗出物增加，体温升高，脉搏增数时，提示引流受阻，应及时取出引流物做创内检查，并更换引流物。但炎性渗出物很少时，应停止使用引流物，改用抗生素或促进组织生长的药物。

④对症治疗：局部及全身抑菌消炎，结合强心、解毒。

3.肉芽创的治疗

(1)原则

促进肉芽组织的生长，保护肉芽组织不受损伤和继发感染，加速上皮新生，防止肉芽组织过度赘生，促进创伤愈合。

(2)治疗方法

①创面清洁:清洁创围、创面,除去脓汁,2～4 d 用 1 次。

②促进肉芽组织生长及上皮形成:常选用刺激性小、促进肉芽组织和上皮生长、防止继发感染和肉芽赘生的药物治疗肉芽创。常把这类药制成流膏、乳剂或软膏使用,多做引流、外敷或灌注。如用松碘油膏或 1%磺胺乳剂等填塞、引流或灌注。

当肉芽组织充满创腔并接近创缘时,为促进上皮生长,可用氧化锌软膏(氧化锌 10 g、凡士林 90 g)或氧化锌水杨酸软膏涂在创缘及创围。上皮形成后,定期涂布龙胆紫以防止肉芽过度增生,促使创面结痂。

注意:治疗创伤时应及时注射破伤风抗毒素以防破伤风的发生。

任务二　软组织的非开放性损伤

一、挫伤

挫伤是指钝性物体强烈作用于动物体而引起的组织非开放性损伤。根据受伤程度可分为一度、二度和三度挫伤,根据受伤组织部位可分软组织挫伤、骨挫伤和关节挫伤。

(一)病因

多由钝性物体机械压迫导致,如棍棒打击、车辆冲撞、摔跌、蹴踢、挤压等。

(二)症状

挫伤部位主要表现为溢血、肿胀、疼痛,以及功能障碍。

1. 溢血

因受伤程度及部位不同而出现皮下充血或溢血,皮肤黏膜处可出现血斑、血肿,肤色较浅处则可见暗红淤血斑,指压不褪色。

2. 肿胀

肿胀是由损伤后局部组织炎症,血液和淋巴液浸润引起的。肿胀部坚硬,触之坚实,略有升温。如并发血肿可出现稍有弹性的感觉。挫伤周围常伴有弥散性水肿。

3. 疼痛

因渗出物和肿胀压迫的刺激,局部有疼痛表现,触诊敏感。

4. 功能障碍

因受伤部位不同,而表现出相应的功能障碍。

(三)诊断

1. 病史

有受机械力损伤的病史。

2. 典型症状

如溢血、肿胀、疼痛及功能障碍等。

(四)治疗

1. 轻度挫伤

(1)初期以制止溢血、减少渗出、抑制肿胀、止痛为主要目的。具体方法如下。

①冷敷或冷冻疗法,如凉水冲洗、加速空气的流通、放置冰袋或冰块等。

②压迫疗法,如徒手按压、布带缠绕、绳子、塑料袋缠绕等。

③药物疗法,如肾上腺素、酚磺乙胺、维生素 K 等进行止血。

(2)中后期(发病 2 d 以后的时间)以改善和促进血液循环、促进吸收、防止感染、恢复功能为主要目的。具体方法如下。

①温热疗法,如温水敷、燃烧白酒快速擦洗、红外线疗法等。

②刺激疗法,如在患部涂擦鱼石脂擦剂、酒精、红花油等。

③药物疗法,如跌打损伤丸、当归散等。

④按摩与功能训练,用手在患部轻轻揉搓,使按压手与接触患部表面的皮肤轻度发烫并且不能让患病动物感到不舒服。

⑤防止继发感染,可选用的药物有青霉素、链霉素、磺胺嘧啶钠、头孢噻呋钠等,必要时配合地塞米松等皮质激素类药物治疗。

⑥对表皮有少量出血者,可局部涂布龙胆紫液或 2%碘酊;表面渗出物较多时,可涂布青霉素或环丙沙星粉剂,以消炎和保持创面干燥。

2. 严重挫伤

(1)治疗原则

防止休克和感染,纠正酸中毒,改善和促进血液循环、促进吸收、防止感染、恢复功能。

(2)治疗方法

①输血与补液:输入同类血液、5%葡萄糖注射液、10%葡萄糖注射液、0.9%氯化钠注射液。

②制止渗出与出血:初期可用肾上腺素、酚磺乙胺、维生素 K、安络血、氯化钙等。

③促进吸收:可用葡萄糖酸钙、氯化钙等或可用水乌钙疗法(水杨酸钠、乌洛托品、氯化钙合剂)。

④纠正酸中毒:可用 5%碳酸氢钠等。

⑤防止继发感染:可选用的药有青霉素、链霉素、磺胺嘧啶钠、头孢噻呋钠等,必要时配合地塞米松等皮质激素类药物治疗。

⑥止痛:安乃近、氨基比林、氟尼辛葡甲胺等。

二、血肿

血肿是由各种外力作用,导致血管破裂,溢出的血液分离周围组织,形成充满血液的腔洞。牛的血肿常发生于胸前和腹部。根据损伤的血管不同,血肿分为动脉性血肿、静脉性血肿和混合性血肿。

(一)病因

血肿常见于软组织非开放性损伤,但挤压、棒打、骨折、刺创、火器创也可形成血肿。

(二)症状

血肿的特点是肿胀迅速增大,与周围组织界线明显,肿胀呈明显的波动感或饱满有弹性。4～5 d后肿胀周围坚实,并有捻发音,中央部有波动,局部增温。穿刺时,可排出血液。有时可见局部淋巴结肿大和体温升高等全身症状。

血肿感染可形成脓肿,注意鉴别诊断。

(三)诊断

(1)有受机械力损伤的病史。

(2)肿胀迅速增大,呈明显的波动感或饱满有弹性。

(3)施行穿刺术时有血液流出。

(四)治疗

原则是初期制止溢血,后期排除积血,防止感染。

(1)初期　用止血方法,方法如下。

①冷敷或冷冻疗法:可用凉水冲洗、放置冰块或冰袋等方法。

②压迫疗法:患部涂擦5%碘酊后,装压迫绷带。

③止血:用酚磺乙胺、维生素K、安络血等进行止血。

④开放性止血法:较大的动脉破裂引起的血肿不会自然止血,可危及生命,必须立即无菌切开,找出大血管,彻底有效地结扎止血,而后按新鲜创处理。

(2)后期

①排除积血。

开放疗法:大的血肿,于发病4～5 d后,待血液已经凝固,经严密消毒,施行手术切开,彻底排出积血、血凝块和挫灭组织,清理创腔之后,撒布抗菌药,将切口密闭缝合或部分缝合等;或手术切开之后采用开放疗法。

温热与按摩疗法:同挫伤的治疗方法。

②防止感染:可选用的药物有青霉素、链霉素、磺胺嘧啶钠、头孢噻呋钠等,必要时配合地塞米松等皮质激素类药物治疗。

三、淋巴外渗

淋巴外渗是指在钝性外力作用下,由于淋巴管断裂,淋巴液聚积于组织内的一种非开放性损伤,多发生于淋巴管分布丰富的皮下结缔组织,如胸前、腹胁部、臀股部等部位。

(一)病因

钝性外力作用于机体,如蹴踢、牛角或车辆冲撞、家畜滑跌于硬地、畜群通过狭窄厩门遭挤压等致使皮肤或筋膜与其下部组织发生分离,淋巴管发生断裂,淋巴液流入组织内。

(二)症状

淋巴外渗的特征是肿胀发展缓慢,一般在伤后1～4 d出现肿胀,并逐渐增大,与周围组织有明显界线；用手按压或患病动物活动，肿胀呈明显波动，炎性反应轻微，皮肤柔软、无明显热痛和功能障碍；穿刺时流出淡黄色、半透明的液体，肿胀随淋巴液的排出很快缩小；由于淋巴液内纤维蛋白原不多，不易形成淋巴管栓塞，经过一段时间之后，肿胀又恢复原状，很难自愈。通常无全身症状。

(三)诊断

(1)有受机械力损伤的病史。

(2)肿胀迅速增大，呈明显的波动感或饱满有弹性。

(3)施行穿刺术时有淡黄色的淋巴液。

(四)治疗

1. 治疗原则

初期制止淋巴液渗出，后期排出淋巴液，防止感染。

2. 治疗方法

(1)制止淋巴液渗出

①限制动物的活动：使动物保持安静，避免淋巴管进一步损伤，减少淋巴液的渗出。

②压迫疗法：用绷带缠绕等压迫淋巴管，制止淋巴液的渗出。或者在其周围分点注射10%硫酸镁，使其肿胀而压迫淋巴管，制止淋巴液的渗出。

③冷敷或冷冻疗法：可采用凉水冲洗、放置冰块或冰袋等方法。但需要注意，长时间的冷敷能使皮肤发生坏死。

(2)闭塞淋巴管的断端

①较小淋巴外渗：于波动明显处用注射器抽出淋巴液，然后注入95%酒精或1%福尔马林酒精溶液，停留片刻后再将其抽出，装压迫绷带。

②较大淋巴外渗：可行切开术，排出淋巴液及纤维素，将浸有上述药液的纱布块填塞于腔内停留12～24 h，取出后创伤按二期愈合进行处理。

(3)防止发生感染：对已经感染的，切开后按化脓创处理。

注意：温热、刺激剂和按摩疗法，均可促进淋巴液流出和破坏已形成的淋巴栓塞，都不宜应用。

任务三　损伤并发症

动物发生外伤，特别是重大外伤时，由于大出血和疼痛，很容易并发休克和贫血；临床常见的外伤感染、严重组织挫灭产生毒素的吸收、机体抵抗力降低和营养不良以及治疗不当，往往发生溃疡、瘘管和窦道等晚期并发症，轻者影响患病动物恢复健康的速度，重者导致死亡。故临床必须注意外伤并发症的预防和治疗。

一、休克

休克是指强烈的刺激因素引起的微循环血液灌注量急剧减少，导致组织缺氧、器官损害及功能紊乱的综合征。

(一)病因

在外科临床，休克多见于重剧的外伤和伴有广泛组织损伤的骨折、大神经干受到异常刺激或损伤、大出血、大面积烧伤、不麻醉进行较大的手术、胸腹腔手术时过度地刺激内脏、组织分解产物及毒素的吸收等。

(二)症状

依据休克发病过程，将休克的症状分为三个时期。

1. 初期(微循环缺血性缺氧期)

患病动物兴奋，马嘶鸣，牛哞叫，可视黏膜颜色变淡，皮温较低，四肢末梢发凉。脉搏快而充实，呼吸加快。多汗，患病动物做无意识的排尿，但无尿或少尿。该期很短，常被忽视。

2. 中期(微循环淤血性缺氧期)

中期是患病动物的抑制期。患病动物精神沉郁，视觉、听觉及痛觉反应微弱或消失。肌肉震颤，步态不稳。可视黏膜发绀，血压显著下降，脉搏细微，心音低沉。体温下降，四肢发凉，无尿，呼吸浅表不规则。

3. 晚期(弥漫性血管内凝血期)

休克进入麻痹期，患病动物昏迷，体温继续下降，四肢厥冷。可视黏膜暗紫色。血压急剧下降，脉搏快而微弱。红细胞比容(HCT)增高。呼吸快而浅表，呈陈-施二氏呼吸，无尿。

(三)治疗

1. 治疗原则

除去病因，改善血液循环，提高血压，消除毒血症、缺氧症，恢复新陈代谢。

2. 治疗方法

(1)消除病因

如为出血性休克，在止血的同时也必须迅速地补充血容量；如为中毒性休克，要尽快消除感染原，对化脓灶、脓肿、蜂窝织炎要切开引流。马肠变位导致的休克，可能由强烈的疼痛而引起，也可能是继发于中毒性休克，必须调整水和电解质平衡和酸碱平衡，补充血容量，改善心脏功能等。

(2)补充血容量

对于贫血和失血的病例，根据需要输给全血、补给血浆、生理盐水或右旋糖酐等。

(3)改善心脏功能

应选用异丙肾上腺素、多巴胺、洋地黄、大剂量肾上腺糖皮质激素等药物。

(4)矫正酸中毒

轻度的酸中毒给予生理盐水，中度酸中毒则须用碱性药物，如静脉注射5%碳酸氢钠等。

(5)患病动物的补钾问题

要参考血清钾的测定数值,并结合临床表现来判断。持续性休克,而同时又无尿的,多形成高钾血症。

(6)外伤性休克

常合并有感染,因此在休克前期或早期,一般给予大量广谱抗生素,同时应用肾上腺糖皮质激素。

(7)加强护理

休克患病动物要加强管理,指定专人护理,使患病动物保持安静,要注意保温,但也不能过热,保持通风良好,给予充足饮水。输液时使液体保持与体温相同的温度。

二、溃疡

皮肤或黏膜上久不愈合的病理性肉芽创称为溃疡。溃疡表面是细胞分解产物、微生物、脓性分泌物或腐败分解产物,深部是生长缓慢的病理性肉芽组织。

(一)病因

主要是由于发生血液循环、淋巴循环障碍,物质代谢的紊乱,神经性营养紊乱,外科感染,维生素不足和内分泌的紊乱,异物、机械性损伤,分泌物及排泄物的刺激,防腐消毒药的选择和使用不当。

(二)症状及治疗

临床上常见的溃疡有以下几种。

1. 单纯性溃疡

肉芽表面覆有少量黏稠黄白色或灰白色的脓性分泌物,干涸后则形成痂皮,易脱落,露出蔷薇红色或紫色、表面平整、颗粒均匀的肉芽,周围皮肤及皮下组织肿胀、缺乏疼痛感,上皮形成比较缓慢。

治疗原则是保护肉芽,促进其生长和上皮形成。在处理溃疡面时必须细致,避免过于粗暴。禁止使用对细胞有强烈破坏作用的防腐剂,可使用2%～4%水杨酸的锌软膏、鱼肝油软膏等。

2. 炎症性溃疡

溃疡表面被覆大量脓性分泌物,周围肿胀,触诊疼痛。肉芽组织呈鲜红色或微黄色。

治疗时,首先应除去病因,局部禁止使用有刺激性的防腐剂。清除脓汁,涂抹无刺激性的抗菌油膏。溃疡周围可用青霉素盐酸普鲁卡因溶液封闭。如有脓汁潴留时应切开创囊排净脓汁。为了防止从溃疡面吸收毒素,也可用浸有20%硫酸镁或硫酸钠溶液的纱布覆于创面。

3. 蕈状溃疡

蕈状溃疡特征是局部出现高出于皮肤表面、大小不同、凸凹不平的蕈状突起。肉芽常呈紫红色,被覆少量脓性分泌物且容易出血。上皮生长缓慢,周围组织脓胀。

治疗时,剪除或切除赘生的肉芽后用硝酸银、苛性钠、高锰酸钾等药物腐蚀。

4.褥疮性溃疡

褥疮性溃疡是局部受到长时间的压迫引起的，因血液循环障碍而发生的皮肤坏疽。常见于动物体的突出部位。坏死的皮肤干涸皱缩，呈棕黑色，易剥离、脱落露出肉芽，肉芽表面被覆少量黏稠黄白色的脓汁。上皮组织和瘢痕的形成都很缓慢。

治疗时，可每日涂擦3%～5%龙胆紫酒精或3%煌绿溶液。剪去干性坏死的皮肤，涂抹无刺激性的抗菌油膏。夏天应当多晒太阳，因用紫外线和红外线照射可大大缩短治愈的时间。平时应尽量预防褥疮的发生，对卧地不起的患病动物应铺厚垫草、勤翻身。

三、窦道和瘘

窦道和瘘都是狭窄的、经久不愈的病理性管道，表面被覆肉芽组织或上皮。窦道是深部组织的脓窦向体表开口的通道，其管道一般为盲管状，后天性发病。瘘是体腔与体表、腹腔器官与体表形成的病理性通道。窦道和瘘可能是体腔内开口，也可能是体腔外开口，二者病理性质相同。

(一)病因

窦道和瘘是由创道壁长期受异物、炎性产物、分泌物或排泄物的刺激，形成病理性肉芽组织造成的，如窦道、腮腺瘘、食道瘘、瘤胃瘘、肠瘘等。此外，先天性瘘为胚胎发育畸形的结果，如直肠阴道瘘、脐瘘、膀胱瘘等，其管壁被覆上皮组织。

(二)症状

从窦道口或瘘的体表开口经常排出脓汁、腺体的分泌物或内脏腔性器官的内容物，开口的下方，由于长期浸渍而形成皮炎、被毛脱落。使空腔器官之间相通的瘘，可见一个器官内流出另一器官的内容物，如直肠阴道瘘可见阴道内排出粪便。新发生的管道，管壁为肉芽组织，管口常有肉芽组织赘生，外形如火山口状，周围组织肿胀和热痛。随病程延长，管壁的肉芽组织已形成瘢痕，坚实而平滑，管口皮肤内翻，形如漏斗状，无热痛。

(三)治疗

1.窦道的治疗

窦道的治疗主要是消除病因和病理性管壁，通畅引流以利愈合。

(1)对脓肿、蜂窝织炎自行破溃或切开后形成的窦道，可灌注10%碘仿醚、3%过氧化氢等以减少脓汁的分泌和促进组织再生。

(2)当窦道内有异物、组织坏死块时，必须用手术方法将其除去。在手术前最好向窦道内注入除红色、黄色外的防腐液，使窦道管壁着色或向窦道内插入探针以引导切开的方向。

(3)当窦道口过小、管道弯曲，由于排脓困难而潴留脓汁时，可扩开窦道口，根据情况造反对孔或做辅助切口，导入引流物以利于脓汁的排出。

(4)窦道管壁有不良肉芽或形成瘢痕组织者，可用腐蚀剂腐蚀，或用锐匙刮净或用手术方法切除窦道。

2.瘘的治疗

瘘的治疗分为两种情况。

(1)对肠瘘、胃瘘、食道瘘、尿道瘘等排泄性瘘管必须采用手术疗法。用纱布堵塞瘘管口，扩大切开创口，剥离粘连的周围组织，找出通向空腔器官的内口，除去堵塞物，检查内口的状态，根据情况对内口进行修整手术、部分切除术或全部切除术，密闭缝合，修整周围组织，缝合。

(2)对腮腺瘘等分泌性瘘，可向管内灌注20%碘酊、10%硝酸银溶液等。或先向瘘内滴入甘油数滴，然后撒布高锰酸钾粉少许，用棉球轻轻按摩，用其烧灼作用以破坏瘘的管壁。一次不愈合者可重复应用。上述方法无效时，对腮腺瘘可先向管内用注射器高压灌注溶解的石蜡，后装胶绷带。也可先注入5%～10%的甲醛溶液或20%的硝酸银溶液15～20 mL，数日后当腮腺已发生坏死时进行腮腺摘除术。

任务四　外科感染

一、概述

外科感染是指在一定条件下病原微生物侵入机体后，在其内生长、繁殖、分泌毒素，对机体造成损害的病理过程。也是有机体与致病微生物感染与抗感染斗争的结果。除可引起局部炎症外，严重感染还可引起全身反应。

(一)病原菌感染的途径

1. 外源性感染

外源性感染是致病菌通过皮肤或黏膜面的伤口侵入有机体内部，随循环带至其他组织或器官内的感染过程。

2. 内源性感染

内源性感染又称隐性感染，是侵入有机体内的致病菌当时未被消灭而隐藏存活于某部(组织粘连部位、形成瘢痕的溃疡病灶和脓肿内、组织坏死部位、结扎和缝合的缝合线上、形成包囊的异物等)，当有机体全身和局部的防卫能力降低时则发生感染。

(二)外科感染的分类

1. 单一感染

由一种病原菌引起的感染。

2. 混合感染

由多种病原菌引起的感染。

3. 继发性感染

在原发性病原微生物感染后，经过若干时间又并发他种病原菌的感染。

4. 再感染

被原发性病原菌反复感染。

(三)外科感染与其他感染的区别

绝大部分的外科感染是由外伤所引起，有明显的局部损伤的症状，常为混合感染；其感染损伤的组织或器官常发生化脓和坏死过程，治疗后局部常形成瘢痕组织。

(四)外科感染常见的致病菌

1. 条件性病原菌

如葡萄球菌、链球菌、大肠埃希菌、绿脓杆菌等，常引起组织化脓。

2. 厌气性病原菌

如魏氏梭菌、腐败梭菌、诺维氏梭菌等。

3. 腐败性病原菌

如变形杆菌、产芽孢杆菌等。

(五)外科感染的发生与发展

在外科感染的发生与发展的过程中，存在着两种相互制约的因素：即有机体的防卫功能和促进外科感染发生发展的基本因素。这两种因素始终贯穿着感染和抗感染、扩散和反扩散的相互作用。由于不同动物个体的内在条件和外界因素不同而出现相异的结局，有的主要出现局部感染症状，有的则局部和全身的感染症状都很严重。外科感染发生后受致病菌毒力、局部和全身抵抗力及治疗措施等影响，可有三种结局。

1. 局限化、吸收或形成脓肿

当动物机体的抵抗力占优势，感染局限化一定部位，有的自行吸收，有的形成脓肿。小的脓肿也可自行吸收，较大的脓肿在破溃或经手术切开引流后，转为恢复过程，病灶逐渐形成肉芽组织、瘢痕而愈合。

2. 转为慢性感染

当动物机体的抵抗力与致病菌毒力处于相持状态时，感染病灶局限化，形成溃疡、瘘、窦道或硬结，由瘢痕组织包围，不易愈合。此病灶仍有致病菌，一旦机体抵抗力降低，感染可重新发作。

3. 感染扩散

在致病菌毒力超过动物机体的抵抗力时，感染不能局限一定部位，可迅速向四周扩散，或经淋巴、血液循环引起严重的全身感染。

(六)诊断

外科感染一般根据临床症状就可以做出诊断，必要时可进行实验室检查。

1. 局部症状

红、肿、热、痛和功能障碍是化脓性感染的五个典型症状，但这些症状并不一定全部出现，而随着病程迟早、病变范围及位置深浅而异。病变范围小或位置深的，局部症状不明显。深部感染症状可仅有疼痛及压痛、表面组织水肿等。

2. 全身症状

轻重不一，感染轻微的可无全身症状，感染较重的有发热、心跳和呼吸加快、精神沉郁、食欲减退等症状。感染较为严重的、病程较长时可继发感染性休克、器官衰竭等。感染严重的甚至出现败血症。

3. 实验室检查

一般均有白细胞总数增多和核左移，但某些感染，白细胞总数增多不明显，甚至减少；免疫功能低下的患病动物，也可表现类似情况。B超检查、X线检查和CT检查等有助于诊断深部脓肿或体腔内脓肿。感染部位的脓汁应做细菌培养及药敏试验，有助于正确选用抗生素。怀疑全身感染，可做血液细菌培养检查，包括需氧培养及厌氧培养，以明确诊断。

(七)治疗

1. 局部治疗

治疗化脓灶的目的是使化脓感染局限化，减少组织坏死，减少毒素的吸收，可采取外部用药、物理疗法及手术治疗。

2. 全身治疗

合理适当应用抗菌药物，及时补充水、电解质及纠正酸碱平衡，根据患病动物的具体情况进行必要的对症治疗。

二、脓肿

任何组织或器官内形成外有脓肿膜包裹，内有脓汁潴留的局限性脓腔称为脓肿，是致病菌感染后所引起的局限性炎症过程，以局限化感染并在腔内出现脓液为特征。脓肿根据部位深浅程度不同，分浅在性脓肿和深在性脓肿。如果在解剖腔内（胸膜腔、关节腔、鼻窦、子宫等）有脓汁潴留时称为蓄脓或积脓，如胸膜腔蓄脓、关节蓄脓、子宫蓄脓等。

(一)病因

1. 感染

主要病原菌是葡萄球菌、链球菌、绿脓杆菌、大肠埃希菌及腐败性菌，其经受损伤的皮肤或黏膜进入机体，并在局部生长、繁殖，最后形成脓肿。

2. 刺激性强的药物漏注于皮下

刺激性强的药物，漏注于疏松结缔组织也能引起脓肿，如静脉注射氯化钙、高渗盐水、砷制剂等刺激性强的药物时，因操作不当而误注或漏入组织可引起无菌性脓肿。

3. 致病菌的转移

由于血液或淋巴液将原发性病灶的病原微生物转移到其他组织器官内而形成转移性脓肿。也有的脓肿是由于血液或淋巴液将致病菌由原发病灶转移至某一新的组织或器官内所形成的转移性脓肿。

(二)发病机理

在病原作用下，局部出现急性炎性浸润，血液循环和组织代谢障碍，组织细胞由于酸中毒和细菌毒素的作用发生坏死，主要由白细胞分泌的蛋白分解酶，促进坏死的细胞和组织溶解液化，形成脓汁，在炎性病灶中心形成脓汁积聚的腔洞，脓腔周围由肉芽组织构成脓肿膜，随着脓肿膜的形成，脓肿即告成熟。较小的脓肿，脓汁可逐渐吸收或机化，或侵蚀脓肿膜使脓肿变大。较大的脓肿，侵蚀表层的脓肿膜和皮肤，破溃排脓，之后由肉芽组织增生填充脓腔而愈合；当脓肿膜遭受损伤或机体抵抗力降低时，脓汁向周围扩散，则形成新的脓肿或蜂窝织炎，甚至继发败血症。

（三）症状

1. 浅在性脓肿

常发生在皮下、筋膜下及肌肉间的组织内；病初出现急性炎症，患部肿胀，无明显界线，质地坚实，局部温度增高，皮肤潮红，剧痛；继则局部化脓，病灶中央软化有波动感，皮肤变薄，被毛脱落以致化脓，病灶皮肤破溃，排出脓汁，这时脓肿症状缓和。牛皮较厚，脓肿不易破溃。

2. 深在性脓肿

多发生在深层肌肉、肌间、骨膜下、腹膜下及内脏器官；局部症状不太明显；患部皮下组织有轻微的炎性水肿，触诊留指压痕，疼痛，病灶中央无波动感。如不及时治疗，脓肿膜可发生坏死、破溃，脓汁溢出向深部蔓延扩散，呈现较明显的全身症状，严重时还可引起败血症。

（四）诊断

（1）在肿胀最明显处穿刺，抽出脓汁而确诊。

（2）对于深在性脓肿，须根据患病动物体温升高、白细胞数增多、X线检查、B超检查、手术探查或穿刺吸出脓汁等才能确诊。

诊断时，须与皮下水肿、血肿、淋巴外渗和疝等相鉴别。

（五）治疗

1. 治疗原则

消除病因，消炎、止痛及促进炎性产物消散吸收，增强机体的抵抗力。

2. 治疗方法

（1）消炎、止痛及促进炎症产物消散吸收

早期为制止渗出，冷敷；中后期为促进吸收，可温敷或用刺激药。当局部肿胀正处于急性炎性细胞浸润阶段可局部涂擦樟脑软膏，或用冷疗法（如复方醋酸铅溶液冷敷，鱼石脂酒精、栀子酒精冷敷），或在局部肿胀周围进行普鲁卡因青霉素封闭。当炎性渗出停止后，可用温热疗法、短波透热疗法、超短波疗法促进炎症产物的消散吸收。局部治疗的同时，可根据患病动物的情况配合应用抗生素、磺胺类药物并采用对症疗法。

（2）促进脓肿成熟

在脓肿形成过程中，患部可用鱼石脂软膏、鱼石脂樟脑软膏、超短波疗法、温热疗法等促进脓肿的成熟。待局部出现明显的波动时，立即进行手术治疗。

（3）手术疗法

脓肿成熟以后，应及时施行手术治疗。常用的手术疗法有3种。

①脓肿切开法：切口应选择波动最明显部位的下部，并应注意切口的方向和长度，必要时做辅助切口（反对孔），以利于排出脓汁、坏死组织和异物；切开时防止损伤对侧脓肿膜，以免脓汁扩散；切开后，应用0.1%高锰酸钾溶液、3%过氧化氢、0.1%新吉尔灭溶液等反复清洗脓腔，然后用纱布条引流，根据脓汁多少，每天1次或隔天1次更换引流。对牛、猪浅表的脓肿，若不靠近重要组织，可于切开后用高锰酸钾干粉研磨脓肿膜，使之形成结痂，待其自愈。

②脓汁抽出法:此法适用于关节部不宜切开的小脓肿。用注射器将脓汁吸出,然后,用生理盐水反复冲洗脓腔,直至由脓腔内吸出的冲洗液清亮为止,抽净脓腔内的冲洗液,最后注入抗菌药。

③脓肿摘除法:此法适用于脓肿膜完整的浅在性小脓肿。摘除时不切开脓肿膜,在脓肿膜外分离组织,完整取出脓肿,然后按新鲜手术创处理。

(六)预防措施

加强饲养管理,彻底清除厩舍、挽具、饲料中的尖锐金属或其他尖硬异物;注射时严格遵守无菌原则;严防刺激性药物漏注于皮下;及时治疗原发性化脓灶以防止脓肿的发生。

三、蜂窝织炎

蜂窝织炎是指发生于疏松结缔组织的急性弥漫性化脓性炎症。多发生于皮下、筋膜下及肌肉间的疏松结缔组织内,病变扩散迅速,与正常组织无明显界线,并伴有明显的全身症状。常发生于动物四肢、背腰部、胸腹下部和颈部的皮下、筋膜下、肌间的疏松结缔组织。

(一)病因

(1)主要是溶血性链球菌通过微小伤口感染而引起,其次是金黄色葡萄球菌,有时大肠埃希菌、腐败菌也可引起。也可因邻近组织的化脓性感染扩散或通过血液循环和淋巴道的转移形成。非特异性外科感染时,致病菌毒力超过机体的抵抗力,使感染不能局限化,沿疏松结缔组织迅速向周围扩散所致。

(2)继发于邻近组织器官的化脓性病灶的直接扩散,或病原菌由体内化脓性感染病灶经血液、淋巴液循环转移所致。

(3)注射强刺激性药物时,注漏于疏松结缔组织也能引起发病。

(二)症状

该病发展迅速,多呈现局部症状和全身症状。

1. 局部症状

主要表现为短时间内局部呈现大面积肿胀、局部增温、剧烈疼痛和功能障碍。浅在的病灶起初按压时有压痕,化脓后,肿胀部位有波动感,常发生多处皮肤破溃,排出脓汁,此时症状减轻。深在的病灶呈坚实的肿胀,界线不清,局部增温,剧痛,化脓形成脓汁后,导致患部内压增高,使患部皮肤、筋膜及肌肉高度紧张,但皮肤不易破溃。

2. 全身症状

患病动物精神沉郁,食欲下降或废绝,体温升高至 40 ℃以上,呼吸、脉搏增数。循环、呼吸及消化系统都有明显的症状。深部的蜂窝织炎病情严重,可继发败血症而导致死亡。

(三)诊断

可根据临床症状进行诊断。局部出现弥漫性、热痛性肿胀,有时可见多处皮肤破溃排脓。另外,全身症状严重。

(四)治疗

1. 治疗原则

减少炎性渗出、抑制感染扩散、减轻组织内压、改善全身状况、增强机体抗病能力，局部和全身疗法并举。

早期较浅表的蜂窝织炎以局部治疗为主，而部位深、发展迅速、全身症状明显者应尽早全身应用抗生素或磺胺类药物。

2. 治疗方法

(1)局部治疗

目的为控制炎症发展，促进炎症产物消散吸收。发病 2 d 内用 10%鱼石脂酒精、90%酒精、复方醋酸铅冷敷，青霉素普鲁卡因溶液在病灶周围进行封闭。发病 3～4 d 后改用温热疗法，将上述药液改为温敷。或用中药大黄栀子粉(1∶1)、醋酒(1∶1)调敷也具有良效。

(2)手术切开

经局部治疗，症状仍不减轻时，特别是形成化脓性坏死时，为了排出炎性渗出物，减轻组织内压，应尽早地切开患部。先行适当麻醉，切口要有足够的长度及深度，可做几个平行切口或反对口。再用 3%过氧化氢溶液、0.1%新洁尔灭溶液或 0.1%高锰酸钾溶液冲洗创腔，并用纱布吸净创腔药液。最后用中性盐高渗溶液(如 50%硫酸镁溶液)纱布条引流，并按时更换引流条。当局部肿胀明显消退，体温恢复正常时，局部创口可按化脓创处理。

(3)全身疗法

应用青霉素、链霉素、头孢菌素类抗生素、喹诺酮类抗生素或磺胺类制剂，直至肿胀消失为止；注意补液，矫正水、电解质和酸碱平衡的紊乱；同时，对患病动物应加强饲养管理，并供给富含蛋白质和维生素的饲料。

四、败血症

败血症是全身化脓性感染中的一种，指致病菌(主要是化脓菌)侵入血液循环持续存在，迅速繁殖，产生大量毒素及组织分解产物而引起的严重的全身性感染。一般发生在患病动物全身体况差，病原菌毒力大、数量多的情况下，为临床的常见病症。败血症病情复杂，若治疗不及时或治疗不当，常危及动物生命，死亡率高。依据病情常分为转移性败血症和非转移性败血症两大类。

1. 转移性败血症

转移性败血症是指局部化脓灶内脱落的细菌栓子或感染血栓进入血液，迁移到机体其他的组织器官中，在各处形成转移性脓肿，故又称为脓血症。

2. 非转移性败血症

非转移性败血症是致病菌侵入血液，并在其中生存繁殖，产生大量毒素，在各种毒素作用下，中枢神经系统发生严重的中毒，新陈代谢发生紊乱，许多器官呈退行性变化。

此外，在临床上常将两种病变同时存在的混合型称为脓毒败血症。

(一)病因

(1)局部感染,特别是化脓性的感染治疗不及时或处理不当,如化脓性乳腺炎、化脓性子宫内膜炎;还有一些外伤和脓肿由于引流不及时、引流不畅或清创不彻底等;致病菌繁殖快、毒力大;患病动物抵抗力降低等均可引起。

(2)动物免疫功能低下,可并发内源性感染尤其是肠源性感染,肠道细菌及内毒素进入血液循环,导致该病发生。金黄色葡萄球菌、溶血性链球菌、大肠埃希菌、绿脓杆菌和厌氧性病原菌等均可引起败血症。有时呈单一感染,有时混合感染。其中革兰阴性杆菌引起败血症更为常见。

(3)在使用广谱抗生素治疗全身化脓性感染的过程中,也有继发真菌性或其他细菌感染而引起败血症的,俗称二重感染。

(二)症状

1. 全身中毒症状

患病动物体温明显升高,一般呈稽留热,恶寒战栗,四肢发凉,脉搏细数,动物常躺卧,起立困难,运步时步态蹒跚,有时能见到中毒性腹泻。随病程发展,可出现感染性休克或神经系统症状,患病动物可见食欲废绝,烦躁不安或嗜睡,寒战及消瘦等,死前体温突然下降。

2. 溶血与贫血症

结膜苍白黄染,呼吸困难,皮肤黏膜有时有出血点。尿量减少且混有蛋白或无尿,尿色呈深黄色,严重的为褐色。

3. 血液学指标有明显的异常变化

如血沉加快,红细胞数和血红蛋白减少,白细胞数增多等。

4. 皮肤与皮下组织的症状

皮肤与皮下组织发生水肿或气肿,触诊为捏粉样感或有捻发音,多处皮肤有淤血和发绀现象(图 1-3-2)。

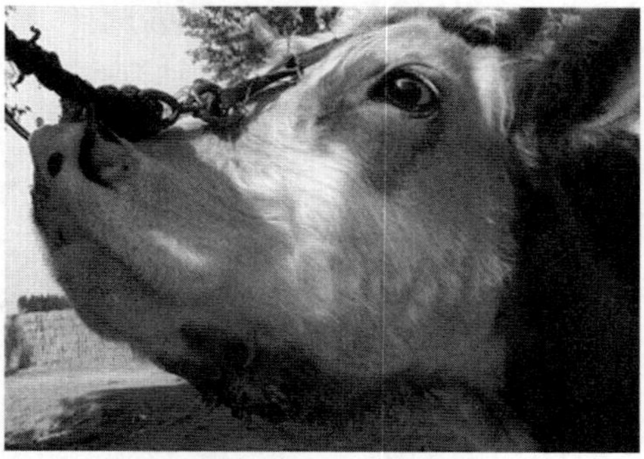
图 1-3-2　牛下颌皮型败血症

5. 转移性败血症

一般呈亚急性、慢性经过。患病动物呈不定型热、弛张热或间歇热。转移性脓肿常发生于肺、肝、肾、脾、关节、骨髓、腹膜、乳房等处,临床症状随转移性脓肿所在器官不同而不一样。

6. 非转移性败血症

病情急剧,高热稽留;皮肤和黏膜黄染,并有出血点;尿少,尿中有蛋白和管型;即使对原发性病灶细微处理后,也不能终止病程发展,体温升高不降,全身症状不见好转。

(三)诊断

先了解动物是否有原发感染性病灶,再结合上述临床症状,即可做出诊断。但临床表现不典型或原发病灶隐蔽时,诊断较困难或延误诊断。因此,对一些临床表现如畏寒、发热、贫血、脉搏细速、皮肤黏膜有淤血点、精神异常等，不能用原发病来解释时，即应提高警惕，进行密切观察和进一步检查，以免漏诊败血症。

确诊败血症可通过血液细菌培养。但有抗菌药物治疗史的患病动物，往往影响培养结果。也可进行血液电解质、血气分析、血尿常规检查以及反应重要器官功能的监测。综合临床症状，并同时做血液及原发性病灶脓汁的细菌分离培养，若所得细菌相同，败血症即可确诊。

(四)治疗

1. 清除原发和继发的败血症病灶内的坏死组织

为消除全身性感染和中毒的来源，应彻底清除所有的坏死组织，切开创囊，摘除异物，排出脓汁，畅通引流，用刺激性较小的防腐消毒剂彻底冲洗败血病灶，然后局部按化脓性感染创进行处理。创围用混有青霉素的盐酸普鲁卡因溶液封闭。

2. 全身疗法

在处理局部的同时，根据患病动物的具体情况可以大剂量地使用庆大霉素、青霉素、链霉素或四环素等进行全身治疗。也可选用环丙沙星、恩诺沙星。

3. 对症疗法

对症疗法目的是改善和恢复全身化脓性感染时受损伤的系统和器官的功能障碍，增强机体的抗病能力。对患病动物加强饲养管理，饲喂易消化的、营养丰富饲草饲料。静脉注射葡萄糖、电解质和氨基酸等，同时补充维生素，特别是 B 族维生素、维生素 C；静脉注射 5%碳酸氢钠调节酸碱平衡紊乱；必要时可以输血、血浆制品，以维持循环血量，提高免疫力；高热时，可采取物理降温及药物降温等措施。

项目四
头颈部疾病及胸腹部疾病

学习目标

☞ 了解结膜炎、角膜炎及常见牙齿疾病的病因，掌握其症状、诊断及治疗方法。

☞ 掌握疝的概念、分类；了解外伤性腹壁疝、脐疝、阴囊疝等疾病的概念、病因，掌握其症状、诊断和治疗方法。

☞ 了解风湿病的病因、病理过程，掌握其症状、诊断及治疗方法。

素养目标

☞ 具备人文意识、发展意识、创新意识、协作精神。

☞ 注重理论联系实际，培养解决临床外科疾病的能力。

任务一 头颈部疾病

一、结膜炎

结膜炎是眼结膜受外界刺激和感染而引起的炎症，是最常见的一种眼病。根据分泌物的性状，可分为卡他性、化脓性、滤泡性、水泡性及伪膜性结膜炎等多种类型。各种动物均可发生，但临床上以马、牛、犬最为常见。

(一)病因

1. 异物刺激

如灰尘、风沙、花粉、被毛、昆虫及刺激性化学药品等，进入结膜囊内而引起发病。

2. 机械性损伤

如鞭打、笼头压迫和摩擦等也常引起发病。

3. 化学性因素

如烟熏、石灰粉、圈舍空气污浊，以及化学药品或农药误入眼内。

4. 感染性因素

常见于多种疾病的经过中，如牛传染性鼻气管炎病毒、牛恶性卡他热病毒，羊发生于衣原体感染，犬继发于犬瘟热病毒、犬腺病毒Ⅰ型，猫继发于猫疱疹病毒、鹦鹉热衣原体、支原体感染等。细菌性感染常继发于结膜损伤或病毒性感染之后，或者邻近组织感染的蔓延，如上额窦炎、角膜炎、泪囊炎等。寄生虫引起的角膜炎主要为吸吮线虫寄生引起。牛放线菌病用碘化钾治疗剂量过大，由于碘中毒，常出现结膜炎。

(二)症状

结膜炎的共同症状是羞明、流泪、结膜充血、结膜浮肿、眼睑痉挛、渗出物及白细胞浸润、疼痛等。

1.卡他性结膜炎

卡他性结膜炎是临床上最为常见的类型，是多种结膜炎的早期症状，可分为急性和慢性两种类型。

(1)急性型

轻症病例，结膜轻度潮红、肿胀，呈鲜红色，分泌物较少，初期似水，继则变为黏液性。严重时眼睑肿胀、热痛、羞明，充血明显，甚至可见出血斑。炎症可波及球结膜，有时角膜面也见轻微的浑浊。若炎症侵及结膜下，则结膜高度肿胀，疼痛剧烈。

(2)慢性型

常由急性型转化而来，症状不明显，羞明很轻或见不到。充血轻微，分泌物少。经久病例，结膜变厚。

2.化脓性结膜炎

因感染化脓菌或在某些传染病(如犬瘟热)经过中继发，也可是卡他性结膜炎的并发症。一般症状较重，可见眼内流出多量脓性分泌物，上下眼睑常被粘在一起，化脓性结膜炎常波及角膜而形成溃疡，且常带有传染性。

3.滤泡性结膜炎

结膜因衣原体感染或长期受到刺激而引起，初期球结膜充血、水肿并有浆液黏性分泌物，后转为黏液脓性分泌物。常在第三眼睑内面形成鲜红或暗红色粟状物，多为两侧性。

4.假膜性结膜炎

结膜肿胀、充血和肥厚，结膜表面被覆一层淡红黄色或淡灰黄色薄膜。猫支原体和衣原体感染可出现典型的假膜性结膜炎。

(三)诊断

(1)羞明，流泪，疼痛，眼睑肿胀。

(2)眼内有多量黏液性或脓性分泌物。

(3)确诊须在炎症早期取眼分泌物进行病原学、细胞学检查。吸吮线虫寄生可在结膜囊内发现虫体，过敏性结膜炎用肾上腺皮质激素有效。

(四)治疗

1.治疗原则

消除病因，防止光线刺激，消炎镇痛，清洗患眼，对症治疗。

2. 治疗方法

(1)消除病因

要找出主要致病原因并设法消除，若为环境不良所致，则应改善环境；若为某些传染病的继发感染，则应治疗原发病。

(2)遮断光线

将患病动物放在暗处内或装眼绷带。当分泌物量多时，以不装眼绷带为宜。

(3)清洗患眼

使用无刺激性的药液冲洗患眼，可用3%硼酸溶液、生理盐水等洗涤眼结膜囊，清除异物和分泌物。

(4)对症疗法

①急性卡他性结膜炎：充血显著时，初期冷敷；当分泌物变为黏液时，则改为温敷法，再用0.5%～1%硝酸银溶液点眼，1～2次/d。用药后经30 min，就可以将结膜表面的细菌杀死，同时还能在结膜表面形成一层很薄的膜，从而对结膜面起保护作用。但用过本品后10 min，要用生理盐水冲洗，避免过剩的硝酸银的分解刺激。若分泌物已见减少或趋于吸收过程，可用收敛药，首选0.5%～2%硫酸锌溶液，2～3次/d。还可应用2%～5%蛋白银溶液、0.5%～1%明矾溶液、2%黄降汞眼膏。

球结膜下注射青霉素和氢化可的松(并发角膜溃疡时，不可用皮质固醇类药物)：用0.5%盐酸普鲁卡因溶液2～3 mL，溶解青霉素5万～10万IU，再加入氢化可的松2 mL(10 mg)，做球结膜下注射，每天或隔天1次。或以0.5%盐酸普鲁卡因溶液2～4 mL，溶解氨苄西林钠10万IU，再加入地塞米松磷酸钠注射液1 mL(5 mg)，做眼睑皮下注射，上下眼睑皮下各注射0.5～1 mL。用上述药物加入自家血2 mL，做眼睑皮下注射，效果更好。

②慢性结膜炎的治疗：可采用刺激温敷疗法，局部可用较浓的硫酸锌或硝酸银溶液，或用硫酸铜棒轻擦上、下眼睑，然后立即用硼酸水冲洗，再进行温敷。也可用2%黄降汞眼膏涂于结膜囊内。中药川连1.5 g、枯矾6 g、防风9 g，煎后过滤，洗眼效果较好。

③病毒性结膜炎：可用更昔洛韦、阿昔洛韦、干扰素等眼药水或5%磺醋酰胺钠点眼，同时使用抗生素眼药水，以防继发和混合感染。

二、角膜炎

角膜炎是角膜上皮的炎症。临床上常见的有浅表性、深层性、外伤性和溃疡性角膜炎。

(一)病因

角膜炎多由外伤(如鞭梢的打击、笼头的压迫、尖锐物体的刺激)或异物误入眼内(如碎玻璃、谷壳和麦芒)而引起的。角膜暴露、细菌感染、营养障碍、邻近组织病变的蔓延等均可诱发此病。此外，在某些传染病(如腺疫、牛恶性卡他热、牛肺疫、马流行性感冒、犬瘟热、犬传染性肝炎、猫疱疹病毒感染)和浑睛虫病时，能并发角膜炎。

(二)症状

角膜炎的共性症状是羞明、流泪、疼痛、眼睑闭合、角膜浑浊、角膜缺损或溃疡。轻的角膜炎常不容易直接发现，只有在阳光斜照下可见到角膜表面粗糙不平。根据损伤部位、程度和有无痒感，临床症状也有差异。

1. 浅表性角膜炎

角膜表层损伤，侧面观看可见角膜表层上皮脱落及伤痕。炎症侵害到角膜表层，使角膜表面粗糙不平，侧面观看无镜状光泽，变为灰白色浑浊，有时在角膜周围增生许多血管，呈树枝状侵入角膜表面，形成所谓血管性角膜炎。

2. 深层性角膜炎

一般症状与浅表性角膜炎基本相同，主要区别是深层性角膜炎角膜表面不粗糙，仍有镜面光泽，其浑浊的部位在角膜深层，呈点状、棒状或云雾状，其颜色为蓝色、灰白色、乳白色及淡黄色等，角膜周围及边缘血管充血，血管增生明显。

3. 外伤性角膜炎

常可找到伤痕，透明的表面变为淡蓝色或蓝褐色。由于致伤物体的种类和力量不同，外伤性角膜炎可出现角膜浅创、深创或贯通创。角膜内如有铁屑存留时，于其周围可见带铁锈色的晕环。

4. 溃疡性角膜炎

主要是由于角膜外伤后又感染致病性微生物；或由于各种因素导致角膜上皮抵抗力降低时发生内源性感染，导致发生浅表性角膜溃疡；角膜小脓肿及深层性角膜炎也可导致发生深层角膜溃疡。患病动物表现为羞明、流泪，疼痛剧烈，眼睑痉挛，结膜充血，角膜水肿且有新生血管形成，严重时可导致角膜穿孔，视力丧失。

(三)诊断

(1)羞明流泪，疼痛，眼睑闭合、肿胀。

(2)角膜周围血管增生、充血，角膜出现不同程度浑浊。

(四)治疗

1. 治疗原则

消除炎症，促进浑浊物消散。

2. 治疗方法

(1)消除炎症

用 3% 硼酸或生理盐水等冲洗后，再以醋酸可的松或抗生素眼药膏点眼，2～4 次/d。外伤性角膜炎可向眼内点抗生素眼药膏，或向眼内吹入适量的硫化汞(反刍动物禁用)。眼药水易被泪液冲洗，应每天多次点眼。

(2)消散浑浊

可进行热敷，或将甘汞和乳糖(白糖也可)等量的混合粉剂吹入眼内。也可用 2% 黄降汞眼膏(反刍动物禁用)，10% 敌百虫眼膏点眼。为了加速浑浊吸收，可于眼睑皮下注射自家血液 2～3 mL，隔 3～4 d 注射一次。也可于球结膜下注射氢化可的松与 1% 盐酸普鲁卡因溶液等量的混合液 0.1～0.3 mL(马、牛)。

(3)继发性虹膜炎治疗

可用 0.5%～1% 硫酸阿托品点眼。感染化脓时，经冲洗后涂抗生素眼膏。

(4)急性虹膜炎治疗

可施行球后封闭疗法,有较好的消炎镇痛作用。其方法是:0.5%～1%盐酸普鲁卡因溶液10～15 mL,加青霉素 20 万～40 万 IU,在眼窝后缘向面嵴作垂直线,其交点即注射部位。注射用长 10 cm 左右的针头,垂直刺入眼球后深部 7～8 cm,缓慢注入药液。每周 2 次。

三、牙齿疾病

动物的牙齿疾病主要表现为牙齿不整。牙齿不整是指乳齿、恒齿数目的减少或增加,牙齿的排列、大小和形状的变化,以及生齿和换齿的异常。临床上马较多见,其次是牛、羊。臼齿比切齿发病率要高。

牙齿不整的共同症状是采食时间长,咀嚼不充分而且缓慢,甚至歪头或突然停止咀嚼,有时吐草,有时空口咀嚼。常有流涎,唾液内含有血色泡沫或混有腐败酸臭气味。口腔检查常见到残留的食团或饲草,牙齿松动,齿列不整,颊部或舌面有损伤。患病动物消瘦,易疲劳,被毛粗乱无光泽,消化不良,粪便粗纤维多或混有未消化的饲料。

(一)牙齿发育异常

1. 赘生齿或多生齿

在动物定额齿数以外所新生的牙齿均称为赘生齿。门齿和臼齿最常发病,赘生齿妨碍咀嚼,致使患病动物消化不良。可行拔牙术或截断术。

拔牙时,患病动物侧卧保定,全身麻醉后装着开口器,将舌拉于健侧口角外,术者用齿钳夹住患齿齿冠,上下移动促使患齿齿根活动并发出吱喳音时,在钳与正常齿之间放入垫子作为支点,将患齿拔出。拔出后,用 0.1%高锰酸钾溶液冲洗口腔,向齿槽内填入稀碘酊或碘甘油纱布块,每隔 2～3 d 更换一次。

2. 换牙异常

大家畜除后臼齿外,切齿和前臼齿都是首先生出乳齿,到一定时期乳齿不脱落,以致永久齿不得更换,使永久齿在乳齿的一侧长出,引起咀嚼障碍,可拔掉乳齿。

3. 牙齿失位

由于齿槽骨膜炎,牙根部分松弛,或因换牙异常,受乳齿的压迫,牙齿不在固定部位生长而失位,影响咀嚼。施拔牙术或截断术治疗。

(二)牙齿磨灭不整

马属动物上、下臼齿的咀嚼面,并非垂直正面相对,上臼齿的外缘向外向下,超出下臼齿的外缘,下臼齿的内缘向内向上超出上臼齿的内缘,咀嚼时不仅上下移动,而且更以横向移动为主,除撞击捶捣外,还有挫磨碾压的功能,虽然上下颌的宽度不同,齿列广度不等,但是牙齿的咀嚼面是一致的。但有时常由各种因素的影响,不均等磨损时,咀嚼面发生异常状态,这种异常称为牙齿磨灭不整。常见者有下列几种。

1. 锐齿

锐齿是下颌过度狭窄及经常限于一侧臼齿咀嚼而引起的。上臼齿外缘及下臼齿内缘特别尖锐,而形成锐齿。多发生于老年及患骨软病的马匹。

锐齿的临床症状是上齿的锐缘易损伤颊部黏膜,下齿的锐缘易损伤舌的侧面。患病动物采食及咀嚼缓慢，咀嚼时头偏于一侧，多用一侧咀嚼并呈间歇性，口角流涎，时常由口腔吐出草团，或在颊部与臼齿间夹有饲草团。由于咀嚼不全，粪便内常有未消化的饲料，日久则导致患病动物营养不全。

对于过长的锐齿可施行截断术。站立保定，装着开口器，将舌拉出于健侧口角外，用齿剪或齿刨去掉尖锐的齿尖，再用齿锉适当修整其残端。无论用哪种方法操作，都应注意动作要准确、迅速，避免损伤其他软组织。然后用齿锉挫平，最后用生理盐水或 0.05%高锰酸钾溶液冲洗口腔，对损伤软组织部分涂碘甘油，最后去掉开口器。

2. 阶状齿

由于臼齿的齿质不同，牙齿发生异常，或因龋齿裂齿的缺损而发生。患齿咀嚼面高低不等，相对齿列面构成阶梯状。如过长齿延至对侧齿列，压迫对侧齿龈引起疼痛，妨碍咀嚼，对于过长的牙齿应行截断术或拔牙术以求根治。

3. 波状齿

主要发生在 3～4 臼齿处；常以下颌第 4 臼齿为最低，上颌第 4 臼齿为最长；由于臼齿磨灭不正，致使咀嚼面磨损不均衡，造成上下臼齿咀嚼面高低不平呈波浪状，称为波状齿。一旦凹陷的臼齿磨成与齿龈相齐，则相对的长臼齿将压迫齿龈而产生疼痛，甚至引起齿槽骨膜炎，其根治方法同阶状齿。

4. 滑齿

滑齿是指臼齿失去正常的咀嚼面，不利于饲料的嚼碎，造成咀嚼不全，多见于老年家畜。无根治疗法，只能给予易消化的柔软饲料，可将饲料磨碎或泡软，方便咀嚼。

任务二 胸腹部疾病

一、疝的概述

疝是指腹腔内的组织器官从异常扩大的自然孔道或病理性破裂孔脱出于皮下或其他解剖腔的一种常见疾病，又称为赫尔尼亚。各种动物均可发生，但以猪、马、牛、羊较多见，犬、猫也常发生，野生动物的疝也有报道。疝可分为先天性和后天性两类。先天性疝多发生于初生动物，如某些解剖孔（脐孔、腹股沟环等）的扩大，膈肌发育不全等是常见原因。后天性疝则见于各种年龄的动物，常因机械性外伤、腹压增大、小母猪阉割不当等原因而发生。

（一）组成

疝由疝孔（疝轮）、疝囊和疝内容物组成（图 1-4-1）。

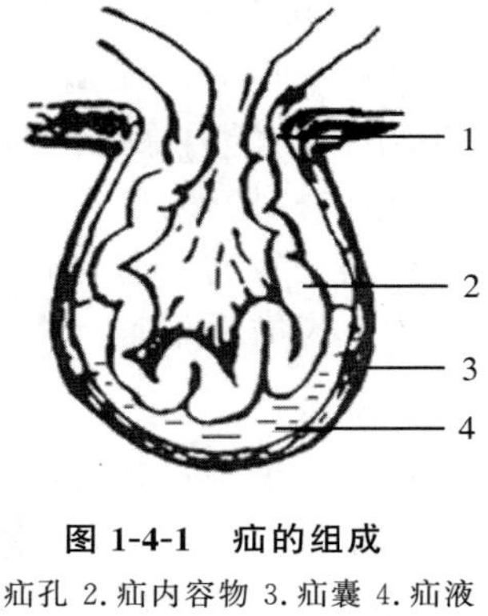

图 1-4-1 疝的组成

1. 疝孔 2. 疝内容物 3. 疝囊 4. 疝液

1. 疝孔

疝孔是自然孔的异常扩大（如脐孔、腹股沟环）或腹壁上的病理性破裂孔（如钝性暴力造成的腹肌撕裂），内脏可由此脱出。疝孔可呈圆形、卵圆形或不规则的狭窄通道。由于解剖部位的不同和病理过程的时间长短不一，疝孔的结构也不一样，初发的新疝孔，多因断裂的肌纤维收缩，使疝孔变薄，且常被血液浸润；陈旧的疝多因局部结缔组织增生，使疝孔增厚，边缘变钝。

2. 疝囊

疝囊是指包围疝内容物的外囊袋，由腹膜及腹壁的筋膜、皮肤等构成。典型的疝囊包括囊口（囊孔）、囊颈、囊体和囊底。疝囊的大小及形状取决于发生部位的局部解剖结构，小的疝囊可呈鸡蛋形、扁平形或圆球形，大的疝囊可达排球大小甚至更大。

3. 疝内容物

疝内容物为通过疝孔脱出到疝囊内的一些可移动的内脏器官，常见的有小肠肠袢、肠系膜、网膜，其次为瘤胃、真胃，较少为子宫、膀胱等，几乎所有的病例疝囊内都含有数量不等的浆液——疝液。疝液常在腹腔与疝囊之间互相流通，在可复性的疝囊内此种疝液常为透明、微带乳白色的浆液性液体。当发生嵌闭性疝时，初期由于血液循环受阻，血管渗透性增强，疝液增多，然后肠壁的渗透性被破坏，疝液变为浑浊、呈紫红色，并带有恶臭腐败气味。

在正常的腹腔液中仅含有少量的中性粒细胞和浆细胞。当发生疝时，如果血管和肠壁的渗透性发生改变，则在疝液中可以见到大量崩解阶段的中性粒细胞，而几乎看不到浆细胞，依此可作为是否有嵌闭现象存在的一个参考指征。当疝液减少或消失后，脱到疝囊的肠管等就和疝囊发生部分或广泛性粘连。

（二）分类

（1）按疝囊是否突出于体表，可分为内疝和外疝。凡疝囊突出于体表者称为外疝，如脐疝；凡疝囊不突出于体表者称为内疝，如膈疝。

（2）按解剖部位可分为脐疝、腹股沟阴囊疝、腹壁疝、会阴疝、膈疝等。

（3）按发病原因分为先天性疝和后天性疝。

（4）按疝内容物的活动性的不同，可分为可复性疝和不可复性疝。前者指当改变动物体位或压挤疝囊时，疝内容物可以通过疝孔还纳腹腔；后者指无论是改变体位还是压挤疝囊，疝内容物都不能回到腹腔。根据病理变化将不可复性疝又分为粘连性疝和嵌闭性疝。

粘连性疝是指疝内容物与疝囊壁发生粘连、肠管与肠管之间发生粘连、肠管与网膜之间发生粘连等；嵌闭性疝又可分为粪性嵌闭疝、弹力性嵌闭疝和逆行性嵌闭疝等数种。粪性嵌闭疝是由于脱出的肠管内充满大量的粪块而引起的，使增大的肠管不能回入腹腔。弹力性嵌闭疝是由于腹内压增高而发生的，腹膜与肠系膜被高度牵张，引起疝孔周围肌肉反射性痉挛，孔口显著缩小。逆行性嵌闭疝是由于游离于疝囊内的肠管，其中的一部分又通过疝孔钻回到腹腔中，两者都受到疝孔的弹力压迫，造成血液循环障碍。

以上三种嵌闭性疝均可使肠壁血管受到压迫而引起血液循环障碍，甚至引起肠管坏死。

（三）症状

先天性外疝如脐疝、腹股沟阴囊疝、会阴疝等的发病都有固定的解剖部位。可复性疝一般不引起动物任何全身性障碍，只是在局部突然出现一处或多处隆起，隆起物呈球状或半球状，触诊柔软，当改变动物体位或用力挤压时，隆起部可能缩小或消失，可以触摸到疝孔。当患病动物强烈努责、腹腔内压增高或吼叫挣扎时，隆起会变得更大，这表明疝内容物有随时增减的变化。外伤性腹壁疝随着腹壁组织受伤的程度而异，在破裂口的四周往往有不同程度的炎性渗出和肿胀，严重的逐渐向下、向前后蔓延，压之有指痕，很容易发展成粘连疝。嵌闭性疝则突然出现剧烈的疼痛，局部肿胀增大、变硬、紧张，排粪、排尿受到影响，严重的大小便不通或继发胃肠臌气。

(四)诊断

1. 外疝

诊断比较容易，应注意了解病史，并从全身性、局部性症状中加以分析，要注意与血肿、脓肿、淋巴外渗、蜂窝织炎、精索静脉肿、阴囊积水及肿瘤等做鉴别诊断。

2. 内疝

诊断比较困难，除一般临床诊断外，必要时需做实验室诊断或剖腹探查。

二、外伤性腹壁疝

由于腹部受到钝性外力的作用，致使相应部位的肌肉或腱膜破裂，腹腔的内脏器官经此破裂孔脱出于皮下而形成的腹壁疝。虽然腹壁的任何部位均可发生腹壁疝，但多发部位是牛、马、骡的膝褶前方下腹壁；牛多见于左侧腹壁的瘤胃疝及右侧剑状软骨部的真胃疝；猪多发生于腹下阉割部位；犬、山羊多见于肋弓后方的下腹壁。

(一)病因

外伤性腹壁疝主要是由强大的钝性暴力作用于腹壁所引起的。由于皮肤的韧性及弹性大，仍能保持其完整性，但皮下的腹肌或腱膜直至腹膜易被钝性暴力造成损伤，如牛角顶撞、马踢腹部、木桩冲撞或倒于地面突出物体上等。根据某兽医院 70 例马属动物腹部疝统计，腹壁疝 52 例，占 74%。其中因冲撞于矮木桩而发病的 20 例，占 38.5%；因牛角抵而形成的 12 例，占 23%；因腹内压过大，如母畜妊娠后期或分娩过程中难产强烈努责等引起的占比不小。

鹿、山羊常发生于顶角争斗之后。犬则多见于相互厮咬或车祸。

(二)症状

外伤性腹壁疝的主要症状是腹壁受伤后局部出现一个局限性扁平、柔软的肿胀。形状、大小不等，触诊有热、痛，常为可复性。发病后 2～3 d，炎性症状逐渐发展，形成越来越大的扁平肿胀并逐渐向下、向前蔓延。因外伤性腹壁疝可伴发淋巴管断裂，导致淋巴液流出；另外受伤后腹膜发炎产生大量腹水，也可经破裂的腹膜流至肌间或皮下疏松结缔组织中而形成腹下水肿，此时原发部位变得稍硬。发病两周内常因大面积炎症反应而不易摸清疝轮。一般情况下，疝囊的大小与疝轮的大小有密切关系，即疝轮越大则脱出的内容物也越多，疝囊也越大。但也有疝轮很小而脱出大量小肠的，此情况多是因腹内压过大所致。

嵌闭性腹壁疝虽发病比例不高，但一旦发生将出现程度不一的腹痛。患病动物表现为不安、前肢刨地、时起时卧、急剧翻滚，有的可因未得到及时的抢救而继发肠坏死、剧烈疼痛、休克死亡。

(三)诊断

(1)受到强大的钝性暴力作用的发病史。

(2)局部突发肿胀，柔软、富有弹性及压缩性。

(3)触诊可摸到疝轮。

(4)听诊有肠蠕动音。

(5)外部触诊有困难时，可通过直肠检查确诊。

(6)发病初期，局部局限性肿胀，疝孔不明显时，要注意与水肿、血肿、淋巴外渗、脓肿及肿瘤等加以区别。

(四)治疗

1. 治疗原则

还纳内容物，封闭破裂孔，消炎镇痛，防止发生腹膜炎或再次裂开。

2. 治疗方法

(1)保守疗法

保守疗法适用于刚发生的外伤性腹壁疝，凡疝孔位置高于腹侧壁的1/2以上，疝孔小，经推压能还纳腹腔，而无粘连等，可做保守疗法，即在疝孔位置安放压迫绷带。将疝内容物还纳腹腔，在患部涂消炎剂，在疝轮部位压上适量的脱脂棉，随即将压迫绷带对正患部，紧紧压实，同时系牢固定带，经过15 d左右即可解除压迫绷带。一般随着炎症及水肿的消退，疝轮可自行修复愈合。缺点是压迫的部位有时不很确实，绷带移动时会影响疗效。

(2)手术疗法

手术疗法是积极可靠的有效方法。术前应做好确诊和手术准备，手术要求无菌操作。对疝轮较大的病例，术前要充分禁食，以防腹内压升高，便于修补破口，手术越早越好，一般应在发病后立即进行。其方法如下。

①保定与麻醉。马侧卧保定，患侧在上，用保定宁配合局部麻醉。牛可站立保定或侧卧保定，做局部浸润或腰旁神经干传导麻醉，同时配合静松灵等药物进行全身浅麻醉。

②手术径路。在病初尚未发生粘连时，可在疝轮附近做切口；如已发生粘连则必须在疝囊皮肤处做一梭形切口，钝性分离皮下组织，将内容物还纳入腹腔，缝合疝轮，闭合切口。

③疝修补术。外伤性腹壁疝的修补方法甚多，需依具体病情而定。

a)新腹壁疝。疝轮小，腹壁张力不大，如腹膜已经破裂，可用肠线缝合腹膜，用丝线结节缝合法或内翻缝合法闭合疝轮；当疝轮较大、腹壁张力大，缝合过程患病动物挣扎可能发生撕裂时，可采用纽孔状缝合法缝合(图1-4-2)。

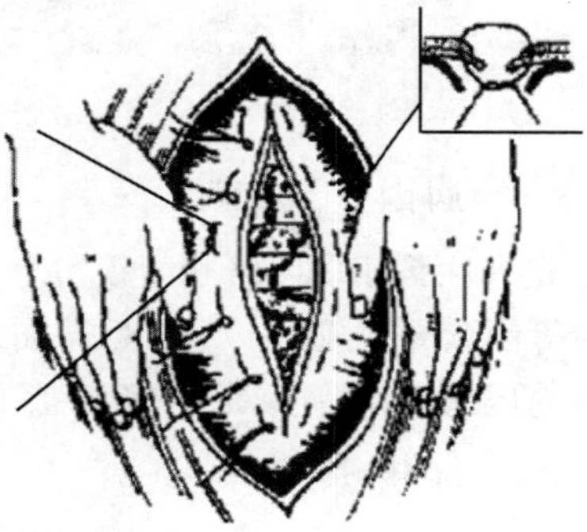

图1-4-2　纽孔状缝合法

b)陈旧性腹壁疝。因腹壁疝急性期错过手术治疗的机会，或因其他原因造成大部分疝轮已瘢痕化，肥厚而硬固的疝，称为陈旧性腹壁疝。对陈旧性腹壁疝必须做修正手术，将瘢痕化的结缔组织用手术刀切成新鲜创面，如果疝轮过大还需要将邻近的纤维组织或筋膜做成修补瓣以填补疝孔。在切开皮肤后用手术刀先将疝囊的皮下纤维组织与皮肤囊分离，然后切开疝，将一侧的纤维组织瓣用纽孔状缝合法缝合在对侧的疝轮组织上，根据疝轮的大小做若干个纽孔状缝合；再将另一侧的组织瓣用纽孔状缝合法覆盖在其上面，最后用减张缝合法闭合皮肤创口。

(3)术后护理

①保持术部清洁、干燥，防止患病动物摔倒。

②每日定时检测体温、脉搏，饲喂青饲料及富含蛋白质的饲料。

③注意术后是否发生疝痛或不安，尤其是马属动物的腹壁疝，如疝内容物整复不确实、手术粗糙过度刺激内脏或术后粘连等均可引起疝痛。此时要及时采取必要的措施，甚至重新做手术。

④外伤性腹壁疝手术部位易伤及膝褶前的淋巴管，常在术后 1～3 d 出现高度水肿，并逐渐向下蔓延，应与局部感染所引起的炎症相区别，并采取相应措施。

⑤嵌闭性疝的术后护理：防止摔倒，每日检查患病动物体温、脉搏、呼吸、局部及全身症状，已出现水、电解质代谢紊乱和代谢性酸中毒时，应静脉补水和电解质溶液，并静脉注射 5%碳酸氢钠溶液；术后早期应牵遛，以帮助恢复胃肠功能；术后禁食 2～3 d，当患病动物排粪、排尿、肠音恢复且有明显食欲时，方可饲喂少量优质易消化的饲料，以后逐渐恢复到正常的饮食量；术后 1 周内每天要使用足量的抗生素，以预防切口感染及腹膜炎的发生。

⑥为了防止感染，术后 3～5 d 用抗生素防止伤口感染。

三、 脐疝

脐疝是指腹腔脏器经扩大的脐孔脱出于皮下。各种动物均可发生，但以仔猪、犊牛较多见。临床上分为先天性和后天性两种，以先天性多见（图 1-4-3）。

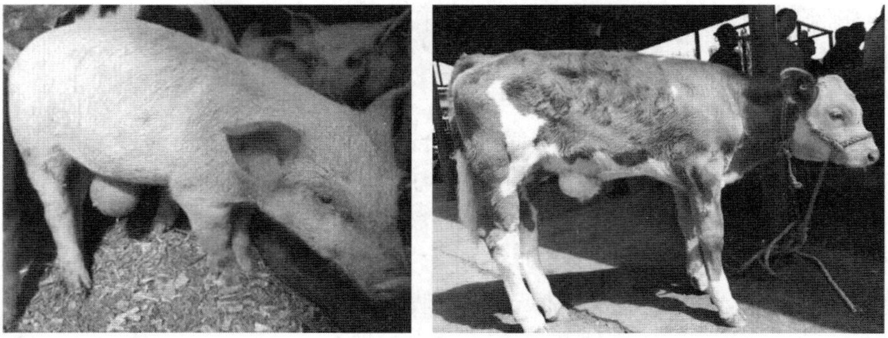

图 1-4-3 猪的脐疝

（一）病因

先天性脐疝多因脐孔闭锁不全或没有发育，脐孔异常扩大，同时因腹压增加以及内脏本身的重力等因素导致发病。后天性脐疝多因出生后脐孔闭锁不全，断脐时过度牵引，脐部化脓，以及因腹内压增大，如便秘时的努责、肠臌气或用力过猛的跳跃等导致发病。

（二）症状

脐部呈现局限性球形肿胀，质地柔软，有的紧张，缺乏红、肿、热、痛等炎性反应。病初多数能在挤压疝囊或改变体位时将疝内容物还纳腹腔，并可摸到疝轮，仔猪和幼犬在饱食或挣扎时脐疝可能增大，可听到肠蠕动音。犊牛脐疝一般可由拳头大小发展到排球大甚至更大。后期由于结缔组织增生和腹压增大，往往摸不到疝轮；脱出的网膜常与疝轮粘连，或肠壁与疝囊粘连，也有疝囊与皮肤发生粘连的。猪的脐疝如果疝囊膨大，可因皮肤被摩擦而伤及粘连的肠管，形成肠瘘。

嵌闭性脐疝较少见，若发生则可见到明显的全身症状，患病动物极度不安，马、牛均可出现不同程度的疝痛，食欲废绝，在犬和猪还可见到呕吐，呕吐物常有粪臭味。可很快发生腹膜炎，体温升高,脉搏加快。如不及时进行手术治疗常可引起死亡。

(三)诊断

脐孔部出现局限性半圆形柔软的肿胀,无热无痛,可摸到脐孔,能听到肠音。但应注意与脐部脓肿和肿瘤相区别,必要时可做诊断性穿刺。

(四)治疗

1.保守疗法

此法适用于疝轮较小脐疝。可用疝带(纱布绷带或复绷带)、局部涂擦强刺激剂(如碘化汞软膏或重铬酸甲软膏)等以促进局部炎性增生闭合疝口。但强刺激剂有可能使炎症扩散至疝囊壁及其中的肠管,导致发生粘连性腹膜炎。国内有人用95%的酒精在疝轮周围分点注射,每点3~5 mL,有一定疗效。

2.手术疗法

(1)可复性脐疝

患病动物仰卧保定,局部常规处理。局部麻醉后,在疝囊基部靠近脐孔处纵行切开皮肤(最好不要切开腹膜),稍加分离,还纳疝内容物,对疝轮做纽孔状缝合法或袋口缝合,切除多余皮肤并结节缝合,涂碘酊,装保护绷带。

对哺乳仔猪的小脐疝还可进行皮外疝轮缝合法,即将疝内容物还纳腹腔,皱襞提起疝轮两侧肌肉及皮肤,用纽孔状缝合法闭锁脐孔。

对病程稍长,疝轮较厚、光滑而大的脐疝,在闭锁疝轮时,应先用手术刀轻轻划破脐孔边缘肌膜,造成新创面再缝合。

(2)嵌闭性脐疝

先在患部皮肤上切一小口(勿伤及疝内容物),手指探查内容物种类及粘连、坏死等病变,用手术剪按所需长度剪开疝轮,暴露疝内容物,剥离粘连。若有肠管坏死则需切除坏死段肠管并行吻合术,然后将肠管还纳腹腔并注入适量抗生素,用袋口或纽孔状缝合法缝合疝轮,结节缝合皮肤,装压迫绷带。

其术后护理参照外伤性腹壁疝。

四、腹股沟阴囊疝

根据腹股沟阴囊疝发生的解剖部位的不同,将腹股沟阴囊疝分为腹股沟疝和腹股沟阴囊疝两种,而腹股沟阴囊疝又分为鞘膜外疝(图1-4-4)和鞘膜内疝(图1-4-5)。

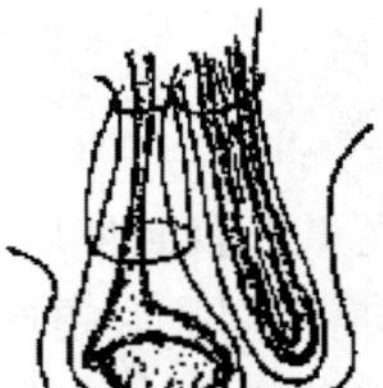

图1-4-4 鞘膜外疝

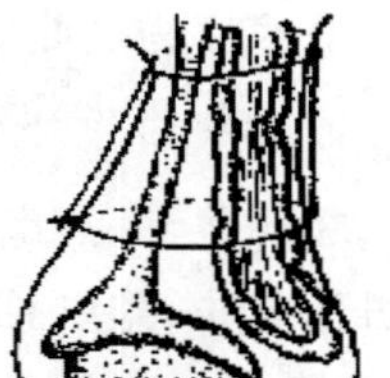

图1-4-4 鞘膜内疝

肠管或网膜通过腹股沟管内环进入鞘膜管内,称为腹股沟疝(鞘膜管疝);如果脱出的脏器进入鞘膜腔内,称为鞘膜内疝(阴囊疝、假性阴囊疝);内脏器官经腹股沟稍前腹壁的破裂孔,脱落到阴囊内膜与总鞘膜之间,称为鞘膜外疝(真性阴囊疝)。腹股沟疝常见于母猪、母犬;腹股沟阴囊疝常见于公猪、公马(主要见于幼驹),其他雄性动物比较少见。

(一)病因

1. 先天性病因

腹股沟管口过大所致。该症公猪具有遗传性。

2. 后天性病因

能使腹压增高,而导致腹股沟管口扩大的各种因素均可成为此病发生的原因,如爬跨、跳跃、后肢过度开张或强力努责等。

(二)症状

1. 可复性疝

多见于幼驹和仔猪,常为一侧性。患侧阴囊增大下垂,皮肤张紧发亮,触诊时柔软而有弹性带有音响,多半无痛,有可复性。也有的呈现紧张、发硬、敏感。听诊时可听到肠蠕动音。将患病动物仰卧或将后肢提起,脱出的肠管则自行还纳腹腔,由外部触诊,可以摸到腹股沟外环。

2. 嵌闭性腹股沟阴囊疝

全身症状明显,如患病动物出现剧烈的疝痛,患侧阴囊变得紧张,无可复性,出现浮肿、皮肤发凉(少数发热),阴囊的皮肤因出汗而变湿润。患病动物不愿走动,运步时两后肢张开,步态紧张,脉搏及呼吸增数。随着炎症的发展,全身症状加重,体温升高。当嵌闭的肠管坏死时,往往发生休克或败血症。

(三)诊断

1. 可复性疝

阴囊肿胀,无热无痛,柔软有弹性,有压缩性,可摸到腹股沟外环。

2. 嵌闭性腹股沟阴囊疝

阴囊肿大,患病动物腹痛,有明显的全身症状。

3. 鉴别诊断

腹股沟阴囊疝应与睾丸炎、附睾炎及阴囊积水等相鉴别。阴囊积水触诊柔软,有液体感,直肠检查时触摸不到疝内容物。睾丸炎和附睾炎在炎症阶段局部有热痛感,触诊较硬。

(四)治疗

手术疗法是此病的根治方法。

1. 腹股沟管外环切开法

局部剪毛、消毒并麻醉。先在患部表面将疝内容物还纳腹腔,然后在患侧外环处与体轴平行切开皮肤,露出总鞘膜,将其剥离至阴囊底提起睾丸及总鞘膜,再将睾丸向同一方向捻转数圈,在靠近外环处贯穿结扎总鞘膜及精索,在结扎线下方 1～2 cm 处剪断总鞘膜,除去睾丸及总鞘膜,将断端塞入腹股沟管内。然后用结扎剩余的两个线头缝合外环,使其密闭。清理创部,撒布消炎粉,缝合皮肤涂碘酊。为了防止创液潴留,可以在阴囊底部切一小口。

在对大动物实施腹股沟管外环切开时，切口长10～14 cm，在外环3～4 cm处，贯穿结扎总鞘膜及精索，最好做双重结扎，以免滑脱。

若是鞘膜外疝时，切开阴囊皮肤可见在总鞘膜外有一疝囊，其中只有肠管或网膜，没有睾丸和精索，同时在腹股沟管外环附近可发现疝轮。若要保留睾丸时，将疝内容物还纳腹腔后，捻转疝囊至疝轮处，然后用同样方法结扎疝囊基部，在结扎线下1～2 cm处剪断，将游离断端送入腹腔，填塞破裂孔，然后闭锁疝轮。但一定注意不要伤及精索或闭锁外环。如摘除睾丸使用前述方法即可。

2. 阴囊底部切开法

先还纳疝内容物，纵行切开阴囊底部皮肤，剥离总鞘膜至外环处，提起睾丸，送回内容物，捻转睾丸数圈，闭锁外环，用上述方法摘除睾丸和闭锁腹股沟外环。当疝内容物发生嵌闭时，可切开疝囊或总鞘膜，按外伤性腹壁疝的嵌闭或粘连的治疗方法进行处理，然后再用上述方法闭锁腹股沟外环。

任务三　风湿病

风湿病是一种常有的反复发作的急性或慢性非化脓性炎症。其特征是胶原结缔组织发生纤维蛋白变性，骨骼肌、心肌和关节囊中的结缔组织出现非化脓性局限性炎症。风湿病的常见发病部位是骨骼肌、心肌、关节囊和蹄部，其中骨骼肌和关节囊发病时常有对称性和游走性。

该病在我国各地均有发生，但以东北、华北及西北等地发病率较高；该病常见于马、牛、猪、羊、犬、家兔和鸡。

(一)病因

风湿病的发病原因迄今尚未完全阐明。研究表明，风湿病是一种变态反应性疾病，并与溶血性链球菌(医学已证明为A型溶血性链球菌)感染有关。风、寒、潮、湿、阴、冷等气候变化是本病的诱因。

溶血性链球菌是上呼吸道经常存在的细菌。当机体抵抗力下降时，则会侵入机体组织，并引起潜在性的局限性感染。由链球菌产生的毒素和酶类，如溶血毒素、透明质酸酶以及链激酶等使机体产生相应的抗体，后在风、寒、湿以及过劳等因素引起机体抵抗力下降的情况下重新侵入体内而引起再感染。链球菌再次产生的毒素和酶类则成为抗原物质，在体内与先前已形成的抗体相互作用即引起变态反应，而发生风湿病。由此可见，风湿病的发作不是在感染的当时，而是在感染后经过一定时间的潜伏期。这是变态反应性疾病的一般规律。在风湿病发生之前，常出现咽炎、喉炎和扁桃体炎等上呼吸道感染。因此，早期大剂量的应用抗生素能减少风湿病的发生率和再发率。

此外，如畜舍潮湿、阴冷，大汗后受冷雨浇淋，受贼风特别是穿堂风的侵袭，夜卧于寒湿之地，露宿于风雪之中，管理使役不当等都是引发风湿病的诱因。

(二)病理变化

风湿病是全身性结缔组织的炎症，按其发病过程可以分为三期。

1. 变性渗出期

结缔组织中胶原纤维肿胀、分裂，形成黏液样和纤维素样变性和坏死，变性灶周围有淋巴细胞、浆细胞、嗜酸性粒细胞和中性粒细胞等炎性细胞浸润，并有浆液渗出；结缔组织基质内蛋白多糖（主要为氨基葡萄糖）增多。此期可持续 1～2 个月，以后恢复或进入第二三期。

2. 增殖期

此期的特点是在上述病变的基础上出现风湿性肉芽肿或风湿小体，这是风湿病特征性病变，是病理上确诊风湿病的依据，也是风湿活动的指标。小体中央纤维素样坏死，其边缘有淋巴细胞和浆细胞浸润，并有风湿细胞。风湿细胞呈圆形、椭圆形或多角形，胞浆丰富呈嗜碱性，核大，呈圆形、空泡状，具有明显的核仁，有时出现双核或多核，形成巨细胞；小体内尚有少量淋巴细胞和中性粒细胞。到后期，风湿细胞变成梭形，形状如成纤维细胞，而进入硬化期。此期可持续 3～4 个月。

3. 硬化期（瘢痕期）

小体中央的变性坏死物质逐渐被吸收，渗出的炎性细胞减少，纤维组织增生，在肉芽肿部位形成瘢痕组织。此期可持续 2～3 个月。

由于此病常反复发作，上述三期的发展过程可以交错存在，需历时 4～6 个月。第一期及第二期中常伴有浆液的渗出与炎性细胞的浸润，该种渗出性病变在很大程度上决定着临床上各种显著症状的产生。在关节和心包的病理变化以渗出为主，而瘢痕的形成则主要见于心内膜和心肌，特别是心瓣膜。

（三）症状

风湿病的主要症状是发病的肌肉群、关节及蹄部疼痛和功能障碍。疼痛表现时轻时重，部位多固定，但也有转移的。风湿病有活动型的、静止型的，也有复发型的。根据其病程及侵害的组织器官的不同可出现不同的症状。临床上常见的分类方法和症状如下。

1. 根据发病的组织和器官的不同分类

（1）肌肉风湿病（风湿性肌炎）

发病部位主要是一些活动性较大的肌群，如肩肌群、背腰肌群、臀肌群及颈肌群等。患病部位肌肉疼痛，表现运动不协调，步态强拘不灵活，常发生 1～2 肢的轻度跛行；跛行可能是支跛、悬跛或混合跛行。其特征是随运动量的增加和时间的延长而有减轻或消失的趋势。风湿性肌炎时常有游走性，时而一个肌群好转而另一个肌群又发病。触诊患病肌群有痉挛性收缩，肌肉表面凹凸不平而有硬感、肿胀。急性经过时疼痛症状明显。

多数肌群发生急性风湿性肌炎时可出现明显的全身症状，如患病动物精神沉郁，食欲减退，体温升高 1～1.5 ℃，结膜和口腔黏膜潮红，脉搏和呼吸增数，血沉稍快，白细胞数稍增加。重者出现心内膜炎症状，可听到心内性杂音。

急性肌肉风湿病的病程较短，一般经数日或 1～2 周即好转或痊愈，但易复发。当转为慢性经过时，患病动物全身症状不明显；患病动物肌肉的弹性降低；重者肌肉僵硬，萎缩，肌肉中常有结节性肿胀。患病动物容易疲劳，运步强拘。

猪患风湿性肌炎时，触诊和压迫患部有疼痛反应，肌肉表面不平滑，发硬而有热感。当转为慢性经过时则患病肌肉萎缩(臀肌更明显)。疼痛有游走性,出现交替性跛行。病猪躺卧、不愿起立,运步时步态强拘,不灵活。病猪渐进性地消瘦。听诊心脏时有的能听到缩期杂音。

(2)关节风湿病(风湿性关节炎)

多发生于活动性较大的关节,如肩关节、肘关节、髋关节和膝关节等,脊柱关节(颈、腰部)也有发生,常对称关节同时发病,有游走性。

特征是急性期呈现风湿性关节滑膜炎的症状。关节囊及周围组织水肿,滑液中有的混有纤维蛋白及颗粒细胞。患病关节外形粗大,触诊有热、痛及肿胀。运步时出现跛行,跛行可随运动量的增加而减轻或消失。患病动物精神沉郁,食欲下降,体温升高,脉搏及呼吸均增数。有的可听到明显的心内性杂音。转为慢性经过时则呈现慢性关节炎的症状。关节滑膜及周围组织增生、肥厚,因而关节肿大且轮廓不清,活动范围变小,运动时关节强拘。

(3)心脏风湿病(风湿性心肌炎)

主要表现为心内膜炎的症状。听诊时第一心音及第二心音均增强,有时出现期外收缩期杂音。对于家畜风湿性心肌炎的研究材料还很少,有人认为风湿性蹄炎时波及心脏的最多,也最严重。

2.根据发病部位的不同分类

(1)颈风湿病

常发生于马、骡、牛,有时猪也发生。主要为急性或慢性风湿性肌炎,有时也可能累及颈部关节。表现为低头困难(两侧同时患病时,俗称低头难)或风湿性斜颈(单侧患病)。患病肌肉僵硬,有时疼痛。

(2)肩臂风湿病(前肢风湿)

常见于马、骡、牛、猪。主要为肩臂肌群的急性或慢性风湿性炎症。有时可波及肩、肘关节。患病动物站立时患肢常前踏,减负体重。运步时则出现明显的悬跛。两前肢一起发病时,步幅短缩,关节伸展不充分。

(3)背腰风湿病

常见于马、骡及牛,猪也有发生。主要为背最长肌、髂肋肌的急性或慢性风湿性炎症,有时也波及腰肌和背腰关节。患病动物站立时背腰拱起,腰僵硬,凹腰反射减弱或消失。触诊患部肌肉时,僵硬如板,凹凸不平。患病动物后躯强拘,步幅短缩,不灵活。卧地后起立困难。

(4)臀股风湿病(后肢风湿)

常见于马、骡、牛,有时猪也发病。病变常侵害臀肌群和股后肌群,有时也波及髋关节,主要表现为急性或慢性风湿性肌炎的症状。患病肌群僵硬而疼痛,两后肢运动缓慢而困难,有时出现明显的跛行症状。

3. 根据病程的经过分类

(1)急性风湿病(风湿性肌炎)

发病急，疼痛及功能障碍明显。常出现比较明显的全身症状。一般经过数日或1～2周即可好转或痊愈，但容易复发。

(2)慢性风湿病(风湿性肌炎)

病程拖延较长，可达数周或数月之久。患病的组织或器官缺乏急性经过的典型症状，热痛不明显或根本见不到。但患病动物运动强拘，不灵活，容易疲劳。

犬患类风湿性关节炎时，病初出现游走性跛行，患病关节周围软组织肿胀，数周乃至数月后则出现特征性的X线摄影变化，即患病关节的骨小梁密度降低，软骨下可见有透明囊状区和明显损伤并发生渐进性糜烂，随着病程的进展，关节软骨消失，关节间隙狭窄并发生关节畸形和关节脱位。

(四)诊断

到目前为止，风湿病尚缺乏特异性诊断方法，在临床上主要还是根据病史，结合临床症状做出相应的诊断。

1. 病史

是否患有咽、喉疾病，扁桃体炎，风、寒、湿的侵袭，过劳史等。

2. 临床症状

如患部肌肉僵硬、疼痛，关节伸展不充分；功能障碍，跛行随运动量的增加而减轻或消失。

3. 实验室诊断

包括水杨酸钠皮内反应试验、血常规检查、纸上电泳法检查、血清抗链球菌溶血素O的测定等。此外，抗中性粒细胞胞浆抗体、抗核抗体、抗透明质酸酶及抗链球菌激酶等的测定在风湿病实验室检查中也较常用。

水杨酸钠皮内反应试验：用新配制的0.1%水杨酸钠10 mL，分数点注入颈部皮内。注射前、注射后30 min、60 min分别检查白细胞总数；其中白细胞总数有一次比注射前减少1/5，即可判定为风湿病阳性。据报道，此法对从未用过水杨酸制剂的急性风湿病病马的检出率较高，一般检出率可达65%。

血常规检查：风湿病病马血红蛋白含量增多，淋巴细胞减少，嗜酸性粒细胞减少(病初)，单核细胞增多，血沉加快。

纸上电泳法检查：风湿病病马血清蛋白含量百分比的变化规律为清蛋白降低最显著，β-球蛋白次之；γ-球蛋白增高最显著，α-球蛋白次之。清蛋白与球蛋白的比值变小。

(五)治疗

1. 治疗原则

消除病因、祛风除湿、解热镇痛、消除炎症，加强护理，改善饲养管理以增强抵抗力。

2.治疗方法

(1)应用解热、镇痛及抗风湿药

包括水杨酸、水杨酸钠及阿司匹林等，其中以水杨酸类药物的抗风湿作用最强。临床经验表明，应用大剂量的水杨酸制剂治疗风湿病，特别是治疗急性肌肉风湿病疗效较高，而对慢性风湿病疗效较差。

水杨酸钠片：马、牛 10～60 g/次，猪、羊 2～5 g/次，犬、猫 0.1～0.2 g/次。

水杨酸钠注射液：马、牛 10～30 g/次，猪、羊 2～5 g/次，犬 0.1～0.5 g/次，1 次/d，连用5～7 次。

也可将水杨酸钠与乌洛托品、樟脑磺酸钠、葡萄糖酸钙联合应用。

保泰松和羟基保泰松，后者是前者的衍生物，其优点是抗风湿作用较保泰松略强，副作用小；羟基保泰松的作用与氨基比林相似，但抗炎及抗风湿作用较强，解热作用较差，临床上常用于风湿症的治疗。其用法和剂量是：保泰松片剂(每片 0.1 g)，口服，马 4～8 mg/kg 体重，猪、羊33 mg/kg 体重，犬 20 mg/kg 体重。2 次/d，3 d 后用量减半；羟基保泰松，马前 2 天 12 mg/kg 体重，后 5 天 6 mg/kg 体重，连续口服 7 d。

(2)应用皮质激素类药物

这类药物能抑制许多细胞的基本反应，因此有显著的消炎和抗变态反应的作用。同时还能缓和间叶组织对内外环境各种刺激的反应性，改变细胞膜的通透性。因此，临床上广泛应用于风湿病的治疗。

2.5%醋酸可的松混悬注射液：马、牛 200～750 mg/次，猪 50～100 mg/次，肌内注射。1 次/d，连用 3～5 次。

0.5%氢化可的松注射液：马、牛 200～750 mg/次，肌内注射或静脉注射。2.5%混悬液2～10 mL(马、牛)可行关节腔注射，对风湿性关节炎有较好疗效。

(3)应用碳酸氢钠、水杨酸钠和自家血液疗法

每日静脉注射 5%碳酸氢钠溶液 200 mL，10%水杨酸钠溶液 200 mL。自家血液第 1 天80 mL，第 3 天 100 mL，第 5 天 120 mL，第 7 天 140 mL；每 7 d 为一疗程，每疗程之间间隔1 周，可连续用 2 个疗程。

(4)抗生素疗法

风湿病急性发作期，无论是否证实机体有链球菌感染，均需使用抗生素。首选青霉素，肌内注射，2～3 次/d，一般应用 10～14 d。

(5)中兽医疗法

应用针灸治疗风湿病有一定的治疗效果；根据不同的发病部位，可选用不同的穴位；中药方面常用的方剂有通经活络散和独活寄生散；醋酒灸法适用于腰背风湿病，但对瘦弱、衰老或怀孕的患病动物应禁用此法。

(6)物理疗法

物理疗法对风湿病，特别是对慢性经过者有较好的治疗效果。

①局部温热疗法：将酒精加热至 40 ℃左右，或将麸皮与醋按 4∶3的比例混合炒热装于布袋内进行患部热敷，1～2 次/d，连用 6～7 d。也可使用热石蜡及热泥疗法等。在光疗法中可使用红外线局部照射，20～30 min/次，1～2 次/d，到明显好转为止。

②电疗法：中波透热疗法、中波透热水杨酸离子透入疗法、短波透热疗法、超短波电场疗法、周林频谱疗法等对慢性经过的风湿病均有较好的治疗效果。在急性蹄风湿病的初期，应以止痛和抑制炎性渗出为目的，可以使用蹄部冷浴或用醋调制的冷泥敷于蹄部等局部冷疗法。

③激光疗法：应用激光治疗家畜风湿病已取得较好的治疗效果，一般常用的是 6～8 mW 的 He-Ne 激光做局部或穴位照射，每次 20～30 min，1 次/d，连用 10～14 次为 1 个疗程，必要时可间隔 7～14 d 进行第二个疗程的治疗。

(7)局部涂擦刺激剂

局部可应用水杨酸甲酯软膏(处方：水杨酸甲酯 15 g、松节油 5 mL、薄荷脑 7 g、白色凡士林 15 g)，水杨酸甲酯莨菪油擦剂(处方：水杨酸甲酯 25 g、樟脑油 25 mL、莨菪油 25 mL)，也可局部涂擦樟脑酒精等。

项目五
皮肤及四肢疾病

学习目标

☞ 了解真菌性皮炎、湿疹等疾病的概念、病因，掌握其症状、诊断及防治方法。

☞ 掌握动物跛行的诊断方法。

☞ 了解动物四肢疾病，特别是关节疾病、骨折、蹄部疾病的病因，掌握其症状、诊断及治疗方法。

素养目标

☞ 培养严谨求实、团结协作、关爱生命、敬业奉献的职业素养。

☞ 具备创新精神和终身学习能力。

任务一　皮肤疾病

一、真菌性皮炎

真菌性皮炎是由真菌引起的一种皮炎。各种动物均可发生，犬、猫临床发病率较高。该病的发生及其危害的程度，常取决于个体的素质。体质较差的和幼龄的动物发病后症状明显，且危害较严重。

（一）病因

病原为真菌，但真菌种类繁多，仅凭经验或肉眼观察难以做出正确诊断。真菌性皮肤病中皮肤丝状细菌病感染率最高，其病原体70％是犬小孢子菌，20％是石膏样小孢子菌，10％是须发毛癣菌。

（二）症状

主要在头、颈和四肢的皮肤上发生圆形秃斑，上面覆以灰色鳞屑，严重时，许多癣斑连成一片。最典型症状为脱毛，圆形鳞斑、鳞屑、痂皮、皮肤形成圆形脱毛或被毛断裂病灶为特征（图1-5-1至图1-5-4）。有的病例不脱毛、无皮屑但局部有丘疹、脓疱或凸起的红斑性脱毛斑或结节，病程较长。

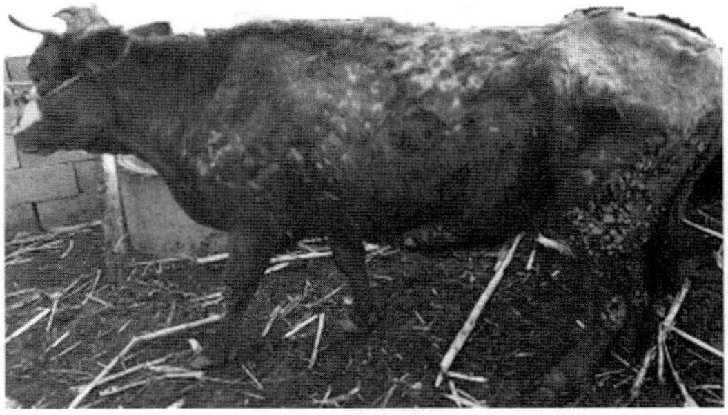

图 1-5-1　牛全身性真菌性皮炎

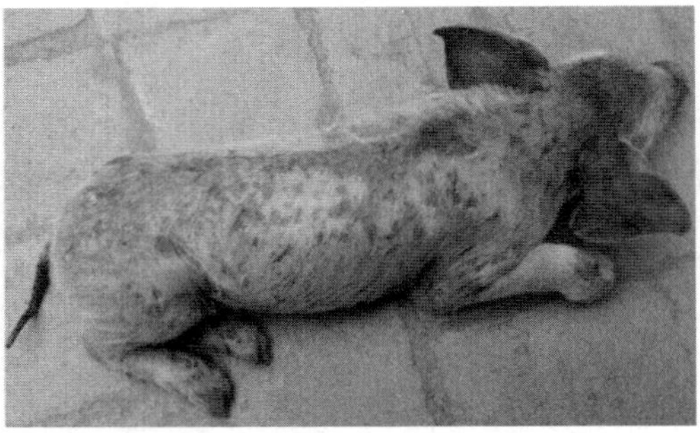

图 1-5-2　猪全身性真菌性皮炎

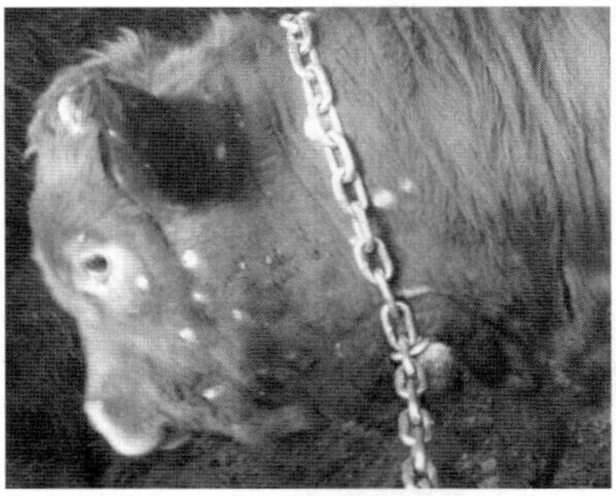

图 1-5-3　牛局部性真菌性皮炎

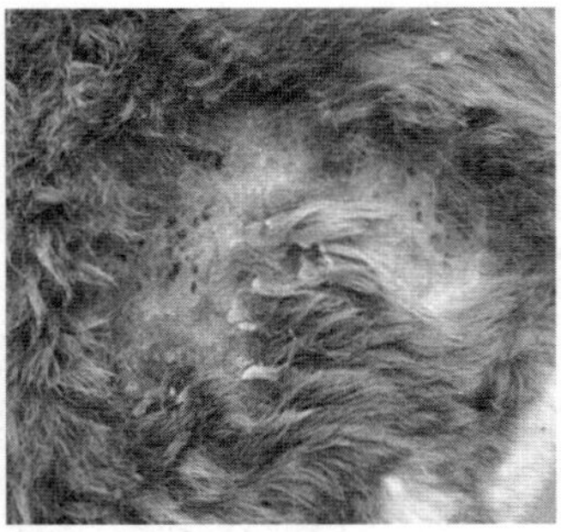

图 1-5-4　牛出血性真菌性皮炎

(三)治疗

1. 轻症病例

先洗去皮屑和痂皮，清理脱落和断裂的被毛，然后选涂软膏：克霉唑软膏、复方水杨酸钠软膏、咪康唑软膏或十一烯酸锌软膏。1～2 次/d，直至彻底痊愈。交替使用 2 种软膏往往效果更好。

2. 重症或慢性型病例

重症或慢性型病例应配合下列药物进行治疗，效果显著。

头孢拉定：6 mg/kg 体重，皮下注射，1 次/d。

灰黄霉素：20～40 mg/kg 体重，口服，2 次/d。

酮康唑：10 mg/kg 体重，3 次/d。

二、湿疹

湿疹是致敏物质作用于动物的表皮细胞所引起的一种过敏性炎症反应。临床上，以患部皮肤出现红斑、丘疹、水疱、脓疱、糜烂及鳞屑等现象，并伴有热、痛、痒等特征。各种动物均可发生，一般多发生于春夏季节。

(一)病因

1. 外在因素

(1)机械性刺激

如持续性的摩擦，特别是挽具的压迫和摩擦，啃咬和昆虫的叮咬等。

(2)物理性刺激

皮肤不洁，污垢在被毛间蓄积，使皮肤受到直接刺激，或在阴雨连绵的季节中放牧，由于潮湿使皮肤的角质层软化，生存于皮肤表面的裂殖菌及各种分解产物进入生发层细胞中。此外，动物长期处于阴暗潮湿的畜舍和畜床上，或烈日曝晒，久之使皮肤的抵抗力降低，极易引起湿疹。

(3)化学性刺激

主要是使用化学药品不当，如滥用强烈刺激药涂擦皮肤，或用浓碱性肥皂水洗刷局部，均可引起湿疹。长时间被脓汁或病理分泌物污染的皮肤，也可发生此病。

2. 内在因素

外界各种刺激因素，虽然是引起湿疹的重要因素，但是否会发生湿疹，还取决于动物的内部状态。

(1)变态反应。这种反应在湿疹的发病机制上占重要地位。引起变态反应的因子，可能是内在的。内在因子，如动物患消化道疾病(如胃肠卡他、胃肠炎、肠便秘)并伴有腐败分解产物吸收，由于摄取致敏性饲料，病灶感染，微生物毒素，或者由于患病动物自身的组织蛋白在体内或体表经过一系列复杂过程，使患病动物皮肤发生变态反应等。在患病过程中，患病动物对各种刺激物的感受，往往日益增长，这样就促使湿疹的恶化和发展。

(2)营养失调、维生素缺乏、新陈代谢紊乱、慢性肾病、内分泌功能障碍等均可使皮肤抵抗力降低，从而导致湿疹的发生。

(二)发病机理

湿疹的发生是由于皮肤经常受到外界致敏因素的刺激，靶细胞(肥大细胞)受到损伤，其细胞内的组胺颗粒脱出，进而组胺等活性物质释放，组胺等活性物质具有引起毛细血管扩张和渗透性增强的作用，血浆甚至血液渗出增加，从而引起出疹、血疹等病理变化，导致湿疹的发生。

原发性湿疹的病理变化为表层的水肿，角化不全和棘层肥厚，真皮层的血管扩张、水肿和细胞浸润。继发性湿疹的病理变化包括表皮的结痂、脱屑及真皮的乳头层肥大和胶原纤维变性。

湿疹的发生，固然起因于内、外因素的刺激，但变态反应则为此病最重要的原因之一。

(三)症状

在临床上，湿疹一般可按病程和皮损的程度分为急性和慢性两种。

1. 急性湿疹

因病理变化及经过不同，可出现以下各期。

红斑期：病初由于患部充血，无色素皮肤可见大小不一的红斑，并有轻微肿胀，指压褪色，称为红斑性湿疹。

丘疹期：若炎症进一步发展，皮肤乳头层被血管渗出的浆液性液体浸润，形成界线分明的粟粒至豌豆大小的隆起，触诊发硬，称为丘疹性湿疹。

水疱期：当丘疹的炎性渗出物增多时，皮肤角质层分离，在表皮下形成含有透明的浆液性水疱，称为水疱性湿疹。

脓疱期：在水疱期有化脓感染时，水疱变成小脓疱，称为脓疱性湿疹。

糜烂期：小脓疱或小水疱破裂后，露出鲜红色糜烂面，并有脓性渗出物，创面湿润，称为糜烂性湿疹。

结痂期：糜烂面上的渗出物凝固干燥后，形成黄色或褐色痂皮，称为结痂性湿疹。

鳞屑期：急性湿疹末期痂皮脱落，新生上皮增生角化并脱落，呈糠麸状，称为鳞屑性湿疹。

急性湿疹有时某一期占优势，而其他各期不明显，甚至某一期停止发展，病变部结痂或脱屑后痊愈。

2.慢性湿疹

病程与急性型大致相同，其特点是病程较长，易于复发。病期界线不明显，渗出物少，患部皮肤干燥增厚。

由于患病动物的种类、致病病因不同，发生湿疹的部位和性状也不同。

牛：大多数发生于前额、颈部、尾根，甚至背腰部，病初皮肤略红、发热，继而形成小圆形水疱，小的如针尖大小，大的如蚕豆大小，随后破裂，有的因化脓而形成脓疱；由于病变部奇痒而摩擦，使皮肤脱毛，变厚，粗糙或形成裂创，出血，病变范围逐渐扩大；乳房由于与后肢内侧经常摩擦并积聚污垢，而易发湿疹。牛的慢性湿疹，通常是由急性湿疹转变而来，或者为再发性湿疹。

羊：临床症状与牛相同。多于天热出汗和雨淋之后，因湿热而发生急性湿疹。多发生于背部、腰荐部和臀部，较少发生于头部、颈部和肩部。皮肤发红，有浆液渗出，形成结痂，被毛脱落，继而皮肤变厚、发硬，甚至发生龟裂。因病羊瘙痒，易误诊为螨病。

绵羊的日光疹（太阳疹）：绵羊在剪毛后，由于日光长时间照射，可引起皮肤充血、肿胀，并发生热、痛性水肿，以后迅速消失，结痂痊愈。

猪：主要发生于饲养管理不当，或患有寄生虫病及内科病（如蠕虫侵袭、卡他性肺炎、佝偻病等）的瘦弱贫血的仔猪。最初被毛失去光泽，多见于全身各处，尤其是股、胸壁、腹下等处发生脓疱性湿疹。脓疱破溃后，形成大量黑色结痂，奇痒。因此，患猪呈现疲惫状态，并逐渐消瘦。

犬：急性湿疹的主要表现是皮肤上出现红疹或丘疹，病变部位始于面部、背部，尤其是鼻梁、眼部和面颊部，而且易向周围扩散，形成小水疱。水疱破溃后，局部糜烂，由于瘙痒和病患部湿润，动物不安，舔咬患部，造成皮肤丘疹症状加重。

慢性湿疹由于病程长，皮肤增厚、苔藓化，有皮屑；虽然皮肤的湿润有所缓解，但瘙痒症状仍然存在，并且可能加重。

临床上最常见的湿疹是犬的湿疹性鼻炎。病犬的鼻部等处发生狼疮，患部结痂，有时见浆液和溃疡。

（四）病程及预后

急性的病期常在3周以上，如转为慢性，可经数月，不易痊愈。

（五）诊断

湿疹的诊断须结合病因，并结合临床症状、问诊、皮肤刮取物的分析及实验室相关检查来进行综合性的分析。本病须与疥螨病、霉菌性皮炎、皮肤瘙痒症等疾病进行鉴别诊断。

疥螨病：由疥螨侵袭所致，痛痒显著，病变部刮削物镜检时，可发现疥螨虫体。

霉菌性皮炎：除具有传染性外，易查出霉菌孢子。

皮肤瘙痒症：皮肤虽瘙痒，但完整无损。

(六)治疗

1.治疗原则

加强饲养管理,除去病因,消炎、脱敏、止痒。

2.治疗措施

(1)加强饲养管理

保持皮肤清洁、干燥,厩舍要通风良好,使患病动物适当运动,并予以一定时间的日光浴,防止强刺激性药物刺激,给予富有营养且易消化的饲料。一旦发病,应及时进行合理治疗。

(2)对症治疗

在用药之前,清除皮肤一切污垢、汗液、痂皮、分泌物等。为此,可用温水或有收敛、消毒作用的溶液,如1%～2%鞣酸溶液、3%硼酸溶液洗涤。消炎、脱敏、止痒,应根据湿疹的各个时期,应用不同的药物。

任务二　四肢疾病

一、跛行

跛行又称为瘸腿,是指动物的肢蹄或其邻近部位因病态而表现于四肢的运动功能障碍。跛行不是病名,它是由多种疾病尤其是四肢疾病引起的四肢功能障碍的综合征。

(一)原因

1.损伤

动物机体遭受机械性损伤,如重物打击、碰撞、跌倒等造成肢、蹄损伤,引起跛行。

2.过度使役和骑乘

长时间过度的使役或在崎岖道路上长距离骑乘,都能够造成四肢肌腱损伤,导致跛行。

3.先天性疾病

某些遗传性因素引发的先天性疾病如先天性四肢骨、关节发育不良、畸形、屈腱挛缩等,均可导致跛行。

4.营养不良

饲料中矿物质缺乏或比例失调、维生素缺乏,造成骨、关节代谢紊乱,从而导致跛行。

5.削蹄失宜

削蹄不平或装蹄不当均可造成跛行。

6.继发因素

某些疾病过程常可引起四肢功能障碍,如睾丸炎、风湿病、佝偻病、骨软化症、口蹄疫、流行性乙型脑炎、犬瘟热,以及脑脊髓丝虫病、伊氏锥虫病等引起的脑脊髓炎或外周神经损伤、麻痹等均可导致跛行。

(二)分类及临床症状

1. 按功能障碍和步幅变化划分

步幅是动物运动中,同一肢两蹄迹间的距离,这一距离又被对侧肢的蹄迹分为两个半步,蹄迹前方的半步称为前半步,后方的称为后半步。健康动物运动时,前后两个半步基本相等;但肢蹄患病时,则两个半步发生明显变化(健康动物的步幅与患病动物的步幅比较见图 1-5-5 至图 1-5-7),据此将跛行分为以下几种。

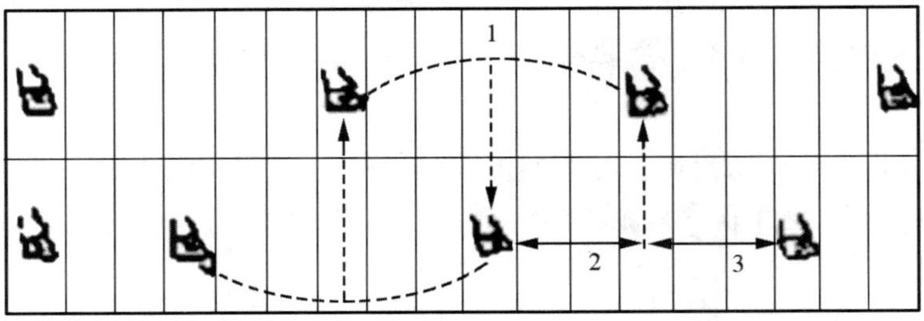

1. 一步幅　2. 后半步　3. 前半步

图 1-5-5　健康动物的步幅

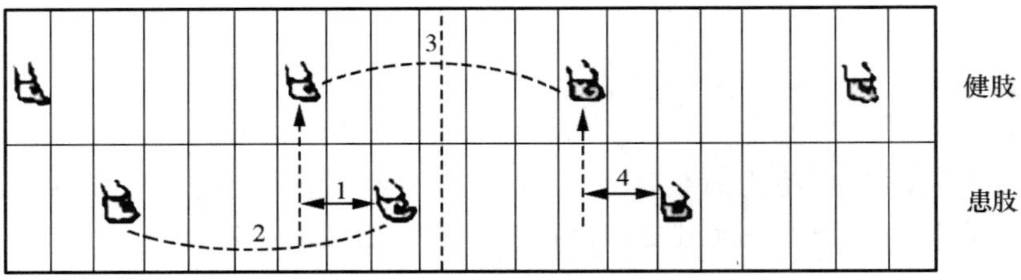

1、4. 后半步　2、3. 一步幅

图 1-5-6　患悬跛动物的步样

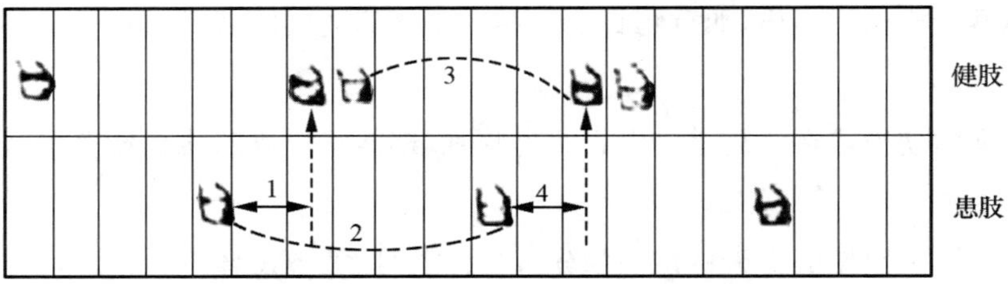

1、4. 后半步　2、3. 一步幅

图 1-5-7　患支跛动物的步幅

(1)悬跛(运跛)

患肢提举和伸扬出现功能障碍,其特征是抬不高、迈不远、运步缓慢、侧望呈前方短步。悬跛多表明病变在肢的上部,即中兽医所说的"敢踏不敢抬,病痛在胸怀"。

二维码 1-5-1　牛的支跛

(2)支跛(踏跛)

患肢在落地负重的瞬间出现功能障碍,支跛的患病动物,因在患肢落地时感到疼痛,故健肢提前落地,以缓解患肢的疼痛。其特点是患肢负重时间缩短(减负体重),蹄音低和后方短步,支跛多表明病变在肢的下部(蹄、下部关节、腱及韧带等),即中兽医所说的

"敢抬不敢踏，病痛在腕下"(图 1-5-8)。

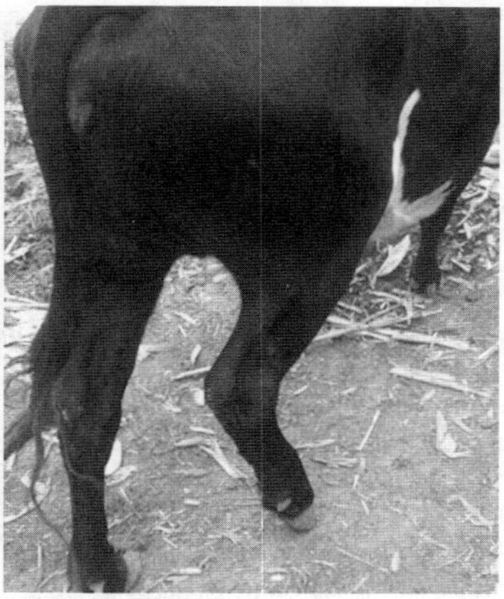
图 1-5-8　支跛

支跛因患肢负重时感到疼痛，所以在驻立时比健肢负重时间短或两肢频频交替负重；在运步时，健侧肢提前落地，尽可能缩短患肢支撑时间，这样患肢所走的一步中后半部变短，即后方短步，这些均为减负体重的表现。病情严重时，患肢呈悬空状态，即为免负体重。由于患肢落地时感到疼痛，为了减负体重，所以落地缓慢，蹄音低。

(3)混合跛行(混跛)

患肢的提举伸扬和落地负重均出现功能障碍，支跛与悬跛的特征共同存在。混合跛行常见于上部关节疾病或上、下部关节同时患病。

(4)特殊跛行

①紧张步样：呈现急促短步，见于蹄叶炎。

②黏着步样：呈现缓慢短步，步态强拘，见于风湿病、破伤风。

③鸡步：患肢运步时呈现高度提举，膝关节和跗关节高度屈曲，患肢在空中停留片刻后，又突然着地，如鸡行走的样子。

2. 按跛行的程度划分

(1)轻度跛行

患肢全蹄面着地，但负重时间短或实际未负重，运步时稍有异常或只在负重时才有跛行。见于慢性骨膜炎、关节滑膜炎等。

(2)中度跛行

患肢站立时以蹄尖着地，负重时间短或患肢有明显举扬障碍。见于风湿病、关节炎、外周神经不全麻痹等。

(3)重度跛行

患肢几乎或完全不能负重与举扬，运步时患肢拖行或悬空，呈三肢跳(但牛很少呈三肢跳)。见于骨折、关节脱位等。

(三)诊断

1. 确定患肢

(1)问诊

询问患病动物发生跛行的时间、地点，现在与当时的症状有无变化，是否有经过治疗，治疗的时间、地点，如何治疗，用了什么药物，疗效如何，患病动物的饲喂、管理和使役情况如何，动物群体内其他动物有无类似现象，患病动物是否跌倒、受伤，什么时候钉的掌，钉掌时和钉掌后有无异常表现。

(2)视诊

视诊包括驻立视诊和运步视诊。

①驻立视诊：通过驻立视诊来观察患病动物负重情况变化，站立时的异常姿势和四肢的局

部变化，发现和确定患肢和可疑患部。

驻立视诊时，应使患病动物在平地上安静自然站立，检查者要围绕患病动物来回走两圈，在留意患病动物全身状况的基础上，仔细观察四肢各部的异常情况。从前后、上下、左右进行全面观察，比较两前肢或两后肢对称部位是否一致。

当患病动物一肢患病时分 2 种情况：一种是前肢患病，患肢呈前伸、后踏、内收或外展肢势；也可能腕关节屈曲，以蹄尖着地，系部直立，并立于健蹄的稍前方；或虽以全蹄负重，但负重不确实。另一种是后肢患病，患肢呈前踏、后踏或外展肢势，但多半呈各关节屈曲，以蹄尖着地或负重，系部直立，严重的患肢常常提举不愿负重。

当患病动物两肢患病时分 4 种情况：第一种是两前肢同时患病时，两后肢尽可能伸向腹下，头高抬，拱腰缩腹，以使身体重心向后肢转移，以减轻前肢的负重。第二种情况是两后肢同时患病时，患病动物常常两前肢稍后伸，颈直伸，头向下低，以减轻后肢负重。但当两后肢患蹄叶炎时，则常常出现两后肢前伸，以蹄踵负重。第三种情况是同侧一前肢和一后肢同时患病时，患病动物的头颈、躯干都偏向健侧，患肢交替负重。第四种情况是一前肢和对侧的后肢同时患病时，患病动物的两健肢伸到腹下支撑体重，病肢交替提起，向前或向外伸出。当患病动物三肢或四肢同时患病时，站立姿势因病情而异，多以卧地为主。

②运步视诊：目的是确定患肢、确定患肢跛行的种类和程度，并初步判定可疑患部。方法是让患病动物按照检查者的要求进行运动。

a)点头运动。当一侧前肢患病时，则在对侧健康前肢着地负重的瞬间，头颈稍倾向于健侧并将头低下；患病前肢着地时，则头向患侧高举，这种随着运步而头部上下摆动的现象称为点头运动，即头低下时着地负重的为健肢，对侧的前肢为患肢，也可以说头高举时着地负重的前肢为患肢，概括为“点头行，前肢痛”“低在健，抬在患”。

b)臀部升降运动。当一侧后肢患病时，为了使后驱重心移向对侧健肢，在健肢负重时，臀部显著下降，而患肢负重时臀部显著高举，这种随运动臀部不断提升和下沉的运动称为臀部升降运动。臀部提升时落地的肢为患肢，臀部下沉时落地的肢为健肢，即“臀升降，后肢痛”“升在患，降在健”。

③举扬和负重状态：观察各个关节屈曲、伸展是否充分，同肢提举高度是否相等，系部倾斜是否一致，膝关节下沉是否充分，蹄负面是否完全着地等，从中判断患病动物运步时是前方短步还是后方短步，以便确定跛行的种类，找出患肢。

当跛行程度较轻，用上述方法不能确定患肢时，采用下列特殊方法，能够进一步确定患肢和患部。

a)圆圈运动。患支跛时患肢在内侧时做圆圈运动跛行明显。

b)上下坡运动。前肢支跛时下坡明显，后肢支跛时上坡明显。前、后肢悬跛时上坡明显。

c)急速回转运动。在快速运动过程中，使患病动物突然向内急转，则支跛患肢在回转内侧时跛行明显。悬跛患肢在回转外侧时跛行明显。

d)软、硬地运动。支跛患肢在硬地运动时跛行明显，悬跛患肢在软地运动时跛行明显。

2. 寻找患部

确定患肢后，还必须根据问诊、站立检查、运动检查收集到的症状，对患肢进行全面而有重点的检查，以便找出患部。

(1)蹄部的检查

①蹄外部检查:主要检查蹄形有无变化,蹄铁形状、磨灭情况及蹄钉的位置;蹄壁有无裂隙、缺损与赘生;蹄底有无刺伤物、刺伤孔。

②蹄温检查:用手掌触摸蹄壁,感知蹄温,要做对比检查。如果蹄温升高,则表明蹄内有急性炎症。

③痛觉检查:用检蹄钳对蹄壁、蹄钉等进行短而断续的敲打,再用检蹄钳对蹄匣进行钳压,若患病动物拒绝敲打、钳压或肢体上部肌肉呈现收缩反应或抽动患肢,则表明蹄内有带痛性炎症存在。

(2)肢体各部检查

令患病动物自然站立,从冠关节开始逐渐向上触摸压迫各关节、关节韧带、黏液囊、屈肌腱、腱鞘、骨骼及肌肉,注意观察有无肿胀、疼痛、增温、变形、萎缩及骨赘等。

(3)被动运动检查

被动运动检查是指人为地使动物关节、腱、肌肉等做屈曲、伸展、内收、外展及旋转运动,观察活动范围、疼痛反应、有无异常声音等,据此发现患病部位。

(4)直肠检查

直肠检查适用于大动物如马、牛等骨盆骨折、腰椎骨折、荐髂关节脱位的诊断。

(5)X线检查

X线检查是诊断四肢骨和关节疾病或确诊患部的重要手段。尤其是在小动物四肢骨和关节疾病的诊断上使用更为普遍。通过X线进行透视或摄影检查,可获得正确诊断,从而找到患处。

(6)关节内窥镜检查

关节内窥镜是专门用于观察关节软骨、滑膜、十字韧带等关节内组织形态的仪器。检查前须对动物进行全身麻醉,向关节腔内注射适量的生理盐水或林格液,以使关节扩张,然后导入关节内窥镜进行观察,或通过选配的摄影、录像系统将观察结果记录下来。但要注意操作时必须严格执行无菌原则。

3.建立诊断

根据以上检查,综合分析后得出结论。

二、关节扭伤

关节扭伤是指在突然受到间接机械外力的作用时,关节发生瞬间的过度伸展、屈曲或扭转而引发关节韧带和关节囊的损伤。关节扭伤常见于马、骡、犬等动物,最常发生于系关节和冠关节,其次是发生于跗关节和膝关节。牛也可发生,常见于系关节、肩关节和髋关节。

(一)病因

由跳跃、急转、跌倒、一侧肢体陷入洞穴而急速拔出等导致关节的伸、屈或扭转超过了生理活动范围，引起关节周围韧带和关节囊的纤维发生剧烈拉伸，发生部分断裂或全断裂而引起关节扭伤。

(二)症状

(1)致病的机械外力直接作用于关节，可引起皮肤脱毛，擦伤。

(2)扭伤后立即出现跛行，站立时患肢屈曲，以蹄尖着地或提举悬垂；运动时呈不同程度的跛行。

(3)患部肿胀，但四肢上部关节扭伤时，因肌肉丰满而肿胀不明显。

(4)患部热痛，触诊被损伤的关节韧带有明显的压痛点。如果关节韧带断裂，则关节活动范围变大，严重的可以听到骨端撞击声音。

(5)当转为慢性经过时，可继发骨化性骨膜炎，常在韧带、关节囊与骨的结合部受损伤时形成骨赘。

(三)诊断

一般根据患病动物在使役或运动中突然出现跛行、疼痛，患病关节肿胀，触诊有明显的热痛等症状确诊。

(四)治疗

治疗原则是制止溢血和渗出，镇痛消炎，促进吸收，防止结缔组织增生，恢复关节功能。

(1)制止溢血和渗出　急性炎症 1～2 d 内，可包扎压迫绷带配合冷敷疗法。可用冷水浴，可以将患病动物系在小溪、小河或水沟里，或用冷水浇；也可用冷醋泥贴敷(黄土用醋调成泥，加 20%食盐)或以等量栀子与大黄粉，用蛋清加白酒调成糊状外敷。必要时可静脉注射 5%氯化钙溶液或肌内注射维生素 K_3 等。

(2)促进吸收　当急性炎症渗出减轻或停止后，应及时改用温热疗法，如温水浴(可用 25～40 ℃温水浴，连续使用 2 h 后，间隔 2 h 再用)、干热疗法(热水袋、热盐袋)等方法促进吸收。或使用超短波疗法、石蜡疗法、鱼石脂酒精溶液、热酒精绷带等，也可涂抹四三一合剂、扭伤膏、鱼石脂软膏或热醋泥等。

如关节内积血过多不能吸收时，在严密消毒的条件下，可做关节腔穿刺排出，同时向关节腔内注入 0.25%盐酸普鲁卡因青霉素溶液，然后进行温敷，配合压迫绷带。

(3)镇痛消炎　局部疗法同时配合封闭疗法，用 0.25%～0.5%盐酸普鲁卡因溶液 30～40 mL，加入青霉素 40 万～80 万 IU，在患肢上方穴位注射(前肢抢风穴、后肢巴山穴和汗沟穴等)；也可应用镇痛、活血药物，内服跛行镇痛散或舒筋活血散。必要时，可用抗生素与磺胺疗法。

(4)韧带断裂或怀疑有软骨、骨损伤时，可装着固定绷带。用红外线照射及特定电磁波疗法等均有良好效果。

(5)局部炎症转为慢性时，除使用上述疗法外，可局部涂擦碘樟脑醚合剂(处方：碘片 20 g、95%酒精 100 mL、乙醚 60 mL、精制樟脑 20 g、薄荷脑 3 g、蓖麻油 25 mL)、松节油、四三一合剂等，每天涂擦 5～10 min，同时配合温敷，连用 3～5 d，效果良好。

三、脱臼

脱臼(关节脱位)是指关节受到突然强烈的外力作用,使关节头脱离关节窝,失去正常接触而出现移位。本病多见于牛、马、犬的髋关节、膝盖骨、肩关节。脱臼可分为习惯性脱臼、完全脱臼、不完全脱臼。

(一)病因

间接外力是发生关节脱臼的主要原因,如滑倒、蹬空、扭转、关节强烈伸曲;其次为直接外力,如打击、冲撞、蹴踢。常伴有关节韧带和关节囊的损伤。

由于关节窝浅,关节囊、关节韧带松弛,不能固定关节,常引发习惯性脱臼。

(二)症状

1.关节脱臼的共同症状

(1)关节变形　由于关节骨端脱出,在正常的关节部位处出现隆起或凹陷。

(2)异常固定　脱出的关节骨端被高度紧张的肌肉和韧带固定于异常的位置。此时不能自主运动,被动运动受限制。

(3)肢势异常　患肢在站立时出现内收、外展、屈曲、伸展等姿势。完全脱臼时,患肢缩短;不完全脱臼时,患肢延长。

(4)关节肿胀　由于关节周围组织受到破坏、出血及急性炎症反应,引起关节的肿胀。

(5)功能障碍　伤后立即出现跛行,由于关节骨端变位和疼痛,患肢发生不同程度的运动障碍,甚至不能运动。

2.髋关节脱臼

(1)前方脱位　股骨头脱出于髋关节窝,被异常地固定在其前方,髋关节变形隆起。站立时患肢短缩,外展,股骨几乎成直立状态并伸向后方,蹄尖向外。运动步态强拘,呈三肢跳或拖拽而行,患肢抬举困难,表现为以悬跛为主的混合跛行。被动运动时,有时也可以听到股骨头与髂骨的摩擦音。

(2)上方脱位　股骨头被异常地固定在髋关节的上方,大转子明显向上方突出。站立时患肢明显缩短,呈内收肢势,蹄尖向前外方,患肢外展受限,内收容易。运动时,患肢拖拉前行,并向外划大的弧形。

关节不全脱位时,突发重度混合跛行,多数患肢能轻轻负重,关节变形、关节异常固定和肢势无明显变化。

3.膝盖骨脱臼

(1)上方脱位　在运动中突然发生,站立时,患肢膝关节、跗关节向后伸直不能屈曲,运动时以蹄尖着地拖拽前进,同时患肢外展或三肢跳。被动运动患肢不能屈曲。触诊膝盖骨上方移位,被异常固定于股骨内侧滑车嵴的顶端。

(2)外方移位　站立时膝关节、跗关节屈曲,患肢向前伸,以蹄尖轻轻着地。运动时除髋关节能负重外,其他关节均高度屈曲,表现支跛。触诊膝盖骨外方变位,其正常位置出现凹陷。

(三)诊断

根据主要症状如关节变形、异常固定、肢势异常、局部肿胀与疼痛、跛行可以确诊。X 线检查可以做出正确的诊断。

(四)治疗

治疗原则是正确复位、合理固定和恢复功能。

1. 髋关节脱臼

复位是使脱出的关节骨端回到原来关节窝正常的位置,复位越早越好。整复前做浅麻醉或神经干传导麻醉,以减轻肌肉和韧带紧张、疼痛引起的抵抗,做患肢在上的侧卧保定。用绳系住患肢,将被异常固定的关节拉开,根据关节正常解剖位置,确定关节骨端位置和用力方向,灵活运用拉、推、按、揣、揉、抬等方法使关节复位,当已复位时可以听到类似"嘎巴"的声响。复位后,应当让动物安静 1~2 周,限制活动。为防止复发,可以采用 5%灭菌盐水 5~10 mL、酒精 5 mL 向脱位关节的皮下做分点注射。

2. 膝盖骨脱臼

整复膝盖骨上方脱臼时,可使患病动物骤然急剧后退,趁关节伸展时促其自然复位。无效时,用一条长绳一端系于颈基部,另一端套在患肢系部,用力向前方牵引;同时术者以手掌用力向下推压脱位的膝盖骨,与此同时使患病动物急剧后退,使膝关节伸展向前挺出。牵、压、退三者配合使其复位。也可行患肢在上侧卧保定,行浅麻醉后,用力向前牵引患肢,同时令人由后上方向前下方推压膝盖骨,使其复位。然后按上述方法进行固定。如整复困难,可行手术疗法切割膝内直韧带。

四、关节周围炎

关节周围炎是关节囊纤维层、韧带、骨膜及周围结缔组织的慢性纤维素性炎症及慢性骨化性炎症,但关节滑膜组织毫无损伤。

(一)病因

主要继发于关节扭伤、挫伤、关节脱位及骨折等,其次是慢性关节疾病、关节涂强刺激剂、牛的布鲁氏菌病等。

(二)症状

1. 慢性纤维性关节周围炎

患病关节出现界线不清、无明显热痛的坚实肿胀,关节粗大,关节活动范围变小,他动运动有疼痛。运动时关节不灵活,特别是在休息之后、运动开始时更为明显,连续运动一段时间后,此现象逐渐减轻或消失,久病可能因增生的结缔组织收缩发生关节挛缩。

2. 慢性骨化性关节周围炎

由于纤维结缔组织增殖、骨化,关节变粗大,活动范围变小,甚至不能活动,肿胀坚硬无热痛。硬肿部位有的在关节的屈面或伸面,有的包围全关节。肿胀部位皮肤肥厚,可动性小。运动时,关节活动不灵活,屈伸不充分。有的跛行明显,有的仅在运动开始时出现跛行,有的不出现跛行。休息时不愿卧倒,卧倒时起立困难,久病患肢肌肉萎缩。

(三)诊断

依据病史及临床症状进行诊断,对有疑问的病例,可进行传导麻醉或 X 线检查。

(四)治疗

此病病程长,治愈缓慢,坚持治疗可收到一定效果。

(1)初期可用温热疗法,如热酒精绷带疗法等,防止纤维性炎症转为骨化性炎症。

(2)后期主要是消除跛行,可用强刺激疗法,如用1∶12升汞酒精溶液局部涂擦,1次/d,至皮肤结痂为止。间隔5～10 d再用药,可连用3个疗程。也可在骨赘明显处常规消毒和局部麻醉后,进行1～2个穿刺和数个点状烧烙,以制止骨质增生,促进关节粘连,消除跛行。操作完毕,要注意消毒并包扎绷带。也可以用高功率的二氧化碳激光聚集照射。进行强刺激疗法时,可配合使用盐酸普鲁卡因封闭疗法,能提高疗效。

五、关节滑膜炎

关节滑膜炎是关节囊滑膜层的渗出性炎症。各种动物都可发生,常发于腕、跗、系、膝关节。

(一)病因

主要由直接或间接外力作用于关节囊而引起,如关节扭伤、挫伤、脱臼、骨软化症。其次是感染了化脓菌、布鲁氏菌病、急性风湿病也易继发此病。

(二)症状

1. 急性关节滑膜炎

站立时患病关节屈曲,运动时关节屈伸不全,表现以支跛为主的混合跛行。关节肿大、热痛,触诊有波动,被动运动时疼痛明显,渗出物纤维蛋白含量多,有捻发音。

2. 慢性关节滑膜炎

关节囊高度膨大、肿胀。触诊只有波动、无热痛,临床称此为关节积液。运动时关节不灵活,易疲劳,轻度跛行。

3. 化脓性关节滑膜炎

体温升高(39 ℃以上),精神沉郁,食欲减退或废绝。关节热痛、肿胀,关节囊高度紧张,有波动。站立时患肢屈曲,运动时呈混合跛行,严重时卧地不起,穿刺检查容易确诊。

(三)诊断

根据关节明显肿大、触诊有波动、热痛、跛行等可做出诊断。

(四)治疗

治疗原则是制止渗出、促进吸收、消除积液,恢复功能。在管理上要减少运动,保持患病动物安静。

1. 急性炎症初期

20%硫酸镁冷敷,包扎压迫绷带。炎症缓和后,为了促进渗出物吸收,可应用温热疗法,常用饱和盐水、饱和硫酸镁溶液浸湿绷带,或用樟脑酒精、鱼石脂酒精湿敷。

2. 封闭疗法

可使用2%利多卡因溶液15～25 mL于患关节腔注射,或0.5%利多卡因青霉素注入关节腔内。关节积液过多，无菌抽出渗出液，0.5%氢化可的松 2.5～5 mL，青霉素 20 万 IU，用 0.5%盐酸普鲁卡因溶液 1∶1稀释，注入关节腔内，或关节周围分点皮下注射，隔日 1 次，连用 1～2 次，注射后包扎压迫绷带。

关节注射方法：肩关节注射点在臂骨结节上方一指、冈下肌前缘，针头水平刺入 5～7 cm；股膝关节内腔注射的部位在膝直韧带一侧，股胫关节内腔的注射部位在膝直韧带的前缘；跗关节在胫距关节注射，针刺部位在胫骨内髁上方，针头水平刺入 1～3 cm。

3. 慢性炎症

可涂擦刺激剂或温敷，装置压迫绷带。同时配合理疗可提高疗效。

4. 穿刺抽液

当关节积液过多不易吸收时，可穿刺抽液，同时向关节腔内注入氢化可的松或普鲁卡因青霉素溶液，而后包扎压迫绷带。

5. 静脉注射

静脉注射水杨酸制剂或 5%氯化钙溶液，连用数日，也有良好的辅助作用。

六、蹄叶炎

蹄壁真皮的局限性或弥漫性的无菌性炎症称为蹄叶炎，常见于马、骡的两前蹄或两后蹄，牛多见于两后蹄。

(一)病因

此病病因尚不十分清楚。目前认为蹄叶炎的发生与机体过敏反应和神经反射有关，但临床上常在下列情况下发生此病。

1. 饲养不当

长期饲喂过多精料、饲料突然改变而缺乏运动时，引起消化障碍，吸收有毒物质后造成血液循环紊乱，使蹄真皮淤血而发炎。

2. 运动不当或运动不足

在坚硬的地面上或不良道路上持续性运动、长期休闲突然服重役等，均可使组织中产生大量的乳酸和二氧化碳，障碍了正常的代谢功能，引起末梢淤血，导致蹄真皮发炎。另外，长途运输、在坚硬的地面上长期站立等均可导致蹄叶炎。

3. 蹄形不正或削蹄不均

蹄形不正，如高蹄、低蹄、过长蹄、狭窄蹄等；削蹄不均、延迟改装期、蹄叉过削等均可使蹄部功能发生障碍，影响其血液循环，而易诱发蹄叶炎。

4. 继发于某些疾病

如胃肠炎、便秘、中毒、感冒、难产、胎衣不下、传染性胸膜肺炎、子宫内膜炎、酮病等疾病过程中，产生的大量有毒物质被吸收，可继发蹄叶炎。

机体在上述因素的作用下，使蹄壁真皮毛细血管扩张、充血、血液停滞，血管通透性增强，炎性渗出物积聚于真皮小叶与角质小叶之间压迫真皮而引起剧痛。随着炎症的发展，渗出液大量积聚压迫蹄骨，破坏真皮小叶与角质小叶的结合，造成蹄骨变形下沉，甚至蹄底穿孔，蹄前壁凹陷，而蹄轮密集，则蹄尖翘起，蹄匣变形而形成芜蹄（图 1-5-9）。

图 1-5-9　毛驴的芜蹄

（二）症状

1. 急性蹄叶炎

突然发病，精神沉郁，食欲减退，不愿站立和运动。因避免患蹄负重，常出现肢势的改变。

若两前蹄患病，则两前肢前伸，以蹄踵负重，蹄尖翘起，头颈高抬，两后肢伸入腹下，呈蹲坐姿势。如站立过久，常想卧地。

两后蹄患病时，则患病动物头颈低下，两前肢后踏，两后肢诸关节屈曲稍前伸，以蹄踵负重，腹部卷缩。

四蹄同时患病，初期四肢前伸，而后四肢频频交替负重，肢势常不一定，终因站立困难而卧倒。强迫运动，则患病动物运步缓慢、步样紧张、肌肉颤抖。

蹄部变化可见病蹄指（趾）动脉搏动亢进，蹄温增高，敲打或钳压蹄壁，有明显疼痛反应，特别是蹄尖壁疼痛更为显著。

严重病例，由于疼痛剧烈，常引起肌肉颤抖、出汗、体温升高、脉搏增数、呼吸促迫、食欲减退、反刍停止等症状。如果是因其他疾病引起的，还具有原发病的症状。

2. 慢性蹄叶炎

病蹄热痛症状减轻，呈轻度跛行。病程长者形成芜蹄，患病动物消瘦，生产性能降低或丧失。

（三）诊断

急性蹄叶炎时患蹄增温、疼痛，站立时蹄踵负重，蹄尖翘起，不愿运动，强迫运动时呈紧张步样。

慢性蹄叶炎时病蹄热痛不明显，轻度跛行，病久呈芜蹄。X 线检查有时可见蹄骨变位及骨质疏松。

（四）治疗

治疗原则是除去病因、减少渗出、消炎镇痛、改善循环，促进吸收，防止蹄骨变位。

1. 放血疗法

为了改善血液循环，发病后及早放血，一种方法是于蹄头放血 50～100 mL，以减轻蹄部淤血状态并排出毒物，效果较好；另一种方法是在患病后 36～48 h，静脉放血 1 000～2 000 mL（体弱者禁用），然后静脉注入等量糖盐水，内加 0.1%盐酸肾上腺素溶液 1～2 mL 或 5%氯化钙注射液 200～300 mL，效果更好。

2. 冷敷及温敷疗法

为制止渗出，病初（2～3 d 内）可进行冷敷、蹄部冷浴或浇注冷水，2～3 次/d，30～60 min/d，以后改为温敷或温蹄浴，促进炎性渗出物吸收。

3. 封闭疗法

用 0.5%盐酸普鲁卡因溶液 30～60 mL,分别注入系部皮下指(趾)深屈肌腱内外侧,隔日 1 次,连用 3～4 d。也可进行静脉或患肢上方穴位封闭。

4. 镇痛及脱敏疗法

发病初期应用乙酰丙嗪有一定疗效,具有降低血压和解除疼痛作用,为了长期止痛可以选用保泰松。内服盐酸苯海拉明 0.5～1 g,1～2 次/d;或皮下注射 0.1%盐酸肾上腺素溶液 3～5 mL,1 次/d。

5. 补充氨基酸

角化不足,大部分是由于氨基酸(如甲硫氨酸和胱氨酸)的缺乏,血液循环障碍。患蹄叶炎的病马可用甲硫氨酸 10 g/d,连用 4 d,然后 5 g/d,再连用 10 d。

此外,静脉注射高渗氯化钠、高渗葡萄糖溶液 300～500 mL,或皮下注射盐酸毛果芸香碱等均有较好作用。为了清理肠道和排除毒物,可应用缓泻剂。静脉注射乳酸钠、碳酸钠,也可获得满意效果。应用激素类药物治疗蹄叶炎效果良好。体温过高或为了防止感染,可用抗生素疗法。

慢性蹄叶炎无特效疗法,应注意护蹄,矫正蹄形,防止芜蹄的发生。

(五)预防

合理使役和饲喂,对于长期休闲的家畜要减料饲喂;长途运输或长时间使役时,要适当休息,并进行蹄浴,平时要注意护蹄等。预防方法如下。

(1)要使产犊后的青年牛提前几周进入水泥地面的牛舍,以适应这种环境。

(2)产前几个月和产后立刻进行充分治疗。

(3)产前产后 4 周避免突然改变饲料。

(4)产后饲喂的精料量要相应地减少。

(5)喂精料后立刻喂适量的粗料。

(6)自由舔舐岩盐或碘化盐,以增加唾液分泌,改善瘤胃的 pH。

(7)饲料中 $NaHCO_3$ 的比例为精料的 1%,以调节瘤胃 pH。

(8)新产犊的牛,每日饲喂精料不多于 2 次,以减少瘤胃酸中毒的发生。

(9)定期削蹄。

七、腐蹄病

腐蹄病是动物的指(趾)间皮肤及皮下组织的炎症,又称指(趾)间腐烂。以疼痛剧烈、指(趾)间皮肤腐烂、流出恶臭化脓的分泌物为特征。本病多发于牛、羊和猪。

(一)病因

饲养管理不当,蹄部经常浸泡于粪尿或污水中,低洼沼泽放牧,蹄间的外伤,护蹄不当,长期舍饲,缺乏运动,饲料中钙磷缺乏或比例不当,蛋白质、维生素饲料不足等,使指(趾)间抵抗力降低,被各种腐败菌感染而致病。

(二)症状

病初,蹄间发生急性皮炎,潮红、发热、肿胀、知觉过敏,频繁举肢,呈现轻度跛行。炎症逐渐蔓延至蹄冠、蹄后部和系部，严重时化脓而形成溃疡、腐烂，并有恶臭脓性液体。患病动物精神沉郁，食欲下降，泌乳量下降。而后蹄匣角质剥离，往往并发腱、韧带等的坏死，体温升高，跛行严重。有时蹄底溃烂，形成小孔或大洞，洞内充满污灰色或黑褐色的坏死组织及恶臭的脓汁，以至蹄壳脱落或继发脓毒败血症等而被迫淘汰。一般在潮湿季节，极易造成此病的流行。

二维码 1-5-2　羊的腐蹄病修蹄术

（三）诊断

患肢出现跛行，蹄间皮肤出现红、肿、热、痛。严重时发生腐烂、化脓、溃疡，有恶臭脓性液体等，可初步诊断。

（四）治疗

1. *局部疗法*

仅发生于皮肤的轻度腐蹄病，可用3%～5%高锰酸钾羊毛脂软膏涂擦。

发生本病时，先将蹄部彻底消毒，除去坏死组织，用饱和硫酸铜或高锰酸钾溶液消毒患蹄，再撒入高锰酸钾粉、土霉素粉或磺胺粉等，深部腐烂可用福尔马林松馏油纱布填塞，而后包扎蹄绷带，最后用棕片包住整个患蹄，在系部用细绳绑紧，隔2～3 d换药1次。此外也可应用松节油、松馏油与鱼肝油等量混合液等。

2. *全身疗法*

病重者，当患病动物出现全身症状时，可使用抗生素、磺胺类药物进行治疗。

多数动物发病时，可设消毒槽，槽中放入3%～5%硫酸铜溶液，使患病动物每日通过2～3次。同时对患病动物隔离饲养，原污染圈舍要严格消毒。

八、屈腱炎

屈腱炎是屈腱超越生理范围强力伸张引起的腱纤维炎症，重者甚至导致腱纤维断裂，是马、骡、驴和牛的常发疾病。马、骡、驴的前肢支持作用比较大，因而前肢发生腱炎比较多；牛则相反，后肢发病率较高。屈腱炎中指（趾）深屈肌腱炎比指（趾）浅屈肌腱炎多发，系韧带炎较少。

（一）病因

机械性损伤，如挫伤、打击、冲撞、压迫、踢伤、刺伤等，装蹄不当、蹄形异常、使役过重、腱质发育或营养不良、邻近组织炎症的蔓延，或在不平、泥泞道路上驱使、跳跃、急剧奔跑、突然滑倒等，使屈腱过度伸展而发病。

（二）症状

1. *急性屈腱炎*

突然发病，局部出现柔软或捏粉样的肿胀，剧痛，温热。患病动物站立时，患肢稍前踏或呈垂直状态，常以蹄尖着地，系部直立，系关节不敢下沉。运动时，表现重度或中度支跛，快步运动时，跛行越走越重，易跌倒。

2. *慢性屈腱炎*

跛行轻微，慢步运动时往往不明显，但系关节不灵活，下沉不充分，向前突出；快步运动时跛行明显，且容易蹉跌，时间较久出现腱短缩，有关关节活动均受限制，系部直立向后弯曲，可出现腱性突球(滚蹄)。患部由于结缔组织增生，皮肤增厚，腱变粗、发硬，呈结节状，无热无痛，腱失去弹性而出现腱挛缩。损伤部位的肉芽组织机化形成瘢痕组织，如发生钙化则局部坚硬，形如骨赘。

(三)诊断

根据在特定的部位出现的疼痛、增温、肿胀，腱挛缩或腱短缩，跛行等症状可做出诊断。

(四)治疗

以抑制渗出、促进吸收、镇痛消炎、恢复功能为治疗原则。急性炎症时，先使患病动物安静，减少运动。

1. 抑制渗出

急性炎症初期，为控制炎症发展和减少渗出，可用冷敷疗法，用20%硫酸镁溶液，或用冰袋、醋等进行冷敷，或让患病动物站立于流动的溪水中。

2. 促进吸收

急性炎症减轻后，可用温热疗法，用酒精热绷带或鱼石脂、松节油、酒精温敷等疗法；或涂擦消炎散，活血化瘀、止痛(乳香、没药、血竭、大黄、花粉、白蔹各 100 g，白及 300 g，研细，醋调成糊状，药干时可浇以温醋)。

3. 镇痛消炎

对慢性初期的患病动物，可采用封闭疗法，以 0.5%盐酸普鲁卡因溶液 50 mL，青霉素 160 万 IU 或 0.5%醋酸可的松 3～5 mL 加等量 0.5%盐酸普鲁卡因溶液，在患腱两侧皮下做分点注射，每点间隔 2～3 cm，每点注入 0.5～1 mL，每 4～6 d 一次，3～4 次为一疗程。对慢性较久的病例，可用强刺激疗法。

为防止屈腱挛缩的发生，在治疗的同时，须注意矫正肢势与蹄形，进行适当的削蹄、装蹄，为防止滚蹄，可装厚尾蹄铁；对已发生屈腱挛缩而导致腱性突球者，可施行深屈肌腱部分切断术。

九、腱鞘炎

腱鞘炎是腱鞘部浆液性、纤维素性、化脓性的炎症。主要见于马、骡、牛，猪也有发生。指(趾)部、跗部、腕部腱鞘炎发病率较高，以慢性者多见。

(一)病因

同屈腱炎，屈腱炎与腱鞘炎往往互为因果，相互影响而发病。

(二)症状

1. 急性腱鞘炎

局部出现圆形或索状肿胀，温热，柔软有波动，提举患肢压诊可感知鞘内渗出液的流动。初期疼痛剧烈，站立时，患肢系关节屈曲，蹄尖着地；运动时呈支跛，系关节强拘，活动性小。

2. 慢性腱鞘炎

无热痛或有冷感，有明显的腱鞘软肿和波动，轻度跛行。慢性后期，腱鞘与腱粘连，腱鞘显著肥厚而坚实，常因钙盐沉积而骨化，使系关节活动受限，易疲劳，长期存在支跛，并随运动而加重。

3. 化脓性腱鞘炎

患病动物体温升高，跛行严重并有剧痛。有时引起周围组织的弥散性蜂窝织炎，甚至发生败血症。有的病例引起腱鞘壁的部分坏死和皮下组织的多发性脓肿，最终破溃而排出脓汁。病后往往遗留下腱和腱鞘粘连或腱鞘骨化。

（三）诊断

根据特定的部位出现的腱部增温、肿胀、疼痛、腱挛缩、跛行等症状可做出诊断。

（四）治疗

以抑制渗出、促进吸收、排出积液、防止感染和粘连为治疗原则。

（1）炎症初期 1～2 d 内保持患病动物安静。用 20%硫酸镁或硫酸钠溶液冷敷，同时包扎压迫绷带，以减少炎性渗出。

（2）炎症缓和后，温敷或局部涂擦刺激剂，鱼石脂、鱼石脂酒精、复方醋酸铅散外敷，促进渗出物的吸收。

（3）腱鞘腔内渗出液过多不易吸收时，可做无菌穿刺抽出后，腱鞘内注入 2%盐酸普鲁卡因溶液 10～20 mL，青霉素 40 万 IU；或 0.5%氢化可的松 2.5～5 mL，青霉素 20 万～40 万 IU，再配合热敷 2～3 d。如未痊愈，可间隔 3～5 d 抽注 1 次，连用 2～4 次，并包扎压迫绷带。

（4）化脓性腱鞘炎，应彻底排脓，并用抗生素防止感染。

知识拓展

骨　　折

在外力的作用下，骨骼的完整性被破坏，出现裂、断、碎，称为骨折。

（一）病因

1. 外伤性骨折

（1）直接暴力　骨折发生于外来暴力直接作用的部位，如打击、挤压、火器伤、车辆冲撞、重物碾压、蹴踢、牛角顶撞等，多数伴有周围软组织损伤。小动物常因从高处摔下或外力打击而发生四肢骨折。

（2）间接暴力　指外力通过杠杆、传导或扭转作用而使远处发生骨折。如奔跑中扭闪或急停、滑倒等；肢蹄夹于洞穴或木栅缝隙时，常因急旋转而发生骨折。

（3）肌肉过度牵拉　在损伤中肌肉强烈收缩可引起肌肉附着处骨折。

2. 病理性骨折

常见于佝偻病、骨软化症、骨髓炎、慢性氟中毒、某些遗传性疾病（如牛、猪卟啉症）等，这些处于病理状态下的骨骼，疏松脆弱，即使遭受较小外力的作用，也可导致骨折的发生。

（二）分类

骨折的分类方法比较多，下面介绍几种常见的分类方法。

1.按骨折的发病原因分

骨折可分为外伤性骨折和病理性骨折。

2.按骨折部位是否与外界相通分

(1)开放性骨折　骨折处皮肤或黏膜破裂,骨折处与外界相通。

(2)闭合性骨折　骨折处皮肤或黏膜未破裂,骨折处与外界不相通。

3.按骨折有无合并损伤分

(1)单纯性骨折　骨折部不伴有重要血管、神经或脏器的损伤。

(2)复杂性骨折　骨折时并发重要血管、神经或脏器的损伤。

4.按骨折线的形态分

骨折可分为横断骨折、斜行骨折、螺旋骨折、粉碎性骨折(骨碎裂成三块以上)、嵌入骨折等。

(三)症状

1.局部症状

(1)疼痛　疼痛剧烈,触诊患部,患病动物明显不安、避让,肌肉颤抖,出汗。当骨裂时,手指压迫骨裂线有压痛,称为骨折疼痛线。

(2)出血与肿胀　骨折时骨膜、骨髓及周围软组织的血管破裂出血,可经创口流出或在骨折部位发生血肿,加之炎性渗出,软组织水肿,骨折部明显肿胀。

(3)异常活动和骨摩擦音　肢体全骨折时,活动远侧端,出现屈曲、旋转等异常活动,并可听到骨摩擦音或感觉到骨摩擦感。但肋骨、椎骨、蹄骨、骨干骺端等部位的骨折,异常活动不明显或缺乏。不完全骨折无此变化。

(4)肢体变形　骨折断端受外力、肌肉牵拉和肢体重力等的影响,造成骨折断端移位,使局部形态改变。完全骨折后变形明显,患肢弯曲、缩短、延长等。

(5)功能障碍　因骨折后肌肉失去固定的支架,加之剧烈疼痛而引起不同程度的功能障碍。如四肢骨骨折时突发重度跛行,肋骨骨折时发生呼吸困难,脊椎骨折时能发生神经麻痹及肢体瘫痪。

开放性骨折时,除见上述症状外,可见皮肤及软组织的创伤,骨折断端外露,常并发感染。

2.全身症状

轻度骨折全身症状不明显,严重骨折伴有内出血、肢体肿胀或内脏损伤时,可并发急性大失血和休克等一系列综合症状。闭合性骨折经 2～3 d,因组织破坏后分解产物和血肿的吸收,可引起轻度体温升高。骨折部继发细菌感染时,体温升高、局部疼痛加剧、食欲减退。

(四)诊断

根据外伤病史和局部症状,一般不难诊断。根据需要可用下列方法作为辅助检查。

1.X 线检查

常用 X 线透视或摄片,可以清楚地了解骨折的形状、移位情况、骨折后的愈合情况等。

2.直肠检查

常用于大动物髋骨或腰椎骨折的辅助诊断。

3. 骨摩擦音的检查

可将听诊器置于大动物骨折任何一端隆起的部位作为收音区，以叩诊锤在另一端的骨隆起处轻轻叩打，对比检查病肢与健肢。根据骨传导音的音质与音量的改变来判断有无骨折。正常骨的传导音清脆有实质感，骨折后音质变钝而浊，有时听不清。此法不适用于小动物。

（五）治疗

在对骨折动物进行治疗之前，应该考虑治疗后患病动物能否恢复生产性能，当然有价值的种畜、贵重动物、伴侣动物除外，对于一般动物，若治疗后不能恢复生产性能或治疗费用超过其经济价值，则应该进行淘汰。

1. 急救措施

骨折发生后，首先使患病动物安静，防止断端活动和严重并发症，维持呼吸通畅和血液循环量，然后立即进行止血，防止伤口感染。为此，对骨折部先用简易夹板做临时固定包扎，保持患部安静。大血管损伤时，在骨折部上端用止血带包扎或于创口填塞纱布，以控制出血、防止休克。若发现有威胁生命的组织器官损伤，如膈疝、胸壁透创、头或脊柱骨折等，应采取相应的抢救措施。如为开放性骨折，创内防腐消毒止血后，撒布抗菌药物，随后再固定包扎，及时用抗生素，以防继发感染。处理结束后，尽快将患病动物送往兽医院治疗。性情暴躁的患病动物，可用镇痛镇静剂后再运送。

2. 闭合性骨折的治疗

（1）闭合性复位　根据情况对患病动物进行保定、麻醉。轻度移位的骨折整复时，助手将患肢远端适当牵引后，术者对骨折部进行托压、挤按，使断端对齐、对正。大家畜骨折部肌肉强大，断端重叠而整复困难时，可在骨折段远、近两端稍远处各系一绳进行牵引。按“欲合先离，离而复合”和先轻后重的原则，使骨折断端复位，然后再进行外固定。

（2）固定

①外固定方法。

a）夹板绷带固定法。采用竹板、木板、铝合金板、铁板等材料，制成长、宽、厚与患部相适应、强度能固定住骨折部的夹板数条。包扎时，将患部清洁后，包上衬垫材料，在患部的前、后、左、右放置夹板，用绷带缠绕固定，包扎的松紧度要以不使夹板滑脱和不过度压迫组织为宜。为了防止夹板两端损伤患肢皮肤，里面衬垫材料的长度应超过夹板的长度或将夹板两端用棉纱包裹。

b）石膏绷带固定法。此法对大小动物的四肢骨折均有较好的固定作用，但用于大动物的石膏管型最好夹入金属板、竹板等加固。对大动物骨折，无论用何种方法固定，都要使用悬吊装置。

除闭合性复位与外固定外，还可采取切开复位与内固定，即用手术的方法暴露骨折段进行复位，复位后选用对患病动物组织无不良反应的金属内固定物或自体、同种异体骨组织，将骨折断端固定，以达到治疗目的。

②内固定方法。

a）髓内针固定法。此法是将特制的金属针插入骨髓腔内固定骨折段的方法。此法术式简单，损伤组织小，比较经济，适用于小动物的长骨、髋骨等骨折，对驹、犊也适用。

髓内针有两种方式可植入骨髓腔内：一种是从骨的一端造孔，将髓内针插入；另一种是从骨的断端插入，即先做逆行性插入，再做顺行性插入。对于长骨骨折，由于骨骼的管腔粗细不均或骨骼弯曲，后一种髓内针的植入较为准确和方便。

b)接骨板固定法。此法是用不锈钢接骨板和螺丝钉固定骨折段的内固定法。此法损伤软组织较多，需剥离骨膜再放置接骨板，对骨折端的血液供应影响较大，但与髓内针相比，可以保护骨痂内发育的血管，有利于形成内骨痂。此法适用于长骨骨体中部的斜骨折、螺旋骨折、严重的粉碎性骨折以及老年动物骨折等。

接骨板一般需要装置较长的时间(成年动物为 4～12 个月)，而在接骨板的直下方，由于长期的压迫而脱钙，导致骨的强度显著较低，取出接骨板后，其钉孔被骨组织包埋需 6 个月以上。在此期间，应加强护理，防止二次骨折的发生。

c)骨螺丝固定法。此法适用于骨折线长于骨直径 2 倍以上的斜骨折、螺旋骨折、纵骨折和骨骺端的部分骨折。骨螺丝有用于骨密质和骨松质的两种，前者在螺钉的全长上均有螺纹，主要用于骨干骨折；后者的螺纹只占螺钉全长的 1/3～1/2，螺纹较深，螺距较大，多用于骨骺端的部分骨折。

(3)后期恢复　功能性锻炼可以改善局部血液循环，增强骨质代谢，加速骨质修复和病肢的功能恢复，防止产生广泛的病理性骨痂、肌肉萎缩、关节僵硬、关节囊挛缩等后遗症，是治疗骨折的重要组成部分。

骨质的功能性锻炼包括早期按摩(伤后 1～2 周)、对未固定关节做被动的伸展活动、牵行运动及定量使役等。

3. 开放性骨折的治疗

(1)新鲜而单纯的开放性骨折　应在良好的麻醉条件下，及时而彻底地做好清创术，对骨折端正确复位，创内撒布抗菌药物。创伤经过彻底处理后，根据不同情况，可对皮肤进行缝合或部分缝合，尽可能使开放性骨折转化为闭合性骨折，装置夹板绷带或有窗石膏绷带暂时固定。以后逐日对患病动物的全身和局部做详细观察，按病情需要更换外固定物或做其他处理。

(2)软组织损伤严重的开放性骨折或粉碎性骨折　可按扩创术和创伤部分切除的要求进行外科处理。若创内已经发生感染，必要时可做反对孔引流。局部彻底清洗后，撒布大量抗菌药物，如青霉素鱼肝油等。按照骨折具体情况，做暂时外固定，或加用内固定，要露出窗孔，以便于换药处理。

在开放性骨折的治疗中，控制感染化脓非常重要。必须全身应用足量敏感的抗生素 1 周以上。

4. 骨折的药物疗法和物理疗法

骨折的初期局部肿胀明显，可选用有关的中草药外敷，同时配合内服有关中药方剂(如接骨散)。为了加速骨痂的形成，还应增加钙质和维生素的供给。如在饲料中加入骨粉、碳酸钙及青绿饲料等，幼畜骨折时可补充维生素 A、维生素 D 或鱼肝油，必要时可静脉注射补充钙剂。骨折愈合的后期在局部按摩增加功能锻炼外，配合物理疗法如温热疗法、中波透热疗法及紫外线治疗等，以便早日恢复功能。

项目六
直肠及泌尿生殖系统疾病

学习目标

☞ 了解直肠脱、睾丸炎与直肠破裂的病因，掌握其症状、诊断与治疗方法。

素养目标

☞ 树立热爱劳动、诚实劳动的劳动精神。

☞ 具备创新精神和终身学习能力。

任务一　直肠脱

直肠脱是直肠末端的黏膜层或直肠后部全部肠壁脱出肛门之外而不能自行缩回的一种疾病。严重的病例在发生直肠脱的同时并发肠套叠或直肠疝。此病多见于猪和犬，其他动物也可发生，以仔猪和幼驹多发，体弱多病的架子猪和经产母猪也容易发生此病。

(一)病因

直肠脱是由多种因素综合作用的结果，但主要是直肠韧带松弛，直肠黏膜下层组织和肛门括约肌松弛和功能不全。而直肠全层肠壁脱垂，则是由于直肠发育不全、萎缩或神经营养不良引起的松弛无力，不能保证直肠正常位置所引起。直肠脱的诱因是长时间腹泻、便秘、病理性分娩、病后瘦弱和使用刺激性药物灌肠后等引起强烈努责，腹内压增高促使直肠向外脱出。

(二)症状

病初直肠末端黏膜脱出时，可见在肛门外形成一个鲜红色至暗红色的半球形突出物，表面有许多横纹皱褶，中央有一小孔，在排粪后或卧地时突出明显。轻者能自行缩回，重者常不能缩回。经 1～2 d，脱出部分黏膜淤血、水肿、体积增大。继而粘有泥土、粪便、垫草等污物，黏膜溃疡、出血或干裂，甚至发生坏死。严重病例脱出部分较多，呈圆筒状下垂的肿胀物，此时常见黏膜损伤，坏死或破裂。有的伴有体温升高、食欲减退、精神沉郁、频频努责等全身症状。

(三)诊断

根据临床症状，如肛门外可见鲜红色至暗红色的脱出物可做出诊断。

(四)治疗

1. 治疗原则

消除病因,整复、固定、手术切除。

2. 治疗

(1)整复　是治疗直肠脱的首要任务,其目的是使脱出的肠管恢复到原位,适用于发病初期或黏膜性脱垂的病例。整复前最好先禁食半天,以温水或盐水灌肠,以清除积粪。取前低后高体位保定,小动物可倒提保定。用1%盐酸普鲁卡因溶液做后海穴麻醉,用温热的0.25%高锰酸钾溶液、1%明矾溶液或高渗盐水清洗脱出部,以除去脱出部污物或坏死黏膜。趁患病动物不努责时用手指谨慎地将脱出的肠管送回原位。

如果脱出时间较长,表面污染严重,黏膜干裂或坏死者,可以采取剪黏膜法,其操作方法是按"洗、剪、揉、送、温"五个步骤进行。即先用温水清洗患部,用无菌纱布兜住肠管,再用手术刀剪或用手指剥离坏死组织、黏膜等,黏膜水肿严重者,可用消毒针刺破水肿部位,放出水肿液,撒上适量明矾,并轻轻揉擦,挤出水肿液,用温生理盐水冲洗后,涂上润滑剂或抗生素,送回肛门内。

(2)固定　在整复后仍继续脱出的病例,则需考虑将肛门周围予以缝合,缩小肛门孔,防止再脱出。方法:在距离肛门边缘1～2 cm处,做一肛门周围的荷包缝合,收紧缝线,保留1～2指大小的排粪口(牛2～3指),打成活结,以便根据具体情况调整肛门口的松紧度,经7～10 d患病动物不再努责,则将缝线拆除。或用95%酒精3～5 mL(猪)或10%明矾溶液5～10 mL,另外加2%盐酸普鲁卡因溶液3～5 mL,于肛门周围分4点注射。使肛门周围组织发生炎性水肿,可制止再脱。

(3)手术切除　主要用于脱出过多、整复有困难、脱出部分发生坏死、深部组织感染或穿孔的病例。

马、牛、羊、猪可用2%盐酸普鲁卡因溶液施行腰荐部或荐尾部硬膜外腔麻醉,患部清洗消毒后进行切除。切除方法是:在靠近肛门处,用消毒过的两根针灸针或细编织针交叉穿过脱出的肠管将其固定,在固定处的外侧约2 cm处,切除坏死直肠。止血后,肠管断端的两层浆膜层和肌肉层分别做结节缝合。再用螺旋缝合法缝合内外两层。用0.1%高锰酸钾溶液冲洗,取下固定针涂以碘甘油或抗生素还纳于肛门内。

对于单纯性直肠脱,宜施行黏膜下层切除术。切除方法是:在距肛门周缘1 cm处,环形切开黏膜下层,向下剥离,并翻转黏膜层,将其剪除,最后顶端黏膜边缘与肛门周缘黏膜边缘用肠线做结节缝合。整复脱出部,肛门口做荷包缝合。

任务二　睾丸炎

睾丸炎是睾丸实质的炎症。由于睾丸与附睾紧密相连,易引起附睾炎,两者常同时发病或相互继发。根据病程和病性,在临床上可分为化脓性与非化脓性睾丸炎,急性与慢性睾丸炎。

(一)病因

1. 损伤

如挤压、打击、踢蹴、动物咬伤、尖锐硬物的刺创、撕裂等。

2.化脓性感染

由睾丸或附睾附近组织或鞘膜的炎症蔓延而来，病原菌常为葡萄球菌、链球菌、化脓棒状杆菌及大肠埃希菌等。

3.继发因素

常继发于某些传染病，如布鲁氏菌病、结核病、马媾疫、马腺疫等。

(二)症状

急性睾丸炎初期，触诊睾丸及附睾肿胀、温热、疼痛，运步时患肢外展，若两侧同时患病时，两后肢交叉，患病动物站立时弓背，腰部僵硬，出现明显的功能障碍。随着病情的进一步发展，鞘膜腔内蓄积浆液性纤维性渗出物，精索变粗，阴囊皮肤张紧发亮。

病情较重时，除局部症状外，患病动物表现出明显的全身症状，如体温升高，精神沉郁，食欲减退等。发生化脓时，脓汁积于总鞘膜内，或向外破溃形成瘘管，或沿着鞘膜管蔓延上行进入腹腔，继发严重的弥漫性化脓性腹膜炎。转为慢性睾丸炎时，睾丸发生纤维变性，萎缩、坚实而缺乏弹性，热痛不明显。常常引起总鞘膜与睾丸粘连，运步时，有时后肢呈现不同程度的功能障碍。

由结核病引起的睾丸炎，可见睾丸硬固隆起，通常以附睾患病最为常见，进一步发展到睾丸冷性脓肿。布鲁氏菌和沙门菌引起的睾丸炎，睾丸和附睾明显肿大，触诊硬固，鞘膜腔内有大量炎性渗出物，以后部分或全部睾丸实质坏死、化脓，破溃形成瘘管或变为慢性。

(三)治疗

(1)急性睾丸炎　如果患病动物不做配种用，首选的方法是去势，去势后应用广谱抗生素7～10 d。对于有价值的患病动物，发病24 h以内者可以局部应用醋酸铅、明矾溶液冷敷，以后改为温敷、红外线照射等温热疗法。局部疼痛、肿胀明显者可用盐酸普鲁卡因加青霉素进行精索内封闭治疗。

(2)由创伤引起的急性睾丸炎，还要做清创处理和创伤治疗。

(3)化脓性睾丸炎，要手术切开排脓，并按创伤常规处理。

(4)全身使用抗生素疗法或磺胺疗法有助于控制感染，消除睾丸的炎症。

(5)慢性睾丸炎可涂樟脑软膏或鱼石脂软膏。最好查找病因，有针对性地进行治疗。

知识拓展

直肠破裂

直肠壁全层或仅黏膜、肌层的破坏，称为直肠破裂。根据破裂的部位，又分为腹膜内直肠破裂和腹膜外直肠破裂两种。腹膜内直肠破裂时，肠内容物流入腹腔，常造成患病动物死亡；腹膜外直肠破裂时，则粪便污染直肠周围蜂窝组织。直肠全破裂主要发生于马，牛多为直肠黏膜和肌层的损伤。

(一)病因

1.机械性损伤

如直肠检查不按常规，操作粗暴，或检查时患病动物突然骚动、强烈努责而被手指戳破。

此外，也可由于测体温时体温计破裂，粗暴地插入灌肠器以及直肠内膀胱穿刺不当会划破直肠，引发机械性的完全或不完全破裂。

2. 病理性损伤

如骨盆骨折、病理性分娩、肛门附近发生创伤而并发直肠损伤等。

（二）症状

直肠仅黏膜破裂时，出血较少，多数能自愈。如黏膜和肌层同时破裂，撕裂面积较大时，则出血较多，患病动物表现不安，频频努责，排粪小心、次数增加，而有痛感表现，并带有鲜血。如局部发炎，粪便积聚，患病动物不安等，可继发直肠全破裂。直肠检查可触摸到破口，并有疼痛反应。此时应特别注意，防止穿透肠浆膜，造成全破裂。

直肠全破裂时，多数在直肠检查过程中由患病动物强力努责，手指穿破直肠壁或粗暴操作而造成，故术者手臂上往往带有血迹。患病动物不安，时时做排粪姿势，有时排出粪便混有血液。直肠检查可摸到破裂口，通过破裂口可直接摸到腹腔内的肠管和腹壁。当肠内容物进入腹腔，患病动物立即出现不安和不同程度的腹痛症状，全身出汗，肌肉震颤，呼吸迫促，脉搏细弱快而无节奏，黏膜发绀，末梢冷感，腹壁紧张而敏感，此时患病动物往往出现弥漫性腹膜炎和败血症症状，预后多不良，常于 1～2 d 内死亡。

（三）治疗

1. 一般处理

首先使患病动物安静，及时保护破裂口，严防肠内容物落入腹腔。为了使患病动物安静，可静脉注射 5%水合氯醛溶液 200～300 mL 或肌内注射氯丙嗪等。然后根据病情及时处理。

对直肠不全破裂，先静脉注射 5%氯化钙溶液 200～300 mL 或肌内注射安络血、凝血质、维生素 K_3 等进行止血后，用 0.1%高锰酸钾溶液轻轻清洗伤口及其周围，除去伤口上的粪便，再用 3%～5%鞣酸溶液或明矾溶液等轻拭伤口部，而后伤口部用白及糊（白及粉适量，用 80 ℃ 热水冲成糊剂，候温至 40 ℃，用纱布蘸取涂敷于直肠损伤部）或磺胺乳剂涂敷，3～4 次/d。当直肠内有积粪时，应及时仔细地掏出积粪，以减少其对损伤的刺激和压迫。

2. 保守疗法

适用于无浆膜区的损伤和前部有浆膜区较小范围的损伤，目的在于保护局部创面，防止造成破裂孔。治疗方法是：在直肠破损处创面的创囊内，填塞浸有抗生素的脱脂棉，借以保护局部创面，防止粪便蓄积而将浆膜撑破。为了提高治疗效果，要及时地将直肠内的粪便掏出，并给予少量柔软的饲料和适量的油类泻剂，以使粪便稀软而减少刺激。

3. 手术疗法

凡直肠全破裂的病例均应及早施行手术治疗，以提高疗效。

(1)直肠内缝合法　适用于大动物直肠后部、狭窄部直后方的破裂口，或直肠任何部位的较小破裂口的缝合。治疗方法是：患病动物站立保定，应用荐尾部硬膜外腔麻醉，或后海穴注射 3%盐酸普鲁卡因注射液 30～40 mL。再用灭菌纱布浸防腐剂轻轻反复擦拭伤口，同时将浸防腐剂的纱布塞于破口前方直肠内，可防止向外排粪。缝合时，选小号或中号全弯针，穿以 1～1.5m 长的 10 号缝线，以拇指和食指持针尖，手掌保护针身，慢慢带入直肠内，用中指和无名指触摸创缘，并夹住破裂口一侧创缘的全层，拇指、食指将针尖在距创缘 1～1.5 cm 处，从黏膜进针，用无名指或掌心顶住针尾部，使针从浆膜层穿出，此时再用拇指和食指将针拔出，用同样方法，于相对应的另一侧创缘从浆膜进针，从黏膜穿出，然后将针线轻轻拉出体外，在体外先结一扣，用拇指或食指将结扣推送入直肠至入针处，而将两边创缘结在一起，同样方法再打一结，在创口上即形成一个结节缝合。然后再以同样手法对创口进行全层连续缝合，每缝一针后把缝线拉紧，最后一针做结节缝合固定。用指甲剪或外科刀片、小手术剪等将缝线余端剪断取出。缝合后，仔细检查缝合效果，如有缺陷可再进行缝合，而后用磺胺乳剂涂布于缝合的创口。

(2)开腹缝合法　适用于直肠狭窄部破裂或其前方破裂的创口。患病动物全身麻醉，侧卧保定。手术通路最好选择接近直肠破裂口的耻骨前方正中白线旁侧切开，也可在左肷窝切开。切开术同开腹术。腹壁切开后，先检查腹腔内有无粪渣污染，而后将肠管拖出于手术创外进行缝合。或直接在腹腔内进行操作，助手将手伸入直肠内撑住破裂部，术者在助手引导和配合下，在腹内进行全层螺旋缝合破裂口。

另外，在腹壁切开后，术者将手伸入腹腔，握住直肠破口，向肛门方向后送。与此同时，助手将手伸入直肠，协同术者将直肠牵引至肛门外，形成直肠脱出，然后进行螺旋缝合，缝合后还纳于直肠内。最后按常规处理腹壁切口，缝合腹壁。

术后使患病动物安静，禁食 2～3 d，充分饮水，静脉注射 25%～50%葡萄糖溶液 500～1 000 mL，1～2 次/d。饲喂易消化的、营养丰富的柔软饲料。酌情内服缓泻剂，以软化粪便，每天应配合掏除直肠宿粪 3～5 次，同时清洗消毒缝合部位，并涂敷磺胺乳剂。为控制腹腔感染，每天应用抗生素，连用 1 周。必要时，向腹腔内注入大量青霉素、链霉素。

模块二 动物产科技术

项目七
妊娠及分娩

学习目标

☞ 掌握胎膜的构造及胎盘的形态特征与功能。

☞ 掌握各种动物在妊娠时母体的生理变化。

☞ 掌握常见的几种妊娠诊断方法。

☞ 掌握产后期母畜所表现的行为和生殖器官的变化。

☞ 掌握决定分娩过程的要素，接产的准备及过程。

☞ 了解各种家畜的妊娠期及影响妊娠的因素；了解分娩预兆及分娩过程。

素养目标

☞ 培养科学精神，注重理论与实践相结合，提高分析问题和解决问题的能力。

☞ 诠释生命的伟大和脆弱，敬畏生命、热爱生命、尊重生命，树立以救护生命为使命的崇高理想。

任务一　妊　　娠

精子进入卵子后发生的一系列变化的最终结果是妊娠。妊娠是从受精开始，经过受精卵阶段、胚胎阶段、胎儿阶段，直至分娩（妊娠结束）的整个生理过程。

一、妊娠期

妊娠期是指胎生动物胚胎和胎儿在子宫内完成生长发育的时期，通常是指从最后一次配种（有效配种）之日算起（妊娠开始），直至分娩为止（妊娠结束）所经历的一段时间。

动物的妊娠期可大致分为胚胎早期、胚胎期和胎儿期三个主要阶段。从排卵后几小时内发生的受精开始，到合子的原始胎膜发育为止为胚胎早期。此阶段，受精卵充分发育，囊胚开始附植，但尚未建立胚胎内循环。胚胎期即器官生成期，胚胎迅速生长分化，主要的组织器官和系统已经形成，体表外形的主要特征已能辨认。胎儿期即胎儿生长期，主要特点是胎儿的生长和外形的改变。

(一)不同动物的妊娠期时间

各种动物妊娠期的长短各不相同,品种之间也有差异,甚至同一品种的动物间也不尽一致。尽管如此,各种动物的正常妊娠期都有各自的平均时限和范围。

正常情况下,妊娠期长短受母体、胎儿、环境(如季节、日照)及遗传等因素的影响,并在一定范围内变动。各种主要动物的妊娠期见表 2-7-1。

表 2-7-1　各种主要动物的妊娠期

动物名称		妊娠期/d	
		范围	平均
牛	秦川牛	274～291	285
	中国荷斯坦牛	250～305	280
	瘤牛	271～310	292
	牦牛	240～270	253
	牦牛(怀犏牛时)		274
	西门塔尔牛		285
	肉用短角牛	273～294	283
羊	绵羊	146～157	150
	山羊		151
	奶山羊		115
猪	家猪	110～123	
	野猪	124～140	
马属动物	马	317～369	
	♂马×♀驴	321～374	
	♂驴×♀马	340～406	
	♂驴×♀驴	350～396	
骆驼	双峰驼	374～419	402
	单峰驼	370～395	384
	美洲驼	342～345	
犬		59～63	
猫		59～65	
梅花鹿		229～241	
狐狸		51～52	51
虎		105～113	110
狮		105～112	110
水貂		49～51	50
狗熊		208～240	
貂			59

(二)影响妊娠期的因素

动物的妊娠期是由遗传因素决定的。各种动物的正常妊娠期都有相对稳定的遗传性,但由于受品种、母体和胎儿各自特定情况及环境等的影响,会在一定的范围内变化。

1. 遗传因素

亲代的遗传型可影响胎儿在子宫内的生活时间。如就妊娠期的长短而言,肉牛比黄牛长,乳用牛比肉用牛或役用牛稍长。胎儿的基因型对妊娠期长短的影响,在某些杂交品种中非常明显。如马怀骡比怀马约长 10 d,驴怀骡比怀驴约短 6 d。

2. 环境因素

妊娠期的长短还受外界环境的影响。春季产犊的牛妊娠期比秋季产犊的长,冬夏两季产犊的妊娠期则介于两者之间,夏季产犊的妊娠期最短,冬季产犊的最长;妊娠期间,光照时间越长,妊娠期越长;光照时间越短,妊娠期越短。

3. 胎儿数目和性别因素

多胎家畜怀胎数目少时,妊娠期比怀胎数目多时要长。如家兔怀 1～3 个胎儿时,妊娠期要比平均妊娠期长 1～3 d。单胎动物怀双胎、胎儿为雌性怀孕期均稍短,如怀母犊的牛妊娠期比怀公犊的短。

4. 管理及疾病因素

营养不良、慢性消耗性疾病、饥饿和强应激等因素均能使分娩提早,妊娠期缩短,甚至流产。有些损害子宫内膜和胎盘或使胎儿感染的疾病,均可导致早产或流产。

二、胎膜及胎盘

妊娠早期,受精卵是悬浮在子宫腔内的。发育至胚泡阶段则有一伸展期,在此期间,其胚外膜发育成胎膜并向外生长,占据子宫腔,和子宫内膜连接。

(一)胎膜

胎膜是胚胎生长必不可少的辅助器官,其容积很大,包围着胚胎,所以又称为胚胎外膜。胎儿就是通过胎膜上的胎盘从母体内吸取营养,又通过它将胎儿代谢产生的废物运走,并能进行酶和激素的合成,因此是维持胚胎发育并保护其安全的一个重要的暂时性器官,产后即被摒弃。胎膜由胚胎外的三个基本胚层(外胚层、中胚层、内胚层)所形成的卵黄囊、羊膜囊、尿膜囊和绒毛膜囊构成(图 2-7-1、图 2-7-2)。

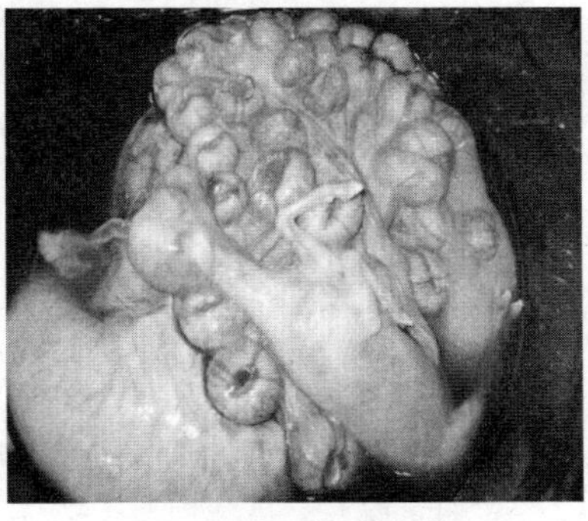

图 2-7-1　羊胎胎膜

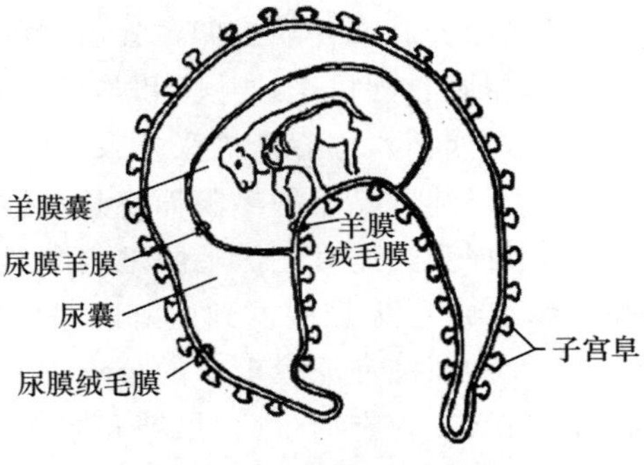

图 2-7-2　牛胎胎膜结构示意

1. 卵黄囊

哺乳动物的卵子实际上并不含卵黄，但在胚胎发育早期却有一个较大的卵黄囊，囊壁由内胚层、脏中胚层和滋养层构成，脏中胚层上有稠密的血管网，形成完整的卵黄囊血液循环系统，起着原始胎盘（卵黄囊胎盘）的作用，从子宫中吸取营养。因此，在此阶段它是主要的营养器官。

家畜的卵黄囊大，在永久胎盘（尿膜绒毛膜胎盘）发育时，它就开始退化。虽然它是一个暂时性结构，但在永久胎盘形成以前具有重要功能。

猪的卵黄囊为管形，是由胚胎外面的滋养层和里面的内胚层同时伸长而形成，并和原始绒毛膜轻微粘连，囊上有血管系统执行卵黄囊胎盘的职能。以后当尿囊逐渐形成和发育时，卵黄囊的功能逐渐被它所代替。

2. 羊膜囊

卵黄囊发育到一定程度以后，才开始出现羊膜囊。绵羊和牛于妊娠开始后 13～16 d 形成，马大约也在此时，猪、犬、猫略微早些。羊膜囊是一个外胚层囊，如同一双壁层的袋，除脐带外，它将胎儿整个包围起来，囊内充盈羊水，胎儿悬浮其中，对胎儿起着机械性保护作用。羊膜本身是一薄的平滑肌膜，这种平滑肌膜缩窄就形成羊膜，外层为假羊膜。尿囊出现并继续增大后，就将羊膜囊挤向绒毛膜，并使一部分羊膜在胚胎的背侧和绒毛膜黏合，形成羊膜-绒毛膜（牛、羊、猪），但其他家畜的羊膜并不与绒毛膜接触。羊膜-绒毛膜作用时间短暂，主要用于输送营养和排泄废物。

羊膜半透明，在脐带及其附近的羊膜上有很多形状不规则、白色、无光泽的增厚的上皮突起，称为“羊膜疤”或“羊膜斑”，妊娠 3～7 个月时最多见。牛的这一部分羊膜粗糙，羊膜斑呈乳头状小凸起，数目很多，由肿胀的上皮细胞构成，有时角质化。这种羊膜增生物在马、绵羊、山羊较少，猪和犬则无羊膜斑，羊膜斑的产生和作用尚不清楚。

羊水清澈透明、无色、黏稠，妊娠末期增多。其平均数量是：牛 5 000～6 000 mL，马 3 000～7 000 mL，山羊 400～1 200 mL，绵羊 350～700 mL，猪 40～200 mL，犬和猫 8～30 mL。羊水中含有电解质和盐分，整个妊娠期间其浓度很少变化；还含有胃蛋白酶、淀粉酶、脂解酶、蛋白质、果糖、脂肪及激素等，并随着妊娠期的不同阶段而有变化。正常情况下，羊水中含有脱落的上皮细胞和白细胞。羊水可保护胎儿免受外力影响，可以防止胚胎干燥、胚胎组织和羊膜发生粘连，分娩时有助于子宫颈扩张并使胎儿体表及产道润滑，有利于产出。

3. 尿膜囊

尿膜是沿着脐带并靠近卵黄囊由后肠而来的一个外囊。它生长在绒毛膜囊之内，其内面是羊膜囊，尿膜囊则位于绒毛膜和羊膜之间。最初出现的尿膜囊为一半圆形凸起，其横面呈锚形，以后则向四面八方逐渐扩张开来。

尿膜囊最终紧贴着绒毛膜而将长形绒毛膜囊腔填满，所以只在顶部可见到少量的绒毛膜囊液。由于尿膜囊是处于绒毛膜之内和羊膜之外，分别与脏壁中胚层和体壁中胚层融合，形成羊膜-尿膜和绒毛膜-尿膜。到此阶段，只可见到两个充满液体的囊腔，卵黄囊退化。尿囊液可能来自胎儿的尿液和尿膜上皮的分泌物，或是从子宫内吸收而来的。尿囊液起初清澈、透明、水样，呈琥珀色，含有白蛋白、果糖和尿素。猪和绵羊妊娠早期尿囊液增加很快，妊娠中期缓慢增加，到妊娠末期又迅速增多。所有动物的尿囊液和羊膜囊液在妊娠期间变动都很大。妊娠末期尿囊液变动范围是：牛 4 000～15 000 mL，平均 9 500 mL；马 8 000～18 000 mL；绵羊和山羊 500～1 500 mL；猪 100～200 mL；犬 10～50 mL；猫 3～15 mL。尿囊液有助于分娩初期扩张子宫颈。子宫收缩时，尿囊液受到压迫即涌向抵抗力小的子宫颈，尿囊液就带着尿膜绒毛膜楔入颈管中，使它扩张开放。

4. 绒毛膜囊

胚胎滋养层形成后，和胚外体壁中胚层融合共同构成体壁层，最后则形成胎膜最外面的一层膜，即绒毛膜。绒毛膜包在其他三种胎膜之外，而且在结构上与它们有密切联系。根据家畜种类和发育阶段的不同，绒毛膜可分为卵黄囊-绒毛膜、尿膜-绒毛膜和羊膜-绒毛膜。绒毛膜囊的形状，在牛、羊、马和妊娠子宫同形，在猪则为长梭形。膜的表面有绒毛，绒毛在尿囊上增大，尿囊上的血管在尿膜-绒毛膜内层上构成血管网，从而为形成胎儿胎盘奠定了基础。

5. 脐带

脐带是由包着卵黄囊残迹的两个胎囊及卵黄管延伸发育而成的，是连接胎儿和胎盘的纽带，其外膜的羊膜形成羊膜鞘，内含脐动脉、脐静脉、脐尿管、卵黄囊的遗迹和黏液组织。血管壁很厚，动脉弹性强，静脉弹性弱。在脐孔外，马和猪的脐带较长，脐血管包括两根动脉和一根静脉，而且相互扭结在一起；牛、羊的脐带较短，脐血管为两条动脉和两条静脉，它们也相互缠绕，但很疏松，且静脉在脐孔内合为一条。脐血管和脐孔组织的联系，在马和猪中紧密，所以，断脐后前者动脉残端不缩至脐孔内，牛和羊的较松，动脉残端可缩至脐孔内。在脐带末端，动、静脉各分为两个主干，沿胎囊小弯向两端分布，分支分布于尿膜绒毛膜上。脐尿管壁很薄，其上端通入膀胱，下端通入尿膜囊。

驹脐带强韧，全长 70～100 cm，分为两部分。上半段外面包着羊膜，下半段的外面包着尿膜，此段的上端有脐尿管的开口。犊牛脐带短，仅长 30～40 cm；羔羊 7～12 cm；仔猪脐带相对较长，约 25 cm；犬和猫脐带强韧且短，长 10～12 cm。牛、羊和猪胎儿通过产道时，脐带即被扯断；犬、猫和马往往是在胎儿出生后被母体扯断。马由于脐带长，分娩时母马多半卧着，所以胎儿产出时脐带往往不断，等母马站起来时才被扯断。

(二)胎盘

胎盘通常是指尿膜绒毛膜和子宫黏膜发生联系所形成的一种暂时性的组织器官，由两部分组成。尿膜绒毛膜的绒毛部分为胎儿胎盘，子宫黏膜部分为母体胎盘。胎儿的血管和子宫血管各自分布到自己的胎盘部分上去，但并不直接相通，仅彼此发生物质交换，保证胎儿发育的需要。胎盘是母体与胎儿之间联系的纽带，它不仅是母子之间进行物质和气体交换的场所，而且还是一个具有多种功能的器官。

1. 胎盘类型

(1)按照形态可将胎盘可分为四种

①弥散型胎盘(图 2-7-3，A)：又称上皮绒毛膜型胎盘，许多动物的胎盘是弥散型的，如猪、马、骆驼等。这类胎盘的绒毛膜整个表面或多或少覆盖着绒毛，绒毛伸入子宫内膜腺窝内，构成一个胎盘单位，或称为微子叶，母体与胎儿在此发生物质交换。马与猪的尿膜绒毛膜都形成许多皱襞，与子宫黏膜上相当的黏膜彼此融合，以增大胎盘的面积。

马的绒毛与腺窝的联系虽然是紧密的，但不牢固，因此马妊娠初期的流产比牛、羊多，但胎衣不下较为少见。分娩时偶见一部分尿膜绒毛膜过早地脱离子宫黏膜，突出于阴门外，胎儿如排出缓慢则因缺氧而发生死亡。猪绒毛和子宫黏膜的联系比马紧密。剖腹取出活胎儿后，马上剥离胎衣会引起出血，胎盘循环停止后 10～30 min，联系才变松。

②子叶型胎盘（复合型胎盘，图 2-7-3，B）：见于牛、绵羊、山羊和鹿。胎盘绒毛膜上的绒毛并不均匀地分布在整个表面，而是生长成一丛一丛的圆形块状（胎儿胎盘），这些块状绒毛丛在与子宫内膜圆形无腺体区（子宫阜）的相应部位发育成为母体胎盘（也称母体子叶），胎儿子叶与母体子宫阜结合形成胎盘突，成为母体和胎儿发生物质交换的场所。胎儿子叶上的绒毛同子宫阜上的隐窝紧密融合，插入子宫内膜间质中，与子宫内膜的腺体直接接触。胎盘突的结构比弥散型胎盘复杂得多。

牛偶尔由于子宫疾病，或由于胎盘突缺乏，这些地方可以形成原始胎盘结构，像增大的弥散型胎盘一样，在尿膜绒毛膜的子宫内膜间区发育，形成异位胎盘（或称为副胎盘）。

③带状胎盘（图 2-7-3，C）：肉食动物的胎盘都是带状胎盘，其特征是绒毛膜的绒毛聚合在一起形成宽为 2.5～7.5 cm 的绒毛带，环绕在卵圆形的尿膜绒毛膜囊的中部（即赤道区上），子宫内膜也形成相应的母体带状胎盘。带状胎盘分为两种：一种是完全的带状胎盘，如犬和猫；另一种是不完全的带状胎盘，如熊、海豹、鼬科中的雪貂和水貂。完全带状胎盘在妊娠早期是由卵黄囊形成有功能的绒毛卵黄胎盘，以后绒毛膜尿膜在赤道区生长发育，侵入子宫上皮而形成。

④盘状胎盘（图 2-7-3，D）：哺乳动物中的小鼠、大鼠、兔、蝙蝠、猴和人等灵长目和啮齿目均为盘状胎盘。盘状胎盘是由一个圆形或椭圆形盘状的子宫内膜区和尿膜绒毛膜区相连接构成的。

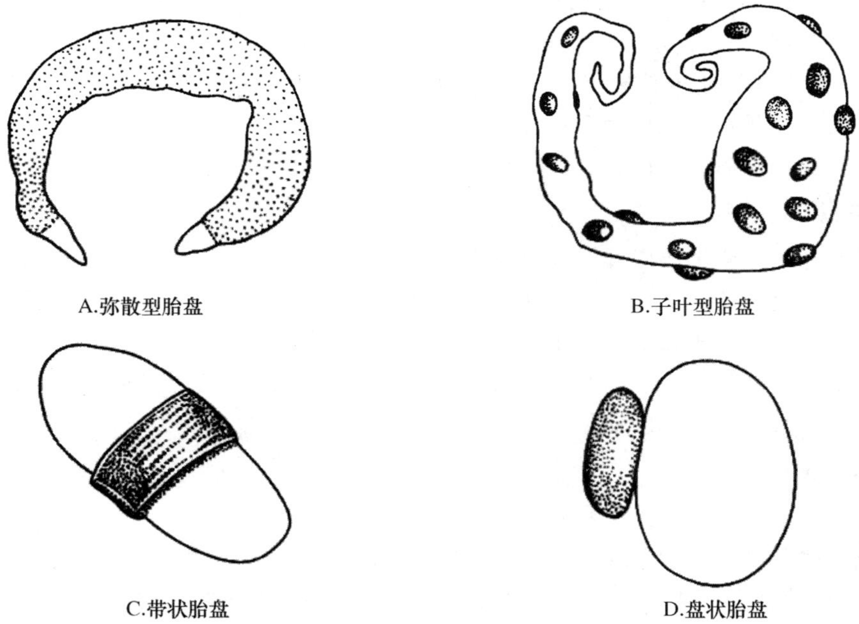

图 2-7-3 哺乳动物的四种主要胎盘类型

（2）按母体血液和胎儿血液之间的组织层次可将胎盘分为四种

①上皮绒毛膜型：此型胎盘见于马和猪，子宫上皮细胞和绒毛膜滋养层细胞接触，它们的

表面均有微绒毛彼此融合。此型胎盘在母体血液和胎儿血液之间有 6 层组织，即子宫血管内皮、结缔组织、黏膜上皮、绒毛(滋养层)上皮、结缔组织及胎儿血管内皮。

②上皮结缔绒毛膜型：此型胎盘只见于反刍动物，母体胎盘表面的黏膜可能由于受到绒毛滋养层的吞噬，从妊娠 4 个月开始变性消失，结缔组织和绒毛基部接触，故称为结缔组织绒毛膜型胎盘。妊娠后半期，整个母体胎盘表面及腺窝开口处失去上皮层，腺窝底部则保留有子宫黏膜的上皮，故又称为上皮绒毛膜和结缔绒毛膜混合型胎盘或上皮结缔绒毛膜型胎盘。此型胎盘在母体血液和胎儿血液之间，除子宫上皮失去外，其余 5 种组织均存在。

③内皮绒毛膜型：此型胎盘见于犬、猫。只有子宫血管内皮区、绒毛上皮、结缔组织及胎儿血管内皮共 4 层组织，将母体血液和胎儿血液分开，子宫黏膜上皮和结缔组织消失。

④血液绒毛膜型：此型胎盘见于啮齿目和灵长目。胎儿绒毛(包括绒毛上皮、结缔组织和胎儿血管内皮细胞)直接侵入母体血液血池内，没有母体的其他组织。

2. 胎盘的功能

胎盘是维持胎儿生长发育的器官，承担胎儿的消化、呼吸和排泄器官的作用，其主要功能有物质和气体交换、分泌激素及屏障三种。

(1)胎盘的生理功能　胎盘的生理功能主要是通过渗透、弥散、主动传递、特殊转运、胞饮和吞噬等生理过程来实现的。

①气体交换：胎盘通过扩散进行气体交换而代替胎儿肺的呼吸作用。胎盘血液循环发生障碍，胎儿在子宫内易发生窒息。

②营养代谢：胎儿所需的营养物质均通过胎盘由母体供给。

氮代谢：胎盘形成以后，胎儿血液中蛋白氮和非蛋白氮均来自子宫黏膜细胞的破坏产物及血浆成分。大部分蛋白质须经绒毛上皮的蛋白水解酶分解成分子质量低的氨基酸，并在胎盘中再合成，才能被吸收。如胎儿血液中氨基酸浓度较母体为高，这是因为氨基酸以逆浓度梯度进入胎盘，然后合成蛋白质。

糖代谢：胎盘能贮存糖原，糖原和血糖浓度的高低与能否通过胎盘无关，胎盘中的糖原是其组织的代谢产物，在不同的妊娠期糖原含量也不相同。胎儿血液中以果糖居多，葡萄糖含量低于母体。如绵羊胎儿血浆葡萄糖含量只是母羊的 25%。反刍动物胎血中，果糖占 70%～80%，由胎盘中的葡萄糖合成，胎盘中只含有少量糖原。

脂肪代谢：胎儿脂肪来自两种途径，一是由胎盘输送，二是碳水化合物和乙酸合成的游离脂肪酸，以简单的弥散方式通过胎盘，但对反刍动物胎盘却难以通过。

矿物质代谢：钙和磷是由母体通过胎盘进入胎儿的，并在胎血中保持较高的水平，且随着妊娠进展而增加，以逆渗透梯度吸收。家畜胎儿血浆中的钠、钾和镁的浓度均高于母体。肉食动物由绒毛直接摄取母体血液中血红蛋白所含的铁，随着妊娠期的增长，子宫及胎儿的含铁量增加。

维生素和激素：水溶性维生素 B_2 和维生素 C 很容易通过胎盘。脐静脉维生素 C 浓度高于脐动脉；胎血维生素 B_2 浓度高于母血。脂溶性维生素 A、维生素 D 和维生素 E 都难以通过胎盘，所以脐血中这些维生素的浓度都较低。

(2)胎盘屏障　胎盘可选择性地阻止或允许母体血液中的物质进入胎儿血液循环，为胎儿安全发育和母体安全妊娠提供了保障。胎盘免疫屏障作用可以有效地阻挡母体血液中一些对胎儿有害的物质，当然这种胎盘屏障作用也是有限的，只能阻止部分病原体、药物和抗体不能通过母体血液循环进入胎儿体内。

(3)胎盘的内分泌功能　在妊娠期，胎盘是一个很重要的暂时性的内分泌器官，能合成胎盘促乳素、孕激素、雌激素及其他类固醇激素，而且可因家畜种类的不同产生不同的促性腺激素。

三、妊娠期母体的生理变化

妊娠后，胚泡附植、胚胎发育、胎儿成长、胎盘和黄体形成及其所产生的激素都对母体产生极大的影响。因此，母体要发生相应的反应，从而引起整个机体特别是生殖器官在形态学和生理学方面的一系列变化。

(一)生殖器官的变化

1. 卵巢的变化

(1)牛　整个妊娠期都有黄体存在，妊娠黄体同周期黄体没有显著区别。妊娠黄体的重量在个体之间差异很大，与妊娠的时间无关。妊娠时卵巢的位置则随着妊娠的进展而变化，由于子宫重量增加，卵巢和子宫韧带肥大，卵巢则下沉到腹腔。

(2)绵羊　妊娠后卵巢的变化与牛差不多，妊娠最初 2 个月，黄体体积最大，至 115 d 则缩小，妊娠 2～4 个月卵巢上有大小不等的卵泡发育。

(3)猪　卵巢上的黄体数目往往较胎儿的数目多。

(4)马　妊娠 40 d，直肠触诊卵巢可摸到黄体，这种黄体可持续 5～6 个月。在有些品种可同时发现有卵泡发育，此后可能尚有大量的直径小于 3 cm 的卵泡生成，但极少发生排卵。妊娠 40～120 d，卵巢有明显的活性，两侧或一侧卵巢上有许多卵泡发育，卵巢体积比发情时还要大。卵巢活性通常在妊娠 100 d 时消退，黄体也开始退化。120 d 以后，所有黄体都逐渐退化，卵巢逐渐变小而较坚实，改由胎盘分泌孕酮维持妊娠。

2. 子宫的变化

动物妊娠后，子宫体积和重量都增加，妊娠前半期，子宫体积的增长主要是由子宫肌纤维增生肥大所引起，妊娠后半期则主要是胎儿生长和胎水增多，而使子宫壁扩张变薄所致。羊子宫壁变薄最为明显。马的尿膜绒毛膜囊通常进入未孕角，占据全部子宫，所以，未孕角也扩大；牛、羊的尿膜绒毛膜囊有时仅占据一部分未孕角，或不进入未孕角，所以，未孕角扩大不明显。由于子宫重量增加，并向前向下垂，至妊娠中期及其以后，一部分子宫颈被拉入腹腔，但至妊娠末期，由于胎儿增大，又会被推回到骨盆腔前缘。牛妊娠 28 d 时，羊膜囊呈圆形，占据孕角游离部；尿膜囊中尿水不多，已几乎占据整个孕角。妊娠 35 d，羊膜囊呈圆形，占据孕角游离部分，孕角连接部和未孕角游离部没有明显变化。妊娠 60 d，羊膜囊呈椭圆形，变紧张，连接部比正常要小。妊娠 90 d，子宫连接部紧张，大多数牛生殖器官均在骨盆腔内，少数位于腹腔。妊娠 4 个月后，子宫下沉到腹腔，妊娠末期右侧腹壁较左侧腹壁突出。猪妊娠时，子宫肌的长度增加，肌肉层稍变厚，胎儿所在的子宫角部分较粗，两个胎儿之间的一段子宫角较狭窄，妊娠子宫可长达 1.5～3 m，子宫角位于腹腔底部，呈弯曲状态，因此妊娠母猪腹壁下垂，子宫角向前可抵达横膈膜。

3. 子宫动脉的变化

妊娠时子宫血管变粗，分支增多，特别是子宫动脉和阴道动脉子宫支更为明显。随着脉管的变粗，动脉内膜的皱襞增加并变厚，而且与肌肉的联系疏松，所以血液流动时就从原来清楚的搏动变为间断而不明显的颤动，称为妊娠脉搏。

4. 阴道、子宫颈及乳房的变化

马、牛妊娠后，阴道黏膜苍白，表面因覆盖着黏稠的黏液而有干燥感。妊娠前期，阴道长度增加，前端变细，近分娩时则变得很短而宽大，黏膜充血、柔软，且轻微水肿。

子宫颈缩紧，黏膜增厚，其上皮的单细胞腺在孕酮的影响下分泌黏稠的黏液，填充于子宫颈腔内，称为子宫颈塞。因此，子宫颈被严密封闭起来，阻止外物进入，保护胎儿安全。子宫颈往往稍偏于一侧，妊娠中期，子宫因增重而下垂，子宫颈即由盆腔内移到骨盆前缘下方；妊娠末期子宫增至很大时，又回到盆腔内。

乳房增大、变实，妊娠后半期比较显著，头胎家畜的变化出现较早；马属动物出现较晚；泌乳牛、羊则要到妊娠后期才变得明显。

(二)全身的变化

妊娠后，母畜新陈代谢旺盛，食欲增进、消化功能增强，蛋白质、脂肪及水分的吸收增多，营养状况得到改善。但至妊娠后期，由于消化力不足，在优先满足迅速发育的胎儿所需要的营养物质的情况下，母畜自身受到很大的消耗，所以尽管食欲良好，往往还是比较消瘦。若是饲养管理不当，则可能变得消瘦。

妊娠后期，由于胎儿需要很多矿物质，故母畜体内矿物质(尤其是钙和磷)含量减少。若不及时补充，母畜容易发生行动困难，牙齿也易受到损害。

心脏由于负担加重，稍显肥大。血液也发生相应的变化，血容量增加，血液凝固性增强，血沉加快。糖类消化率提高，所以肝糖增多。组织水分增加，妊娠后期子宫压迫腹下及后肢静脉，以致这些部分特别是乳房前的下腹壁上，容易发生广而平、无热痛、捏粉样水肿。水肿多见于马，常发生于产前 10 d 左右，产后自行消失。牛不常见，但个别乳牛发生时也很明显。

随着妊娠月份的增加，胃肠容积减小，排粪排尿次数增多，但每次量较少。由于横膈膜受压，胎儿需氧增加，故呼吸数增多，并由胸腹式呼吸变为胸式呼吸。由于胎儿长大，腹部逐渐增大，其轮廓也发生明显变化。孕畜行动稳重、谨慎，易疲劳、出汗。

(三)内分泌的变化

在整个妊娠过程中，激素起着十分重要的调节作用，正是由于各种激素的适时配合，共同作用，并且取得平衡，胚泡的附植和妊娠才能维持下去。

牛黄体发育时，会产生浓度较高的孕酮。妊娠最初的 14 d，外周血孕酮含量与间情期相同，以后缓慢升高，并维持一定浓度。在妊娠 25 d 以后开始下降，分娩之前直线下降。妊娠早期和中期雌激素含量低，随着妊娠期趋向结束，尤其是妊娠 250 d 以后，雌激素含量达到峰值，产前 8 h 迅速下降，直到产后都为最低水平。妊娠期间，FSH 和 LH 含量低，没有明显的作用。促乳素含量也低，产前 20 d 促乳素含量由 50～60 ng/mL 的基础水平升高到 320 ng/mL 的峰值，产后 30 d，又下降到基础水平。

妊娠绵羊血浆孕酮维持间情期的最高水平，在妊娠 60 d 左右逐渐增加，达到相当高的水平，一直维持到妊娠的最后 1 周，分娩时迅速下降到 1 ng/mL 的水平。雌激素的含量在整个妊娠期都低，分娩前几天开始升高，产羔时突然升高到 400 ng/mL，产后则迅速下降。催乳素浓度在 20～80 ng/mL 的范围内变动，随着妊娠渐趋结束，促乳素开始增加，产羔时达到 400～700 ng/mL 的峰值。

猪妊娠时，孕酮含量维持较高水平，同正常发情周期的峰值相同，以后下降，妊娠 24 d 时下降至 17～18 ng/mL，并维持在这一水平上，直到分娩前才突然下降。妊娠期间，雌激素浓度十分稳定，并且可能逐渐升高，大约在妊娠 100 d 时迅速升高，产前可达到 500 ng/mL，分娩时或产后迅速下降。妊娠 20～30 d 时，硫酸雌酮升高到峰值。这些可以作为妊娠诊断的依据。

任务二　妊娠诊断

妊娠诊断技术是畜牧业生产中一个重要的实用技术，由于阶段性分群饲养法在牛、羊、猪、兔及犬等养殖生产中的广泛普及，在配种后一定时间内进行妊娠诊断就成了养殖场的一项重要工作。确定妊娠后，及时分群或转群，及时调整饲料配方，适时干奶，这样就可以有效地防止流产、保证母体健康、减少产后疾病发生、提高养殖效益。同时，及时准确地做好妊娠诊断，对已配未孕的动物及时观察、及时重配，对有生殖器官疾病的动物及时治疗，就可以缩短家畜空怀期，提高畜群繁殖力。另外，对家畜进行妊娠诊断还可减少因误淘、误宰所造成的经济损失。

早期妊娠诊断技术在畜牧业生产上显得尤为重要和迫切，寻找快速、实用、易于临床推广应用的早孕诊断方法仍是畜牧工作者不懈探索的一个热点。妊娠诊断方法较多，概括起来包括临床诊断、实验室诊断和特殊诊断(详见知识拓展)。

一、临床诊断

临床诊断包括外部检查和内部检查两大内容，这一妊娠诊断方法至今仍在兽医临床诊断中占据主导地位。

(一)外部检查

1. 问诊

问诊在兽医临床和妊娠诊断上有着重要意义，在缺乏特异性诊断方法时，综合诊断就显得十分重要，通过问诊可以最大限度地了解母畜目前的生理状况，确定相应的诊断方法。在妊娠诊断时，问诊主要应注意询问以下内容。

(1)过去配种、受胎及产后情况　通过询问了解过去配种、受胎及产后情况，可以对母畜的繁殖器官状况及性能做出评估，为妊娠诊断提供既往的参考资料。

(2)最后一次配种时间　在不同的妊娠阶段，母畜生殖器官及体态的变化各有区别，通过询问最后一次配种时间，就可以确定相应的检查项目和检查方法。例如，对牛通过直肠检查进行妊娠诊断时，在怀孕 21 d 以内，主要通过检查卵巢上的黄体状态来进行妊娠诊断；21 d 以后，通过检查子宫角形态来确定妊娠；5 个月以后，就可以通过直肠触摸子叶、胎儿及子宫中动脉等内容进行妊娠诊断。

(3)最后一次配种后是否再发情　如果最后一次配种后未再发情，则说明该母畜可能怀孕;如果曾多次发情,则为没有怀孕。

(4)食欲、膘情及行为方面的变化　母畜怀孕后一般性情会变得温顺,喜静恶动;食欲显著增加;在怀孕前半期膘情明显好转,被毛变得光亮。这些都是怀孕的一种表现,相反可能没有怀孕。

(5)乳房及腹围变化情况　母畜怀孕后,随着妊娠时间的延长,其乳房和腹围会逐渐变大。

2. 视诊

对孕畜的视诊也是妊娠诊断的一个重要参考资料,尤其是在妊娠后期。在妊娠诊断时,视诊主要内容有:是否有胎动,腹围是否变大,下腹壁是否有水肿,乳房是否胀大、水肿。

3. 触诊

触诊就是用手隔着腹壁去触摸胎儿,能触到胎儿则认为怀孕,反之则认为未怀孕。此妊娠诊断方法一般适用于妊娠中、后期的妊娠诊断,其触诊部位和方法也因动物种类不同而有所区别。牛的触诊部位一般在右侧膝褶前方,马的触诊部位在左腹壁最突出的下方、乳房稍前部,羊的触诊部位在右腹下方,犬、猫的触诊部位在下腹部。对于大家畜多用振荡的手法进行触诊,对于小动物则多用触摸的方法进行触诊。

4. 听诊

听诊就是通过听诊胎儿心音来判定动物是否怀孕,此方法多用于大家畜,听诊时间在妊娠后半期。听诊时要耐心、认真,否则不易听到。

(二)内部检查

内部检查包括阴道检查和直肠检查。

1. 阴道检查

阴道检查就是通过观察阴道黏膜色泽、黏液性状及子宫颈外口变化来判定动物是否怀孕的一种临床诊断方法,只能用于大家畜。阴道检查只能作为一种辅助诊断方法,当母畜子宫颈、阴道存在病理变化及有持久黄体存在时,易导致误诊、误判。

(1)阴道检查的操作方法

①保定动物。

②固定动物尾巴,对器械、手臂及动物外阴部进行清洗消毒。

③将相应型号的开膣器涂上润滑剂后,插入动物阴道。

④打开开膣器,观察阴道黏膜、黏液及子宫颈变化,照明可用人工灯光。

⑤检查完毕,闭合开膣器后将其抽出。

(2)阴道检查的内容　母畜怀孕后,阴道黏膜苍白、干涩,阴道黏膜量少而黏稠;子宫颈口紧闭,子宫颈口内及附近黏液黏稠、量少。

2. 直肠检查

直肠检查是牛和马妊娠诊断上常用的一种诊断方法。隔着母畜直肠壁,通过手触摸母畜卵巢上有无黄体、子宫变化、子宫颈变化、有无妊娠动脉、子宫位置及胎儿等情况来判断是否妊娠。

(1)直肠检查的操作方法

①保定好牛体,固定好尾巴。

②术者戴上一次性长臂手套。

③手和手臂涂以润滑剂，手指并拢成圆锥状，缓缓插入牛肛门，努责时停止且不要用力，努责停止时再徐徐前进。

④先摸到子宫颈，再向下滑，找到角间沟，然后向前、向下触摸子宫角。

⑤摸过子宫角后，在子宫角尖端外侧下方寻找卵巢，然后触摸卵巢。

(2)直肠检查的内容及评定

①牛妊娠 20～25 d，排卵侧卵巢上有突出于表面的妊娠黄体，卵巢的体积大于对侧，两侧子宫角无明显变化，触摸时感到子宫壁厚而有弹性。

②牛妊娠 30 d，两侧子宫角不对称，孕角变粗、松软、有波动感、弯曲度变小，而空角仍维持原有状态。用手轻握孕角，从一端滑向另一端，似有胎泡从指间滑过的感觉。若用拇指和食指轻轻提起子宫角，然后放松，可感到子宫壁内似有一层薄膜滑开，这就是尚未附植的胎囊。

③牛妊娠 60 d，孕角明显增粗，相当于空角的 2 倍。孕角波动明显，子宫角开始垂入腹腔，但仍可摸到整个子宫。

④牛妊娠 90 d，子宫颈被牵拉至耻骨前缘，孕角大如排球，波动感明显，空角也明显增粗，孕侧子宫动脉基部开始出现微弱的特异搏动。

⑤牛妊娠 120 d，子宫及胎儿全部沉入腹腔，子宫颈已越过耻骨前缘，一般只能触摸到子宫的局部及该处的子叶，如蚕豆大小，子宫动脉的特异搏动明显。

⑥此后直至分娩，子宫进一步增大，沉入腹腔，子宫动脉变粗，并出现更明显的特异性搏动。用手触及胎儿，有时会出现反射性的胎动。

⑦马的直肠检查方法与牛相似，但对马进行直肠检查时，一般先触摸卵巢，然后再触摸子宫角、子宫体及子宫颈。马在怀孕 5 个月内，卵巢上仍有卵泡发育，并有多个黄体存在。

二、实验室诊断

母畜怀孕后，在胎儿、胎盘等作用下，新陈代谢发生一系列变化，从而导致母体血、尿及乳汁等成分发生变化，这就是实验室诊断的理论基础。在早期妊娠诊断方面，目前尚无一种完美的实验室诊断方法，理想的早期妊娠诊断技术应该具备下面的几个条件：在配种后一个发情周期之内，显示出诊断结果；妊娠诊断的准确率应在 85%以上，对母体和胎儿安全无害；方法简便，经济实用。

母畜妊娠的实验室诊断方法比较多，有牛乳孕酮诊断法、母猪孕马血清诊断法、早孕因子检测法、牛胶体金法快速诊断试纸等。

任务三　分娩与接产

妊娠期满，胎儿发育成熟，母体将胎儿及其附属物从子宫内排出体外，这一生理过程称为分娩。掌握动物正常的分娩机制、过程及接产方法可以有效地防止难产和产后疾病的发生，并且可以保证动物的正常繁殖。

一、分娩预兆

随着胎儿发育成熟和分娩期逐渐接近，母畜的精神状态、全身状况、生殖器官及骨盆部发生一系列变化，以适应排出胎儿以及哺育仔畜的需要，通常把这些变化称为分娩预兆。从这些预兆可以预测分娩时间，以便做好接产的准备工作。

(一)一般预兆

1. 乳房

乳房在分娩前迅速发育，腺体充实。有的在乳房底部出现浮肿，临近分娩可从乳头中挤出少量清亮胶状液体或初乳，有的出现漏乳现象。根据乳头的变化估计分娩时间也比较可靠，分娩前数天，乳头增大变粗。但对营养状况不良的母畜，乳头变化不是很明显。

2. 外阴部

临近分娩前数天，阴唇逐渐柔软、肿胀、增大，阴唇皮肤上的皱襞展平，皮肤稍变红。阴道黏膜潮红，黏液由浓厚黏稠变为稀薄滑润。某些畜种由于封闭子宫颈管的黏液塞软化，流入阴道而排出阴门外，呈透明、能够拉长的条状黏液。子宫颈在分娩前数天开始松软肿胀。

3. 骨盆韧带

骨盆韧带在临近分娩的数天内变得柔软松弛，特别明显的是位于尾根两侧的荐坐韧带后缘由硬变得松软，因此荐骨的活动性增大，当用手握住尾根上下活动时，能够明显感觉到荐骨后端容易上下移动。由于骨盆韧带的松弛，臀部肌肉出现明显的塌陷现象。

4. 行为

行为方面也有明显改变，如猪在分娩前 6～12 h 有衔草做窝现象，家兔则扯咬自己的腹部被毛做窝。分娩前数天，多数家畜出现食欲减退，行动谨慎小心，喜好僻静地方，群牧时有离群现象。

(二)各种动物分娩预兆的特点

1. 牛

牛的乳房在分娩前变化较明显，特别是初产牛，乳房在妊娠后 4 个月开始增大，到妊娠后期胀大更快。乳头表面呈蜡状的光泽，分娩前数天可从乳头中挤出少量清亮胶样的液体，至产前两天乳头中充满初乳。乳牛的体温变化也可以作为判断分娩时间的依据。母牛妊娠 7 个月开始，体温逐渐上升，可达 39 ℃。至产前 12 h 左右，体温下降 0.4～0.8 ℃。

2. 猪

猪在临产前腹部大而下垂，卧下时能看到胎儿在腹内蠕动。猪的阴唇肿胀松弛开始于分娩前 3～5 d，产前 3 d 左右乳头向外侧伸张。中部两对乳头可以挤出少量清亮液体；至产前 1 d 左右，可以挤出数滴初乳。但营养较差的母猪，乳房的变化不十分明显，要依靠综合症候才能做出准确的判断。

3. 羊

羊临近分娩时，骨盆韧带和子宫颈松弛，同时子宫的敏感性和胎儿的活动性都有所增加。大约在分娩前 12 h 子宫内压开始升高，压力波随接近分娩而增强。子宫颈最先是缓慢地扩张，到分娩前1 h迅速扩张。在分娩前数小时，母羊出现精神不安，用蹄刨地，频频转动或起卧，并喜欢接近其他母羊的羔羊。

4. 犬

在分娩前2周内乳房开始膨大，分娩前数天乳房开始分泌乳汁，骨盆和腹肌持续松弛，同时可看到阴门水肿，从阴道内流出黏液。通常在分娩的前夜，母犬不愿离开它的住处，往往拒绝吃食。临产前母犬不安、喘息，寻找僻静之处筑窝。一旦分娩的确定征兆出现后，母犬就很少改变它所选好的分娩场所。

5. 猫

在分娩前1周，活动量减少，常寻找僻静温暖而黑暗的场所。产前1～2 d，会阴部肌肉松弛，乳房肿胀，乳头突出并变为深粉红色，母猫出现搭窝的现象，对陌生人的敌对情绪增强。

6. 马

母马在怀孕末期腹部下垂，两侧肷部下陷。接近分娩时，腹部下垂现象减轻，腹围向两侧膨隆。乳房膨大、充实。乳头变得粗大，而近圆形，由于乳汁充盈，两乳头向外开张而呈“八”字形，有的在产前自行流乳。阴唇浆液浸润、皮肤展平、松软、阴门裂拉长，临产前有的从阴门流出少量黏稠的黏液，群牧马中临产母马则喜欢落群和遛边。

7. 兔

多数母兔在临产前数天，乳房肿胀，并可挤出乳汁，肷部凹陷。外阴部肿胀、充血，黏膜潮红湿润。食欲减退，甚至绝食。在临产前数小时或2～3 d内，开始衔草营巢，并将自己胸前、肋下及乳房周围的毛撕下来，衔入巢箱内做窝。

二、分娩的过程

分娩过程是指从子宫开始出现阵缩到胎儿及其附属物完全排出的整个过程。为叙述方便将其划分为3个阶段，即子宫开口期、胎儿产出期和胎衣排出期。

(一)子宫开口期

子宫开口期又称宫颈开张期，从子宫开始阵缩算起，到子宫颈充分开张为止。这一时期子宫颈变软扩张，一般仅有阵缩，没有努责。

子宫开口期的母畜寻找僻静的地方等待分娩，其表现是食欲减退，轻微不安。时起时卧，尾根抬起，常呈排尿姿势，并不时排出少量粪尿。脉搏、呼吸加快，体温略有降低。母畜的表现具有畜种间差异，个体间也不尽相同，经产母畜一般较为安静，有时甚至看不出什么明显的表现。除个别母畜偶尔努责外，一般均无努责。

1. 牛

在开口期采食及反刍不规则，脉搏增至80～90次/min。开口期的中期阵缩为每15 min一次，每次持续15～30 s；随后阵缩的频率增加，可达每3 min 1次；至开口期末，阵缩每小时达24次，产出胎儿之前可达24～48次。

2. 羊

在开口期前，前蹄刨地，咩叫；奶山羊常舔其他母羊所产的羔羊。牛、羊在子宫开口期末，胎膜囊露出于阴门之外。通常先露出尿膜绒毛膜，其中的尿水是褐色。有时则是羊膜绒毛膜囊露出阴门外。

3. 猪

在开口期表现不安，时起时卧，阴门有黏液排出。

4. 马

在开口期常较敏感，子宫收缩引起轻度疝痛现象，尾巴上下刷动，尾根时常举起或向一旁扭曲；胎儿产出前 4 h 左右肘后及腹胁部常出汗；脉搏增至 60 次/min，前蹄刨地，后腿踢下腹部或回顾腹部；有时做无目的的徘徊运动，有时蹲伏、叉开后腿努责，或者卧地打滚，再站起来。

5. 犬

母犬阴道较长，手指检查不一定能触及子宫颈，因而不易确定子宫颈扩张的时间和程度，子宫开口期的开始难以辨认。第一个胎儿的尿膜绒毛膜在阴道内破裂，胎儿及其胎水和胎膜对阴道的刺激可引起努责。努责的开始，或者胎水或胎儿在阴门的出现，标志着从第一产程转入第二产程。初产犬第一产程较长，表现强度及其行为特征的变化很大。

6. 骆驼

开口期持续 24～48 h，子宫颈逐步开大，子宫颈黏液塞软化，子宫颈开放后，胎儿的前置部分(两前蹄及胎头)带着一部分羊膜，撑破绒毛膜，进入阴道。有的母驼在胎头进入阴道后经过 1 h 才开始产出。

(二)胎儿产出期

胎儿产出期，简称产出期，是从子宫颈充分开大，胎囊及胎儿的前置部分楔入阴道(牛、羊)，或子宫颈已能充分开张，胎囊及胎儿楔入盆腔(马、驴)，母畜开始努责，到胎儿排出或完全排出(双胎及多胎)为止。这一时期，阵缩和努责共同发生作用。

在产出期母畜共同的表现是极度不安。起先时常起卧，前蹄刨地，有时后蹄踢腹，回顾腹部，嗳气，拱背努责。继之，在胎头进入并通过盆腔及其出口时，由于骨盆反射而引起强烈努责。这时一般均侧卧，四肢伸直，腹肌强烈收缩。努责数次后，休息片刻，然后继续努责。

分娩时母畜多采取侧卧努责且后肢挺直的姿势，这是因为在卧地时有利于分娩，胎儿接近并容易进入骨盆腔；腹壁不负担内脏器官及胎儿的重量，使腹壁的收缩更为有力；有利于骨盆腔的扩张。

各种动物在产出期中的主要表现特点。

1. 牛、羊

努责开始后，母畜卧下，也可能时起时卧，至胎头通过骨盆坐骨上棘之间的狭窄部时才卧下，有的头胎牛甚至在胎头通过阴门时才卧下。牛每 15 min 阵缩 7 次，每次约 1 min，几乎是连续不断；每阵缩数次后间歇片刻，整个产出期阵缩可达 60 次或更多。牛、羊的努责一般比较剧烈，每次努责的时间长。有些牛在胎头露出后，还可能站起来，然后再卧下努责。胎儿的头胸部通过骨盆较慢。

牛(包括水牛)、羊的胎膜大多数是尿膜绒毛膜先到阴门之外，其中的尿水为褐色。此囊破裂、排出第一胎胎水后，尿膜羊膜囊才突出阴门之外，膜的颜色淡白或微黄、半透明，上有少数细而直的血管，囊内有胎儿及羊水。努责及阵缩加强时，胎儿向产道的推力加大，羊膜绒毛膜囊在阴门外或阴门口处破裂，流出淡白色或微黄色的黏稠羊水。有时羊膜绒毛膜先在阴门口内破裂，露出不多，然后尿膜绒毛膜囊在胎儿产出过程中破裂。偶尔也有胎囊同时露出于阴门外的情况。无论哪一个胎囊先破裂，牛、羊胎儿排出来时，身上都不会包裹完整的羊膜，故无窒息之虞。

2. 猪

猪子宫除纵向收缩外，还有分节收缩。收缩先由距子宫颈最近的胎儿前方开始，子宫的其余部分则不收缩；然后两子宫角轮流（但不是很规则）收缩，逐步达到子宫角尖端，依次将胎儿完全排出来。偶尔是一个子宫角将其中的胎儿及胎衣排空后，另一个子宫角再开始收缩。胎儿产出期的最后阶段，子宫角已大为缩短，这样，最后几个胎儿就不会在排出过程中因脐带过早地被扯断而发生窒息。再者，猪与其他家畜不同的是还存在有逆蠕动，即从子宫颈向子宫角尖端蠕动，可以和纵向及分节收缩一起使胎儿有次序地排出，并避免子宫角尖端的胎儿过早地脱离母体胎盘。由于各个胎儿的胎囊都彼此相连，形成一条有许多间隔的胎膜囊管道，所以在30%～40%的情况下，胎儿是顶破与前一胎儿之间的胎膜间隔，穿过这一管道而被排出。

母猪在这一时期中多为侧卧，有时站起来，随即又卧下努责。母猪努责时伸直后腿，挺起尾巴，每努责数次或一次产出一个胎儿。一般是每次排出一个胎儿，少数情况下可连续排出两个，偶尔连续排出三个。猪的胎水极少，胎膜不露出阴门之外，每排一个胎儿之前有时可能看到少量胎水流出。

3. 马、驴

在胎儿产出期开始之前，阴道已大为缩短，子宫颈位于阴门之内不远处，质地很软，但并不张开。马的努责非常剧烈，常连续努责2～5次，休息1～3 min，努责共约40次。开始努责时，母畜卧下。有时由于阴门张开，子宫颈开始开放，可以看到尿膜绒毛膜。无绒毛处是和子宫颈内口黏膜没有接触的部分，这里的尿膜绒毛膜比别处厚得多。经过数次努责，子宫颈内口附近的尿膜绒毛膜脱离子宫黏膜，并带着尿水进入子宫颈，将子宫颈撑开。当子宫继续收缩时，更多的尿水进入此囊，迫使它在阴门口上破裂，尿水流出。尿水为黄褐色稀薄液体。尿水流出后，尿膜羊膜囊即露于阴门口上或阴门之外，颜色淡白、半透明，有弯曲的血管，透过它可以看到胎蹄及羊水，羊水色淡白或微黄，较浓稠。母马休息片刻后，努责更为强烈，胎儿的排出加快。尿膜羊膜囊往往在胎儿头颈和前肢排出过程中被撕破，或在胎儿排出后被扯破。排出胎儿后母马常不愿立即站立，这时若尿膜羊膜囊尚未破裂，应立即撕破，以免胎儿窒息。

4. 犬

刚开始努责后，通常在阴门看到第一个胎儿的羊膜。当胎头通过阴门时，母犬有疼痛表现，但可迅速产出仔犬。母犬常在产出第一个仔犬前将羊膜撕破，仔犬产出后，母犬即舐仔犬，再咬断脐带；继之再舐，以加速干燥，并刺激仔犬活动。最重要的是，要防止咬伤，尤其是在脐部，否则可能导致脐疝或吃掉部分仔犬。倒生时胎儿也多能正常产出，但第一个胎儿倒生可能引起阻塞性难产。

胎儿产出的间隔时间变化很大。两侧子宫角的娩出常是按序轮流的。如果努责持续30 min无效，虽然此后可能正常产出仔犬，但也是一种阻塞。如果预计所怀胎儿较多而母犬又不安，就不要让仔犬哺乳时间过长，而且在不努责的情况下，应保证2～3 h没有干扰。但在母犬并无不适表现的情况下，连续产仔时间可能长达6 h。

(三)胎衣排出期

胎衣是胎膜的总称。胎衣排出期是从胎儿排出后算起,到胎衣完全排出为止。

胎儿排出之后,母畜即安静下来。几分钟后,子宫再次出现阵缩,这时不再努责或偶有轻微努责。阵缩的持续时间长,力量减弱,阵缩的间歇期长。子宫的收缩促使胎衣排出。如牛每次阵缩 100～130 s,间歇 1～2 min。胎衣排出的快慢,因各种家畜的胎盘组织构造不同而有所差异。

1. 牛、羊

牛的胎盘属于上皮绒毛膜与结缔组织绒毛膜混合型,母体胎盘和胎儿的胎盘结合比较紧密,同时子叶呈特殊的蘑菇状结构,子宫收缩不易影响腺窝。只有当母体胎盘组织的张力减轻时,胎儿胎盘的绒毛才能脱落下来,所以历时较久,发生胎衣不下者也较多。羊的胎盘组织结构虽与牛相同,但由于母体胎盘呈盂状(绵羊)或盘状(山羊),子宫收缩时能够使胎儿胎盘的绒毛受到排挤,故排出历时较短。

在胎衣排出期,腹壁不再收缩(偶尔仍有收缩),子宫肌仍继续收缩数小时,然后收缩次数及持续时间才减少。牛在胎衣排出之前,子宫的收缩每半小时 8～10 次,每次 100～130 s。单胎家畜的子宫收缩是由子宫角尖端开始的,胎衣也是先从子宫角尖端开始脱离子宫黏膜,形成内翻,脱到阴门之外,然后逐渐翻着排出来,所以尿膜绒毛膜的内层总是先翻在外面。在难产或胎衣排出延迟时,偶尔也有不是翻着排出来的,这是由于胎儿胎盘和母体胎盘先完全脱离,尔后再排出来的结果。牛羊怀双胎时,胎衣在两个胎儿排出后排出。山羊怀多胎时,胎衣在全部胎儿排出后一起或分次排出来。

2. 猪

由于每一子宫角中的胎囊彼此端端相连,在 30%～40%的情况下,胎衣是在两个子宫角中的胎儿排出后,分两堆排出,并且也是翻着排出者居多。对于怀胎儿少的猪,特别是巴克夏猪,常见后一个胎儿把前一个胎儿的胎衣顶出来。也有的猪的胎衣是分几堆排出来的。

3. 马

马的胎盘属上皮绒毛膜型,母、子的胎盘组织结合比较疏松,胎衣容易脱落,胎衣排出较早。

4. 犬

犬的胎衣排出过程与猪相似。母犬常企图吃掉胎衣,这样可能引起腹泻,应予以制止。

动物分娩各期时间见表 2-7-2。

表 2-7-2　动物分娩各期时间表

动物种类	开口期	产出期	双胎间隔时间	胎衣排出期
牛	2～8 h(0.5～24 h)	3～4 h(0.5～0.6 h)	20～120 min	4～6 h(≤12 h)
水牛	1 h(0.5～2 h)	19 min		4～5 h
绵羊	4～5 h	1.5 h(15 min 至 25 h)	15 min(5～60 min)	0.5～2 h
山羊	6～7 h(4～8 h)	3 h(0.5～4 h)	5～15 min	0.5～2 h
猪	2～12 h	2～6 h	2～3 min(中国猪种) 10～30 min(引进猪种)	30 min(10～60 min)

续表 2-7-2

动物种类	开口期	产出期	双胎间隔时间	胎衣排出期
兔		20～30 min		
犬	4 h(6～12 h)	3～6 h	10～30 min	5～15 min/仔
猫		2～6 h	5 min 至 1 h	
马	10～30 min	10～20 min	20～60 min	5～90 min
骆驼		8～15 min		21～77 min

三、影响分娩过程的要素

分娩的过程是否正常，主要取决于产力、产道和胎儿三个因素。如果这三个因素是正常的，能够相互适应，分娩就顺利，否则就可能发生难产。

(一)产力

母畜将胎儿从子宫内排出的力量，称为产力。它是由子宫肌、腹肌和膈肌节律性收缩共同构成的。子宫肌的收缩称为阵缩，是分娩过程中的主要动力。腹肌和膈肌的收缩称为努责，它在分娩的产出期与子宫肌收缩协同，对胎儿的产出也起着十分重要的作用。

子宫肌的收缩由子宫角开始，向子宫方向进行，收缩是一阵一阵的，具有间歇性。起初，收缩持续时间短，力量不强，间歇不规律，以后收缩逐渐变得持续时间较长、规律、有力。每次收缩也是由弱到强，持续一段时间又减弱消失。母畜血液中乙酰胆碱和催产素均有促进子宫肌收缩的作用。这种阵缩对胎儿的安全是非常重要的。如果收缩没有间歇性，那么由于胎盘上的血管受到持续性压迫，血液循环中断，胎儿缺少氧气供应，在胎儿排出过程中，就可能发生窒息。在每次收缩间歇时，子宫肌的收缩虽然暂停，但它并不完全弛缓，子宫角也不恢复到收缩以前的大小，因为子宫肌除缩短外，还发生皱缩，使子宫壁逐渐变厚，子宫腔渐次变小。

(二)产道

产道是分娩时胎儿产出的必经之路，由软产道和硬产道共同构成。

1. 软产道

软产道由子宫颈、阴道、前庭和阴门构成。在正常情况下软产道于分娩前数天开始变软、松弛，到分娩时能够扩张。

2. 硬产道

硬产道又称骨盆，主要由荐骨与前三个尾椎、髋骨(耻骨、坐骨、髂骨)及荐坐韧带构成。可分为四个部分。

(1)骨盆入口

骨盆入口是腹腔通往骨盆的孔道，斜向前下方。骨盆入口是由上方的荐骨基部，两侧的髂骨及下方的耻骨前缘所围成。骨盆入口的大小是由荐耻径、横径及倾斜度所决定。

荐耻径(上下径)：是岬部到骨盆联合前端的连线长度。岬部是第一荐椎体前端向下突出的地方。

横径：有上、中、下三条。上横径是指荐骨基部两端之间的距离；中横径是指骨盆入口最宽部分的宽度，即两髂骨干上的腰肌结节之间连线的长度；下横径是指耻骨梳两端之间连线的长度。

倾斜度：是髂骨与骨盆底所构成的夹角。

荐耻径、中横径的长度决定骨盆入口的大小，两者长度的差决定入口的形状，差越小，越接近圆形。骨盆入口要求大而圆，越大越圆，胎头越容易进入骨盆腔。倾斜度要求大，倾斜度越大，髂骨干越向前方倾斜，骨盆顶后端的活动部分就越向前移，当胎儿通过骨盆狭窄部即两侧坐骨上棘之间时，骨盆顶就容易向上扩大，便于胎儿通过。

(2)骨盆出口

骨盆出口是上由第三尾椎，两侧由荐坐韧带的后缘以及下方的坐骨弓形成。出口的上下径是第三尾椎体和坐骨联合后端连线的长度。由于尾椎活动性大，上下径在分娩时容易扩大。出口的横径是两侧坐骨结节之间的连线，坐骨结节构成出口侧壁的一部分，因此，结节越高，出口的骨质部分越多，越妨碍胎儿通过。

(3)骨盆腔

骨盆入口与骨盆出口之间的腔体，称为骨盆腔。骨盆腔的大小决定于骨盆腔的垂直径及横径。垂直径是由骨盆联合前端向骨盆顶所作的垂线。横径是两侧坐骨上棘之间的距离。坐骨上棘越低，则荐坐韧带越宽，胎儿通过时骨盆腔就越能扩大。

(4)骨盆轴

骨盆轴是一条假想线。它通过入口荐耻径、骨盆垂直径及出口上下径三条线的中点，线上的任何一点距骨盆壁内面各对称点的距离都是相等的。它代表胎儿通过骨盆腔时所走的线路。骨盆轴越短、越直，胎儿就越容易通过。

(三)胎儿

1.胎儿与产道的关系

(1)胎向　胎向即胎儿的方向，它表示胎儿身体纵轴与母体纵轴的关系。胎向有三种。

①纵向：胎儿的纵轴与母体的纵轴互相平行时为纵向。习惯上又将纵向分为两种，一种是胎儿的方向和母体的方向相反，即头和前腿先进入产道，称为正生；二是胎儿的方向和母体的方向相同，即后腿或臀部先进入产道，称为倒生。

②横向：胎儿横卧于子宫内，胎儿的纵轴与母体的纵轴呈水平垂直时为横向。胎儿背部向着产道的，称为背部前置的横向(背横向)；腹壁向着产道(四肢伸入产道)，称为腹部前置的横向(腹横向)。

③竖向：胎儿的纵轴向上与母体的纵轴垂直时为竖向。有的背部向着产道，称为背竖向；有的腹部向着产道，称为腹竖向。

纵向是正常的胎向，横向及竖向是异常的胎向。严格的横向及竖向通常是没有的，只是程度不同地倾向于横向、竖向。

(2)胎位　胎位即胎儿的位置，表示胎儿的背部和母体的背部或腹部的关系。胎位有三种。

①上位(背荐位)：胎儿伏卧在子宫内，背部在上，靠近母体的背部及荐部。

②下位(背耻位):胎儿仰卧在子宫内,背部在下,向着母体的腹部及耻骨。

③侧位(背髂位):胎儿侧卧在子宫内,背部位于一侧,靠近母体左侧或右侧腹壁及髂骨。

上位是正常的,下位和侧位是异常的。侧位如果倾斜不大,称为轻度侧位,仍可视为正常。

(3)胎势　胎势即胎儿的姿势。表示胎儿的头、颈、四肢的弯曲与伸张状态。正生时胎头及两前肢或倒生时两后肢的姿势,伸直进入产道的是正常胎势,如果进入产道的头颈或四肢是弯曲的,就是异常胎势。

(4)前置　前置又称为先露,它是指胎儿最先进入产道的部分。哪一部分向着产道,就称哪一部分前置,在胎儿性难产,常用"前置"这一术语来说明胎儿的异常情况。例如,前肢的腕部是屈曲的,没有伸直,腕部向着产道,称为腕部前置;后肢的髋关节是屈曲的,后肢位于胎儿自身之下,坐骨向着产道,称为坐骨前置。

及时了解产前及产出时胎向、胎位和胎势的变化,对于早期判断胎儿异常、确定适宜助产时间及抢救胎儿生命具有很重要的意义。

2. 产出时的胎向、胎位与胎势的变化

产出时,胎儿的方向不会发生变化,因子宫内的容积不允许它发生改变。胎位和胎势则必须改变,使其肢体成为伸长的状态,以适应骨盆腔的情况,否则就会造成难产。这种改变主要是由于阵缩压迫胎盘上的血管,供氧不足,胎儿发生反射性挣扎所致。在马,因为子宫浆膜下有一交错的斜肌层,它们的斜行收缩可以帮助胎儿向上翻起。使在分娩的第一期中,胎儿由侧位或下位变为上位或轻度侧位,头、腿的姿势由屈曲变为伸直。此外,胎位的改变也可能是由于产力与产道侧壁的形状造成的。例如,胎儿通过骨盆入口时,因其侧壁是向上、向外倾斜的,且不宽大,对胎儿发生限制作用,如果胎儿是侧位,在通过骨盆入口时,其背部就可以沿入口侧壁向上移,变为上位。

胎儿的正常方向必须是纵向,否则一定会引起难产,牛、羊、马的胎儿多半是正生。有人将倒生也看作是正常的,但造成难产情况远较正生时为多。在猪,倒生可达40%～46%,但不会造成难产。牛、羊的瘤胃在分娩时如果比较充盈,则胎儿的方向稍斜,不会是端正的纵向。生双胎时,两胎儿大多是一个正生,一个倒生;有时均为正生或倒生。

正常的胎位是上位,但轻度侧位并不造成难产,也认为是正常的。

四、接产

在自然状态下,动物往往自己寻找安静地方,将胎儿产出,舔干胎儿身上的胎水,并让它吮乳。所以正常情况下对母畜的分娩无须干预。然而,动物驯养以后运动减少,生产性能增强,环境干扰增多,这些都会影响母畜的分娩过程。因此,要对分娩过程加强监视,必要时稍加帮助,以减少母畜的体力消耗,反常时则需及早助产,以免危害母子。应特别指出的是,一定要根据分娩的生理特点进行接产,不要过早、过多地进行干预。

(一)接产前的准备

1. 产房

接产前准备专用的产房或分娩栏。产房除要求清洁、干燥、阳光充足、通风良好无贼风外,还应宽敞,以免因为狭窄使母畜踩伤仔畜或妨碍助产。墙壁及饲槽要便于消毒。猪的产房内还应设仔猪栏，以避免母猪压死仔猪。天冷的时候，产房要温暖，特别是猪，温度应不低于 15 ℃，否则分娩时间延长，且仔猪死亡率升高。

根据预产期，应在产前 7～15 d 将待产母畜送入产房，以便让它熟悉环境。每天应检查母畜的健康状况并注意分娩预兆。

2. 用具及药品

在产房里，接产用具及药品（70％酒精、2％～5％碘酊、煤酚皂溶液、催产药物、注射器及针头、棉花、纱布、常用产科器械、体温表、听诊器及产科绳等）应放在固定的地方，以免临时缺此少彼，造成不便。条件许可时，最好备有一套常用的手术助产器械。常用的用品有细绳、毛巾、肥皂、脸盆、大块塑料布，助产前必须准备好热水。

3. 接产人员

接产人员应当受过接产训练，熟悉各种母畜分娩的规律，严格遵守接产的操作规程及必要的值班制度，尤其是夜间的值班制度，因为母畜常在夜间分娩。放牧的畜群，接产工作往往由放牧人员承担。

（二）接产的方法步骤

为保证胎儿顺利产出和母仔的安全，接产工作应在严格消毒的原则下进行。现以牛为例介绍接产步骤和方法。

（1）清洗母畜的外阴部及其周围，并用消毒药水擦洗。用绷带缠好尾巴，拉向一侧系于颈部。在产出期开始时，接产人员穿好工作服、胶围裙及胶靴，消毒手臂，准备做必要的检查。

（2）为了防止难产，当胎儿前置部分进入产道时，可将手臂消毒后伸入产道，进行临产检查以确定胎向、胎位及胎势是否正常，以便对胎儿的异常做出早期诊断。及早发现、及早矫正，不但容易克服难产，甚至还能救活胎儿。

（3）当胎儿唇部或头部露出阴门外时，如果上面盖有羊膜，可把它撕破，并把胎儿鼻孔内的黏液擦净，以利呼吸。但也不要过早撕破，以免胎水过早流失。

（4）注意观察努责及产出过程是否正常，如果母畜努责阵缩微弱，无力排出胎儿；产道狭窄，或胎儿过大，产仔滞缓；正生时胎头通过阴门困难，迟迟没有进展；倒生时，因为脐带可能被挤压于胎儿和骨盆底之间，妨碍血液流通，均须迅速拉出，以免胎儿因氧的供应受阻，反射性地发生呼吸，吸入羊水，引起窒息。

（三）新生仔畜的护理

1. 预防吸入羊水引起窒息

胎儿产出后，应立即将其鼻、口内及其周围的羊水擦干并观察呼吸是否正常。如无呼吸或呼吸不正常须立即抢救。犬在出生时身上包有一层囊膜，若母犬未撕破应立即撕破。

2. 处理脐带

胎儿产出时，有的脐带随母畜站立或仔畜移动而被扯断，对于大家畜最好将其剪断。但在剪断之前应将脐带内血液挤入仔畜体内，这对增进幼畜健康很有好处。并且脐带断端不宜留过长。断脐后，可将脐带断端在碘酊内浸泡片刻或在其外面涂以碘酊，并将少量碘酊倒入羊膜鞘内。断脐后如有持续出血，须加以结扎。

3.擦干仔畜身体

猪、犬等小动物的胎儿产出后应将其身上的羊水擦干，天冷时尤须注意，以免受到冻害；牿牛和羔羊应让母畜舔干，这样母畜可以吃入羊水，增强子宫收缩，加速胎衣的脱落；并且还可以使母畜识仔，这对在群牧的羊群中建立母子之间的牢固联系具有特别的重要意义。擦干或由母畜舔干仔畜，还可以促进仔畜的血液循环。

4.扶助仔畜站立

大家畜的新生仔畜产出不久即试图站起，但是最初一般是站不起来的，宜加以扶助，以免摔伤或骨折。

5.辅助哺乳

仔畜出生后一般都能自行寻找乳头吮乳。但对于体弱仔畜或母性不强而拒绝哺乳的母畜，应辅助仔畜找到乳头或强迫母畜哺乳，让仔畜及时吮乳。对于猪等多胎动物，在分娩结束前，就应让已出生的仔畜吮乳，以免仔畜的叫声干扰母畜继续分娩。在辅助仔猪哺乳时，可按强弱相对固定乳头。

6.预防注射

对新生仔畜和母畜最好注射破伤风抗毒素，以防感染破伤风。

7.寄养或人工喂养

寄养就是给那些母畜无乳或死亡，或因产仔过多而得不到哺乳的新生仔畜找产期相近的保姆畜代哺乳。但母畜一般对非亲生仔畜排他性很强，寄养前可在仔畜身上涂以保姆畜的乳汁或尿液，使仔畜身上带有保姆畜的气味，然后将仔畜放在保姆畜身边。尽管如此，有些保姆畜仍然怀疑而咬伤仔畜，故在寄养的头几天应注意监护。如果一时找不到合适的保姆畜，也可用牛奶或代乳品进行人工喂养。

知识拓展

妊娠特殊诊断

妊娠特殊诊断方法是指利用特殊仪器设备或较复杂技术进行妊娠诊断的方法。妊娠特殊诊断方法包括阴道活体组织检查法、X线诊断法、胎儿心电图诊断法、超声波诊断法等，在此仅将目前应用较多且有推广应用前景的超声波诊断法做一些简单的介绍。

超声波诊断仪包括A型超声波诊断仪、D型超声波诊断仪、B型超声波诊断仪三种类型，其中B型超声波诊断仪在人医和兽医临床上应用最为广泛。超声波诊断与CT、磁共振(MRI)和核素共同构成现代医学上的四大影像诊断技术。

一、A型超声波诊断仪

A型超声波诊断仪以一维波的形式显示超声回声信号，波幅的高低代表回声的强弱，无回声信号则出现平段。均匀液体介质不产生反射，呈现液体平段；均匀实质器官或肌肉等在仪器增益后，其中组织结构会产生小的反射波幅，呈现实性平段。据此可以诊断妊娠、未孕和子宫积液等，但不如B型超声波诊断仪所显示的图像直观，目前在兽医妊娠诊断上应用较少。

二、D型超声波诊断仪

D型超声波诊断仪又称多普勒超声波诊断仪，其原理是当探头和反射界面之间有相对运动时，反射信号的频率会发生变化，即出现多普勒频移，用检波器将此频移检出、处理后，变成音频信号输出，以此来进行妊娠诊断。D型超声波诊断仪主要用于检测动物体内的活动器官，可通过监听子宫动脉血流音、胎儿心音、脐带血流音及胎盘血流音等来判断动物是否妊娠。

三、B型超声波诊断仪

B型超声波诊断仪采用的是辉度调制，以光点的亮暗反映信号的强弱。应用B型超声波诊断仪能实时显示被查部位的二维断层图或切面显像，反映该部位的活动状态，故B型超声波诊断仪又称为实时超声断层显像诊断仪，简称B超。B超可以清晰地显示各脏器及周围器官的各种断面图像，彩色显像使B超的图像更富有实体感，更接近于解剖的真实结构，所以，B超在人医临床上被广泛应用。在兽医临床上，B超主要用于对妊娠期动物子宫和胎儿的监测。

1. 原理

B超是通过脉冲电流引起超声探头晶体振动发射出多束超声波，在一个断面上探测，并利用超声波在各组织中传播时的反射强度差异，将其转化为脉冲信号，在显示屏上以明暗不同的光点显示出被测部位组织断面的图像。例如，当探测到液体时，声波无反射，显示无回声的黑色；当探测到致密组织或空气时，声波反射加强，显示强回声的白色。

2. 主要构成

B超主要由带有显示屏的扫描仪和探头组成。扫描仪分为实时线阵扫描仪和实时扇形扫描仪，分别配有线阵扫描探头和扇形扫描探头。前者扫描图像为矩形，后者扫描图像为扇形。

目前，兽医临床上使用的超声扫描探头有体外用超声扫描探头、直肠用超声扫描探头、阴道用超声扫描探头，且扫描探头的频率多为3.5 MHz、5.0 MHz和7.5 MHz。探头频率越高，则分辨率越高，所得图像就越清楚，但探测深度有限。所以，探查精细结构时用高频探头，进行较深部探查时用低频探头。

3. 牛B超妊娠诊断

常采用5.0 MHz或7.5 MHz直肠探头。检查时，先掏出直肠中的宿粪，将探头涂上耦合剂，然后用手带入直肠中，隔着肠壁将探头放在牛生殖器官的相应部位，即可看到相应的超声图像。

配种怀孕10～17 d，在妊娠侧子宫角中开始出现圆形或长形胚泡超声图像，直径大约2.0 mm，长度4.5 mm；妊娠20 d左右，出现胚体图像，胚体长3.8 mm，并可探测到胚体的心搏动；妊娠30 d左右，在胚体周围开始出现羊膜回声图像；妊娠35 d左右，可探查到子宫壁上的子叶；妊娠42 d左右，可观察到胎动；妊娠60 d左右，胚体长约66 mm。用B超进行牛妊娠早期诊断的最适宜时间为28～30 d，妊娠诊断准确率为90%～94%。

4. 羊B超妊娠诊断

利用B超对羊进行妊娠诊断，一般采用直肠探查和体外探查配合进行的方法，但在实际工作中以直肠探查为主。

将羊站立保定，用手指排除直肠内的宿粪，将直肠探头涂上耦合剂或蘸温水后送入直肠。

直肠探头在骨盆腔入口处向下呈45°～90°移动、探查，然后通过显示屏观察超声图像，判断是否怀孕。

体外探测部位为羊乳房两旁和后肢之间的无毛区域。将母羊侧卧保定，将探头涂上耦合剂后，探头和皮肤垂直压紧，以均匀的速度或适当改变角度紧贴皮肤移动，然后通过显示屏观察超声图像，判断是否怀孕。

用B超进行羊妊娠诊断时，所观察的主要内容是胎囊、胎体、胎心搏动及子叶胎盘。一般可在配种20 d后做出确诊。

5. 犬猫B超妊娠诊断

犬猫的B超妊娠诊断常通过体外腹壁探测进行，常用探头为5.0～7.5 MHz的线阵扫描探头或扇形扫描探头，大型犬有时也用直肠探头。犬猫做妊娠诊断时，多采用侧卧或仰卧姿势，也可采用站立姿势。一般在配种20 d后对犬猫进行B超妊娠诊断，探测部位为腹底壁或腹侧壁，在耻骨前缘的腹中线及乳房两侧。探查前必须剪毛，尤其是绒毛较厚者更需要。在探测部位前后做横向、纵向和斜向三个方位的平扫切面观察。

妊娠20 d，胚泡呈壶腹型，内径10～20 mm；妊娠23～25 d，可见胚体（在绒毛膜囊内出现强回声的光亮团块）；妊娠30 d，胎心内可见心跳，能分辨出头和躯干；妊娠31～35 d，能分辨出四肢和脑脉络；妊娠35～40 d，开始骨化。

犬早孕阴性判定需谨慎，因为犬子宫角在未孕和妊娠20 d之前均很细（一般直径不到1 cm），且几乎看不到管腔，故B超难以探查到。当怀疑早孕阴性时，应在23～25 d甚至更后的妊娠期多次细致复查，怀仔数很少时更易出现早孕阴性判断失误。

在所有的妊娠诊断方法中，临床诊断方法最为简便易行，直肠触诊在牛、马妊娠诊断上仍具有重要意义。实验室诊断比较麻烦，早期诊断的客观性较强，简化实验室妊娠诊断方法，使其满足临床应用需要是实验室妊娠诊断方法上的一个研究重点。特殊诊断法诊断准确率高，但其缺点是要求的设备条件较高。所以，不断完善动物妊娠诊断方法，研发快速方便的妊娠诊断手段，仍然具有重要的现实意义。

项目八 怀孕期疾病

学习目标

☞ 了解流产与阴道脱的病因，掌握其症状、诊断及治疗方法。

☞ 了解产前截瘫与妊娠浮肿的概念、病因，掌握其症状、诊断及治疗方法。

素养目标

☞ 增强沟通交流能力，培养团队协作能力。

☞ 培养正确的临床思维能力和创新发展观。

任务一 流 产

流产又称妊娠中断，是指由胎儿或母体异常导致妊娠生理过程紊乱，或它们之间的正常关系受到破坏而导致的妊娠中断。它可以发生在妊娠的各个阶段，但以妊娠早期较为多见。母体可以排出死亡的孕体，也可以排出存活但不能独立生存的胎儿。如果母体在怀孕期满前排出成活的未成熟胎儿，称为早产；如果在分娩时排出死亡的胎儿，则称为死产。各种家畜均能发生流产，乳牛流产的发病率在10%左右，即使在无布鲁氏菌病流行的地区，发病率也为2%～5%。流产造成的经济损失是严重的，它不仅能使胎儿夭折或发育受到影响，而且还会影响母畜的生产性能和繁殖性能。

(一)病因

流产的原因极为复杂，大致可归纳为三类，即普通性流产(非传染性流产)、传染性流产和寄生虫性流产。每类流产又可分为自发性流产和症状性流产。前者是胎儿及胎盘发生反常或直接受到影响而发生的流产；后者是孕畜患某些疾病的一种症状，或是饲养管理不当导致的结果。

1. 普通性流产(非传染性流产)

普通性流产原因可以大致归纳为以下几种。

(1)胎膜及胎盘异常　胎盘及胎膜是维持胎儿发育的重要的暂时性器官，如果胎膜发生反常，胎儿与母体之间的联系及物质交换就会受到限制，胎儿就不能正常发育，最后导致胎儿死亡。先天性因素可以导致胎膜异常，如子宫发育不全、胎膜绒毛发育不全，这些先天性因素所引起的病理变化，可导致胎盘结构异常或胎盘数量不足。后天性的子宫黏膜发炎变性，也可导致胎盘异常。

(2)胚胎过多　子宫内胎儿的多少与遗传和子宫容积有关。猪在胚胎过多时，发育迟缓的胚胎受邻近胚胎的排挤，不能和子宫黏膜形成足够的联系，血液供应受到限制，即不能继续发育。牛、羊双胎，特别是两胎儿在同一子宫角内，流产概率也比怀单胎时高。这些情况都可以看作是自发性流产的一种。

(3)胚胎发育停滞　在妊娠早期的流产中，胚胎发育停滞是胚胎死亡的一个重要组成部分，发育停滞可能是由于卵子或精子有缺陷、染色体异常或由于配种过迟、卵子老化而产生的异倍体；也可能是由于近亲繁殖，受精卵的活力降低，所以囊胚不能发生附植或附植后不久死亡。有的畸形胎儿在发育中途死亡，但也有很多胎儿能够发育到足月。

(4)生殖器官疾病　母畜生殖器官疾病所造成的普通性流产较多。患局限性慢性子宫内膜炎时，有的交配可以受孕，但在妊娠期间如果炎症发展，则胎盘受到侵害，胎儿死亡。患阴道脱出及阴道炎时，炎症可以破坏子宫颈黏液塞，侵入子宫，引起胎膜炎，危害胎儿。此外，先天性子宫发育不全、子宫粘连等，也能妨碍胎儿的发育，妊娠至一定阶段即不能继续下去。胎水过多，胎膜水肿等偶尔也能引起流产。妊娠期激素失调，也会导致胚胎死亡及流产，其中直接有关的是孕酮、雌激素和前列腺素。母畜生殖道的功能状况，在时间上应和受精卵由输卵管进入子宫及其在子宫内的附植处于精确的同步阶段。激素作用紊乱，子宫环境即不能适应胚胎发育的需要而发生早期胚胎死亡。若孕酮不足，也能使子宫不能维持胎儿的发育。

非传染性全身疾病，如马疝痛及牛、羊的瘤胃臌气等，可能因反射性地引起子宫收缩，或起卧打滚，引起流产。患顽固性前胃弛缓及真胃阻塞，拖延时间长的母牛，也能够导致流产。马、驴患妊娠毒血症，有时也会发生流产。此外，能引起体温升高、呼吸困难、高度贫血的疾病，都有可能发生流产。

(5)饲养性流产　饲料数量严重不足和矿物质含量不足均可引起流产。缺硒地区的家畜除表现缺硒症状外，有时也会发生散发性流产。此外，饲料品质不良及饲喂方法不当，如饲喂霉败饲料，饲喂大量饼渣，喂给含有亚硝酸盐、农药或有毒植物的饲料，以及用煮马铃薯的水(内含龙葵素)喂猪等，均可使孕畜中毒而流产。孕畜由舍饲突然改为放牧，饥饿后饲喂大量可口饲料，引起消化紊乱或疝痛而导致流产。另外，采食霜冻草、露水草、冰冻饲料，饮冷水，尤其是出汗、空腹及清晨饮冷水或吃雪，均可反射性地引起子宫收缩，从而将胎儿排出。这种流产多见于马、驴，且常发生在霜降、立春等天气骤冷或乍暖的时候。

(6)中毒性流产　霉玉米喂牛后引起流产，原因是串珠镰刀菌繁殖而产生玉米赤霉烯酮。有些重金属中毒也可导致流产，如镉中毒、铅中毒。细菌内毒素也能引起流产。

(7)管理不当　主要由于管理及使用不当，使子宫和胎儿受到直接或间接的机械性损伤，或孕畜遭受各种逆境的剧烈危害，引起子宫反射性收缩而发生散发性流产。这在马、驴发生很多。腹壁的碰伤、顶撞和踢伤，母畜在泥泞、结冰、光滑或高低不平的地方跌倒，抢食以及出入圈舍时腹部挤压均可造成流产。剧烈的运动、跳越障碍或沟渠、上下陡坡等，都会使胎儿受到振动而流产。使役过久或过重、孕畜极度紧张疲劳、惊群惊吓等，都有可能引发流产。

(8)医疗错误　临床上，给孕畜全身麻醉、大量放血、服用大量泻剂、驱虫药、利尿药、注射某些能引起子宫收缩的胆碱类、麦角类、肾上腺皮质激素类药物，误用大量的雌激素、前列腺素以及忌服的乌头、附子、红花、麝香等中药，均有可能引起流产。粗鲁的直肠或阴道检查、超声波(阴道、直肠探入)诊断、假发情时误配(马、驴)，也可能引起流产。

2.传染性流产

很多病原微生物都能引起临床流产，如病毒、细菌、真菌、衣原体等所致的传染病均可导致流产，如布鲁氏菌、钩端螺旋体、牛病毒性腹泻病毒、支原体、李氏杆菌等。

3.寄生虫性流产

由寄生虫寄生引起的流产，奶牛也有发生，如新孢子虫病、毛滴虫病等。

(二)症状

由于流产的原因、时期及孕畜机体反应能力的不同，流产所表现的症状及结果也有差别。

1.隐性流产

胚胎在子宫内被吸收，称为胚胎消失或隐性流产。母畜怀孕后经检查确诊，但经过一段时间怀孕现象消失，且无明显临床症状而怀孕中断，不久又出现再发情，从阴门流出较多的分泌物。

2.小产

即排出死亡的胎儿，是最常见的一种流产。胎儿已成形，多数母牛无临床症状，只有当流产胎儿较大，或排出受阻时，乳牛表现出乳房增大，站立不安，检查阴道见子宫颈口稍开张，子宫内混有褐色不洁的黏液。

3.早产

有与正常分娩类似的前征和过程，排出不足月的胎儿，称为早产。一般在流产前 2～3 d，乳房胀大，阴唇肿胀，乳房可挤出清亮的液体。腹痛，努责，从阴门流出分泌物或血液。流产胎儿体小、软弱，有的会吸吮，有的无吸吮能力，会吸吮、能吃奶者如果精心护理，仍有成活的可能。

4.延期流产

胎儿死亡后由于卵巢上的黄体功能仍然正常，子宫收缩轻微，胎儿死亡后长期停留于子宫内，这种流产称为延期流产，也称为死胎停滞。其表现形式有两种，即胎儿干尸化和胎儿浸溶。

(1)胎儿干尸化　又称为干胎、木乃伊胎。一般来说，胎儿死后不久，母体就把它排出体外。但如果黄体不萎缩，仍保持其功能，则子宫并不强烈收缩，子宫颈也不开放，胎儿仍可留于子宫中。因为子宫腔与外界隔绝，阴道中的细菌不能侵入，如果细菌也未通过血液进入子宫，胎儿就不腐败分解。胎水及胎儿组织中的水分逐渐被吸收，胎儿变干，体积缩小，头及四肢缩在一起，变为棕黑色，好像干尸，这就是胎儿干尸化(图 2-8-1)。猪较多见，部分胎儿干尸化若不影响其他胎儿发育，则无须处理。

干尸化胎儿可在子宫中停留相当长的时期。母牛一般是在妊娠期满后数周内，黄体的作用消失而再发情时，才将胎儿排出。排出胎儿有时也可发生在妊娠期满以前，个别的干尸化胎儿则长久停留于子宫内而不能排出。

胎儿排出前，母牛不出现明显的临床症状，所以不易发现。但如果经常注意母牛的全身状况，则可发现母牛妊娠至某一时间后，妊娠的外表现象不再继续发展。直肠检查感到子宫呈圆球状，其大小依胎儿死亡时间的不同而异，且较妊娠月份应有的体积小得多。一般大如人头，但也有较大或较小的。内容物很硬，无弹性，这就是胎儿。子宫壁紧包着胎儿，摸不到胎动、胎水及子叶。有时子宫与周围组织发生粘连，卵巢上有黄体，摸不到妊娠脉搏。

(2)胎儿浸溶　妊娠中断后,死亡胎儿的软组织分解,变为液体流出,而骨骼则留在子宫内,称为胎儿浸溶。牛胎儿浸溶时,精神沉郁,体温升高,食欲减退或废绝,消瘦,腹泻,努责,从阴门流出红褐色或棕黑色黏稠液体,具腐臭味,内含碎小骨片,最后仅排出脓液,黏附于尾根及坐骨结节上。阴道检查见子宫颈开张,阴道黏膜呈暗红色,内积有褐红色黏液、骨碎片或脓液。在子宫颈内或阴道中可以摸到胎骨。直肠检查:子宫颈粗大,子宫壁厚,可触摸到潴留在子宫内的骨片,捏挤可感觉到骨片摩擦音(图 2-8-2)。

图 2-8-1　牛胎儿干尸化

图 2-8-2　浸溶胎儿的骨片

猪发生胎儿浸溶时,体温升高,不食,喜卧,心跳和呼吸加快,阴门中流出棕黄色黏性液体。

(三)诊断

(1)母畜配种后已确认怀孕,但过一段时间再次发情。

(2)妊娠期未满,孕畜腹痛、拱腰、努责,从阴门流出分泌物或血液,进而排出死胎儿或不足月的胎儿。

(3)怀孕后期腹围不再增大反而逐渐变小,有时从阴门排出污秽恶臭的液体,并含有胎儿组织碎片。

(四)治疗

1. 保胎、安胎

若孕畜出现腹痛不安、呼吸和脉搏加快等临床症状,即可能发生流产。经检查子宫颈紧闭,胎儿尚活着的牛只,应进行安胎、保胎。黄体酮,肌内注射,马、牛 1～2 mL,羊、猪 0.3～0.5 mL,犬 0.04～0.1 mL,每日或隔日一次,连用数次。盐酸氯丙嗪,肌内注射,牛、马 1～2 mg/kg 体重,羊 1～3 mg/kg 体重,猪 2 mg/kg 体重。马还可用 5%水合氯醛溶液 200 mL,静脉注射。

为防止习惯性流产,在怀孕的一定时期可用黄体酮注射液。

2. 促使胎儿排出

先兆流产经上述处理,病情仍未稳定下来,阴道排出物继续增多,起卧不安加剧;阴道检查,子宫颈口已经开放,胎囊已进入阴道或已破水,流产已在所难免,应尽快促使子宫内容物排出,以免胎儿死亡腐败引起子宫内膜炎,影响以后受孕。可肌内注射垂体后叶,牛、马 50～80 IU,猪、羊 5～10 IU,促使胎儿排出。或按助产原则引出胎儿,以免胎儿腐败诱发子宫内膜炎。若引出困难,可施行截胎术。引出胎儿后应进行子宫洗涤,并向子宫内注入抗生素。

3. 对延期流产的治疗

用 0.2%高锰酸钾液灌入产道内,并灌入温肥皂水或液状石蜡,用绳拴于胎儿前置部位,向外牵引，如胎儿因气肿拉出困难，可以采用切开皮肤放气，再牵引。必要时可采取截胎术；胎儿牵出后，用0.2%高锰酸钾液反复冲洗子宫，催产素15～20 IU，肌内注射；金霉素粉2 g，溶解后灌入子宫。

（五）预防

由于引起流产的因素较多，流产后又无典型的病理特征，特别是散发，这就给诊断、防制带来了困难；加上生产单位条件所限，化验检测手段的欠缺，致使真正流产原因不明，为了能使流产尽量减少，应采取如下预防措施。

1. 加强饲养管理，增强奶牛体质

（1）日粮供应要合理，要充分注意饲料中矿物质、维生素和微量元素的供应量，以防营养缺乏症的发生。饲料品质要好，严禁饲喂发霉、变质饲料。

（2）加强责任心，提高管理技术水平。不哄赶牛，不鞭打牛，给牛提供良好的生存环境；兽医、配种员要严格遵守操作规程，防止技术事故的发生。

（3）对临床病牛要做出正确诊断，并及时采取有效治疗方法，尽早促进康复，防止因治疗失误、拖延病程而引起继发感染。

2. 加强防疫，定期进行疫病普查

保证牛群健康、无疫病，这是奶牛场首要目标；定期进行疫病普查，这是保证牛群健康的必要手段，也是防止流产的主要措施。因此，在牛场内，每年应定期地对布鲁氏菌病、牛传染性鼻气管炎、牛病毒性腹泻-黏膜病等目前牛场内易流行的疫病做血清学检查，以了解其感染牛群状况，也为判定流产提供依据；对于感染严重的牛场，应按传染病控制方法处理，必要时予以接种疫苗。上述疫病也可通过精液传播，因此应检查公牛的健康状况，对于患有能引起流产疫病的公牛予以淘汰，或不使用其精液。

凡欲引进牛只时，要进行疫病检查，不要把病牛引入牛场，以防其扩散而带来临床流产的发生。

3. 加强对流产母牛及胎儿的检查

流产后，对流产母牛应单独隔离，全身检查，胎衣及产道分泌物应严格处理，确定无疫病时，再回群混养。对流产胎儿及胎膜，应注意有无出血、坏死、水肿和畸形等，详细观察、记录。为了确定病因与病性，可采集流产母牛的血液或血清、阴道分泌物及胎儿的真胃、肝、脾、肾、肺等器官，进行微生物学和血清学检查，从而真正了解流产原因，并采取有效方法，予以防制。

任务二　产前截瘫

产前截瘫是母畜怀孕末期，发生后肢不能站立，而又无其他特殊异常变化的一种疾病，多发生在产前1个月左右。该病在各种家畜均有发生，但以牛和猪多见，马也偶有发生。此病带有地域性，有的地区常大量发生，同时也多见于冬春两季。在南方，猪在多雨季节也可发生。乏弱衰老的孕畜更容易发病。

（一）病因

产前截瘫的病因十分复杂，到目前为止尚未研究清楚。常见于以下原因。

1. 钙、磷与维生素 D 不足

这是引起产前截瘫的主要原因。正常情况下骨骼、体液以及其他组织中的钙、磷，都是维持动态平衡的。若食物中钙、磷含量不足或比例失调，骨中钙盐就会沉着不足，同时血钙浓度也下降，从而促进甲状旁腺素分泌增加，刺激破骨细胞的活动，而使骨盐（主要为磷酸钙、碳酸钙、枸橼酸钙）溶解，释入血中，维持血浆中钙的生理水平，骨的结构因此受到损害，导致瘫痪。妊娠末期，由于胎儿发育迅速，对矿物质的需求增加，母体优先供应胎儿的需要而使本身不足；而子宫的重量也大为增加，且骨盆韧带变松软，因而后肢负重发生困难，甚至不能起立。

长期饲喂含磷酸及植酸多的饲料，过多的磷酸及植酸与钙结合，形成不溶性磷酸钙及植酸钙，随粪便排出，使消化道吸收的钙减少。有些地区土壤及饮水（特别是井水）中普遍缺磷，因而骨盐不能沉着。胃肠功能紊乱、慢性消化不良、维生素 D 不足等，也能妨碍钙经小肠吸收，使血钙浓度降低。

2. 诱因

孕畜缺乏运动，多胎和胎水过多，妊娠后期后躯负重增加；母畜过度瘦弱，年老；铜、钴、铁等微量元素缺乏，也是本病的诱因。

（二）症状

牛产前截瘫主要发生在后肢，一般在分娩前一个月左右逐渐出现运动障碍。最初仅见站立时无力，两后肢经常交替负重；行走时后躯摇摆，步态不稳；卧下时起立困难，因而长时间卧地。以后症状加重，后肢不能起立。有时可能因步态不稳而滑倒后发病（图 2-8-3）。

图 2-8-3　奶牛的产前瘫痪

临床检查，后肢无可见的病理变化，触诊无疼痛表现，反应正常。如距离分娩时间尚早，患病时间长，则可能发生褥疮及患肢肌肉萎缩，有时伴有阴道脱出。通常没有明显的全身症状，但有时心跳快而弱。分娩时，母牛可能因轻度子宫捻转而发生难产。

猪多在产前几天或数周发病。最初的症状是卧地不起，站起时四肢强拘、系部直立、行动困难。与牛不同的是，最先是一前肢跛行，表现异常，然后波及四肢。时间久了，触诊掌（跖）骨有疼痛，表面凹凸不平，不愿站起；驱赶行走不敢迈步，疼痛嘶叫，甚至两前腿跪地爬行。病猪常有异食癖、消化紊乱、粪便干燥。

（三）诊断

（1）妊娠后期发病，后肢瘫痪。

（2）后肢瘫痪的局部不表现任何病理变化。

（3）痛觉检查反射正常。

二维码 2-8-1　奶牛的产前瘫痪

（四）治疗

怀孕后期加强饲养管理，给予富含钙、磷及维生素的饲料，并加强运动。对于不能站立的患病动物，应多铺垫草，经常翻身，以防发生褥疮。

应用钙制剂。静脉注射 10% 葡萄糖酸钙溶液，牛 250～500 mL，猪

50～100 mL；或静脉注射 5%氯化钙注射液，牛 200～400 mL，猪 40～60 mL。为了促进钙盐吸收，可肌内注射维生素 D_2 胶性钙（1 mL 含维生素 D_2 5 000 U），牛 5～20 mL，羊、猪 2～4 mL；或肌内注射维生素 AD 注射液，牛 5～10 mL，羊、猪 2～5 mL。

如有消化紊乱、便秘、瘤胃臌气等，应对症治疗。对缺磷的孕畜可静脉注射磷酸二氢钠。

电针百会、巴山及后海等穴或穴位注射维生素 B_2 10 mL，有一定疗效。

（五）预防

妊娠母畜的饲料中要含有足够的钙、磷及微量元素，因此需要补加骨粉、蛋壳粉等动物性饲料；也可根据当地草料、饮水中钙、磷的含量，添加相应的矿物质。粗、精、青饲料要合理搭配，要保证孕畜吃上青草及青干草。一般来说，只要钙、磷的供应能够满足需要，并不需要额外补充维生素 D，但冬季舍饲的孕畜应多晒太阳。

如因草场不好，牛在冬末产犊期前发生截瘫的较多，可将配种时间推后，使产犊期移至青草长出以后。产前一个多月如能吃上青草，则对预防母牛截瘫效果良好。

任务三　阴道脱

阴道脱是指阴道壁的一部分形成皱襞，突出于阴门之外，或者整个阴道翻转脱垂于阴门之外。常发生于妊娠末期，但也可发生于妊娠 3 个月后的各个阶段以及产后期。本病多发生于牛，其次是羊、猪，马较罕见。绵羊常发生于干乳期和产羔后，但主要发生于妊娠末期。水牛偶见于发情时。

（一）病因

阴道脱主要是由固定阴道的组织迟缓、腹内压增高及强烈努责而引起的。

（1）孕畜老龄经产、饲料不足、矿物质缺乏、瘦弱及运动不足等，易使固定阴道的组织弛缓无力。

（2）孕畜长期卧于前高后低的地面上，或胎儿过大、胎水过多，或单胎动物双胎怀孕等，使韧带持续伸张，易发生阴道脱。

（3）孕畜由于腹内压持续增高，如瘤胃臌气、便秘、腹泻、阴道炎、分娩及难产时努责等，压迫松弛的阴道壁，也可引起阴道脱。

（4）当难产、不正确的引产以及胎衣不下强力牵拉时，常会导致本病的发生。

（二）症状

根据阴道脱出程度可分为部分阴道脱和完全阴道脱。

1. 部分阴道脱

病初孕畜卧下时，在阴门开张处，见到形如鹅卵至拳头大或更大的红色或暗红色的半球状突出物，站立时缓慢缩回。如此长期反复脱出，阴道壁组织逐渐松弛，站立后也难以回缩，且逐渐增大，黏膜红肿、干燥（图 2-8-4）。

2. 完全阴道脱

多由部分阴道脱发展而来，可见形似排球至篮球大的球状物突出于阴门外（图 2-8-5），表面光滑，患病动物站立也不能缩回。其末端有子宫颈外口，尿道外口常被压在脱出阴道部分的底部，故虽能排尿但不流畅。脱出的阴道，初呈粉红色，后因空气刺激和摩擦而淤血水肿，渐成紫红色肉冻状，表面常有污染的粪，进而出血、干裂、结痂、糜烂等。个别的伴有膀胱脱出。

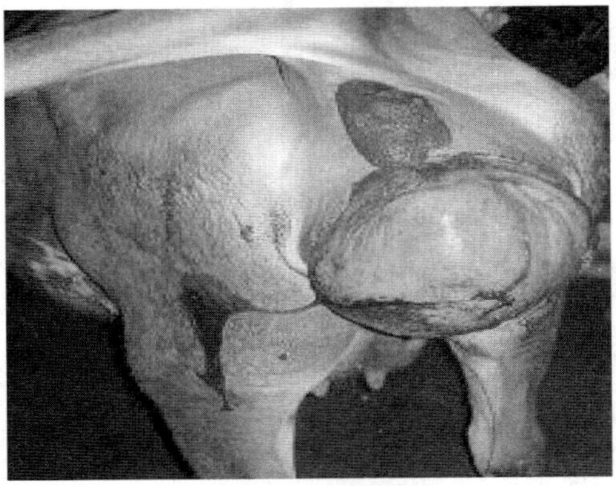

图 2-8-4 阴道部分脱出

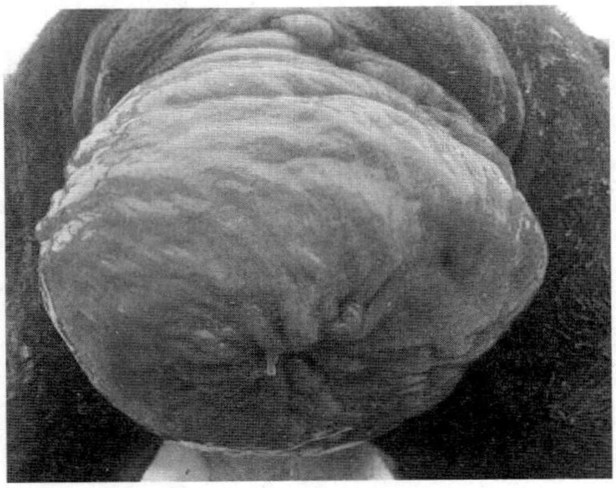

图 2-8-5 阴道完全脱出

(三)防治

防治方法因脱出的程度不同而异。

(1)部分脱出

站立时能自行缩回的，一般不需整复和固定。在加强运动、增强营养、减少卧地，并使其保持前低后高的基础上，灌服具有“补虚益气”功效的中药方剂，多能治愈。当站立时，不能自行缩回者，则应进行整复固定，并配以药物治疗。

(2)完全脱出

治疗应行整复固定，并配以药物治疗。整复时，将患病动物保定在前低后高的地方，裹扎尾巴并拉向体侧，选用 2%明矾水、1%食盐水、0.1%高锰酸钾溶液等，清洗局部及其周围；水肿严重时，热敷挤揉或针刺水肿黏膜，以使水肿液流出。然后用消毒的湿纱布或涂有抗菌药物的油纱布把脱出的阴道托起，在家畜不甚努责的时候用手将脱出的阴道向阴门内推送，待全部推入阴门以后，再用拳头将阴道推回原位。最后在阴道腔内注入消毒药液，或在阴门两旁注入抗生素，以便消炎，减轻努责。整复后，对反复脱出的患病动物，必须进行固定，可采用压迫固定阴门、缝合阴门等方法。当患病动物剧烈努责而影响整复时，可做尾间隙硬膜外腔麻醉。脱出的阴道有严重感染和坏死时应施以全身疗法，必要时可行阴道部分切除术。

(3)预防措施

加强饲养管理，给予营养全面且足够的日粮，加强运动，防止过度劳役和损伤阴道，预防和及时治疗增加腹压的各种疾病。

任务四 妊娠浮肿

孕畜浮肿又称妊娠浮肿，是妊娠末期母畜腹下及后肢等处发生的非炎性水肿。浮肿面积小，症状轻的，是妊娠末期的一种正常生理现象；浮肿面积大，症状严重的，才认为是病理状态。

此病多见于马，有时也见于牛，主要是乳牛，一般开始发生于分娩前1个月左右，产前10 d变得最为显著，分娩后2周左右自行消退。

（一）病因

妊娠末期，因胎儿生长发育迅速，子宫体积随之增大，使腹内压增高。同时，妊娠末期乳房肿大，孕畜的运动也减少，因而腹下、乳房及后肢的静脉血流滞缓，导致静脉滞血，毛细静脉管壁渗透性增高，使血液中的水分渗出增多，同时也妨碍组织液回流至静脉内。发生组织间隙液体蓄积，引起水肿。

妊娠母畜新陈代谢旺盛，迅速发育的胎儿、子宫及乳腺都需要大量的蛋白质等营养物质，同时孕畜的全身血液总量增加，有稀释血浆蛋白的作用，因而使血浆蛋白浓度降低。如孕畜饲料中的蛋白质不足，则血浆蛋白进一步减少，使血浆蛋白胶体渗透压降低，阻止组织中水分进入血液，破坏血液与组织液中水分的生理动态平衡，因此也导致组织间隙水分增多。

妊娠期间，内分泌腺功能发生一系列变化，如体内抗利尿素、雌激素及肾上腺分泌的醛固酮等均增多，使肾小管远端钠的重吸收作用增强，组织内的钠量增加，引起机体内水的潴留。

妊娠期间，因新陈代谢旺盛及循环血量增加，使心脏及肾脏的负担加重。在正常情况下，心脏及肾脏有一定的生理代偿能力，故不出现病理现象。如孕畜运动不足，机体衰弱，特别是有心脏及肾脏疾病时，则容易发生水肿。

（二）症状

浮肿常从腹下及乳房开始出现（图2-8-6），以后逐渐向前蔓延至前胸，向后延至阴门（图2-8-7），有时也可涉及后肢的跗关节及球节，浮肿一般呈扁平状，左右对称。触诊感觉其质地如面团，留有指压痕，皮温稍低，无被毛部分的皮肤紧张而有光泽。通常无全身症状，如浮肿严重，则可出现食欲减退、步态强拘等现象。

图2-8-6　产前乳房浮肿

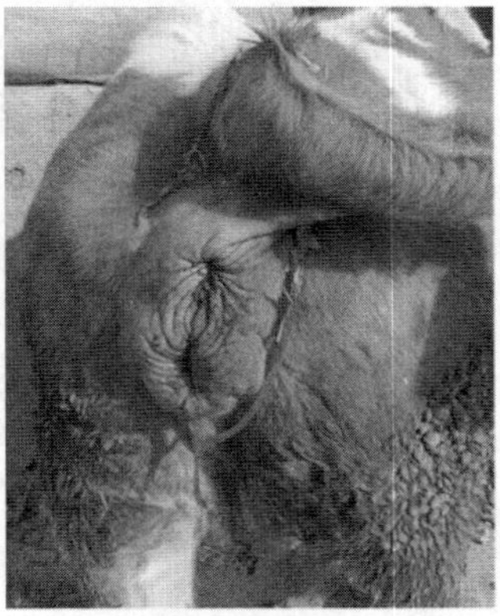

图2-8-7　产前阴门浮肿

（三）治疗

治疗方法以改善饲养管理条件为主，给予蛋白质丰富的饲料，限制饮水，减少多汁饲料及食盐。轻者不必治疗；严重者可应用强心、利尿剂（25%葡萄糖溶液200 mL、10%樟脑磺酸钠注射液10 mL、5%氯化钙注射液200 mL、10%水杨酸钠注射液100 mL），一次静脉注射，1次/d，连用2～3次；重症者可用50%葡萄糖500 mL、10%葡萄糖1 500 mL、10%葡萄糖酸钙500 mL、水解蛋白500 mL、10%樟脑磺酸钠注射液10 mL，一次静脉注射，1次/d，连用数次。

项目九
助产与难产处理技术

学习目标

☞ 认识生产实践中常用的产科器械，掌握其使用方法，并能够根据需要合理使用产科器械。

☞ 通过对难产病例的产道、胎儿及全身状态仔细地检查和周密地分析，能确定难产的原因及性质，能够处理常见的难产。

☞ 掌握胎儿矫正术、胎儿牵引术、剖腹产术等的操作方法。

素养目标

☞ 养成服从命令、听党指挥的基本素质。

☞ 培养安全规范操作的意识和自我医学防护的素养。

☞ 增强团队协作能力。

任务一　难产的检查

分娩时，由于各种原因引起胎儿不能由产道顺利娩出称为难产。难产如果处理不当，不仅会危及母体及胎儿的生命，而且往往能引起母体生殖道疾病，影响以后的繁殖力。因此，积极预防及正确处理难产，是兽医产科工作者的一项极为重要的任务。

一、难产的原因

难产的发病原因比较复杂，分娩的正常与否主要取决于产力、产道及胎儿三个方面。正常情况下，三者总是相互协调的，从而使分娩能顺利地进行。如果其中任何一种因素发生异常，不能将胎儿顺利排出，就会使胎儿的产出过程延迟或受阻，造成难产。因此难产按其直接原因可以分为产力性难产、产道性难产及胎儿性难产三类，其中前两类又可合称为母体性难产。

1. 产力异常

产力异常包括阵缩及努责微弱。主要是由于母体营养不良、过度肥胖、缺乏运动、年老体弱、疾病、疲劳及分娩时外界因素的干扰等，引起产力减弱或不足。此外，不适时地给予子宫收缩剂，也可引起产力异常。

2. 产道异常

如骨盆畸形、骨折，子宫颈、阴道及阴门的瘢痕、粘连和肿瘤，以及母体在生长期发育不良，都可造成产道的狭窄和变形而导致难产。

3. 胎儿异常

胎儿活力不足，胎儿畸形，胎儿过大，胎位、胎势以及胎向的异常，都可导致胎儿难以通过产道。

二、难产的检查

(一)产道检查

首先清洗和消毒母体的外阴部及检查者的手臂，然后手臂涂液状石蜡后伸入产道，检查产道、骨盆腔是否狭窄，子宫颈是否完全开张，产道是否干燥以及有无水肿和损伤等。

(二)胎儿检查

发现分娩异常时，检查者宜将手伸入胎膜内进行检查，应仔细检查胎儿进入产道的程度、胎位、胎向、胎势、是否双胎以及胎儿的死活等情况，通过全面检查并评估，确定最终助产方案。

胎儿的死活，对于助产方法的选择是有决定意义的。若胎儿活着，应采取积极措施，挽救母仔生命；若胎儿已经死亡时，在保证产道不受损的情况下，对胎儿可采取各种措施。一般情况来说，挽救的对象首先应当是母畜。

可根据以下检查内容来判断胎儿的死活。

正生：①术者可将手指伸入胎儿口腔，注意有无吸吮动作。②轻拉舌头，注意是否收缩。③以手指轻压眼球，注意有无反应。④牵拉、刺激前肢，注意有无向相反方向退缩。⑤触诊颈动脉或心区，检查有无搏动。

倒生：①最好是触诊脐带是否有动脉搏动。②牵拉或刺激后肢，注意有无反射活动。③将食指轻轻伸入肛门，检查有无收缩反射。

在判定胎儿死活时，只要确实检查到了上述各项中某一项生理性活动，即可确定是活的胎儿。但判断胎儿死亡时，却不能单纯依据某一种生理活动的消失，而必须在可查的各种活动全部消失时，方能最终确定死亡。此外，胎儿发生皮下气肿，触诊皮肤有捻发音，胎衣和羊水的颜色污秽，有腐败气味，说明胎儿已经死亡。

(三)全身检查

对待难产母畜，除重点检查产道、胎儿外，还要检查母畜的精神、体温、脉搏、呼吸、眼结膜以及阵缩、努责强弱等全身状态，还要注意有无并发症，在充分掌握难产母畜病情的情况下，确定正确的助产方法和步骤。

任务二　常用的助产器械

1. 产科绳

产科绳(图 2-9-1)是产科助产最常用的器械之一，一般是由棉线或合成纤维加工制成，质地要求柔软结实，不宜用麻绳或棕绳，以防损伤产道。产科绳的粗细以直径 0.5～0.8 cm，长 2.5～3.0 m 为宜，绳的两端有耳扣，借助耳扣做成绳圈，以便捆缚胎儿，也可以用活结代替。

使用时术者将绳扣套在中指与无名指间(图 2-9-2),慢慢带入产道,然后用拇指、中指、食指握住欲捆缚部位,将绳套移至被套部位拉紧,切勿将胎膜套上,以免拉出胎儿时损伤子宫或子叶。

2. 绳导(导绳器)

在使用产科绳套住胎儿有困难时,可用金属制的绳导,将产科绳或线锯条带入产道,套住胎儿的某一部分。常用的有长柄绳导及半环状绳导两种(图 2-9-3)。

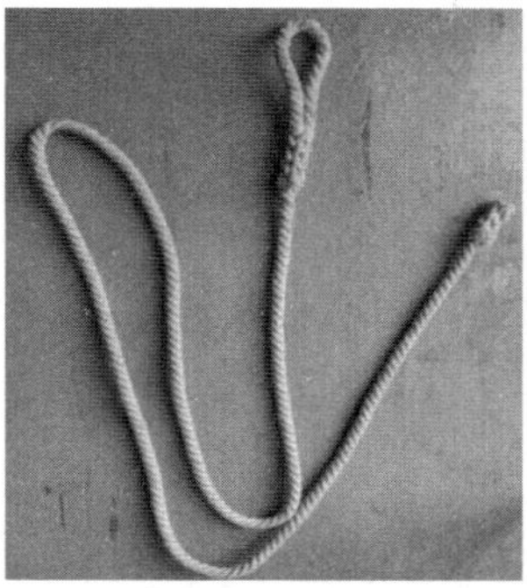

图 2-9-1 产科绳

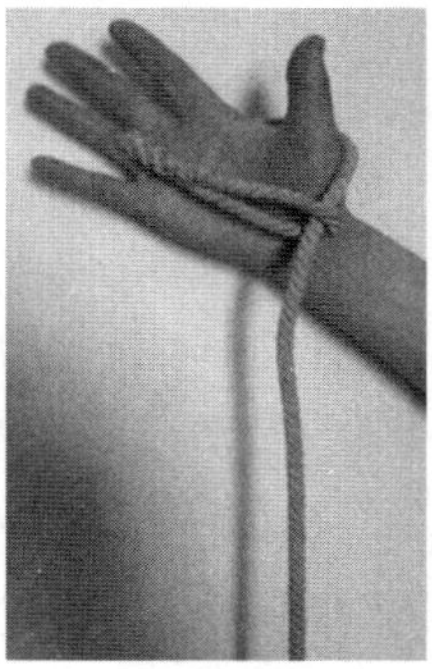

图 2-9-2 产科绳的拿法

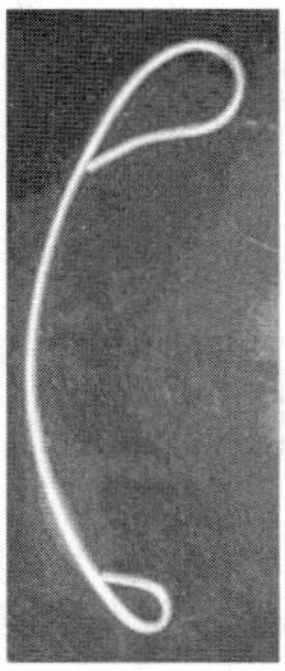

图 2-9-3 绳导

3. 产科钳

产科钳分为有齿产科钳(图 2-9-4)和无齿产科钳(舌形产钩)两种,有齿产科钳多用于大家畜,钳住皮肤或其他部位,以便拉出胎儿。无齿产科钳常用于固定犊牛、羔羊头部,以拉出胎儿。

4. 隐刃刀

隐刃刀是刀刃出入于刀鞘的小刀,使用时将刀刃推出,不用时又可将刀刃退回刀鞘内,此种刀使用方便,不易损伤产道及术者,刀形各异,有直形、弯形或弓形等形状,刀柄后端有一小孔,用于穿入绳子系在术者手腕上,或由助手牵拉住,以免滑脱而掉入产道或子宫内。隐刃刀多用于切割胎儿皮肤、关节及摘除胎儿内脏(图 2-9-5)。必要时可用手术刀片代替隐刃刀。

5. 指刀

指刀是一种小的短弯刀,分为有柄和无柄两种,刀背上有 1～2 个金属环,可以套在食指或中指上操作,当带入产道或拿出时,可用食指、中指和无名指保护刀刃,其用途和用法同隐刃刀。由于指刀小而且刀刃呈不同程度的弯形或钩形,使用起来比较安全可靠(图 2-9-6)。

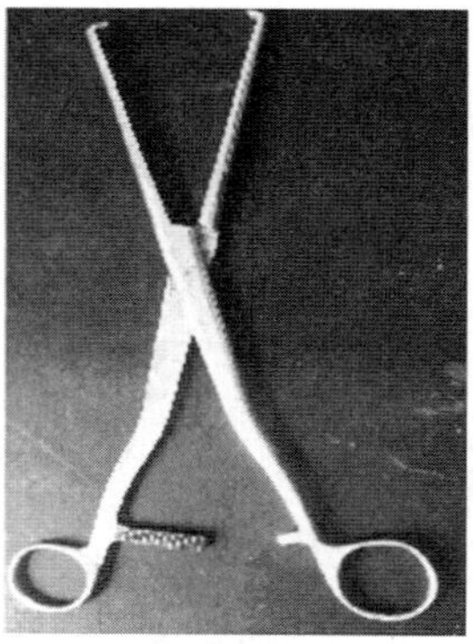

图 2-9-4 有齿产科钳

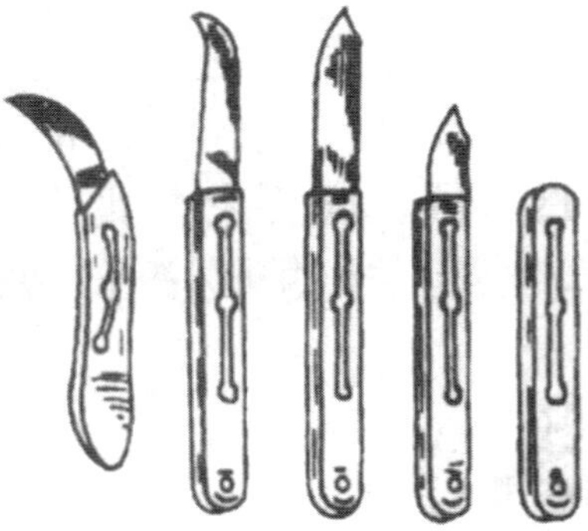

图 2-9-5 隐刃刀

图 2-9-6 指刀

6. 产科刀

产科刀是一种短刀，有直形的，也有钩状的。因刀身小，用食指紧贴，容易保护，可自由带入拿出，刀柄也有小孔，可以系绳固定，用途同隐刃刀和指刀(图 2-9-7)。

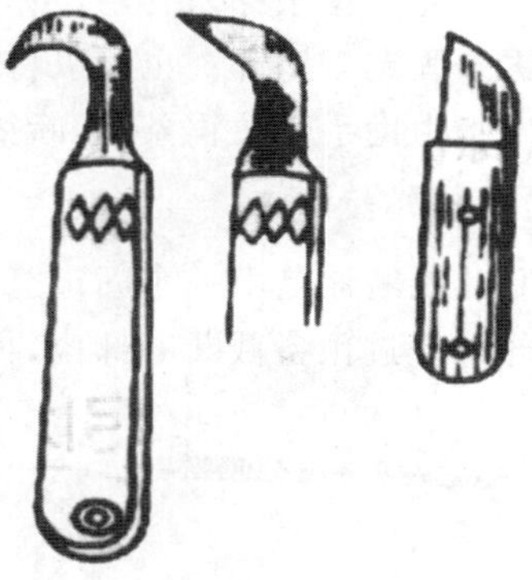

图 2-9-7　产科刀

7. 产科钩

在用手或产科绳拉出胎儿有困难时，可配合使用产科钩。产科钩有单钩与复钩两种，而单钩又分为锐钩与钝钩。单钩用于钩住眼眶、下颌、耳及皮肤、腱等部位。复钩用于钩住眼眶、颈部、脊柱等部位。使用时术者应用手保护好，勿损伤子宫及产道。产科钩多用于死胎；钝钩一般不至于损伤子宫及胎儿，所以钝钩必要时也可用于活胎儿，但锐钩严禁用于活胎儿(图 2-9-8)。

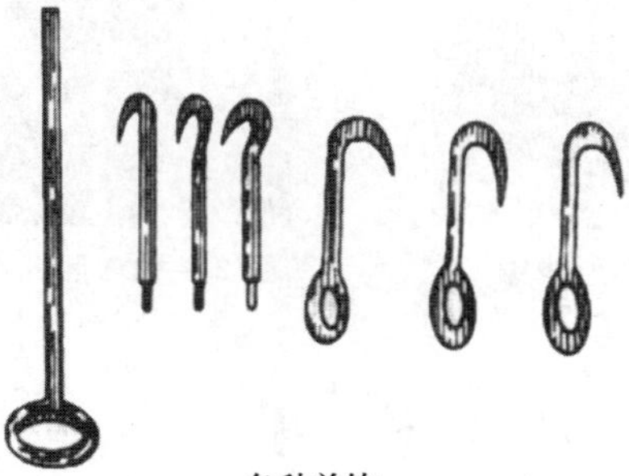

各种单钩

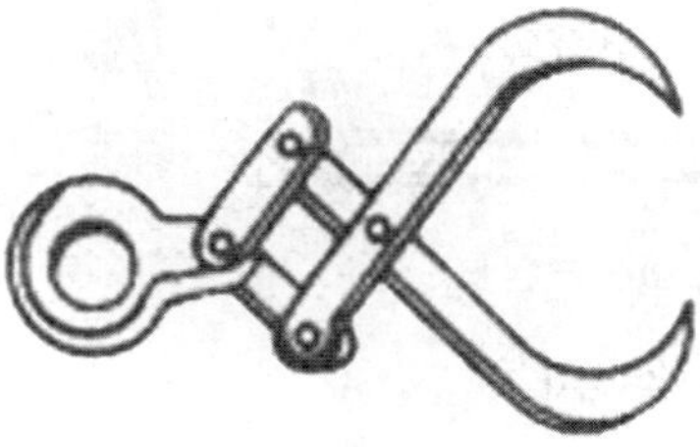

复钩

图 2-9-8　产科钩

8. 产科凿(铲)

产科凿(铲)是一种长柄凿(铲)，凿刃形状有直形的、弧形的和"V"字形的，用于分离皮下组织(图 2-9-9)。主要用于铲或凿断骨骼、关节及韧带。使用时术者用手保护送到预截断的位置上，指示助手敲击或推动柄，术者随时控制凿刃部分，有时也经皮肤切口伸入皮下。

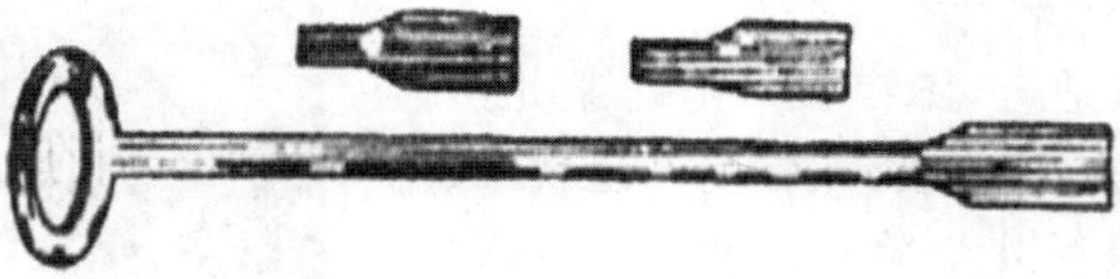

图 2-9-9　产科凿

9. 产科梃

产科梃是直径 1～1.5 cm，长 1 m 的圆形铁杆，其前端分叉，呈半环形两叉，另一端为一环形把柄。用于推胎儿，将胎儿推入子宫便于整复，或矫正胎儿姿势时，边推边拉。推拉梃可将产科绳带入子宫，捆缚胎儿的头颈或四肢，进行推拉等矫正胎儿姿势(图 2-9-10)。

10. 产科线锯

产科线锯是由两个固定在一起的金属管和一根线锯条构成，还有一条前端带一小孔的轧。

使用时事先将锯条穿入管内，然后带入子宫，将锯条套在要截断的部位，拉紧锯条利用金属管将线锯条固定于该部。也可以将锯条一端带入子宫，绕过预备截断的部位后，再穿入金属管拉紧固定。由助手牵拉锯条，锯断欲切除部分(图 2-9-11)。

11. 胎儿绞断器

胎儿绞断器是由一个固定"U"支架、一条专用钢丝绳、手柄等组成的(图 2-9-12)。使用时将钢丝绳绕过预备截断的部位，再按设定的方法装好，用手柄摇转绞断欲切除部分。

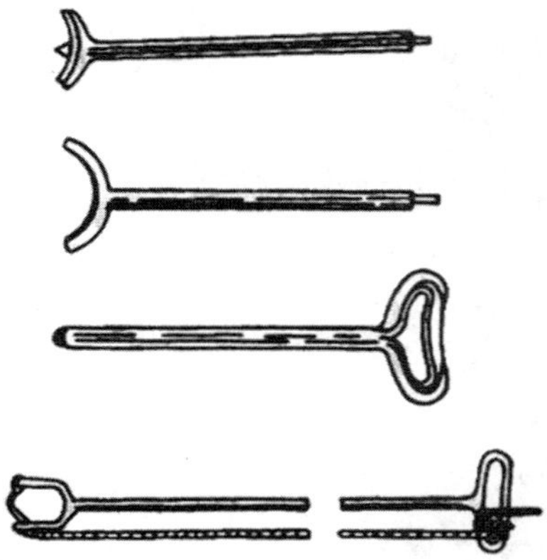

图 2-9-10 产科梃

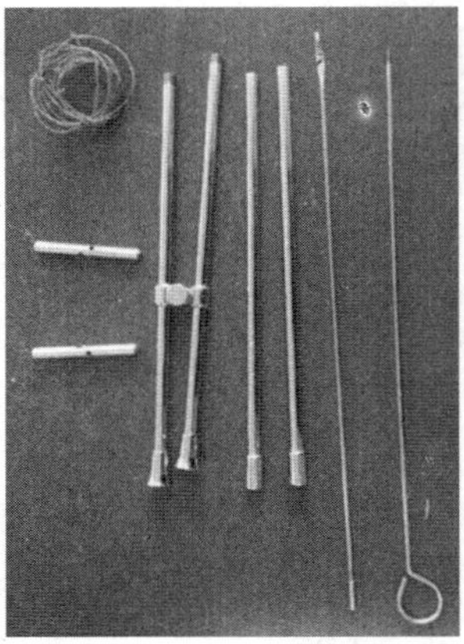

图 2-9-11 产科线锯

图 2-9-12 胎儿绞断器组件

任务三 助产手术

一、牵引术

牵引术又称拉出术，是指用外力将胎儿拉出母体产道的助产手术，是救治难产最常用的一种助产手术(图 2-9-13)。

图 2-9-13 牵引术拉出胎儿

(一)适应证

产道与胎儿大小较适合，不存在产道与胎儿明显异常的病例，如子宫弛缓、胎儿较大、轻度产道狭窄、胎儿倒生以及多胎动物最后几个胎儿的助产等。另外，胎儿异常矫正后或胎儿经截胎后，也要用牵引术将胎儿拉出。

(二)助产方法

1. 正生

正生时牵引胎儿两前肢和头，当两前肢和头已经通过阴门时，可以只牵引两前肢。在大家畜，应将拉绳拴系在胎儿两前肢球节的上方，若拴系在球节下方易将胎儿蹄部拉断，由助手拉绳子，术者把拇指从胎儿口角伸入其口腔，握住下颌向外牵拉，也可用细产科绳套在胎儿耳后拉胎头。在猪、犬等小型多胎动物，正生时可用中指及拇指掐住两侧上犬齿，并用食指按压住鼻梁拉胎儿，或用中指和食指牵拉胎儿下颌，也可以掐住两眼眶向外拉，或用产科绳套牵拉，对后面的胎儿则需要等待一段时间或注射催产素后，等胎儿移至手能抓到时再牵拉，配合腹部按摩，可以加速胎儿的娩出。牵引胎儿的路径应与母体骨盆轴相符合。

(1)胎儿前肢尚未进入骨盆腔时，牵引的方向是向上向后。

(2)胎儿通过骨盆腔时，为水平向后拉。拉前肢的方法是两前肢轮流进行，或拉成斜的之后，再同时拉两腿，这样可以缩小胎儿肩宽，使胎儿容易通过骨盆腔。在前腿进入骨盆腔但尚未完全露出时，蹄尖常抵于阴门的上壁，胎头也有类似的情况，嘴唇部会顶在阴道的上壁，这时需要把它们向下压。

(3)胎头通过阴门时，拉的方向应略向下。一人用双手保护母畜阴唇上部和两侧壁，另一人用手将阴唇从胎头前面向后推挤，帮助通过，以免导致阴门撕裂。为了帮助拉头，活胎儿可用产科梃或产科绳套在耳后拉头。绳套由上向下呈斜位，或用产科绳套住胎头后，再把绳套移至口中，避免绳套紧压胎儿的颈部脊髓和血管。如果胎儿已经死亡，可将产科绳套在脖子上牵拉头，也可用产科钩勾在下颌骨体联合处、眼眶、鼻后孔或硬腭等任何能勾住的部位牵拉。

(4)胎儿骨盆部进入母体骨盆入口处时，牵拉的方向应使胎儿躯干纵轴成为向下弯曲的弧形，必要时向下向一侧弯曲，或略微扭转已经露出的躯体，使其臀部成为轻度侧位，与母体骨盆的最大直径相适应。如果母畜站立，可向下并先向一侧、再向另一侧轮流牵拉。待臀部露出后，马上停止拉动，让两后肢自然滑出。

2. 倒生

倒生时牵拉胎儿的两后肢。在大家畜，拉绳应拴系在两后肢球节上方，轮流牵拉两后肢。在猪、犬等小型多胎动物，可将中指放在两胫部之间握住两后肢跖部牵拉。牵引的路径应与骨盆轴相符合，并在胎儿的臀部、肩部和头部通过骨盆入口和阴门时，缓慢进行牵引。如果胎儿臀部通过母体骨盆入口受到侧壁阻碍时，可扭转胎儿后肢，使其臀部成为侧位，便于胎儿通过。

(三)注意事项

(1)牵引术必须在母畜产道完全张开，胎位、胎向、胎势正常或已经矫正为正常的情况下实施。

(2)牵拉前应向产道内灌注大量润滑剂。

(3)牵拉时应与母畜的努责相配合，并沿骨盆轴的方向缓慢进行，在产道与胎儿存在严重不适时，严禁强行牵拉助产，避免损伤活胎儿和母畜的产道。

二、矫正术

矫正术是指通过推、拉、翻转、矫正或拉直胎儿四肢的方法，把异常胎位、胎势、胎向矫正为正常状态的助产手术。

(一)适应证

正常分娩时，单胎动物的胎儿呈纵向、上位，头、颈及四肢伸直，与此不同的各种异常情况均可用矫正术进行矫正。

(二)助产方法

矫正术必须在腹腔内才能进行，如果胎儿的某一部分挤在骨盆口或楔在骨盆腔内，因为空间狭小，操作不便，容易损伤产道，应先将胎儿从骨盆腔中推回腹腔。在子宫中将胎儿的一部分躯体向前、向上、向下或向侧面推动，以便有足够的空间矫正胎儿的各种异常。

1.胎势异常的矫正

矫正异常胎势的手法包括推动和拉出，二者在矫正过程中同时进行，在推动胎儿一部分的同时牵拉另一部分，或者先推后拉进行异常胎势的矫正。在大动物，术者自己用一只手矫正异常部分，同时用推拉梃推胎儿，边向前推边矫正，在推的过程中，用手保护住梃叉部，以避免滑脱时损伤子宫。在羊和猪等中小动物，用手臂推回胎儿；犬和猫仅能用手指推。在向前推胎儿的瞬间，术者或助手牵拉屈曲的部位，使异常得以矫正。在矫正过程中，最好使母畜保持前低后高的站立姿势，如果母畜卧地不起时，则行侧卧(反刍动物左侧卧)保定，并使母畜四肢尽量伸展。

2.胎位异常的矫正

矫正异常胎位常用的手法是翻转，是指将胎儿在其纵轴上转动，使其变成正常的上胎位。翻转大动物胎儿时可用扭正梃，先将胎儿推回子宫，然后进行翻转；羊和猪可直接用手臂，犬和猫可用手指或产科钳将胎儿推回子宫，再进行翻转矫正。

侧胎位异常时，术者将手伸入产道内对胎儿进行翻转，并向后向下牵引胎儿。下胎位异常时，应将胎儿推回腹腔，由两名助手交叉牵引两肢，术者的手臂在胎儿的鬐甲、臀部或身体之下，以骨盆为支撑点，将胎儿抬高到接近耻骨前缘的高度，向左或向右斜着推胎儿，这样可随着向外牵引，使异常胎位矫正成上胎位或轻度侧胎位。

3.胎向异常的矫正

矫正异常胎向的手法是使胎儿在横轴上旋转，把横向或竖向矫正成正生或倒生时的纵向。

横向时，胎儿的一端距骨盆口近些，另一端远些。矫正时，向前推远端，向骨盆入口内拉近端，即将胎儿绕其纵轴水平旋转约90°。如胎儿身体的两端与骨盆入口的距离大致相等，则应尽量向前推前躯，向骨盆入口拉后躯，矫正成倒生纵向。

竖向时，主要见到的是头、前肢及后肢一起先出的腹部前置竖向(腹竖向)和臀部靠近骨盆入口的背部前置竖向(背竖向)。腹竖向时，矫正的方法是尽可能把后蹄推回子宫，或者在胎儿不过大时把后肢拉直伸于自身腹下，然后拉出胎儿。背竖向时，可围绕着胎儿的横轴转动胎儿，将胎儿臀部拉向骨盆入口，变为坐生，然后再矫正后肢拉出。

(三)注意事项

(1)在胎水流失、产道黏膜干燥的情况下，应先向产道及子宫内灌入大量的润滑剂。

(2)矫正术必须在子宫内进行，在母畜努责或子宫收缩时禁止前推或矫正胎儿。为了抑制母畜努责，需进行硬膜外腔麻醉或应用镇静剂。

(3)使用尖锐器械时，必须将锐利部分保护好，以免损伤产道。

(4)难产历时已久的病例，子宫壁变脆，且紧包着胎儿，矫正和推拉胎儿时，子宫易破裂，必须特别小心。

三、截胎术

截胎术是指利用产科器械对胎儿进行肢解或除去胎儿身体某一部分，以缩小胎儿体积，便于取出的助产手术。

(一)适应证

当胎儿已经死亡并且过大，产道尚未缩小；畸形、怪胎；无法矫正拉出胎儿，且无剖腹产术的价值时，施行截胎术。

(二)手术方法

截胎术分为皮下法和开放法两种。皮下法是在截除胎儿某一器官前，先把皮肤剥开，在皮下截除器官后用皮肤覆盖断端，避免牵拉时损伤母体，并可借助皮肤拉出胎儿。开放法是直接把某一器官截掉，不留皮肤。临床上可根据实际情况，分别截除不同的器官，以缩小胎儿的体积。

二维码 2-9-1　截胎术

二维码 2-9-2　前肢整体分离术

(三)注意事项

(1)若矫正遇到很大困难，而且胎儿已经死亡，应及早采取截胎术。

(2)尽可能站立保定，如果母畜不能站立，应将母畜后躯垫高。

(3)应在产道及子宫灌入大量的润滑剂。

(4)应在子宫松弛、无努责时施行，带入产道及子宫的器械，均需用手护住，刃面要贴近胎儿体躯伸进，防止损伤子宫及阴道，并注意消毒。

(5)残留的骨质断端尽可能短些，在拉出胎儿时其断端用皮肤、纱布或用手覆盖。

四、剖腹产术

详见模块一项目二任务七腹部手术。

任务四　产力性难产

产力性难产是指由母体的子宫肌、腹肌和膈肌的节律性收缩功能异常引起的难产。多见于子宫弛缓、子宫痉挛、阵缩及破水过早、神经性产力不足和子宫疝等。

一、子宫弛缓

子宫弛缓是指在分娩的开口期及胎儿排出期，子宫肌层的收缩频率、持续期及强度不足，阵缩和努责微弱，致使胎儿不能排出。主要见于牛、猪和羊，发病率随着胎次和年龄的增加而升高，并且多胎动物的发病率较高。

（一）病因

子宫弛缓可分为原发性子宫弛缓和继发性子宫弛缓两种。原发性子宫弛缓是指分娩一开始子宫肌层收缩力就不足；继发性子宫弛缓是指分娩开始时子宫阵缩正常，以后由于排出胎儿受阻或子宫肌疲劳等导致的子宫收缩力变弱或弛缓。

原发性子宫弛缓的病因很多，但其发病率较继发性低。在母畜妊娠后期，特别是分娩前，孕畜体内激素平衡失调；妊娠期间营养不良、饲料不足或品质不佳，缺乏运动；孕畜体质弱、年老、肥胖；双胎或多胎、胎儿过大或胎水过多使子宫肌纤维过度伸张，子宫肌变薄，紧张性降低；子宫与周围脏器粘连等，均可引起子宫弛缓。

继发性子宫弛缓通常是继发于难产之后，一般孕畜分娩开始时阵缩和努责正常，但由于长时间不能排出胎儿，最后终于因子宫肌和腹肌持续收缩而过度疲劳，导致阵缩和努责无力或完全停止。

（二）症状

原发性子宫弛缓时，如果孕畜妊娠期满，部分分娩预兆已经出现，但长时间不能排出胎儿或无努责现象。在猪、山羊、犬、猫等，胎儿排出的间隔时间延长，努责无力或不努责。产道检查时，胎儿的胎向、胎位及胎势均可能正常，子宫颈开张不全，可摸到子宫颈的痕迹，胎儿及胎膜囊尚未进入子宫颈及产道。如果时间较久，可能导致胎儿死亡。

继发性子宫弛缓时，母畜分娩开始阵缩及努责正常，并且逐渐增强，但不见胎儿产出，以后由于母畜过度疲劳，而使阵缩及努责逐渐变弱或停止。产道检查，子宫颈开张，胎儿停留在子宫或产道内，并可发现胎儿姿势或产道异常。

（三）助产方法

1. 药物催产

一般大家畜尽可能不用药物催产。猪、羊、犬等小动物常用药物催产。用药时孕畜的子宫颈必须充分开张，骨盆无狭窄或其他异常，胎向、胎位、胎势均无异常，否则子宫剧烈收缩可能使其破裂。如果用药物催产后 20 min 仍不能使胎儿排出，则必须进行手术助产。常用的催产药物为催产素。

2. 胎儿牵引术

对大家畜原发性子宫弛缓，在确认子宫颈口已全部开张，胎势无异常，胎水已排出，可按一般助产方法迅速拉出胎儿。胎囊未破的人工破水，胎势异常的经矫正后拉出胎儿。对多胎动物，拉出头几个胎儿后，当手或器械触摸不到前部的胎儿时，应等待片刻，待胎儿移至子宫角基部时再牵拉。

3. 截胎术或剖腹产术

对复杂的难产，如伴有胎位、胎势的异常，矫正后不易拉出或不易矫正的病例，宜尽早采用剖腹产术，如胎儿已经死亡，可用截胎术。对难产时间较长，子宫颈口已经缩小的病例，宜尽早施行剖腹产术。助产后，子宫内或全身应用抗生素预防母畜子宫感染。

二、子宫痉挛

子宫痉挛是指母畜在分娩时子宫收缩时间长、间隙短、力量强烈，或子宫肌出现痉挛性的不协调收缩，形成了狭窄环。子宫肌强烈的收缩可导致胎膜过早破裂，出现胎水流失。

(一)病因

胎位、胎向、胎势异常；产道狭窄，胎儿不能顺利排出；临产前受到惊吓或其他异常环境因素刺激；过量使用子宫收缩药物等，均可造成母畜努责过强和子宫痉挛。

(二)症状

母畜努责强烈而频繁，两次努责的间隔时间较短。这时如果胎儿与产道正常，则可见胎儿迅速排出，如果胎儿与产道存在异常，往往可能导致胎膜囊过早破裂引起难产，甚至可能导致子宫破裂。子宫长时间的持续收缩，可使子宫和胎盘的血管受到压迫，引起胎儿窒息死亡。胎儿排出后，子宫肌持续而强烈的收缩可引起胎衣不下。

(三)助产方法

在子宫肌持续强烈收缩时，用指尖掐压母畜的背部皮肤，以减缓努责。如果子宫颈完全松软开放，胎膜囊已破，可及时矫正异常的胎位与胎势，然后牵拉出胎儿。如果子宫颈未完全松软开放，胎膜囊尚未破裂，可注射镇静药物，缓解子宫的收缩和痉挛。如果胎儿已经死亡，并且矫正、牵引无效果，施行截胎术或剖腹产术。

任务五　产道性难产

产道性难产是指由母体的软产道或硬产道异常引起的难产。常见的软产道异常有子宫颈开张不全，阴道、阴门及前庭狭窄，子宫捻转等；硬产道异常主要是骨盆狭窄。

一、子宫颈开张不全

子宫颈开张不全是指子宫颈不能充分软化松弛，造成子宫颈狭窄，不能使胎儿顺利通过子宫颈而发生难产，是软产道狭窄中较为常见的一种。

(一)病因

子宫颈开张不全主要发生于牛和羊，因牛、羊子宫颈肌层较厚，需要较长时间才能软化松弛，如阵缩过早或早产，就可能引起子宫颈开张不全。另外流产或难产时，胎儿的头和腿不能伸入产道、原发性子宫弛缓、子宫捻转、胎儿死亡或干尸化、多胎动物怀胎少、子宫颈炎及子宫颈肿瘤等均可导致子宫颈开张不全。

(二)症状

母畜已经具备了分娩的全部预兆，阵缩及努责也正常，但长时间不见胎儿排出，有时也不见胎水与胎膜。产道检查发现阴道柔软而有弹性，但子宫颈管轮廓明显，子宫颈完全闭锁，或子宫颈稍开张，仅能伸进几个手指或一拳，子宫颈松软度不够。

(三)助产方法

对子宫颈开张不全应稍等待，等子宫颈自行开张后，再慢慢拉出胎儿，但须时时检查子宫颈开张的程度，以便决定拉出胎儿的时机。必要时可先用 45 ℃温水灌注子宫颈，并热敷荐部，然后术者用一二手指乃至全部手指逐次扩大子宫颈口，当扩大到一定程度时，再缓慢地强行拉出胎儿。如颈口开张很小，扩张困难或宫颈闭锁，应及早施行剖腹产术。

二、阴道、阴门及前庭狭窄

阴道、阴门及前庭狭窄所引起的难产可发生于各种动物，但以牛、羊、猪最为多见，尤其多发于青年母畜。

(一)病因

导致阴道、阴门及前庭狭窄的原因主要有以下几个方面：幼稚型或发育不良性狭窄；产道黏膜水肿；损伤及感染后血肿、纤维组织增生或瘢痕；骨盆软组织脓肿；阴道周围脂肪沉积；产道不松弛等。

(二)症状

在母畜阵缩和努责正常的情况下，胎儿长时间排不出来。阴道检查，发现阴道内某些部位有狭窄，在狭窄部位之前，可以触摸到胎儿的前置部分。阴门及前庭狭窄时，随着母畜的阵缩和努责，胎儿的前置部分或一部分胎膜可至阴门外，胎头或两前蹄可抵在会阴壁上使会阴部隆突，在阵缩间歇期间，会阴部又恢复原状。

(三)助产方法

如果狭窄轻度，阴道及阴门还可能开张，应在阴道内和胎儿体表涂以润滑剂，然后缓慢牵拉胎儿，在胎儿通过阴门时，可用手将阴唇上部向前推，以帮助胎儿顺利通过，避免撕裂阴唇。如果胎头已经露出阴门，牵拉胎儿有可能导致阴门撕裂或牵拉不易成功时，可施行阴门切开术，方法是在阴唇背侧做全层切开，拉出胎儿，然后清创处理伤口，分别间断缝合阴唇的黏膜侧与皮肤侧。如果狭窄严重，不能通过产道拉出胎儿，或者强行拉出对仔畜及母畜有生命危险，应施行剖腹产术。

三、骨盆狭窄

骨盆狭窄是指骨盆腔的大小和形态异常，胎儿不能产出而导致难产。

(一)病因

体成熟前过早配种，导致分娩时母畜骨盆尚未发育完全；骨盆先天发育不良或患有佝偻畸形；骨折引起盆骨变形或骨质异常增生等。

(二)症状

母畜分娩阵缩和努责正常，但长时间不见胎儿产出。检查产道时，软产道无异常，胎位正常，胎儿也不过大，只是感到骨盆腔狭小或变形。

（三）助产方法

对于轻度骨盆狭窄的母畜，可先在产道内灌注大量润滑剂，然后配合母畜的努责，试行拉出胎儿。对不能拉出胎儿或骨盆腔过度狭窄的母畜，应及早施行剖腹产术。

任务六　胎儿性难产

胎儿性难产是指由胎位、胎向、胎势异常或由胎儿过大、胎儿畸形或两个胎儿同时楔入产道引起的难产。

一、胎儿过大

胎儿过大是指胎儿的大小超过母畜产道，致使胎儿不能通过产道而导致的难产。

（一）症状

分娩开始时母畜的阵缩和努责均正常，有时见到两蹄尖露出阴门外，但排不出来胎儿。母畜产道无狭窄，胎位、胎向、胎势均正常，只是胎儿体躯过大与产道不相适应。

（二）助产方法

先在产道内灌注润滑剂，再缓慢斜拉胎儿，牵引助产过程中注意保护胎儿与产道。如果阴门明显较小，可施行外阴切开术，然后拉出胎儿。如果经牵引术难以拉出胎儿且胎儿还活着，应施行剖腹产术；如果已经死亡，多用截胎术。如果母畜已经过了预产期，仍无分娩征兆，可注射雌二醇诱导分娩，注射药物后应注意观察，及时助产。

二、双胎难产

双胎难产（图 2-9-14）是指母畜在分娩时，两个胎儿同时楔入产道，都不能通过，或由于子宫负担过重，过度扩张而发生子宫弛缓所造成的难产。常见于牛、羊怀双胎时和猪生产时。

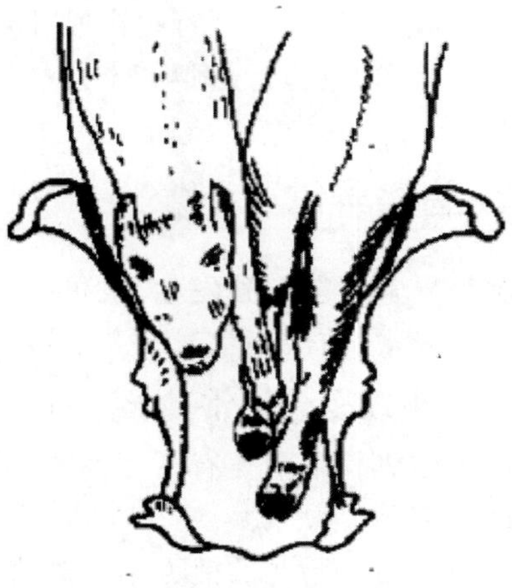

图 2-9-14　双胎难产

（一）症状

两个胎儿多数是一个正生、一个倒生，产道检查可能发现一个胎头和长短不齐的四条腿，其中两个蹄底向下，两个向上；如果两个胎儿均为正生，产道内可发现两个胎头和四条腿；如果两个胎儿均为倒生，只见四条后腿。如果检查时发现两个胎头或三条以上的腿时，就应考虑双胎难产，并区别是两个胎儿同时楔入产道，还是一个胎儿的四肢楔入产道。同时也要注意和连体畸形、腹部前置的竖向及横向等区别开来。

(二)助产方法

原则上是先推回一个胎儿,拉出另一个胎儿,然后再将推回的胎儿拉出。助产时首先要分清肢体属于哪个胎儿的,并用附有不同标记的产科绳分别缚好两个胎儿的肢体,以免推拉时发生错误。然后术者用手推回里边的或下面的胎儿,助手配合术者趁势拉出就近的或上边的胎儿,拉出一个胎儿后,再拉另一个胎儿。如伴有胎势不正,影响推回及拉出,须先行矫正再行推回或拉出。如矫正及牵引均困难很大,应施行剖腹产术。

三、胎儿畸形难产

胎儿畸形难产是指由于胎儿畸形,难以从正常产道娩出所引起的难产。引起难产的常见胎儿畸形有胎儿水肿、裂腹畸形、先天性假佝偻、先天性斜颈、脑室积水、连体畸形等(图 2-9-15)。

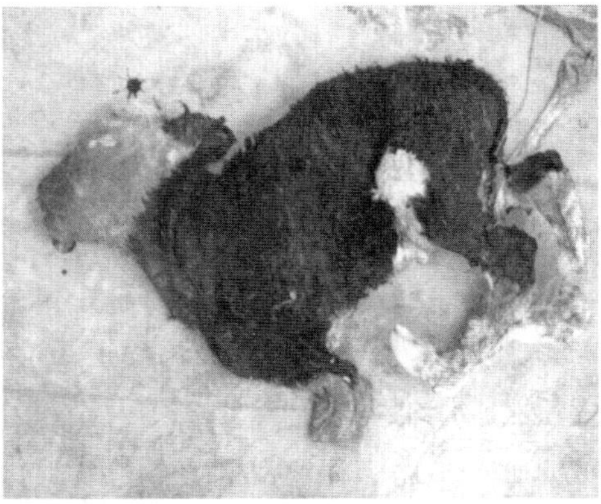

图 2-9-15　畸形胎儿

(一)症状

由于畸形胎儿头、颈、胸、腹或四肢异常,在母畜分娩过程中,往往使畸形胎儿楔入产道不能娩出而导致难产。产道检查,有时可见胎儿的畸形器官或异常胎势,尽可能弄清胎儿畸形的部位及程度,估计胎儿的大小及通过产道的可能性,以避免胎儿的异常部位损伤母畜的产道。

(二)助产方法

对水肿的胎儿,如果拉出困难,可以在肿胀的部位做多处切口,放出积水后试行牵引术;对裂腹畸形的胎儿,应先除去内脏试行拉出,如果拉出困难,施行截胎术或剖腹产术;对先天性假佝偻和先天性斜颈的胎儿,如矫正后无法拉出,可施行截胎术或剖腹产术;对脑室积水的胎儿,若正生时放出脑积水,试行拉出胎儿,若是倒生施行剖腹产术;对连体畸形胎儿,若不宜施行牵引术或截胎术,应施行剖腹产术。

四、胎势异常

胎势异常可能单独发生,也可能与胎位、胎向异常同时发生。根据异常发生的部位可分为头颈姿势异常、前肢姿势异常及后肢姿势异常。

(一)头颈姿势异常

头颈姿势异常主要有头颈侧弯、胎头下弯、胎头后仰和头颈扭转等,其中以头颈侧弯、胎头下弯最为多见。

主要原因是胎儿的活力不够旺盛,在分娩过程中缺乏应有的反应,头颈未能伸直;或子宫急剧收缩,胎膜过早破裂,胎水流失,子宫壁直接裹住胎儿;或阵缩微弱无力,胎头未能以正常姿势进入产道;或助产错误,在头部未进入产道之前,过早牵拉前腿,导致头部姿势发生异常。

1.头颈侧弯

(1)症状　从阴门伸出一长一短的两前肢,不见胎头露出(图 2-9-16)。产道检查可在盆腔前缘或子宫内摸到转向一侧的胎头或胎颈,通常是转向伸出较短前肢的一侧。

(2)助产方法　根据头颈侧弯程度的不同,可采用以下助产方法。

①器械矫正法:术者用右手中间三指套上单绳套带入子宫内,将绳套套在胎儿的下颌拉紧,然后术者用拇指和中指捏住唇部向对侧压迫胎头,在推动胎儿的同时,助手拉产科绳,两人配合,即可拉正胎头拉出胎儿(图 2-9-17)。当胎儿死亡时,可用产科钩勾住胎儿眼眶或耳道,术者用手保护住,在推进胎儿的同时,由助手协助拉正胎头,然后缓慢拉出胎儿。

②徒手矫正法:术者把手伸入产道握住胎唇或眼眶,如果是头颈向下或偏向一侧,则把胎头矫正拉入产道即可。也可用手推胎儿的颈部使产道腾出一些空间后,趁势立即握住胎唇或眼眶拉正胎头,然后牵引两前肢缓慢拉出胎儿(图 2-9-18、图 2-9-19)。

③颈部截断法:当操作困难或无法矫正时,可用线锯或绞断器将胎儿颈部截断,分别取出胎头及胎体。

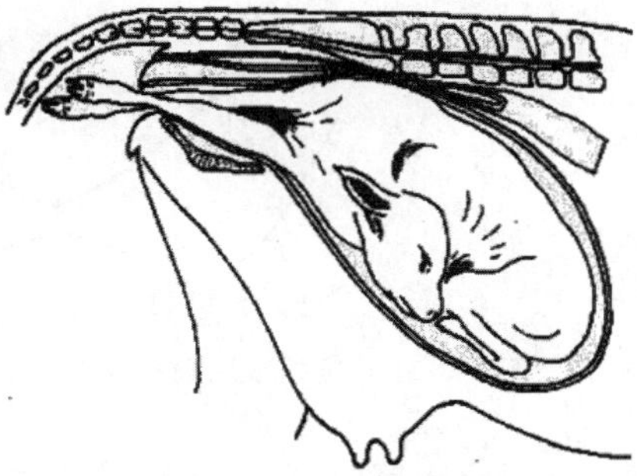

图 2-9-16　头颈侧弯

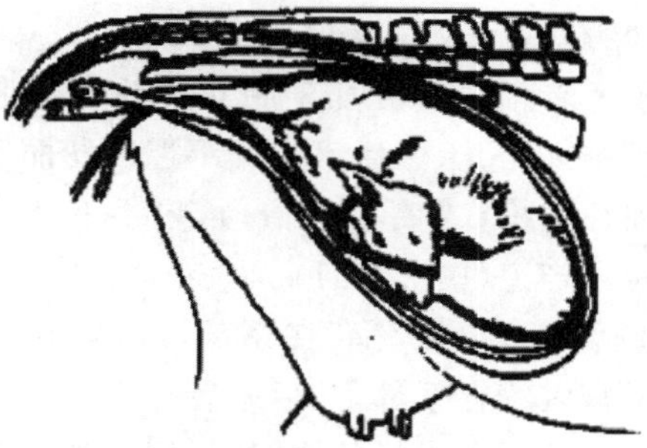

图 2-9-17　产科绳矫正

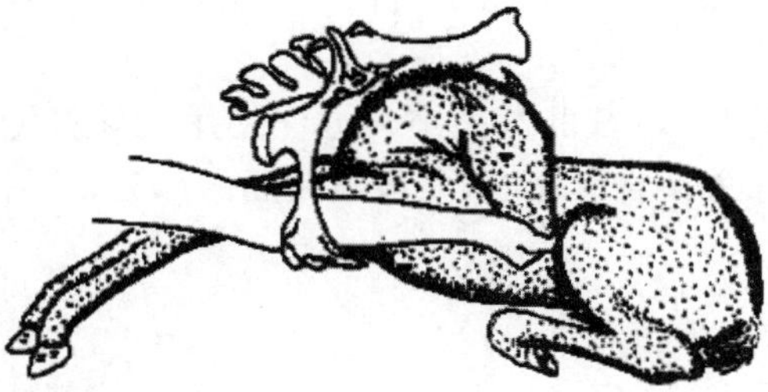

图 2-9-18　徒手矫正术(一)

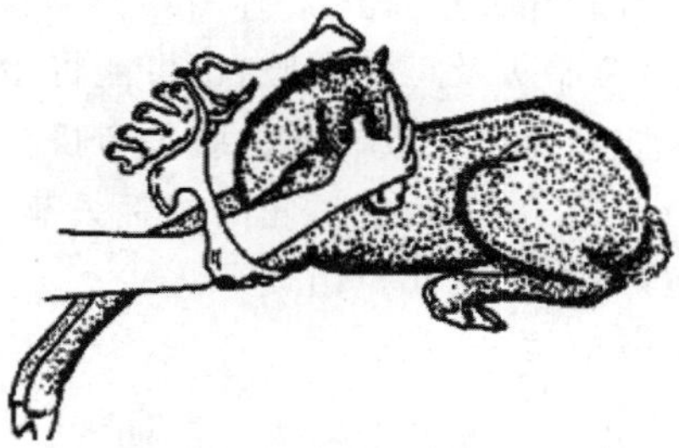

图 2-9-19　徒手矫正术(二)

2.胎头下弯

(1)症状　在阴门附近露出两个蹄尖,在盆腔前缘胎头向下弯曲于两前肢之间,可摸到下弯的额部或下弯的颈部(图 2-9-20)。

(2)助产方法　根据胎头下弯程度的不同,可采用以下助产方法。

①徒手矫正法:胎头下弯较轻的可先用产科绳缚好两前肢系部,由术者左手牵引,右手伸入产道握住胎儿下颌,向上提并向外拉正胎头。

②器械矫正法:胎头下弯严重的用单绳套套住下颌,术者用手握住胎儿两眼眶或耳朵,在

用力推压胎头的同时,助手用力牵拉产科绳,即可拉正胎头。

③颈部截断法:当操作困难或无法矫正时,可用线锯或绞断器将胎儿颈部截断,分别取出胎头及胎体。

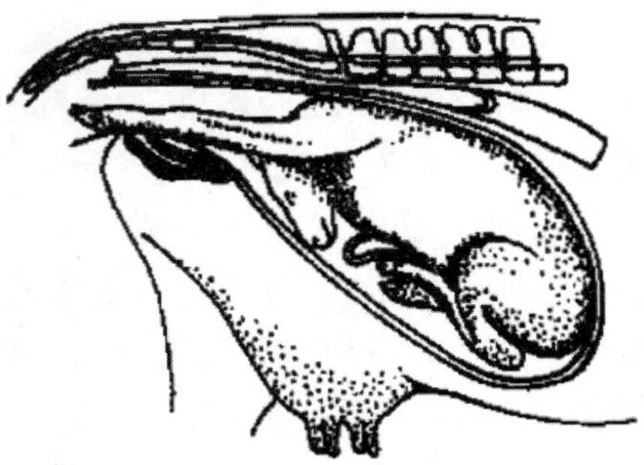

图 2-9-20 胎头下弯

(二)前肢姿势异常

前肢姿势异常有腕关节屈曲、肩肘关节屈曲、肩关节屈曲等,以腕关节屈曲较为多见。原因可能是胎儿对分娩缺乏应有的反应,子宫颈口开张不全,或阵缩过强。

1. 腕关节屈曲

(1)症状 一侧腕关节屈曲时,在阴门可看到一前蹄,两侧性的,两前蹄均不能伸出产道;产道检查,可摸到正常的胎头和一或二前肢屈曲的腕关节。

(2)助产方法 根据腕关节屈曲的情况,可采用以下助产方法。

①术者用产科梃抵于胎儿胸前与屈曲肢之间,交给助手推入胎儿,然后术者用手握住屈曲肢的掌部,尽力一面往里推,一面往上抬,趁势手下滑握住蹄子,将蹄子拉入产道(图 2-9-21)。

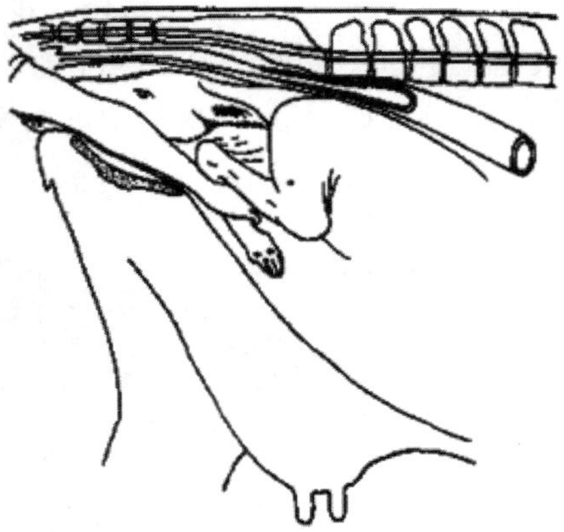

图 2-9-21 腕关节屈曲徒手矫正法

②术者用单绳套套在系部,或借助绳导将产科绳带入子宫内绕在系部,然后术者一手拉绳,一手握住掌骨上部向上并向里推的同时,拉绳手拉动系部绳子,当拉到一定程度时,另一手可转手拉蹄,协力拉正前肢。

③当胎儿较小矫正又有困难时,可将屈曲的腕关节尽力推回子宫内,使其变成肩关节屈曲,然后拉胎头及正常前肢,也可能将胎儿拉出。

④如胎儿死亡或屈曲的腕关节挤在产道不能拉出,可截断腕关节。方法是用绳导将锯条带入产道或子宫内,绕过屈曲的腕关节,按线锯操作方法将其锯断,先取出截断的部分,然后把断端包好,再把胎儿拉出。

2. 肩肘关节屈曲

(1)症状 胎儿前肢未充分伸直,肘关节呈屈曲状态,肩关节也因此而屈曲,致使胸部体积增大产出困难。可发现一前蹄或两前蹄位于胎儿颌下,未伸至唇部之前,并可摸到肘关节屈曲位于肩关节之下或后方(图 2-9-22)。

(2)助产方法 先用产科绳缚好屈曲的系部,术者用手推肩关节,或用产科梃抵于肩端与胸壁之间,在用力推动胎儿的同时,由助手往外牵拉绳子,即可将屈曲前肢拉直。

3. 肩关节屈曲

(1)症状 产道内可摸到胎头及一前肢或两前肢屈曲的肩关节,屈曲肢肩端以下位于胎儿腹侧或腹下(图 2-9-23)。

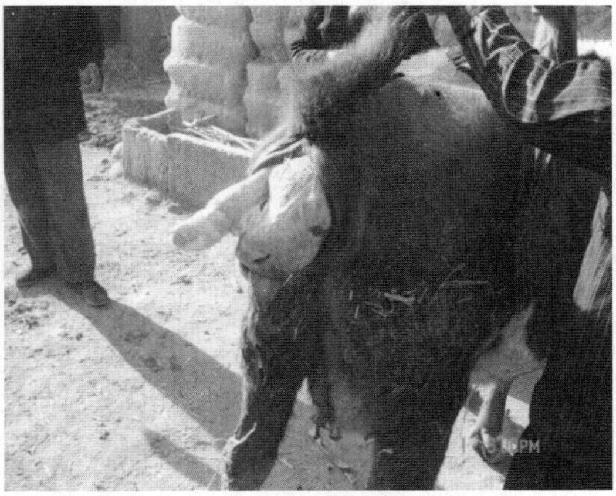

图 2-9-22　前肢姿势异常难产

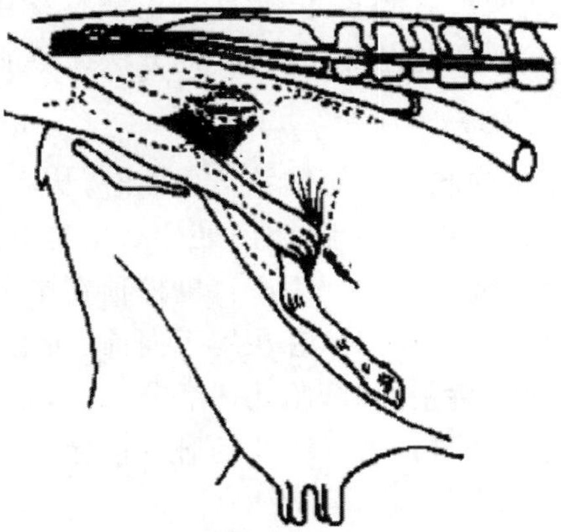

图 2-9-23　肩关节屈曲

(2)助产方法　根据肩关节屈曲的情况,可采用以下助产方法。

①先用产科梃推入胎儿,并用手握住腕部或肩部下端,尽力向上抬并向外拉,使之变成腕关节屈曲。也可借绳导将产科绳缚在前臂下端,在推动胎儿的同时,由助手拉绳将其拉成腕关节屈曲。以后再按腕关节屈曲的助产方法进行矫正。

②如仅为一前肢肩关节屈曲,胎儿又不太大,可用产科绳系住正常前肢及胎头,不加矫正,有时也可能拉出胎儿。

③当无法矫正拉出,并且胎儿已经死亡时,可施行截胎术,截除一前肢。方法是用隐刃刀或指刀沿肩胛骨的背缘做一深而长的切口,切透皮肤和肌肉或软骨,用绳导把锯条绕过前肢和躯干之间,锯条放在切口内,装好线锯,再把锯管前端抵在肩关节和躯干之间,锯下前肢,然后分别取出。

二维码 2-9-3　一侧肩关节后置的助产

(三)后肢姿势异常

后肢姿势异常主要有跗关节屈曲和髋关节屈曲,临床上以一后肢或两后肢的跗关节屈曲较为多见。跗关节屈曲时伴有髋关节、膝关节的屈曲。后腿位于自身躯干下未进入骨盆,胎儿坐骨向着盆腔。

1. 跗关节屈曲

(1)症状　单侧跗关节屈曲时,从产道伸出一蹄底向上的后肢,产道检查,可摸到尾巴、肛门及屈曲的跗关节;双侧跗关节屈曲时,阴门处什么也看不到,产道检查,可摸到尾巴、肛门及屈曲的双侧跗关节。

(2)助产方法　根据跗关节屈曲的情况,可采用以下助产方法。

①先用产科绳缚住后肢系部,再用产科梃抵在胎儿尾根与坐骨弓之间往里推胎儿,助手用力向上、向外拉绳子,术者借此时机顺次握住跖部及至蹄部,尽力上举,将屈曲肢拉入产道,最后拉出胎儿(图 2-9-24)。

图 2-9-24　跗关节屈曲

②如跗关节挤入产道较深,且胎儿又不大,可把跗关节推入子宫,使其成为髋关节屈曲,再用产科绳分别

套绕在两后肢的基部，然后拉正常肢及套在两后肢的绳子，有时可能拉出胎儿。

③如胎儿已经死亡，其他方法又不能拉出胎儿，可用线锯锯断跗关节，然后分别拉出。

2. 髋关节屈曲

(1)症状　单侧髋关节屈曲时，从产道伸出一后肢，产道检查，可摸到尾巴、肛门；双侧髋关节屈曲时，称为坐生，阴门处什么也看不到，产道检查，可摸到尾巴、肛门。

(2)助产方法　用产科梃横顶在尾根与坐骨弓之间，术者用手握住胫骨下端，在助手向前推动胎儿的同时，术者在用手向前、向上抬起的同时后拉胎儿，拉成跗部前置，然后再继续矫正拉直。若矫正困难，胎儿还活着，立即施行剖腹产术；若胎儿已经死亡，用截胎术截除弯曲的后肢，再用产科钩勾住胎儿的耻骨前缘拉出胎儿。

五、胎位异常

正常分娩时应为上胎位，引起难产的异常胎位有侧胎位和下胎位。

(一)症状

(1)侧胎位时，产道检查可发现胎儿背部朝向母体的腹侧，胎儿进入产道的两蹄蹄底朝向母体的左侧或右侧，分正生与倒生两种。正生时可摸到胎儿的头及颈(图 2-9-25)；倒生时可摸到胎儿的尾巴及肛门。

(2)下胎位时，产道检查可发现胎儿仰卧于子宫及产道内，也分为正生与倒生两种。正生时两前蹄蹄底向上，头颈屈曲于盆骨入口处，可摸到胎儿的唇及颈，或两前肢与头颈屈曲于盆骨入口前。倒生时两后蹄蹄底朝下，可摸到胎儿的尾巴及肛门(图 2-9-26)。

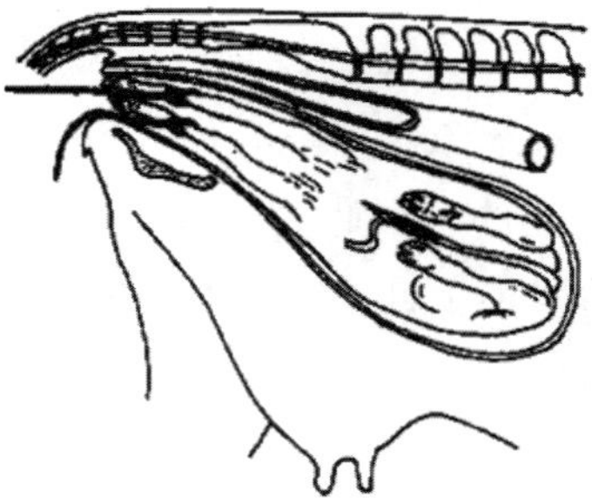

图 2-9-25　正生侧胎位

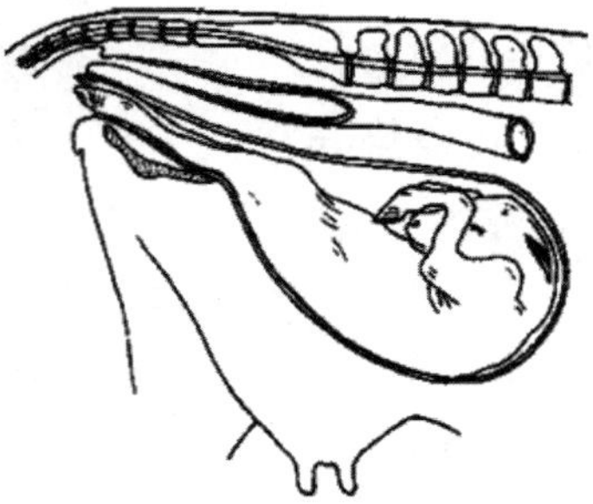

图 2-9-26　倒生下胎位

二维码 2-9-4　牛的倒生牵引助产

(二)助产方法

胎位异常助产的原则，必须把胎儿翻转成上胎位或轻度侧胎位，方能拉出胎儿。母畜采取前低后高的站立保定，产道内灌注大量的润滑剂。正生时用产科绳缚好两前肢，倒生时缚好两后肢，术者用手拉住胎儿的下颌或握住适当的位置，由两名助手向同一方向翻转两前肢或两后肢，三人协力，使胎儿翻转为上胎位或轻度侧胎位，再拉出胎儿。如为下胎位，在转正胎位时应将胎儿推回子宫内进行翻转。

六、胎向异常

正常情况下，胎儿的身体纵轴大体与母体的身体纵轴平行（纵胎向）。胎向异常时，其纵轴则与母体纵轴垂直，或为上下垂直而呈竖向，或为水平垂直而呈横向。但这种垂直或多或少总是斜着。横向时，胎儿的某一端也总是比另一端更靠近骨盆入口。胎向异常必然会导致难产。引起难产的异常胎向有背横向、腹横向、背竖向和腹竖向四种。

（一）症状

腹竖向是胎头及两前肢进入产道，同时两后肢也进入产道，呈犬坐姿势，腹部朝向产道（图 2-9-27）。腹横向是胎儿横卧于子宫内，腹部对着盆腔入口，四肢同时挤入产道（图 2-9-28）。

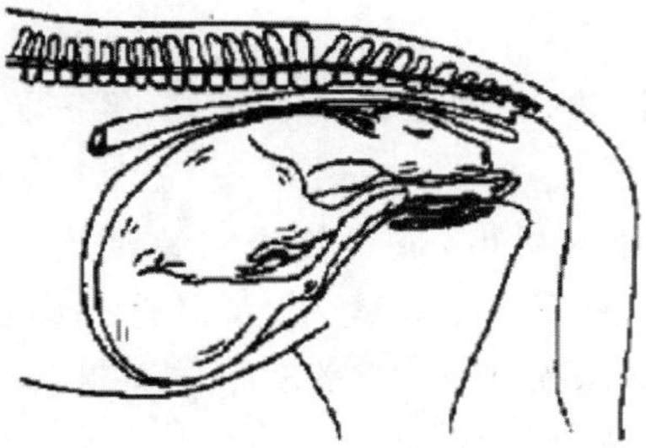

图 2-9-27　腹竖向

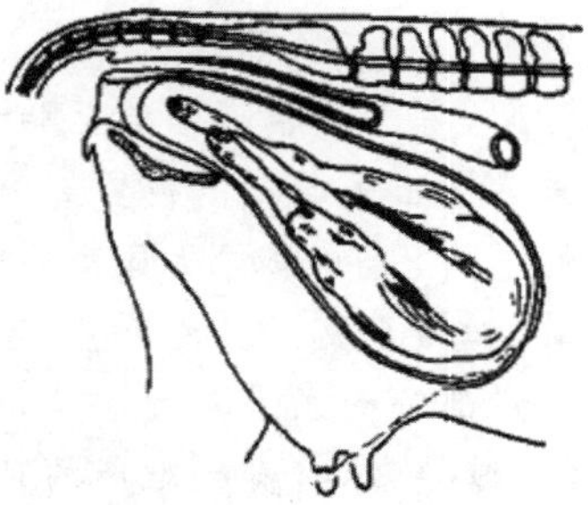

图 2-9-28　腹横向

背竖向及背横向均是胎儿背部呈竖的（图 2-9-29）或横的（图 2-9-30）朝向盆腔入口，胎儿在子宫内为犬坐或横卧姿势，胎儿的腹部及四肢朝向母畜头部。

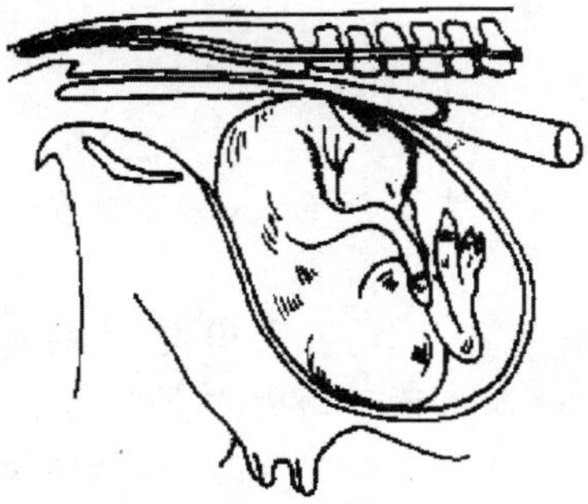

图 2-9-29　背竖向

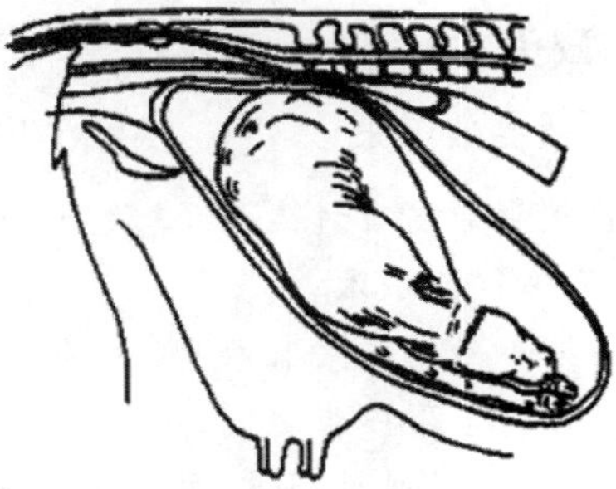

图 2-9-30　背横向

（二）助产方法

胎向异常的矫正比较困难，往往由于助产时间过长，易造成胎儿死亡，还达不到救助的目的。应及早考虑施行剖腹产术，如果胎儿已经死亡，也可施行截胎术。

知识拓展

难产的护理

难产虽然不是多发病，但是一旦发生，助产十分困难；若助产不当，一是易引起仔畜死亡，二是容易引起母畜子宫和产道损伤及感染，轻则导致该母畜的生产性能下降或不孕，严重时可危及母畜生命。因此，积极预防难产的发生，对于保障畜牧业的健康发展具有十分重要的意义。

1. 加强对空怀母畜的饲养管理

青年母畜配种不可过早，以免影响母畜本身和胎儿的生长发育；空怀期间使役不要过重，发情时适时配种；及时治疗母畜各种疾病，尤其应注意对子宫及生殖道疾病的治疗。

2. 加强对妊娠母畜的饲养管理

妊娠期间要增加所需要的营养物质，以保证母畜和胎儿生长发育的需要。妊娠前期合理使役，产前2个月停止使役，但要牵遛或自由运动，这样有利于胎儿转为正常分娩时的位置和姿势，顺利分娩。

3. 做好临产检查

检查时间，牛是从胎膜露出至胎水排出这一段时间，马、驴是在尿膜囊破裂，第一胎水排出之后。这一时期正是胎儿的前置部分刚进入骨盆的时间。

检查的方法，是将手臂及母畜外阴部消毒后，把手伸入阴门，进行触诊。触诊的内容包括胎儿及产道，如胎儿及产道均正常，可等待它自然分娩；如果胎儿异常，应立即进行矫正，因为这时胎儿前置部分尚未进入骨盆腔，异常程度不大，胎水流失不多，产道及子宫润滑，比较容易矫正；如果产道异常，有发生难产的可能性时，应及时做好助产准备。

气血虚弱的孕畜应及早给予治疗。

临床上常用的截胎方法

一、截头术

（一）胎头缩小术

在胎儿头部发育过大，产道狭窄，颅腔积水，双头畸形，前肢姿势不正，头部挤在产道内等情况下，可施行此手术。

胎头缩小术的方法有两种：一种方法是用产科钩勾住下颌骨体，拉紧固定，先将产科凿刃伸入胎儿口内上下臼齿之间，将下颌骨支的垂直部凿断，随即将两下颌骨支叠合起来，使头部变得细长，以利于通过产道；另一种方法是用线锯的锯条圈套套在胎儿耳后，然后将锯管的前端伸入胎儿口内，由后向前将头锯为两半，头骨即被锯掉，在向前推动胎儿的同时，将锯下的部分取出，最后拉出胎儿躯体。拉胎儿时，最好在下颌部结一绳套。

（二）胎头截除术

当胎头妨碍矫正不正的前肢，或者为下一步截胎术创造条件时，可进行此手术。

方法是如果能将胎头拉出阴门外，用产科钩勾住眼眶或下颌骨，拉紧固定。用刀从耳根前做一环行切口，并向后剥离皮肤，暴露枕寰关节，于枕寰关节处切断项韧带等软组织，再用产科钩勾住枕骨大孔将头截掉，注意在剥皮时边剥边在皮肤上切些小孔，穿上细绳，一方面能方便地拉开皮肤有利于剥皮；另一方面待头截掉后将绳子拉紧可把留下来的多余皮肤用于包裹寰椎，以防损伤产道，同时也便于以后的助产。胎头被拉出后，用绳子缚住颈部断端上的皮肤，将胎儿推回子宫，再将反常的前肢矫正以后，推动颈部断端上的皮肤及两前肢，即可将胎儿拉出。

（三）头颈不正截断术

当胎儿发生头颈侧弯、胎头下弯等异常姿势，而无法矫正时，常将头颈切断，取出头部。有时为了矫正顽固的前肢反常，也用于头部正常前置的截断术。

方法是先将线锯条穿过一个线锯管，锯条的自由端缚于长柄绳导上，由术者带进产道，将锯条由上向下绕过弯曲的颈部，并拉出于阴门外，再把自由端穿过另一锯管，然后慎重地把锯管伸入子宫内，使前端抵达胎儿颈部，锯条两端加上锯柄，将颈部锯断，然后用产科钩勾住断端，在推进胎儿的同时拉出胎头，最后用产科钩勾住颈部断端上的皮肤及肌肉，和事先用绳子缚住的两前肢一起向外牵引，将胎儿拉出来。

二、前肢截除术

（一）正常前肢截除术

适用于肩胛围过大的情况。

采用切除法时，用绳子缚住预定切除肢的系部，拉出产道，用手将指刀或隐刃刀（手指夹住刀片也可）带入子宫内，从截肢腿内侧腋下开始由内至外切开皮肤直至系部，然后先用手术刀将产道外面的部分皮肤剥开，再用手或剥皮器将皮肤剥到腋下和肩胛骨的顶端，切断腋下组织，最后用力拉出前肢即可。另一方法是用绳子缚住预定切除肢的系部，拉出后先在其球节上方做环形切口，一直切到皮下组织，再用剥皮铲从切口伸至皮下，围绕前肢剥离皮肤，直至肩胛上端，再用指刀或隐刃刀从肩胛骨上端至球节切开皮肤，然后将皮肤从该前肢上分离下来并拉紧，再用指刀或隐刃刀在皮下尽可能切断前肢与胸壁相联系的肌肉，最后扭转该肢，将其扯下拉出。

注意前肢截肢时只有将腿连肩胛骨取出时才能有效减小胎儿胸围的直径，起到助产的作用。

（二）屈曲前肢截除术

在顽固的腕关节屈曲或肩关节屈曲时，既无法矫正，又不能强行拉出的情况下，可施行此手术。

腕关节屈曲肢截除时，用线锯条借绳导绕于腕部掌侧的屈曲处，然后锯断并取出断肢。肩关节屈曲肢截除时，与正常前肢截除的线锯法基本相同，此时应先从肩胛后角至上缘做一深切口，再把线锯条借绳导嵌入切口内，围绕上肩胛周围锯掉该肢并取出。

三、后肢截除术

当胎儿倒生而发生难产时，正常后肢截除术与屈曲后肢截除术的截除方法基本同胎儿前肢截除术。

四、前躯截除术

常用于腹部前置的竖向，其临床表现为胎头、颈、前肢已露出于阴门外，而后肢呈屈曲状态阻塞于骨盆入口处，跗部挡在耻骨前缘上，使胎儿不能排出，如无法矫正后肢，可用线锯把前躯截除。手术方法是首先尽量外拉胎儿，围绕胸廓做环形切口，然后用剥皮铲或刀剥离胸廓周围皮肤，直至腰部，由助手翻起并拉紧皮肤于产道外，以线锯锯开胸部，掏出内脏，并沿肋骨弓的后缘将腹肌等肌肉切断，再用钩刀勾断腰椎，这样除皮肤外，只剩腰部以下的后躯。然后把腰部断端向前推，握住后蹄，把后躯倒拉出来。

五、胎儿腹水消除术

当胎儿腹水过多致使腹围的直径超过骨盆的直径而造成难产时，可实施此手术。手术方法是先截除一前肢，再用钩状刀切除第1至第3根肋骨，然后手伸入胸腔，再穿破膈肌使腹水流出；或者切开腹侧壁，使腹水流出。

项目十
产后期疾病

学习目标

☞ 了解动物产后期疾病，特别是产道损伤、生产瘫痪、子宫脱出、胎衣不下、子宫内膜炎、乳房炎、新生仔畜窒息等的概念、病因，掌握其症状、诊断及防治方法。

素养目标

☞ 培养爱岗敬业、吃苦耐劳、勇于创新、精益求精的工匠精神和劳动意识。

☞ 培养科学精神和科学思维，树立良好的职业道德。

任务一　产道损伤

产道损伤是指母畜在分娩过程中所发生的软产道，包括阴道、阴门、子宫颈、子宫的损伤。母畜分娩时，由于排出相对过大的胎儿，使软产道剧烈扩张或受到压迫、摩擦，很多母畜，特别是初产母畜的软产道损伤较为常见。发生难产时胎儿通过产道困难，助产动作不细致和子宫强烈收缩，更易引起产道及子宫损伤。

一、阴道及阴门损伤

分娩和难产时，产道的任何部位都可能发生损伤，但阴道及阴门损伤更易发生。如果不及时处理，容易被细菌感染。

(一)病因

初产母牛分娩时，阴门未充分松软，开张不够大，或者胎儿通过时助产人员未采取保护措施，容易发生阴门撕裂。

难产过程中，如胎儿过大，胎位、胎势不正且产道干燥时，未经完全矫正并灌入润滑剂即强行拉出胎儿；初产牛阴道壁脂肪蓄积过多，分娩时胎儿通过困难；助产时使用产科器械不慎；截胎之后未将胎儿骨骼断端保护好即拉出等，都能造成阴道损伤。胎儿的蹄及鼻端姿势异常，抵于阴道上壁，努责强烈或强行拉出胎儿时可能穿破阴道，甚至使直肠、肛门及会阴发生破裂。

难产救助时，助产人员的手臂、助产器械及绳索等对阴门及阴道反复刺激，极易造成阴道水肿及黏膜损伤，甚至造成阴门血肿。

胎衣不下时，在外露的胎衣部分坠以重物，成为索状的胎衣可勒伤阴道底壁。

除上述分娩时造成的损伤外，有时个体大的纯种公马、公牛与瘦弱的小型母马、母牛本交时，能发生阴道壁穿透创。

（二）症状

阴道及阴门损伤的患病动物表现极度疼痛的症状，尾根高举，骚动不安，拱背并频频努责。

阴门损伤时症状明显，可见撕裂口边缘不整齐，创口出血，创口周围组织肿胀。对阴道及阴门的过度刺激时，可使其发生剧烈肿胀，阴门内黏膜外翻，阴道腔变狭小，阴门内黏膜变成紫红色并有血肿。阴门血肿有时在几周内由于液体的吸收而自愈。少数情况下，可能发生细菌感染、化脓，炎症治愈后可能出现组织纤维化，使阴门扭曲，出现吸气现象。

阴道创伤时从阴道内流出血水及血凝块，阴道黏膜充血、肿胀、有新鲜创口。如为陈旧性溃疡，溃疡面上常附有污黄色坏死组织及脓性分泌物，阴道壁发生穿透创时，其症状随创口位置不同而异。穿透创发生在阴道后部时，阴道壁周围的脂肪组织或膀胱可能经创口突入阴道腔内或阴门外。马的尿道口较宽，分娩努责强烈时可发生膀胱外翻。膀胱脱出时，随尿液增加而增大。穿透创发生在阴道前端时，患病动物很快就出现腹膜炎症状，如不及时治疗，马和驴常很快死亡，牛也预后不良。如果穿透创发生在阴道前端下壁上，肠管及网膜还可能突入阴道腔内，甚至脱出于阴门之外。

（三）治疗

阴门及会阴的损伤应按一般外科方法处理。新鲜撕裂创口可用组织黏合剂将创缘粘接起来，也可用尼龙线按褥式缝合法缝合。在缝合前应清除坏死及损伤严重的组织和脂肪。如不缝合，不但延长愈合时间，容易造成感染，而且即使愈合后，形成的瘢痕也将妨碍阴门的正常屏障功能，结果由于不断吸入空气而易造成阴道炎和子宫内膜炎。阴门血肿较大时，可在产后3～4 d切开血肿，清除血凝块；形成脓肿时，应切开脓肿并做引流。

对阴道黏膜肿胀并有创伤的患病动物，可向阴道内注入消炎药乳剂，或在阴门两侧注射抗生素。若创口生蛆，可滴入2%敌百虫，将蛆杀死后取出，再做外科处理。

对阴道壁发生透创的病例，应迅速将突入阴道内的肠管、网膜用消毒溶液冲洗净，涂以抗菌药，推回原位。膀胱脱出时，应将膀胱表面洗净，用皮下注射针头穿刺膀胱，排出尿液，撒上抗生素粉后，轻推复位。阴道周围脂肪脱出可将其剪掉，硬膜外腔麻醉有利于送回脱出的器官。将脱出器官及组织复位处理后，立即缝合创口。缝合的方法是：左手在阴道内固定创口，并尽可能向外拉，右手拿长柄持针器，夹上穿有长线的缝针带入阴道内缝合，并将缝线拉紧，使创口边缘吻合；创口大时，需做几道结节缝合。缝合前不要冲洗阴道，以防药液流入腹腔。缝合后，除按外科方法处理外，还要连续肌内注射大剂量抗生素4～5 d，防止发生腹膜炎而死亡。

二、子宫颈损伤

子宫颈损伤主要指子宫颈撕裂，多发生在胎儿排出期。牛、羊（有时包括马、驴）初次分娩时，常发生子宫颈黏膜轻度损伤，但均能愈合。如裂口较深，则称为子宫颈撕裂。

（一）病因

子宫颈开张不全时强行拉出胎儿；胎儿过大、胎位及胎势不正且未经充分矫正即拉出胎儿;截胎时胎儿骨骼断端未充分保护;强烈努责和排出胎儿过速等均能使子宫颈发生撕裂。此外,人工授精及冲洗子宫时操作粗鲁,也能损伤子宫颈。

(二)症状

产后有少量鲜血从阴道内流出,如撕裂不深,见不到血液外流,仅在阴道检查时才能发现阴道内有少量鲜血。如子宫颈肌层发生严重撕裂创时,能引起大出血,甚至危及生命,有时一部分血液可以流入盆腔的疏松组织中或子宫内。

阴道检查时可发现裂伤的部位及出血情况。后因创伤周围组织发炎、肿胀,创口出现黏液性脓性分泌物。子宫颈环状肌发生严重撕裂时,会使子宫颈管闭锁不全,并可能影响下一次分娩。

(三)治疗

用双爪钳将子宫颈向后拉并靠近阴门,然后进行缝合。如操作有困难,且伤口出血不止,可将浸有防腐消毒液或涂有乳剂消炎药的大块纱布塞在子宫颈管内,压迫止血,纱布块必须用细绳拴好,并将绳的一端拴在尾根上,便于以后取出,或者在其松脱排出时易于发现。肌内注射止血剂(牛、马可肌内注射25%酚磺乙胺10～20 mL,或安络血25～100 mg,或催产素50～100 IU),静脉注射10%的葡萄糖酸钙500 mL。止血后创面涂2%龙胆紫、碘甘油或抗生素软膏。

三、子宫破裂

子宫破裂是指动物在妊娠后期或分娩过程中造成的子宫壁黏膜层、肌肉层和浆膜层发生的破裂,初产母牛多发,按其程度可分为不完全破裂与完全破裂(子宫穿透创)两种。不完全破裂是子宫壁黏膜层或黏膜层和肌层发生破裂,而浆膜层未破裂;完全破裂是子宫壁三层组织都发生破裂,子宫腔与腹腔相通,甚至胎儿坠入腹腔。子宫完全破裂的裂口很小时,又称为子宫穿孔。

(一)病因

1. 难产

子宫颈开张不全,胎儿和母畜骨盆腔大小不适,胎儿过大并伴有异常强烈的子宫收缩,胎儿异常未解除时就使用子宫收缩药,胎儿的臀部填塞母体骨盆入口、胎水不能进入子宫颈而使子宫内压增高,均容易造成子宫破裂。

2. 难产助产

动作粗鲁、操作失误,如推拉产科器械时失手滑脱、截胎器械触及子宫、截胎后骨骼断端未保护好等,都可使子宫受到损伤或破裂。

3. 难产子宫捻转严重

捻转处有时会破裂;妊娠时胎儿过大、胎水过多或双胎在同一子宫角内妊娠等,致使子宫壁过度伸张而易引起子宫破裂。

冲洗子宫使用导管不当,插入过深,可造成子宫穿孔,剥离胎衣技术错误也能导致子宫破裂。此外,子宫破裂也可能发生在妊娠后期的母畜突然滑跌、腹壁受到牛角顶撞或踏踢等时。

(二)症状

根据创口的深浅、大小、部位、动物种类不同以及裂口是否感染等，患病动物表现出的症状不完全一样。

子宫不完全破裂时可见产后有少量血水从阴门流出，但很难确定其来源，只有仔细进行子宫内触诊，才有可能触摸到裂口而确诊。

子宫完全破裂，若发生在产前，有些病例不表现出任何症状，或症状轻微，不易被发现，只是以后发现子宫粘连或在腹腔中发现脱水的胎儿；若子宫破裂发生在分娩时，则阵缩及努责突然停止，子宫无力，母畜变安静，有时阴道内流出血液；若裂口很大，胎儿可能坠入腹腔。也可能出现母畜的小肠进入子宫，甚至从阴门脱出。子宫破裂后引起大出血时，迅速出现急性贫血及休克症状，全身情况恶化。患病动物常于短时间(马)或 2～3 d 内(牛)死亡。

如果子宫裂口很小(子宫穿孔)，且位于上部，胎儿也已排出，且感染不严重，在牛不出现明显的临床症状。产后因子宫体积迅速缩小，使裂口边缘吻合，能够很快自行愈合，但易引起子宫粘连；马则易出现腹膜炎症状，全身症状明显。

(三)治疗

检查难产时应注意检查生殖道是否有损伤，如果发现子宫破裂，或者在助产过程中发现子宫破裂，应立即根据破裂的位置与程度，决定是经产道取出胎儿还是经剖腹取出胎儿，最后缝合裂口。但应注意的是，除裂口不大且在背位，不需要过多干预即可产出胎儿的情况外，多数子宫破裂都需要施行剖腹产术。

对子宫不全破裂的病例，取出胎儿后不要冲洗子宫，仅将抗生素或其他抑菌防腐药放入子宫内即可，每日或隔日一次，连用数次，同时注射子宫收缩剂。

子宫完全破裂，如裂口不大，取出胎儿后可将穿有长线的缝针由阴道带入子宫内，进行缝合。如裂口很大，应迅速施行剖腹产术，但应根据易接近裂口的位置及易取出胎儿的原则，综合考虑选择手术通路，从破裂位置切开子宫壁，取出胎儿和胎衣，再缝合裂口。在闭合手术切口前，应向子宫内注入抗生素。因腹腔有严重污染，缝合子宫后，要用灭菌生理盐水反复冲洗，并用吸干器或消毒纱布将存留的冲洗液吸干，再将 200 万～300 万 IU 青霉素注入腹腔内，最后缝合腹壁。

子宫破裂，无论是不全破裂还是完全破裂，除局部治疗外，均需要肌内注射或腹腔内注射抗生素，连用 3～4 d，以防止发生腹膜炎及全身感染。如失血过多，应输血或输液，并注射止血剂。

任务二　产后常见病

一、生产瘫痪

生产瘫痪又称为乳热症或低血钙症，是母畜在分娩前后突然发生的一种严重的代谢性疾病。其特征是低血钙，全身肌肉无力，知觉丧失及四肢瘫痪。

奶牛发生生产瘫痪最为常见，多发生于饲养良好的高产奶牛，而且出现于产奶量最高的胎次。多数发生于第 3～6 胎(5～9 岁),但第 2～11 胎也有发生,初产母牛则几乎不发生此病。从发生的时间上来看,大多数发生在产后 3 d 之内,少数则在分娩过程中、分娩前或者分娩后数周发病。

(一)病因

生产瘫痪的发病机理至今尚未完全清楚,目前人们主要有以下两种观点。

1. 低血钙

虽然所有的母牛产犊之后血钙水平都普遍降低,但患病母牛下降得更为显著。产后健康母牛的血钙浓度为 0.08～0.12 mg/mL,平均为 0.1 mg/mL;病牛则下降至 0.03～0.07 mg/mL,同时血磷及血镁含量也减少。目前,认为引起血钙浓度降低的因素主要有下列几种,而产后瘫痪可能是其中一种或几种因素共同作用的结果。

分娩前后大量血钙进入初乳且动用骨钙的能力降低,是引起血钙浓度急剧下降的主要原因。干奶期的母牛甲状旁腺功能减退,分泌的甲状旁腺激素减少,因而动用骨钙的能力降低。妊娠末期饲喂高钙日粮的母牛,血液中的钙浓度增高,刺激甲状腺分泌大量降钙素,同时也使甲状旁腺的功能受到抑制,导致动用骨钙的能力进一步降低。因此,分娩前后大量血钙进入初乳且机体动用骨钙的能力降低,血液中流失的钙不能迅速得到补充,致使血钙急剧下降而发病。分娩后短时间内将奶挤尽或一次性挤多量的奶往往会造成低血钙,发生生产瘫痪。

另外,妊娠末期,胎儿迅速增大,妊娠子宫占据腹腔大部分空间,挤压胃肠器官,影响胃肠的消化功能,致使从肠道吸收的钙量显著减少。分娩时雌激素水平升高,食欲下降,也影响消化道对钙的吸收。

2. 大脑皮质缺血、缺氧

有报道认为,生产瘫痪为一时性脑贫血所致的脑皮质缺氧、脑神经兴奋性降低的神经性疾病。分娩前,腹压增大,乳房肿胀,影响静脉血回流。分娩后,胎儿排出,腹压下降,腹腔器官被动充血,致使流向头部的血液量减少,血压下降,引起中枢神经一时性贫血,缺氧,功能障碍。同时致使大脑皮层发生延滞性抑制,影响对血钙的调节。这种理论在一些牛患生产瘫痪时,运用大剂量钙制剂没有疗效,而改用乳房送风疗法或氢化可的松治疗取得良好效果,得到了证实。

(二)症状

根据临床症状可分为典型和非典型两种。

1. 典型症状

病程发展很快,从开始发病到出现典型症状不超过 12 h。病初通常食欲减退或废绝,有的表现为短暂性兴奋,四肢无力,反刍、瘤胃蠕动、排粪及排尿停止,泌乳量降低,瘤胃轻度臌气。精神沉郁,耳下垂,目光茫然,不愿走动。如能站立,后肢交替负重,后躯稍显摇摆,站立不稳,并且肌肉发抖。不久出现瘫痪症状,先从后肢开始,病牛挣扎而不能起立,呈一种特殊的卧地姿势,四肢屈曲于躯干之下,开始头置于地上,但很快就将一侧前后肢伸向侧方,头向一侧弯曲至胸部,并置于该侧前肢基部之上,呈“伏卧状”(图 2-10-1)。虽可将牛头强行拉直,但松手后又很快弯向胸部。病情发展很快,不久即出现意识抑制和知觉丧失,病牛昏睡,瞳孔散大,对光线刺激无反应,眼睑反射微弱或消失;皮肤对疼痛刺激无反应。肛门松弛,反射消失。心跳加快,但心音减弱,呼吸深而慢,听诊有啰音。有时发生喉头及舌麻痹,舌伸出口外不能自行缩回。吞咽发生障碍,易引起异物性肺炎。

体温下降,甚至可降至 35～36 ℃。临死前处于昏迷状态。

2. 非典型症状

临床上较多见,除瘫痪症状外,主要特征是头颈姿势很不自然,由头部至鬐甲呈一轻度的"S"状弯曲(图 2-10-2)。病牛精神极度沉郁,但不昏睡。食欲废绝,各种反射减弱,但不完全消失,病牛有时能勉强站立,但站立不住,且行动困难,步态摇摆。体温正常或不低于 37 ℃。

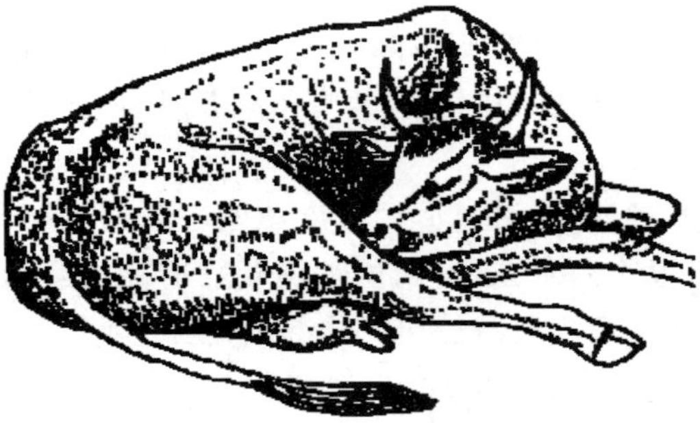

图 2-10-1　牛生产瘫痪时呈"伏卧状"姿势

图 2-10-2　牛生产瘫痪时头颈"S"状弯曲姿势

(三)诊断

生产瘫痪的主要诊断依据是发病时间及病情发展出现典型的瘫痪姿势及血钙降低(一般在 0.08 mg/mL 以下)。为了确切诊断,可测定血钙浓度,也可施行乳房送风疗法,如症状消失,即为生产瘫痪。

生产瘫痪应与产后截瘫、酮病及产后败血症相区别。产后截瘫是后肢失去知觉,不能站立,病牛的其他情况,如精神、食欲、体温、各种反射、排粪排尿等均无异常。奶牛酮病时,其特征是酮血、酮尿、酮乳、低血糖,呼出的气体有烂苹果气味;酮病对钙剂疗法、乳房送风疗法均无反应。产后败血症的症状也和生产瘫痪类似,如精神极度沉郁、卧地不起,有时头颈也向后置于胸壁一侧。但是产后败血症病例除非临近死亡,一般体温都升高;各种反射不完全消失;使用钙剂后立即出现心脏节律紊乱,心音增强,次数增多,甚至有的在注射期间死亡。

(四)治疗

治疗越早,疗效越高。

1. 钙制剂疗法

静脉注射 5%氯化钙 300～400 mL 或 10%葡萄糖酸钙溶液 200～600 mL,10%葡萄糖溶液 1 000 mL,50%葡萄糖溶液 200～300 mL,10%樟脑磺酸钠注射液 10～20 mL。如在葡萄糖酸钙溶液中加入 4%硼酸效果更佳。静脉补钙的同时,肌内注射 5～10 mL 维丁胶性钙有助于钙的吸收和减少复发率。注射后 6～12 h 病牛如无反应,可重复注射,最多不超过 3 次。注射钙制剂要缓慢,特别是氯化钙刺激性大,更要缓慢,氯化钙最大日剂量不超过 30 g。对钙制剂疗法反应不佳或怀疑血磷及血镁也降低的病例,第 2 次治疗时再加入 15%磷酸二氢钠溶液 200～300 mL 及 25%硫酸镁溶液 50～100 mL。磷酸二氢钠溶液 pH 为 3～4,注射时必须缓慢,控制在 10 mL/min 左右。对于心脏功能衰弱的病牛,应改用小剂量多次静脉注射。

2. 乳房送风疗法

乳房送风疗法对用钙制剂疗法反应不佳或复发的病例有特效。其缺点是技术不熟练或消毒不严时，可引起乳腺损伤和感染。乳房送风的目的是使乳房膨胀，乳房内的压力上升，压迫乳房血管，因此流入乳房的血液量减少，随血流进入初乳而丧失的钙也减少，血钙水平随即回升。与此同时，全身血压也升高，可以消除脑缺血和缺氧状态，使其调节血钙平衡的功能得以恢复。

向乳房内打入空气，需用专门的器械——乳房送风器（图 2-10-3）。使用前应将送风器的金属筒消毒并在其中放置干燥、消毒棉花，以便过滤空气，防止感染。没有乳房送风器时，也可利用大号连续注射器或普通打气筒，但过滤空气和防止感染较困难。送风时，使牛侧卧，先挤净乳房中的积奶，并消毒乳头，然后把消毒的乳房送风器导管涂上灭菌的润滑剂，缓慢插入乳头管内。用手有节奏地把空气连续打入乳房内。4 个乳区均应打满空气，打入空气量以乳房皮肤紧张、乳腺基部的边缘清楚并且变厚，同时轻敲乳房呈现鼓音时为准。打入的空气不够，不会产生效果；打入空气过量，可使腺泡破裂，发生皮下气肿。打气之后，用宽纱布将乳头轻轻扎住，防止空气逸出。待病牛起立后，经过 1 h，将纱布条解除。如无效，乳房送风后经过 2 h 解除绷带，隔 6 h 后重复向乳房内打入空气。

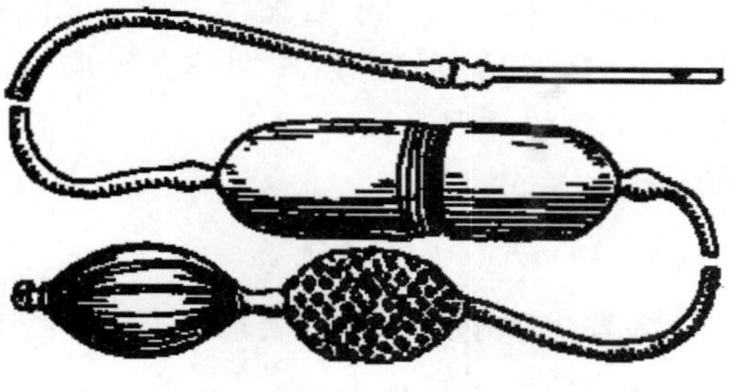

图 2-10-3　乳房送风器

3. 使用肾上腺皮质激素及其他药物治疗

据报道，用地塞米松（20 mg/次）对钙剂治疗效果不佳的患牛治愈率达 64.7%。如果用地塞米松配合钙剂治疗，治愈率可达 92.8%。也可使用 25 mg 氢化可的松加入 2 000 mL 葡萄糖盐水中静脉注射，1 d 2 次，用药 1～2 d。

在使用上述疗法的同时，注意对症治疗，对患病动物要有专人护理，为了防止褥疮和自身体重压迫位于下面的后肢而引起神经麻痹，牛床上多垫干草，每隔 4～5 h 翻转一次牛体。病牛神志不清、咽部麻痹期间禁止口服投药，以免引起异物性肺炎。当病牛试图站立或站立起来后，要扶持其一段时间，避免因站立不稳而摔倒引起骨折或肌腱损伤。

（五）预防

干奶期最迟从产前 2 周开始，给母牛饲喂低钙高磷饲料，可将每头奶牛每日摄入的钙量限制在 60 g 以下，为此可以增加谷物精料的数量，减少豆科植物干草及豆饼等，而于分娩前后，立即将摄入的钙量增加到每日 125 g 以上。在临产及产后立即静脉注射钙制剂；分娩前 8～2 d，一次肌内注射维生素 D 1 000 万 IU，也是一种有效的预防方法。

干奶期最迟从产前 2 周开始，减少富含蛋白质的饲料，促进母牛消化功能，避免发生便秘、腹泻等扰乱消化的疾病；防止产前过度肥胖；产后不立即挤奶及产后 3 d 之内不要将初乳挤净等，对预防生产瘫痪都有一定作用。

二、子宫内翻及脱出

子宫角前端翻入子宫腔或阴道内，称为子宫内翻，子宫全部翻出于阴门之外，称为子宫脱出。二者为程度不同的同一个病理过程。常在分娩后 1 d 之内子宫颈尚未缩小和胎膜还未排出时发病。

(一)病因

体质虚弱,运动不足,胎水过多,胎儿过大和多次妊娠,致使子宫肌收缩力减退和子宫过度伸张所引起的子宫弛缓,是发生此病的主要原因。

分娩过程延滞时子宫黏膜紧裹胎儿随着胎儿被迅速拉出而造成的子宫腔减压;难产和胎衣不下时强烈努责;产后长期站立于向后倾斜的床栏,以及便秘、腹泻、疝痛等引起的腹压增大,是本病的诱因。

(二)症状

1. 子宫内翻即子宫部分脱出

多发生于孕角。病牛表现不安,经常努责,尾根举起,食欲、反刍减少。阴道检查,则可发现翻入阴道的子宫角尖端。

2. 完全脱出

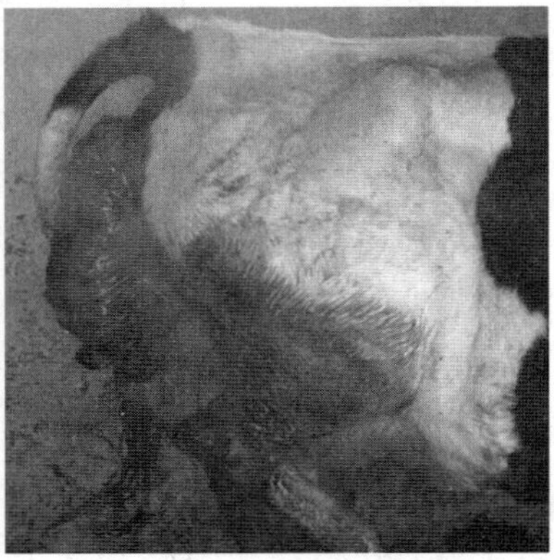

图 2-10-4　奶牛子宫全部脱出

在阴门外可看到呈不规则的长圆形囊状物体垂吊于阴门外(图 2-10-4),有时可达跗关节。脱出的子宫,表面布满圆形或半圆形的海绵状母体胎盘(子宫阜),且分为大小两堆(大者为孕角,小者为非孕角),二者之间有一光滑的子宫体,胎盘极易出血。羊脱出的子宫,近似于牛,但其胎盘呈圆形,且中央有一凹陷。脱出的子宫黏膜表面常附着尚未脱落的胎膜,剥去胎膜或自行脱落后呈粉红色或红色,后因淤血而变为紫红色或深灰色。脱出时间久则子宫黏膜充血、水肿呈黑红色肉冻状,且多被粪土污染和摩擦而出血,后结痂、干裂、糜烂、坏死等。一般开始无全身症状,仅有拱腰、努责、不安等表现。时间长则表现出全身症状,精神沉郁,体温升高,呼吸、脉搏加快;反刍减少或消失,食欲减少或废绝;产奶量下降;病牛逐渐消瘦而衰竭死亡。

(三)治疗

以整复为主,整复必须及早施行,再配以药物治疗。但当子宫严重损伤、坏死及穿孔而不宜整复时,应施行子宫截除术。整复步骤如下。

1. 患病动物的保定

患病动物取前低后高的姿势站立保定(患病动物不能起立时取前低后高的伏卧保定,此时应在子宫下面垫上塑料布)。

2. 子宫的处理

用温热的淡盐水或 2%明矾水或 0.1%高锰酸钾溶液充分清洗脱出的子宫,以洗净其表面的污物;如水肿严重,则用 3%的温明矾液浸泡或温敷,以缩小体积;如有出血时应进行结扎止血,对伤口进行缝合,然后涂以油剂青霉素或碘甘油,进行整复。

3. 整复方法

(1)助手用消毒布或瓷盘将子宫托起抬高(同阴门等高或稍高于阴门),整复可以先从靠近阴门的部分开始，将手指并拢或用拳头向阴门内压迫子宫壁，将它向阴道内推送；整复也可从下部开始，就是将拳头伸入子宫角的凹陷中，顶住子宫角的尖端推入阴门，先推进去一部分，然后令助手压住子宫，术者抽出手来，再向阴门压迫其余部分。全部送入后，术者手臂尽量伸入其中，将子宫深深推入腹腔内，然后向宫腔内放入抗生素，以防感染。在整复过程中，患病动物努责时，应及时将送回的部分顶住，以免又脱出来。同时，助手须及时协作，四面向一起压迫，才能取得应有的效果。

(2)也可用宽 6 cm 双层灭菌纱布，从子宫角尖端呈螺旋式缠绕，每缠绕一圈，压住前一圈的 1/2，一直缠到阴门口，使其呈棒状，然后由助手抬起与阴门等高，术者从靠近阴门端开始，边拆一圈纱布，边往里推送子宫，直至将脱出的子宫全部送回阴道内，术者手伸入阴道内顶住子宫角尖端，送入腹腔内恢复原位，为防止努责，术者手在阴道内停留片刻。

脱出的子宫全部被推入阴门之后，为保证子宫全部复位，可向子宫内灌注 9～10 L 温热的、无刺激性的防腐消毒液或生理盐水，然后导出。

4. 防止感染

在查证子宫角确已恢复正常位置，并无套叠后，向子宫内注入抗生素或其他防腐抑菌药物。

5. 预防复发及护理

整复后为防止复发，应皮下注射或肌内注射 50～100 IU 催产素。如用静脉注射，子宫壁在注后 30～60 s 即开始收缩。整复后，为防止患病动物努责，适当牵遛以抑制其努责，也可进行荐尾间硬膜外腔麻醉，但不宜缝合阴门，以免刺激患病动物持续努责，而且缝合后虽能防止子宫脱出，但不能阻止子宫内翻。

术后护理按一般常规进行。如有内出血，必须给予止血剂并输液。对患病动物要有专人负责观察，如发现母畜努责强烈，须检查是否有内翻，有则应立即加以整复。

三、胎衣不下

母畜分娩出胎儿后，胎衣在生理时限内未能排出者称为胎衣不下或胎衣滞留。各种家畜产后排出胎衣的正常时间为：牛 8～12 h、羊 4 h、猪 1 h、马 1～1.5 h。各种家畜均可发生胎衣不下，但牛比其他动物多发。胎衣不下不但引起患牛场产奶量下降，还可引起子宫内膜炎和子宫复旧延迟，从而导致不孕，被迫提前淘汰。因此，此病给奶牛业发展造成了很大的经济损失。据报道，在非布鲁氏菌病感染区，奶牛正常分娩后胎衣不下的发病率为 3%～12%，在分娩异常时或布鲁氏菌病流行区牛群，发病率可达 30%～50%或者更高。

(一)病因

1. 产后子宫收缩无力

饲料单纯，缺乏钙、硒、维生素 A 和维生素 E，消瘦，过肥，老年，运动不足和干奶期过短等都可导致子宫弛缓。奶牛怀双胎、胎水过多及胎儿过大，使子宫过度扩张都容易继发产后阵缩微弱。流产、早产、生产瘫痪、子宫扭转则会造成产后子宫收缩力不够。难产后子宫肌疲劳也会发生收缩无力。产后未及时给仔畜哺乳，致使催产素释放不足，也可影响子宫收缩。

2. 胎盘不成熟

胎盘在妊娠后期分娩之前有一个受激素控制的变化成熟过程，在牛主要包括子宫肉阜结缔组织逐渐胶原化，母体子宫腺窝上皮组织数量减少且变扁平。需要经受高水平17β-雌二醇和雌酮作用5 d以上，才能完成这一成熟过程。许多因素可使怀孕期缩短，胎盘不能完成成熟过程而导致胎衣不下，如应激、免疫接种引起的变态反应、激素诱导性分娩、小产、传染病造成的流产、某些药物中毒、子宫损伤、子宫过度扩张等。

3. 胎盘充血和水肿

在分娩过程中，子宫异常强烈收缩或脐带血管关闭太快会引起胎盘充血。在这种情况下，胎盘中毛细血管的表面积增加，绒毛嵌闭在腺窝中，就会使腺窝和绒毛发生水肿，水肿可延伸到绒毛末端，结果腺窝内压力不能下降，胎盘组织之间持续紧密连接，不易分离。

4. 胎盘炎症

怀孕期间子宫受到感染（如李氏杆菌、沙门菌、胎儿弧菌、生殖道支原体、霉菌、毛滴虫、弓形体或病毒等造成的感染），从而发生子宫内膜炎及胎盘炎，导致结缔组织增生，使胎儿胎盘和母体胎盘发生粘连，导致胎衣不下。

5. 胎盘组织构造

奶牛胎盘属子叶型胎盘，从组织学角度看，又属上皮绒毛膜与结缔组织绒毛膜混合型，结构特殊，结合紧密。

（二）症状

胎衣不下分为全部不下（图2-10-5）和部分不下两种。胎衣全部不下，即整个胎衣未排出来，胎儿胎盘大部分仍与母体胎盘相连，仅见一部分胎膜悬吊于阴门之外；胎衣部分不下，即胎衣的大部分已经排出，只有一部分或个别胎儿胎盘残留在子宫内，露出的部分主要为尿膜绒毛膜，呈土红色，表面上有许多大小不等的胎儿子叶。

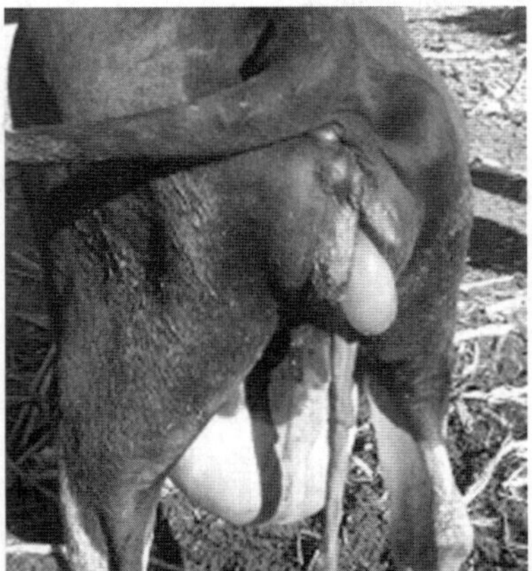

图 2-10-5　牛胎衣不下

牛发生胎衣不下后，由于胎衣的刺激作用常常表现拱背和努责，一些牛会出现里急后重，从阴道排出淡红色恶臭液体，特别是滞留的胎衣腐败分解时，腐败分解产物被吸收后则引起全身症状：精神沉郁，食欲减退，体温升高，脉搏、呼吸加快，瘤胃弛缓，腹泻，产奶量下降等。部分胎衣不下时常被忽视，当恶露排出期延长、腐败的胎衣排出时才发现，而且可并发子宫内膜炎或败血症。

（三）治疗

胎衣不下的治疗原则是尽早控制感染，促进子宫收缩，排出胎衣。在条件适合时，若能用手容易地剥离胎衣则剥离，若用手不易剥离则不可强行剥离，采用药物疗法。

1. 早期阶段

使用全身性抗生素进行抗菌消炎，常选用青霉素（2万IU/kg体重）进行肌内注射，1次/d。若体温升高，可加大剂量进行静脉注射，同时配合应用退热药物，1次/d给药，直到胎衣排出，体温正常为止。

2. 子宫内投入抗生素

常选用土霉素或青霉素，每日 1 次或隔日 1 次，直到胎衣排出为止。药物应放在子宫黏膜和胎衣之间。投药前应注意消毒，并冲洗子宫。

3. 使用促进子宫收缩的药物

在分娩后 24 h 以内，肌内注射缩宫素 100 IU（注射后让牛站立 1 h 以上，以免造成子宫脱出），2 h 后重复 1 次，同时静脉注射 10％氯化钠溶液 300～400 mL。有条件的可给牛灌服羊水 300 mL，灌服后经 4～6 h 胎衣即可排出，否则重复灌服一次，但提供羊水的牛必须是健康的。

4. 手术剥离胎衣

夏季产后 48 h，冬季产后 72 h，若胎衣仍未排出，且体温不超过 39.4 ℃，即可进行手术剥离胎衣。

（1）术前准备　奶牛取前高后低站立保定，尾巴系绳，拉向自身颈部一侧固定。手入直肠掏尽后段粪便，先用清水清洗母畜外阴及其周围，再用 0.1％高锰酸钾液清洗消毒。向子宫内注入 5％～10％氯化钠溶液 2 000～3 000 mL，如果母牛努责剧烈可行硬膜外腔麻醉，术者应将指甲剪短磨光，手和臂消毒涂油。

（2）手术操作　若有胎衣悬吊于阴门之外，先将阴门之外的胎衣理顺，左手拉紧露出阴门的胎衣，右手伸入子宫黏膜与胎膜之间，找到未分离子叶。若阴门外未悬吊有胎衣，右手先由阴道进入子宫，抓住游离胎衣并牵引至阴门之外，交由左手拉紧。剥离胎衣时按以下顺序进行：由近及远，由紧张到松弛，逐个逐圈螺旋前进，先剥完一个子宫角，再剥另一子宫角。剥离每个子叶的方法是：用中指和食指夹住子叶基部，用拇指推压子叶顶部，将胎儿胎盘与母体胎盘分离开来。剥离子宫角尖端的胎盘比较困难，这时可拉紧胎衣，再将手伸向前方迅速抓住尚未脱离的胎盘即可顺利地剥离（图 2-10-6）。在剥离时，切勿用力牵拉子叶，否则会将子叶拉断，造成子宫壁损伤，引起出血，而危及母畜的安全。

（3）术后处理　胎衣剥离完毕后，用 0.1％高锰酸钾溶液冲洗子宫，排出胎盘碎片及污物。冲洗时，橡胶管前端握于手掌心，进入子宫角前下部，管的外端接漏斗，倒入冲洗液 1～2 L，用虹吸法使子宫内液体自行排出或刺激子宫收缩将液体排出，反复冲洗 2～3 次，直到子宫内排出的液体色泽为高锰酸钾液本色为止。在冲洗过程中，橡胶管前端一定要握于手掌心中，以免患病动物努责，子宫收缩而将子宫戳穿。冲洗完毕后，子宫内放入土霉素 4～6 g，以防止感染。

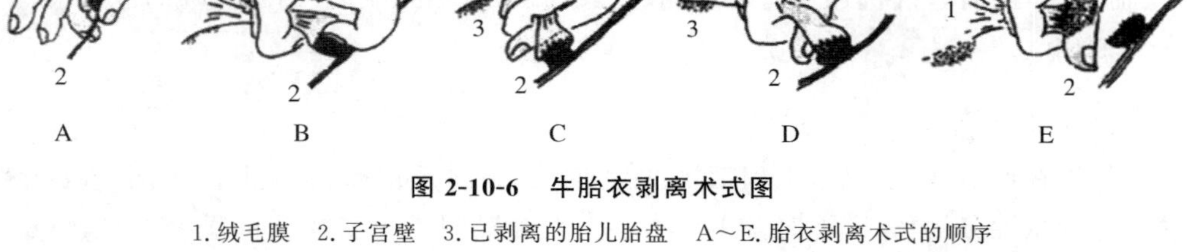

图 2-10-6　牛胎衣剥离术式图

1. 绒毛膜　2. 子宫壁　3. 已剥离的胎儿胎盘　A～E. 胎衣剥离术式的顺序

5. 中药疗法

当患病动物体温升高超过39.4 ℃或子宫颈闭合，使手不能入子宫或胎衣粘连较紧而不能剥离时，可采用中药疗法：桃仁40 g、红花40 g、生地50 g、赤芍50 g、当归50 g、川芎40 g、益母草200 g、大黄100 g、芒硝250 g、厚朴40 g、枳实60 g、甘草20 g。共研末，开水冲调，以红糖250 g、白酒100 mL为引，灌服。一日一剂，连服三剂。临床上可根据实际情况进行药物及剂量的加减。

(四)预后

奶牛胎衣不下，一般预后良好。多数奶牛在产后2个月左右的自身子宫净化复旧过程中，都能将腐败的胎衣排出，但常引起子宫内膜炎、子宫积脓、卵巢疾病，造成奶牛不孕，空怀时间过长，影响其经济效益，从而成为奶牛业的严重问题。因此，奶牛的胎衣不下应当引起足够的重视。

(五)预防

在饲料中补充矿物质和维生素，特别是硒、钙、维生素A、维生素E等，增强母畜体质；舍饲牛要给予充足的运动和光照，干奶期避免牛过肥；产前2周左右，适当减少精料，搞好产房卫生；分娩后立即肌内注射催产素100 IU和静脉注射钙制剂(避免血钙水平降低)，以促进子宫收缩，排出胎衣；尽早让仔畜吃初乳或及早挤奶，以刺激母体催产素的产生。

四、子宫内膜炎

子宫内膜炎是指子宫黏膜的炎症病变。此病是常见的母畜生殖器官疾病，是造成母畜不育的主要原因之一，可分为急性和慢性两种。急性子宫内膜炎多发生于产后，因子宫黏膜受到损伤和感染而发病，多数伴有全身症状；慢性子宫内膜炎多由急性子宫内膜炎转变而来，炎症变化一般局限于子宫黏膜，无全身症状。

(一)病因

子宫内膜炎的病因可分为原发性和继发性两大类。

原发性子宫内膜炎：配种、人工授精、产道检查、分娩及难产助产时消毒不严，操作方法不当，生殖道损伤之后，细菌侵入而引起发病；另外，饲养管理或使役不当，机体抵抗力下降时，生殖道内存在的非致病性细菌乘机大量繁殖，也可引起发病。

继发性子宫内膜炎：常继发于产道损伤、阴道炎、子宫弛缓、胎衣不下、子宫脱出、难产、子宫复旧不全及流产。此外，结核病、布鲁氏菌病、副伤寒等传染病也常并发子宫内膜炎。引起子宫内膜炎的病原微生物很多，主要有大肠埃希菌、链球菌、葡萄球菌、化脓性棒状杆菌、变形杆菌、嗜血杆菌等；有些病例还见有霉形体、牛腹泻病毒、胎儿弧菌、滴虫及马的沙门菌等。

(二)症状

1. 急性子宫内膜炎

一般发生在产后或流产后，患病动物拱背、努责、常将尾根举起，从阴门排出灰白色浑浊的黏液性或黏液脓性分泌物，卧下时排出量增多。犬和猫阴道分泌物呈黄绿色或暗红色。患病动物精神沉郁，体温升高，食欲减少。牛、羊反刍减少或停止，并伴有轻度瘤胃臌气。

阴道检查时，子宫颈稍开张，外口充血肿胀，常流出炎性分泌物。直肠检查时，可感到子宫角增大，疼痛，呈面团样，有时有波动感；严重时流出含有腐败分解组织碎块的恶臭液体，并有明显的全身症状。

2. 慢性子宫内膜炎

根据炎症性质可分为以下 3 种类型。

(1)隐性子宫内膜炎　呈慢性经过时，不表现临床症状，子宫无肉眼可见的变化，直肠检查及阴道检查也无任何异常变化，发情周期正常，但屡配不孕。发情时子宫排出的分泌物较多，有时分泌物不清亮透明，略微浑浊。

(2)慢性卡他性子宫内膜炎　患病动物性周期紊乱，有的虽然正常但屡配不孕，卧下或发情时常从阴门排出较多浑浊带有絮状物的黏液。阴道检查时，子宫颈外口黏膜充血肿胀，并有上述黏液。直肠检查时感到子宫壁肥厚。

(3)慢性卡他性脓性及脓性子宫内膜炎　患病动物性周期紊乱，屡配不孕，牛有时并发卵巢囊肿。阴道内存有较多的污白色或褐色混有脓汁的分泌物，或从阴道排出带有臭味的灰白色或褐色浑浊浓稠的脓性分泌物。

阴道检查时，子宫颈外口松弛，充血肿胀，有时发生溃疡。

直肠检查时感到子宫壁厚度和硬度不均，有时还出现波动感。

有的由于子宫颈黏膜肿胀和组织增生而狭窄，脓性分泌物积聚于子宫内，称为子宫积脓。如卡他性渗出物积聚于子宫内，称为子宫积液。此时患病动物常伴有精神不振，食欲减少，逐渐消瘦，体温升高等全身症状。

(三)诊断

患有子宫内膜炎的动物，一般症状比较明显，不难做出诊断。隐性子宫内膜炎，因无明显症状，较难诊断，可用实验室诊断方法进行确诊。

1. 子宫回流液检查

冲洗子宫，镜检回流液，若发现脱落的子宫黏膜上皮细胞、白细胞或脓球，即表明子宫内膜有炎症。

2. 发情时分泌物检查

发情时取分泌物 2 mL，置洁净的试管内，加入等量 4%氢氧化钠溶液，煮沸冷却后无色为正常，呈微黄色或柠檬黄色则为阳性。

3. 分泌物生物学检查

将一载玻片加热至 38 ℃，在载玻片不同部位各滴 1 滴精液，其中一滴加被检分泌物，另一滴作对照。然后镜检精子活动情况，精子很快死亡或凝聚者为阳性。

(四)治疗

治疗原则是增强机体的抵抗力，消除炎症及恢复子宫功能。

1. 改善饲养管理

给予富有营养和含维生素的全价饲料，适当加强运动和放牧，提高机体抵抗力，促进生殖功能的恢复。

2. 冲洗子宫

使用防腐剂冲洗子宫，清除子宫内的渗出物，消除炎症，是治疗急性、慢性子宫内膜炎的有效疗法之一。

冲洗马的子宫比较容易，冲洗牛的子宫，除在产后外，最好在发情时进行。必要时事先可肌内注射苯甲酸雌二醇 20～30 mg，促使子宫颈松弛开张后，再行冲洗。药液温度最好在 35～45 ℃，能增强子宫的血液循环，量不宜过大，压力不宜过强，反复冲洗，直至排出的液体变为透明为止，冲洗后必须排净子宫内液体，以免引起子宫弛缓或感染的扩散。

(1)急性、慢性卡他性子宫内膜炎　可选用 0.1%高锰酸钾溶液、1%～2%碳酸氢钠盐水或 1%氯化钠溶液，反复冲洗子宫，直至排出透明液体为止。排净药液后，向子宫内注入抗生素溶液，每日冲洗 1 次，连用 2～4 次，有良好效果。

(2)隐性子宫内膜炎　在配种前 1～2 h 用生理盐水、1%碳酸氢钠盐水或碳酸氢钠糖溶液(氯化钠 1 g、碳酸氢钠 3 g、葡萄糖 90 g、蒸馏水 1 000 mL)300～500 mL，加入青霉素 40 万 IU，冲洗子宫，或于配种前直接向子宫内注入抗生素溶液，可提高受胎率。

(3)慢性卡他性脓性及脓性子宫内膜炎　可用碘盐水(1%氯化钠溶液 1 000 mL 中加 2%碘酊 20 mL)3 000～5 000 mL，反复冲洗。此外，也可用 0.02%新洁尔灭溶液、0.1%高锰酸钾溶液冲洗子宫。当子宫内分泌物腐败带恶臭味时，可用 0.5%煤酚皂或 0.1%高锰酸钾溶液冲洗子宫，但次数不宜过多。以后根据情况再采用其他药液冲洗。

(4)对病程较久的慢性病例　可用 3%～5%氯化钠溶液冲洗子宫，然后再按一般方法冲洗；也可用 3%过氧化氢溶液 200～500 mL 冲洗，经 1～1.5 h，再用 1%氯化钠溶液冲洗干净，而后向子宫内注入抗生素；上述两法一般只用一次，必要时可用第二次。

对伴有严重全身症状的患病动物，为了避免引起感染扩散使病情加重，应禁止使用冲洗疗法。

3. 注入药液

一般在冲洗后，均要向子宫内注入抗菌药物，增强抗感染的能力。

4. 激素疗法

对产后患子宫内膜炎的动物，可肌内注射催产素或麦角新碱，促进炎性产物排出和子宫复原。催产素用量：马、牛 20 IU，猪、羊、犬 10 IU，每天注射一次，连用 3 d。对有炎性渗出物蓄积的患病动物，每 3 d 注射一次雌二醇 8～10 mg，注射后 4～6h 再注射催产素 10～20 IU。

5. 全身疗法

当患病动物伴有全身症状时，宜配合抗生素和磺胺疗法，并注意全身变化，进行对症治疗。

(五)预防

怀孕母畜应给予营养丰富的饲料，适当运动，增强机体的抗病能力。人工授精时，必须遵守无菌操作规则进行。在分娩接产及难产助产时，必须注意严格消毒。患有生殖器官炎症的患病动物在治愈之前，不宜参加配种。对分娩后母畜的栏舍，要保持清洁、干燥，预防子宫内膜炎的发生。

任务三　卵巢疾病

一、卵巢功能不全

卵巢功能不全是指包括卵巢功能减退、组织萎缩、卵泡萎缩及交替发育等在内的，由卵巢功能紊乱引起的各种异常变化。

卵巢功能减退使卵巢功能暂时受到扰乱，处于静止状态，不出现周期性活动；母畜有发情的外表症状，但不排卵或延迟排卵。卵巢功能长久衰退时，可引起组织萎缩和硬化。此病发生于各种家畜，衰老家畜尤其容易发生。

母畜排卵正常，适时配种仍能受孕，但无发情的外表症状(安静发情)，也是卵巢功能不全的一种表现。

(一)病因

(1)饲料不充足或饲喂不全价的饲料，家畜身体乏弱，特别是维生素 A 不足。

(2)不科学的管理与利用：使役过度，哺乳过度，尤其冬末春初，运动不足，光照不足等。

(3)严重的全身性疾病及子宫疾病。

(4)母畜衰老，或者繁殖有季节性的母畜在乏情季节中，卵巢功能发生生理性的减退。

(5)气候突变或者对当地的气候不适应(家畜迁徙时)也可引起卵巢功能暂时性减退。

(6)激素的平衡紊乱，特别是 FSH、LH、Gn-RH 平衡紊乱。

(二)症状

(1)发情周期延长或长期不发情，发情的外表症状不明显，或者出现发情症状，但不排卵。

(2)直肠检查　卵巢功能减退时，卵巢的形状和质地没有明显变化，也摸不到卵泡或黄体，有时可在一侧卵巢上感觉到有一个很小的黄体遗迹。

卵巢萎缩时，卵巢硬固，体积缩小，母牛的仅如豌豆大小，母马的大如鸽蛋，卵巢中既无卵泡又无黄体。如果间隔 1 周左右，经过几次检查，卵巢仍无变化，即可做出诊断。

(三)治疗

对卵巢功能不全的家畜，首先必须了解其身体状况并对其生活条件进行全面分析，找出主要原因，然后按照具体情况采取适当的措施，才能收到治疗效果。

增强卵巢功能，首先应加强饲养管理，改善饲料质量，增加饲料中蛋白质、维生素和矿物质的含量。适当运动，增加放牧和日照时间，往往可以收到满意的效果。特别是对于消瘦乏弱的家畜，更不能单独依靠药物催情。

对患生殖器官或其他疾病(全身性疾病、传染病或寄生虫病)而伴发卵巢功能减退的家畜，必须治疗原发病才能收效。

常用的刺激家畜生殖功能的一些方法如下。

(1)利用公畜催情(公畜必须健康，性欲旺盛)

(2)激素疗法

①垂体促卵泡素(FSH)：牛肌内注射 100～200 IU，羊肌内注射 10～20 IU，每日或隔日

1 次，共用 2～3 次，每注射 1 次后须做检查，无效时方可连续应用，直至出现发情征象为止。

②人绒毛膜促性腺激素(HCG)：马、牛肌内注射 1 000～5 000 IU，羊、猪肌内注射 500～1 000 IU，必要时间隔 1～2 d 重复 1 次；在少数病例，特别是重复注射时，可能出现过敏反应，应当慎用。

妊娠早期(45～90 d)的孕妇新鲜尿液中含有绒毛膜促性腺激素，可直接用于催情。其方法是：将孕妇清晨排出的尿液收集于清洁的容器中，用滤纸过滤，按 0.5%的比例加入纯净的液体石炭酸防腐，再用滤纸过滤后即可应用。一个疗程共皮下注射 3 次，每次间隔 1 日，第 1 次剂量为 20～30 mL，第 2 次 30～50 mL，第 3 次 50～60 mL。

③孕马血清(PMSG)或全血：妊娠 40～90 d 的母马血液或血清中含有大量促性腺激素，因而可用于催情。孕马血清粉剂的剂量按单位计算，牛肌内注射 1 000～2 000 IU，羊 200～1 000 IU。

④雌激素类药物：如苯甲酸雌二醇(或丙酸雌二醇)，肌内注射，牛 5～20 mg，马 10～20 mg，羊 1～3 mg，猪 3～10 mg，犬 0.2～0.5 mg。牛在剂量过大或长期应用雌激素时，可以引起卵巢囊肿或慕雄狂，有时尚可引起卵巢萎缩或发情周期停止，甚至使骨盆韧带及其周围组织松弛而导致阴道或直肠脱出。

(3)维生素 A　对于由青绿饲料缺乏引起的卵巢功能减退用维生素 A 治疗较激素效果更优，一般每次给予 100 万 IU，每 10 d 注射 1 次，注射 3 次后的 10 d 内卵巢上即有卵泡发育，且可成熟排卵和受胎。

(4)冲洗子宫　对产后不发情的母马，用 37 ℃的温生理盐水或 1∶1 000 碘甘油水溶液 500～1 000 mL 隔日冲洗子宫 1 次，共 2～3 次，可促进发情。

(5)催情散加减　淫羊藿 6 g、阳起石 6 g、当归 5 g、香附 5 g、菟丝子 3 g、益母草 6 g，煎水灌服，1 次/d，连用 2～3 剂，用于猪的卵巢功能不全。

(6)其他疗法　刺激生殖器官或引起其兴奋的各种操作方法，如触诊或按摩子宫颈、卵巢，子宫颈及阴道涂擦刺激性药物(稀碘酊、复方碘溶液等)。

二、卵巢囊肿

卵巢由于某些因素使排卵功能和黄体的正常发育受到扰乱，而形成卵巢囊肿。卵巢囊肿可分为卵泡囊肿(图 2-10-7、图 2-10-8)和黄体囊肿两种。

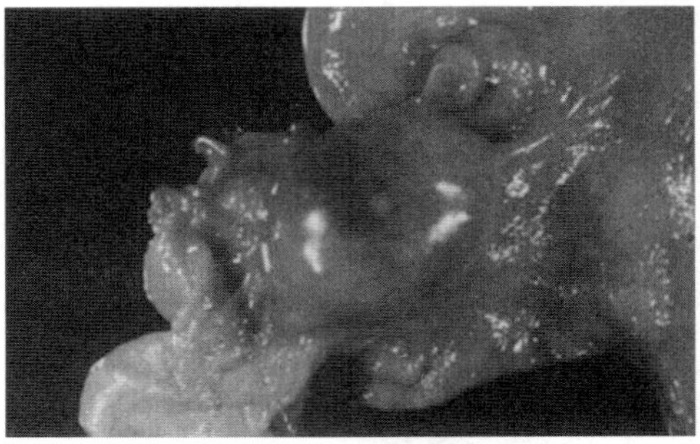

图 2-10-7　单侧性卵泡囊肿

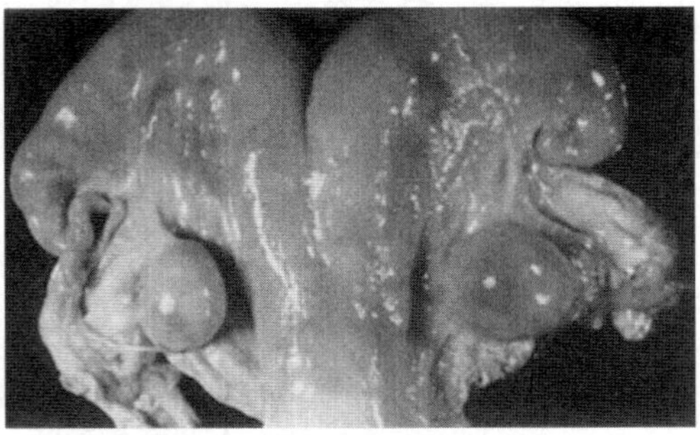

图 2-10-8　双侧性卵泡囊肿

卵泡囊肿是由于卵泡上皮变性，卵泡壁结缔组织增生变厚、卵细胞坏死、卵泡液未被吸收或者增多而形成的。黄体囊肿是由未排卵的卵泡壁上皮细胞黄体化而形成的，故又称黄体化囊肿。卵巢囊肿常见于各种家畜，而牛、猪、马较为多见。卵巢囊肿以卵泡囊肿居多，黄体化囊肿占25%左右。

(一)病因

一般认为卵巢囊肿是由控制卵泡成熟和排卵的神经内分泌功能发生紊乱所导致的。垂体前叶所分泌的促黄体素(LH)和垂体促卵泡素(FSH)均受丘脑下部促性腺激素释放激素(Gn-RH)的调节，当其发生紊乱时，可因分泌的LH不足或FSH过多，而使卵泡过度增大，不能正常排卵而形成囊肿；有时也可使卵巢不断产生新的卵泡而形成小囊肿，黄体的正常发育受到扰乱。

从实践中观察到，下列因素可能影响排卵。

1. 促黄体素分泌不足

排卵前或排卵时LH的释放量不足。

2. 医源性原因

大剂量或小剂量长期应用雌激素制剂，可干扰正常的LH释放而发生卵巢囊肿。

3. 饲养管理不当

饲料中缺乏维生素或者摄取含雌激素过多的饲草料，如三叶草、豌豆、青贮料及苜蓿草等，可发生卵巢囊肿。配种季节内使役过重，长期发情而不配种，卵泡可变为囊肿。

4. 卵巢炎

各种原因引起卵巢炎时，使排卵受到扰乱，也可伴发卵巢囊肿。

5. 遗传因素

在某些品种的品系中，卵巢囊肿呈明显的家族性发生，淘汰具有卵巢囊肿素质的公牛和母牛，牛群中该病的发病率可显著下降。

6. 气候因素

在卵泡发育过程中，气候突然变化，可发生卵巢囊肿。奶牛在寒冷季节比温暖季节多发。

(二)症状

卵泡囊肿和黄体囊肿的临床表现正好相反，前者是发情表现过分强烈，后者是不发情。卵泡囊肿时，由于分泌过多的FSH，使发情周期变短，发情期延长，甚至持续表现强烈的发情行为，在牛、犬、猫和猪可成为慕雄狂。母牛表现高度性兴奋，哞叫不安，追逐或爬跨其他母牛，久之食欲减退，消瘦，因盆腔韧带松弛，尾根与坐骨结节间形成明显凹陷。虽然发情表现明显，但屡配不孕。黄体囊肿时，由于分泌的LH不足，黄体的正常发育受到扰乱，使未排卵的卵泡壁上皮细胞黄体化，长期存在于卵巢中，且能分泌孕酮，使血浆孕酮的浓度升高，因而患病动物长期不发情。

直肠检查：对于马、牛、驴可通过直肠检查，根据卵巢的变化进行确诊。当发生卵泡囊肿时，可以摸到卵巢上有一个或数个泡壁紧张而有波动的囊泡，牛间隔2～3 d、马间隔5～10 d再次检查，若为正常卵泡届时消失，若为囊肿卵泡则长期存在。黄体化卵泡比正常卵泡大1～

3倍，多次检查，依然存在；若超过一个发情周期，再次检查结果相同，母畜长期不发情，即可确诊。

（三）防治

治疗卵巢囊肿首先应清除病因，从改善饲养管理及使役制度着手，饲喂全价饲料，特别是富含维生素的饲料，更为重要。这样做不仅可以使囊肿自行消散，而且治愈后不易复发。舍饲高产奶牛可以增加运动，减少挤奶量；役用牛要减轻使役。

1. 激素疗法

激素疗法包括促性腺激素、性腺激素、肾上腺皮质激素及局部激素等。常用制剂有以下几种。

（1）绒毛膜促性腺激素　马、牛 1 000～5 000 IU，猪 50～100 IU，犬 25～30 IU，肌内注射，一般用药后 1～3 d 外表症状逐渐消失。

（2）黄体酮注射液　马、牛 50～100 mg，猪 15～25 mg，犬 2～5 mg，肌内注射，每天或隔天注射 1 次，连用 2～7 次。

（3）促性腺激素释放激素　牛、马 0.5～1.0 mg，肌内注射，对卵巢囊肿疗效较好。于产后第 12～14 d 给母牛注射可预防卵巢囊肿发生。

（4）促黄体激素　牛、驴 100～200 IU，马 200～400 IU，肌内注射。对卵泡囊肿和黄体囊肿都可应用，一般用药 1 周以后，症状可逐渐消失。15～30 d 可恢复正常发情周期，如无效可稍加大剂量，再次用药。

（5）糖皮质激素疗法　地塞米松磷酸钠注射液，肌内注射或静脉注射，马、牛 5～20 mg，猪 4～10 mg，犬 1～2 mg。

2. 激光疗法

激光照射阴蒂部与地户穴，有一定效果。

3. 电针疗法

对卵巢囊肿有一定作用。

4. 中药疗法

以破血散瘀，温经理气为治疗原则。处方：三棱 30 g、莪术 30 g、桃仁 25 g、红花 20 g、香附 40 g、益母草 50 g、青皮 30 g、陈皮 30 g、肉桂 15 g、甘草 15 g。用法：水煎取汁，候温灌服，或共研为末开水冲调，候温灌服。隔日一剂，连用 2～3 剂。

三、持久黄体

怀孕黄体或发情周期黄体，超过正常时间而不消失，仍对机体产生作用，称为持久黄体。持久黄体在组织结构和生理作用方面与怀孕黄体和性周期黄体没有区别，同样可以分泌孕酮，抑制卵泡发育，使发情周期停止而引起不育。常见于母牛，其他家畜少见。

（一）病因

发生持久黄体主要有两个方面原因。

1. 饲养管理不当

舍饲时运动不足、饲料单纯、缺乏维生素及矿物质等，可引起黄体滞留；或高产奶牛于寒冷冬季，饲料不足及泌乳过多等，可引起卵巢营养不良，使卵巢功能减退，以致黄体不能按时消退，而形成持久黄体。

2. 子宫疾病

当母畜患有子宫内膜炎、子宫积液或积脓、子宫复旧不全，以及子宫内滞留胎衣、死胎或肿瘤等时，均可影响黄体的消退和吸收，而形成持久黄体。

(二)症状

持久黄体的特征是发情周期停止，母畜长期不发情。患病动物外阴部呈三角形，有明显的皱纹，阴道黏膜苍白，阴道内分泌物较少。直肠检查可感到一侧或两侧卵巢增大，牛的持久黄体呈绿豆大乃至黄豆大突出于卵巢表面，质地较卵巢实质硬。但是，由于持久黄体和发情周期黄体在组织结构上没有差别，所以当子宫无反常现象时，只做一次检查往往不能确诊，需要经过 2～3 次的检查(每次间隔 10～14 d)，若每次检查在卵巢同一部位触到同样的黄体，即可确认为持久黄体。

(三)防治

持久黄体可以看作是在机体健康状况不佳的情况下，母畜为防止怀孕而产生的自然保护反应。因此，治疗持久黄体，必须从改善饲养管理入手，饲喂富含维生素及矿物质的饲料，减少挤奶量，结合药物疗法治疗所患疾病，可促使黄体的消退。目前常用的疗法有如下几种。

1. 改善饲养管理

增加放牧或运动时间，适当减少泌乳和使役，补充矿物质和维生素，以增强体质，促进发情周期恢复正常。

2. 前列腺素疗法

前列腺素是有显著效果的黄体溶解剂，但其最佳剂量，目前仍处于试用阶段，尚待进一步研究。

(1)前列腺素 F_{2a}　牛 5～10 mg，马 2.5～5 mg，或按每千克体重 9 μg 计算用药。一次用药后，绝大多数病牛，可于 3～5 d 内发情，配种并能受孕。

(2)氯前列烯醇　为氯前列烯醇的安瓿制剂，2 mL 安瓿含主药 500 μg，肌内注射。一般注射一次以后，1 周内即可见效，如效果不明显，可间隔 7～10 d 再注射一次。

3. 孕马血清促性腺激素疗法

牛 1 000～2 000 IU，猪 200～800 IU，犬 25～200 IU，皮下注射或肌内注射。

4. 胎盘组织液

对治疗持久黄体，也有良好效果，每次皮下注射 20 mL，每隔 1～2 d 注射一次，直至出现发情。多数母牛经 8～10 d 用药后即可发情。

5. 注射促卵泡激素及雌激素

对治疗持久黄体也有同样疗效。

6. 激光疗法

用氦氖激光照射阴蒂或阴唇黏膜部分，也可照射交巢穴，光斑直径 0.25 cm，距离 40～60 cm，每日照射一次，每次 15～20 min，14 d 为一疗程。

7. 中药疗法

根据病证分别采用以补气养血或补肾壮阳为主，配合活血调经药。处方可选用：八珍益母汤（党参 40 g、白术 40 g、云苓 30 g、当归 30 g、川芎 20 g、白芍 30 g、丹参 30 g、益母草 60 g、甘草 20 g），复方仙阳汤（淫羊藿 20 g、阳起石 20 g、益母草 50 g、当归 30 g、赤芍 30 g、菟丝子 30 g、补骨脂 30 g、枸杞子 40 g、熟地 30 g），水煎后，牛一次灌服，隔日 1 次，3 次为一疗程。对伴有子宫疾病的，必须同时加以治疗才能获得满意效果。

任务四　乳房疾病

一、乳房炎

乳房炎是由各种病因引起的乳房的炎症，其主要特点是乳汁发生理化性质及细菌学变化，乳腺组织发生病理学变化。乳汁最重要的变化是颜色发生改变，乳汁中有凝块及大量白细胞。在许多病例出现乳腺肿大及疼痛，但大多数病例，用手触诊乳腺难以发现异常。乳房炎是奶牛最常见的疾病之一，凡饲养奶牛的地方均有此病发生。

（一）病因

病原微生物感染是乳房炎的主要发病因素，病原微生物的种类繁多，有细菌、霉形体、真菌、病毒等，较常见的有 20 多种，其中，以葡萄球菌、链球菌和大肠埃希菌感染为主，但各地病原感染情况不尽相同，因地理环境、卫生条件、饲养方式不同而有差异。

另外，当乳房受到摩擦、挤压、碰撞、划伤等机械因素，尤其以幼畜吮乳时用力碰撞和徒手挤乳方法不当，使乳腺损伤，并通过厩舍、运动场、挤乳手指或用具而引起感染。

泌乳期饲喂精料过多而乳腺分泌功能过强，应用激素治疗生殖器官疾病而引起的激素平衡失调，是本病的主要诱因。

某些传染病（布鲁氏菌病、结核病等）也常并发乳房炎。另外，体内某些脏器疾病产生的毒素，病原微生物产生的毒素，以及饲料、饮水或药物中的毒素也可影响乳房而引起炎症。

（二）分类和症状

1. 按乳汁可否检出病原菌和乳房、乳汁有无肉眼可见变化分类

（1）感染性临床型乳房炎　乳汁可检出病原菌，乳房和乳汁有肉眼可见变化。

（2）感染性亚临床型乳房炎　乳汁可检出病原菌，但乳房或乳汁无肉眼可见变化。

（3）非特异性临床型乳房炎　乳房或乳汁有肉眼可见的变化，但乳汁检不出病原菌。

（4）非特异性亚临床型乳房炎　乳房和乳汁无肉眼可见变化，乳汁无病原菌检出，仅乳汁化验为阳性。

2. 按乳房和乳汁有无肉眼可见变化分类

（1）亚临床型乳房炎　乳房和乳汁都无肉眼可见变化，要用特殊的试验才能检出乳汁的变

化，通常称为隐性乳房炎。

(2)临床型乳房炎　乳房和乳汁均有肉眼可见的异常。轻度临床型乳房炎乳汁中有絮片、乳凝块，有时呈水样，乳房轻度发热、疼痛或不热不痛，可能肿胀；重度临床型乳房炎患乳区红肿热痛明显，乳汁异常，乳量减少，并出现全身症状，如体温升高、精神沉郁、食欲废绝等。

根据病程的长短和病情的严重程度又可分为急性乳房炎、亚急性乳房炎和慢性乳房炎。

3.依据炎症性质进行分类

(1)浆液性乳房炎　大量的炎性渗出物和白细胞进入乳房皮下组织和小叶间结缔组织，乳房红、肿、热、痛，往往患侧乳上淋巴结肿胀。乳汁稀薄，乳量减少，含有絮状物。

(2)卡他性乳房炎　乳腺泡上皮及其他上皮细胞变性脱落。此类型乳房炎大多发生在泌乳初期，其乳汁呈水样，并含有絮状物和乳凝块。

(3)纤维素性乳房炎　特点为纤维蛋白原渗出，形成纤维蛋白并在腺体组织内和乳管黏膜表面上沉积，为重剧类型的乳房炎。患牛全身症状明显，体温升高，可达 40～41 ℃，精神沉郁，食欲大减或废绝，产奶量急剧下降或停止。患叶迅速增大，触诊热痛明显，质地坚硬，触摸乳池等处，由于有纤维素凝块可感到有捻发音。乳上淋巴结肿大。发病 2～3 d 后，只能挤出极少量黄色的乳清，其中含有大量纤维素凝块、乳凝块或脓汁，有时混有血液或坏死组织碎屑。临床治愈后，患叶的产奶量通常不能完全恢复。

(4)化脓性乳房炎　乳房中有脓性渗出物流入乳池和输乳管腔中，乳汁呈黏液脓样，混有脓液和絮状物。

(5)出血性乳房炎　通常发生在产后急性浆液性或急性卡他性乳房炎基础上，乳房间质、腺泡和乳管内血液循环发生严重障碍并出血，因而乳汁呈淡红色或血色，患牛全身症状重剧，除具有一般急性炎症反应和乳上淋巴结肿大外，乳房皮肤上往往有红色或紫红色斑点。

(三)诊断

(1)临床型乳房炎症状明显，根据乳汁和乳房的变化，就可做出诊断。

(2)隐性乳房炎乳房无临床症状，乳汁也无肉眼可见的变化，但乳汁的 pH、导电率和乳汁中的体细胞(主要是白细胞)数、氧化物的含量等，都较正常为高，需要通过乳汁化验，才能做出诊断。必要时可进行乳汁细菌学检查，为药物治疗提供依据。

①乳汁体细胞计数法(SCC)：是计算每毫升乳汁中的体细胞数，这是诊断隐性乳房炎的基准，也是与其他诊断方法作对照的基准。在正常生理状况下，每毫升牛奶中有 2 万～20 万个体细胞，其数量受年龄、胎次、泌乳期、季节、机体应激、个体特征以及挤奶操作等因素的影响。体细胞数超过 20 万则为异常，这样，就可通过乳汁中 SCC 的变化来判定是否为隐性乳房炎。

②化验检验法：间接测定乳汁细胞数和乳汁 pH 的方法，种类较多，现在常用的 CMT 法。

③物理检验法：乳房发炎时，乳汁中氯化物含量增加，电导率上升，因此用物理学方法检验乳汁电导率的变化，可以诊断隐性乳房炎。此法迅速、准确。

(四)防治

1.临床型乳房炎

杀灭侵入乳房的病原微生物，防止病原微生物继续侵入，减轻或消除乳房的炎性症状。

(1)抗生素疗法　应用抗生素治疗乳房炎是非常有效的方法。治疗时应选用有效的抗生素，因病情和病原菌区系等情况而定，常用的抗生素有青霉素、链霉素、氨苄西林钠、四环素、环丙沙星、恩诺沙星、头孢噻呋钠、林可霉素、卡那霉素、多西环素等，此外，还可应用磺胺类药物、土霉素、氟尼辛葡甲胺等。给药途径除常规给药外，还可将药液稀释成一定的浓度，通过乳头管直接注入乳池，可以在局部保持较高浓度，达到治疗目的。病情严重者，配合进行全身治疗。

（2）乳房基底封闭疗法　将0.25%或0.5%盐酸普鲁卡因溶液注入乳房基底结缔组织中和用2%盐酸普鲁卡因溶液进行生殖股神经注射，对浆液性乳房炎有一定疗效，溶液中加入适量抗生素更可提高疗效。

（3）物理疗法　热敷，按摩乳房，增加挤乳次数，对乳房炎的治疗大多是有益的。浆液性乳房炎和乳房浮肿需由乳头基部开始，从下而上按摩，可恢复淋巴循环和消除浮肿；卡他性乳房炎为促使渗出物排除，需自上而下按摩；而对于纤维素性、化脓性和出血性乳房炎则禁忌按摩，以防炎症扩散和通过血液转移。在挤乳后，每患叶选用0.25%盐酸普鲁卡因溶液60～100 mL，或2%碳酸氢钠生理盐水溶液30～50 mL，经乳导管注入。

（4）中药疗法　中药作为纯天然药物，相比抗生素的毒副作用更小，且许多中药都具有抗菌、抗炎、增强机体免疫力、抗氧化和抗应激等多种药理活性，如蒲公英、鱼腥草、柴胡等，这些中药均含有生物碱、糖苷、多糖等活性物质，具有良好的抗炎作用；当归、黄芪、益母草、川芎、丹参、三七等中草药具有清热解毒、消肿止痛、行气活血的功效；连翘、金银花、蒲公英、木通、柴胡等中草药可以清热解毒、通经下乳，如在奶牛日粮中添加蒲公英、连翘、黄芩和黄芪等中药材，或向日粮中添加蒲公英散等中药复方制剂或双丁（蒲公英、紫花地丁）肌内注射，均对奶牛乳房炎具有明显的治疗作用。

中兽医称乳房炎为“乳痈”，多为瘀血邪毒凝结于乳房而发生红、肿、热、痛的病证。治法宜清热解毒，散瘀消肿为治疗原则，可用公英散：蒲公英60 g、金银花60 g、连翘60 g、丝瓜络30 g、通草25 g、芙蓉叶25 g、浙贝母30 g。方中蒲公英清热解毒，消痈散结为主药，配合金银花、连翘、芙蓉叶清热解毒，丝瓜络、通草通络消肿，浙贝母消肿散瘀，诸药合用则有清热解毒、消肿散痈之功效。

2. 亚临床型乳房炎或隐性乳房炎

以防为主，防治结合。

（1）乳头药浴　乳头药浴是防治隐性乳房炎行之有效的方法。常用的有氯已定、次氯酸钠、新洁尔灭等。使用前要按照说明掌握好配比浓度，配置好的药液现配现用，不宜放置过久，否则会影响使用效果。

（2）乳头保护膜　乳房炎的主要感染途径是乳头管，挤奶后将乳头管口封闭，防止病原菌侵入，也是预防乳房炎的一种方法。

3. 预防措施

（1）干奶期预防　主要是向乳房内注入长效抗菌药物，杀灭已侵入和将要侵入的病原体，有的有效期可达4～8周。

（2）保持厩舍、运动场、挤乳人员手指和挤奶用具的清洁，以创造良好的卫生条件。正确进行挤奶，挤乳前先用温水将乳房洗净并认真按摩，挤乳时用力均匀并尽量挤尽乳汁，先挤健畜后挤患病动物，逐渐停乳，停乳后注意乳房的充盈度和收缩情况，发现异常及时检查处理。分娩前，乳房明显膨胀时，适当减少多汁饲料和精料的饲喂量；分娩后，控制饮水，适当增加运动和挤奶次数。有乳房炎征兆时，除采取医疗措施外，并根据情况隔离患病动物。

二、血乳

血乳即乳房出血，是由各种不良因素作用于乳房，引起输乳管、腺泡及其周围组织血管破裂发生出血的症状，血液进入乳汁，外观呈红色。血乳是一种产后症状，以产后最初几天最为常见。

（一）病因

血乳主要是乳房挫伤所致。分娩后，母牛乳房肿胀、水肿严重或乳房下垂，牛在运动和卧地时乳房受到挤压，牛只互相爬跨，突然于硬地上的滑倒，运动场不平、碎砖、瓦片对乳房的作用等，皆可造成机械性损伤，使乳房血管破裂。

有一些母牛若伴有血小板减少或其他血凝障碍性疾病，也易发生乳房出血。

（二）症状

发病突然，病乳区肿胀，局部温度升高，皮肤上出现红色斑点；挤奶时表现疼痛，乳汁稀薄；轻症者，乳汁呈粉红色；重症者乳汁呈鲜红色、棕红色，其中含有多量的暗红色血凝块。一般全身反应轻微，精神、食欲和泌乳正常。仅在挤奶时因血凝块填塞乳头管而挤乳困难。通常经4～5 d出血逐渐减轻或消失。而当患血小板减少症时，病牛呈进行性贫血，黏膜苍白，全身症状明显。

（三）诊断

根据乳汁呈红色，即可诊断。但应注意全身反应，并与感染性乳房出血鉴别。

（四）防治

保持乳房安静，对机械性乳房出血，严禁按摩、热敷和应用强刺激药物，但可以冷敷或冷淋浴。饲喂时，应减少精饲料、多汁饲料，限制饮水，令其自然恢复。必要时，可用止血药如酚磺乙胺、维生素K和抗生素等，肌内注射。据报道，用0.2%高锰酸钾溶液300 mL，乳头内注入疗效好。为了防止挤奶后血液流出，可减少挤奶次数，每日只挤一次，当流血多时，应考虑输血、补充钙剂。

三、无乳症

无乳症是指产后乳腺功能异常，乳汁分泌显著减少或完全无乳的现象。检查患病动物全身和局部无明显症状，奶牛时有发生，以初产母牛和老年母牛多见。

（一）病因

本病的病因较多，可分为饲养管理性、病理性和生理性。

1. 饲养管理性

主要是指饲料中营养不足或缺乏，通常见蛋白质、维生素、矿物质不足。这多由于重视泌乳牛而忽视对青年牛的饲喂，青年牛营养不良，乳腺发育受阻；饲养管理不良，如圈舍内杂乱嘈杂、对待牛粗暴、牛只惊吓、饲养无规律、天气过热、寒冷等，都可能影响泌乳反射，从而使乳腺发育受阻。

2. 病理性或生理性

主要是指机体神经、内分泌失调。当垂体功能紊乱、分泌激素功能受阻、催乳素不足等，可以使乳腺发育受阻，致使分泌乳汁能力大受影响。

(二)症状

主要症状是产后无乳。检查乳房见乳头缩小，乳房小，不肿胀，乳房皮肤松弛，乳腺组织松软，挤不出奶，或仅能挤 1～2 把奶。精神、食欲正常，乳房局部无任何异常。头胎母牛产后无乳，若不是乳房发育问题或无其他疾病，在加强饲养管理的同时，坚持定时挤奶，按摩乳房，乳汁可望出现。但其他原因引起的无乳症，预后可疑。

(三)防治

1. 治疗

对产后无乳的牛只，应加强饲养管理，日粮中必须供应富含蛋白质的可消化精料、青饲料和多汁饲料，提高进食量。

促进乳房血液循环，每次挤乳时，用温水充分擦洗乳房，2～3 次/d，持续多日。

治疗上可选用促使乳汁分泌的药物。雌二醇 10～20 mg，肌内注射，或市售催乳素也可，催乳素 60 IU，静脉注射，1 次/d，连续注射 4 d。

中药处方：白芍 30 g、当归 30 g、黄芪 30 g、党参 30 g、通草 50 g、王不留行 80 g、白术 20 g、穿山甲 50 g，研细，灌服。

2. 预防

加强对青年牛的培育，特别是妊娠后期，要加强饲养管理。仔细观察乳房发育，对乳房发育不好者，应及时调整日粮结构，并应补加蛋白质、多汁饲料和青绿饲料，增加运动，以促进乳房发育。

有些牛场对妊娠青年牛洗乳房，方法是在临产前 3 周，用 45～50 ℃热水洗乳房，每日一次，每次 5～10 min。其一能使牛习惯，便于产后挤奶；其二是温热刺激和按摩作用，能促使乳房血液循环，增进乳房膨胀。

四、乳头管狭窄及闭锁

乳头管黏膜的慢性炎症，致使乳头管黏膜下结缔组织增生形成瘢痕而收缩，导致乳头管腔狭窄，发生挤乳困难，称为乳头管狭窄。乳头管括约肌或黏膜损伤后发生粘连，致使乳头管不通，挤不出乳汁，称为乳头管闭锁。此病主要发生于奶牛。

(一)病因

此病多由慢性乳房炎、乳头管炎引起。如粗暴的挤奶或乳头挫伤可造成乳头池基底部及其附近结缔组织增生、瘢痕、肿瘤，以及卧地起立时后肢踏伤均可引起。

(二)症状

乳头管狭窄时，挤乳困难，乳汁呈线状射出；仅乳头管口狭窄，挤出的乳汁则偏向一侧或向周围喷射。捏住乳头末端捻动时，可感到乳头管粗硬，末端有硬结；乳头管闭锁时，乳池内充满乳汁，但挤不出乳汁。

(三)治疗

治疗原则在于扩张乳头管,剥开粘连部分扩大乳头管腔。

(1)乳头管括约肌肥厚或收缩过紧,可用圆锥形的乳头管扩张器进行扩张,其方法是:于挤乳前将灭菌的乳头管扩张器涂上滑润剂,插入乳头管中停留 30 min 左右,先小后大逐渐扩张。

(2)当乳头管内有严重的瘢痕收缩时,则实施乳头管切开术。先于乳头管基部做皮下浸润麻醉,局部消毒后,根据乳头的大小及乳头管狭窄的程度,插入适宜宽度的双刃乳头管刀或用锋利三棱针,外用左手抓紧固定增生物,右手同时捻转双刃乳头管刀或三棱针,以达到切开瘢痕组织,扩大管腔为宜,但切口不宜过大。然后在管腔内插入蘸有蛋白溶解酶的棉棒或注入青霉素油剂;或者也可用 2 mm 直径的针棒蘸上硫酸铜细粉,插入患部连续 3～4 次,最后插入直径 3～4 mm 的软塑料管,用胶布固定,直至无炎症时取出塑料管。

(3)为了限制肉芽组织过度生长并保证手术效果,手术后必须插入带有螺丝帽的乳头导管或乳头扩张器。于挤奶时只将螺丝帽取下,不必抽出乳头导管,直至完全愈合为止。

(四)预防

挤奶人员要遵守操作规程,操作技术要熟练;牛舍内不要过于拥挤,防止踏伤乳头,牛舍及运动场围栏高低、质量均应符合标准,以防发生乳房及乳头损伤。

任务五　新生仔畜疾病

一、新生仔畜窒息

仔畜出生后即表现呼吸微弱或呼吸停止,但仍保持微弱心跳,称为新生仔畜窒息。本病各种仔畜均可发生,尤其以马、羊、猪、牛较为多见,如抢救治疗不及时,常常会导致新生仔畜死亡。

(一)病因

母体在妊娠期间营养不良或患某些全身性疾病,胎儿产出后未及时撕破胎膜,脐带因挤压或缠绕及子宫痉挛性收缩而发生血液循环障碍,胎儿胎盘和母体胎盘过早分离,但胎儿未及时产出或产出过慢。

(二)症状

根据其发生窒息的程度不同可分为绀色窒息和苍白窒息。

1. 绀色窒息

绀色窒息是一种轻度窒息,由于血液中 CO_2 浓度过高,可视黏膜发绀,口和鼻腔内充满黏液及羊水,舌垂于口外。呼吸微弱而急促,有时张口呼吸,喉及气管有明显的湿啰音。四肢活动能力差,心跳快而弱,各种反射降低,后躯常粘有胎粪。

2. 苍白窒息

苍白窒息又称重度窒息,仔畜呈假死状态,缺氧程度严重,黏膜苍白,休克,全身松软,卧地不动,反射消失,呼吸停止,心脏跳动微弱,脉搏不易摸到,生命力非常微弱。

(三)治疗

1. 清除口、鼻黏液

将仔畜倒提起抖动,并用手掌拍击胸背部,促使吸入的黏液或羊水排出。

2. 诱发呼吸反射

用浸有氨水的棉花或纱布,放在鼻孔让其吸入,以此刺激诱发呼吸反射;还可用针刺鼻腔黏膜,以此来诱发呼吸反射。

3. 人工呼吸、输氧、保温

人工呼吸时将倒吊的仔畜(牛或马)两前肢用手握住,有节奏的做“扩胸运动”;也可有节奏地按压仔畜胸壁,有条件的可输氧。同时,做好保温工作对提高治愈率有十分重要的作用。

4. 药物急救

可注射尼可刹米、樟脑磺酸钠等药物进行抢救,还可用补液、补糖、输注碳酸氢钠及过氧化氢的方法进行抢救治疗,但要注意输液温度。

二、胎粪停滞

新生仔畜出生后,超过 24 h 仍不排出胎粪,称为新生仔畜胎粪停滞、便秘或胎粪秘结。此病多发生于驹、羔羊。

(一)病因

仔畜出生后未及时哺喂初乳,初乳质量不高,母畜缺乳及无乳,仔畜体弱,都可使仔畜吃不到初乳或量不足而引起新生仔畜肠道弛缓,胎粪不能及时排出而秘结于肠道。

(二)症状

仔畜出生后,1～2 d 不见排出胎粪(注意肛门及直肠闭锁),逐渐表现不安,常拱背努责,回头顾腹,举尾做排粪状。或食欲下降,精神委顿,脉搏快而弱,肠音微弱或消失。以手指直肠检查,肛门端有浓稠蜡状黄褐色胎粪或粪块。

(三)治疗

一般选用以下方法多可治愈,顽固性胎粪秘结应考虑手术治疗。

1. 直肠灌注

可选用温肥皂水(羊 500 mL、牛 1 000 mL)、食用植物油或液状石蜡(羊 50～100 mL、牛 200～300 mL),进行直肠灌注,有良好效果。

2. 内服轻泻药

选用食用植物油或液状石蜡(羊 50～100 mL、牛 200 mL)、蓖麻油(羊 25～50 mL、牛 50～100 mL)灌服,也有良好疗效。

3. 辅助疗法

腹部按摩,热敷、保暖,都可减轻腹痛,促进胃肠蠕动,以利病愈。

(四)预防

仔畜出生后,及时哺喂初乳;母畜缺乳或无乳时,尽早治疗并寄养仔畜,加强母畜饲养,以提高初乳的品质和数量。注意仔畜的护理，扶助体弱瘦小仔畜哺乳。必要时补液补糖。

三、脐炎

脐炎是指脐血管及周围组织的炎症反应，在临床上以化脓性、坏疽性炎症较为多见。此病在各种哺乳动物中均可发生，但在临床上以驹、犊较为多见。

(一)病因

断脐处理时消毒不严格，或断脐处理不当，幼畜生活环境卫生状况差，脐带断端被粪尿或泥水污染，动物之间互相吮吸脐带等，均可导致细菌的侵入而引起发炎。

(二)症状

脐部潮红，触摸疼痛，肿胀，肿大的脐管触摸时呈硬索状，用手捏挤可流出血水、脓汁或带有臭味的液体。当病情进一步恶化，微生物沿脐血管、脐尿管向上蔓延时，可引起肝脓肿、膀胱炎、腹膜炎及败血症，动物表现体温升高，呼吸加快，心率加快等症状。

(三)治疗

1. 局部处理

对脐部进行认真清洗消毒，然后涂抹 5%碘酊或魏氏流膏，2 次/d，还可在脐孔周围分点注射普鲁卡因青霉素溶液。对脐部形成脓肿者，应该手术切开排脓，用消毒液认真冲洗，然后涂抹碘制剂等。

2. 全身治疗

抗菌、补液、解毒及对症治疗是脐炎全身治疗的基本原则。可全身注射抗生素，也可静脉注射葡萄糖生理盐水，还可选用樟脑磺酸钠、氟尼辛葡甲胺及解热镇痛药等进行治疗。

四、直肠及肛门闭锁

新生仔畜的直肠及肛门闭锁是一种具有遗传性的先天畸形。直肠闭锁是指除无肛门外，直肠末端形成盲囊而闭锁；肛门闭锁是指肛门外被皮肤覆盖，没有肛门孔。此病多见于羔羊、仔猪。

(一)病因

由隐性遗传引起。当近亲繁殖时，隐性基因出现频率较大而易发生。

妊娠期维生素缺乏，特别是维生素 A 缺乏，胎儿发育不全或机体所必需的物质得不到供给也有造成本病的可能。

(二)症状

出生后数小时，不见胎便排出，患病动物表现不安，频频努责，经常做排粪姿势。之后食欲减退，精神萎靡，腹围增大，鸣叫不安经检查即可发现。

肛门闭锁时，通常不但无肛门孔，也没有肛门括约肌。在肛门处覆盖着皮肤，皮下即为直肠的末端。当努责时，皮肤向外突出，隔着皮肤可摸到胎粪(图 2-10-9)。

直肠闭锁时，除无肛门孔外，直肠末端距肛门尚有一段距离，闭锁的直肠被一层较厚的皮下结缔组织封闭，当努责时，整个会阴向外突出。皮肤感觉较厚，不能摸到胎粪(图 2-10-10)。

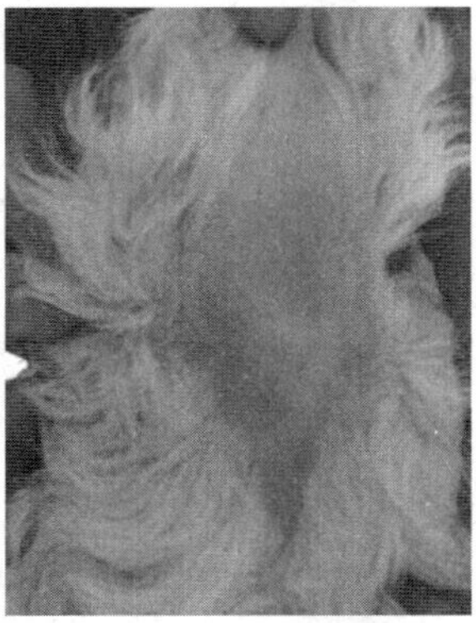

图 2-10-9　羊的无肛症

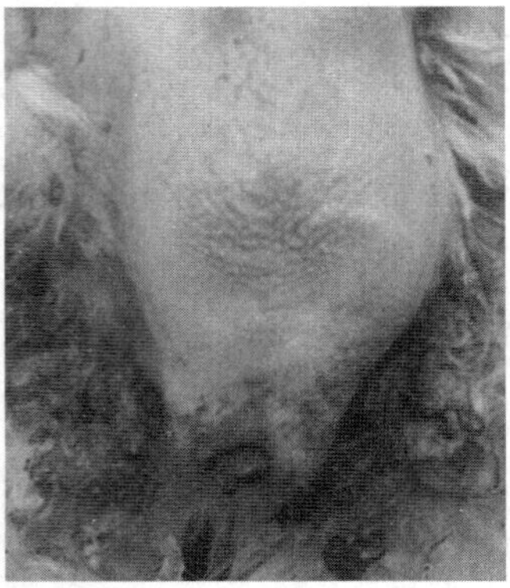

图 2-10-10　羊直肠开口于阴道

(三)诊断

出生后长时间不见胎粪排出。常做排粪姿势，局部检查无肛门孔。

(四)治疗

施行人造肛门手术。

1. 保定

侧卧保定，取前低后高姿势。

2. 麻醉

局部浸润麻醉。

3. 消毒

局部涂碘、脱碘。

4. 手术操作

在正常肛门孔的位置，按肛门孔的大小切开，并剥离皮瓣做成圆形肛门孔。然后切开直肠盲端，将直肠黏膜缝合在皮肤创口的边缘上，涂磺胺嘧啶软膏或青霉素油剂。

直肠闭锁时，直肠盲端存在较厚的结缔组织，可在切开皮肤后，钝性分离结缔组织，找到盲端，用止血钳夹住，将其与周围组织分开，然后向外拉出，在盲端剪一小口，将其缝合于皮肤创口的边缘上。局部涂消炎药膏。

五、新生犊牛搐搦

新生犊牛搐搦发病突然，表现出强直性痉挛，继而出现惊厥和知觉丧失。多发于生后 2～7 d 的犊牛，病程短，死亡率高。

(一)病因

确切的原因尚不清楚，有人认为是胎儿期钙、镁缺乏引起的，更多人认为是镁代谢紊乱造成的。

(二)症状

犊牛突然发病,四肢和颈伸直,强直性肌痉挛。空口咀嚼,口吐白沫,口角流出大量带泡沫的涎水;继而牙关紧闭,眼球震颤,全身痉挛,角弓反张,很快死亡。诊断要注意与新生犊牛破伤风鉴别。

(三)治疗

主要补钙和镁。可用5%氯化钙40 mL、25%硫酸镁10 mL、20%葡萄糖20 mL,混合静脉注射;也可用25%硫酸镁20 mL,分点肌内注射或皮下注射,同时用5%氯化钙40～60 mL,静脉注射。

六、新生仔畜溶血病

新生仔畜溶血病是新生仔畜红细胞抗原与母体血清抗体不相合而引起的同种免疫溶血反应,又称新生仔畜溶血性黄疸。多种新生幼畜都可发病,但以驹、仔猪多发,偶见于犊牛、家兔和犬。贫血、黄疸和急性死亡是本病的临床特点。

(一)病因

当母体和胎儿的血型为特定的不合血型时,胎儿的异种抗原在妊娠期可通过胎盘出血或胎盘损伤进入母体,母体产生特异性抗体通过初乳途径进入仔畜血液中,诱发抗原抗体反应造成溶血。另外,不加选择地输血及注射血液制剂也可诱发本病。

(二)症状

新生仔畜刚出生后正常,吮食初乳0.5～2 d发病,5～7 d时达到高峰。患病仔畜主要表现为精神沉郁,反应迟钝,衰弱,食欲减退或不食。严重者卧地不起,呻吟,心跳加速,呼吸粗粝或呼吸困难,体温变化不大。有些会出现震颤、惊厥、肢体强直等神经症状,尿液呈现红色或红褐色。初期表现可视黏膜苍白,后期则表现黄疸,严重者皮肤也可呈现黄染现象。血液稀薄,红细胞减少,红细胞形状不规则、大小不等。

(三)诊断

依据临床症状可做出初步诊断。结合红细胞减少,血红蛋白尿,血清凡登白试验呈阳性,仔畜的红细胞与母畜的初乳或血清出现凝集反应等可做出诊断。

(四)治疗

此病的病程较急,死亡率较高。发病后如能及时确诊并采取有效的治疗措施,大多预后良好。

立即停食母体初乳,实行代乳代养或人工哺乳。有输血条件者,可对发病仔畜进行输血治疗。为保证输血安全,输血前应该进行配血试验。也可采用补糖、强心、注射糖皮质激素等辅助疗法。

知识拓展

酒精阳性乳

酒精阳性乳(APM)是指牛新挤出的奶在20 ℃下与等量的70%(68%～72%)酒精混合，轻轻摇动，产生细微颗粒或絮状凝块的乳的总称。酒精阳性乳根据酸度的差异，可分为高酸度酒精阳性乳和低酸度酒精阳性乳。前者是牛奶在贮藏、运输等过程中，由于微生物污染，迅速繁殖，乳糖分解为乳酸，牛奶酸度升高，加热后凝固，实质为发酵变质乳。后者奶的酸度在11～18 °T，加热不凝固，但奶的稳定性差，质量低于正常乳，称为二等乳或生化异常乳，为不合格乳，因而给乳牛业和乳品生产带来巨大经济损失。

酒精阳性乳往往突然发生，患牛精神、食欲正常，乳房乳汁无肉眼可见变化，仅乳汁酒精试验呈阳性反应为主要特征。持续时间有短(3～5 d)、有长(7～10 d)，后自行转为阴性。有的可持续1～3个月，或反复出现。

(一)病因

APM发生的确切机理尚不清楚，据对分泌APM患牛的血液和乳的细胞学、生物化学测定以及与饲料、气象因素的相关分析，APM的发生与以下因素有关。

1. APM不是隐性乳房炎乳

同一乳区挤出的奶，酒精试验呈阳性反应的，与乳房炎检测试验结果之间无任何关系。同时APM中Na^+和pH都比隐性乳房炎乳低，虽然分泌酒精阳性乳的患牛有46.1%～50.7%患隐性乳房炎，但酒精阳性乳不是隐性乳房炎乳。

2. 应激反应

据研究，APM患牛血液中嗜酸性粒细胞显著升高，同时血液中钾、氯、尿素氮、总蛋白、游离脂肪酸增高，Na^+减少。血液中嗜酸性粒细胞显著升高是过敏反应的标志；高钾血、高氯血和低钠血则是应激反应的生理标志。故有人提出APM是一种无典型临床症状的慢性过敏反应或慢性应激综合征的一种表现。

3. 乳中盐类成分和氨基酸含量异常

APM中钙、镁、氯离子含量高于正常乳。正常乳中酪蛋白与大部分钙、磷结合、吸附，一部分呈可溶性。APM乳中的酪蛋白与钙、磷结合较弱，胶体疏松、颗粒较大，对酒精的稳定性较差，遇70%酒精时，蛋白质水分丧失，蛋白颗粒与钙相结合而发生凝集。

4. 饲养管理因素

加料催奶，日粮中可消化粗蛋白过多；或饲料单一，仅喂青草和混合料都可引起APM。有的饲料中几乎不补食盐，血和乳中钠浓度低于健康牛，钾高于健康牛，Na^+/K^+值低，产生APM；补食盐后，Na^+/K^+值提高，APM转为阴性，因而Na^+/K^+值可作为预测APM发生的一个指标。有的因饲料中骨粉中断而发生，在补钙或补骨粉后即转为阴性。此外，APM的发生还与使用药物有关。

5. 潜在性疾病和内分泌因素

APM的产生与酮尿、肝脏和胃肠功能障碍、乳房炎、繁殖障碍、骨软化症等有一定关系，而与肝脏功能障碍关系更密切。另外，发情奶牛也产生 APM，可能与雌激素亢进有关。

6. 气象因素

APM 的出现与气温急降、忽冷忽热，或高温高湿、低气压，或厩舍中有毒有害气体有关。

(二)酒精阳性乳的利用和防治

1. 加工利用

酒精阳性乳是二等乳，不是乳房炎乳，不应废弃，应加以利用，减少损失。如加工成酸奶饮料，或加入微量柠檬酸钠、碳酸钠后利用。

2. 加强饲养管理

日粮要平衡，粗精料比例适当，严格控制精料。饲料多样化，尽量保障维生素、矿物质、食盐等的供应，添加微量元素。根据气候情况，采取对应措施，做好保温、防暑工作。

3. 药物治疗

无特效疗法，可试用以下方法。

(1)10%氯化钠注射液 500 mL、5%碳酸氢钠注射液 500 mL、25%葡萄糖注射液 500 mL，混合静脉注射。也可静脉注射磷酸二氢钠 70 g，1 次/d，连用 7 d。

(2)25%葡萄糖注射液 250～500 mL、20%葡萄糖酸钙注射液 250～500 mL，静脉注射。1 次/d，连用 3～5 d。产乳量高者，效果较好。

(3)挤乳后乳房内注入 0.1%柠檬酸溶液 50 mL，1～2 次/d；或注入 1%碳酸氢钠溶液 50 mL，2～3 次/d；也可内服碘化钾 8～10 g，1 次/d，连服 3～5 d；或肌内注射 2%甲硫酸脲嘧啶 20 mL，与维生素 B_1 合用，以改善乳腺内环境和增进乳腺功能。

(4)对发情时出现的 APM，可肌内注射黄体酮。

参考文献

[1] 陈北亨，王建辰．兽医产科学[M]．北京：中国农业出版社，2001.

[2] 林德贵．兽医外科手术学[M]．5 版．北京：中国农业出版社，2011.

[3] 孙洪梅，王成森．动物药理[M]．北京：化学工业出版社，2010.

[4] 吴敏秋．动物外科与产科[M]．2 版．北京：中国农业出版社，2018.

[5] 肖定汉．奶牛病学[M]．北京：中国农业大学出版社，2012.

[6] 张宏伟，武瑞．动物疾病防治[M]．哈尔滨：黑龙江人民出版社，2005.

[7] 丁明星．兽医外科学[M]．2 版．北京：科学出版社，2019.

[8] 张进国．牛羊病防治[M]．北京：中国农业出版社，2006.

[9] 彭广能，钟志军．兽医外科与外科手术学[M]．2 版．北京：中国农业大学出版社，2022.

[10] 张西臣，李建华．动物寄生虫病学[M]．4 版．北京：科学出版社，2017.

[11] 王洪斌，兽医外科学[M]．5 版．北京：中国农业出版社，2011.

[12] 赵德明，养牛与牛病防治[M]．2 版．北京：中国农业大学出版社，2004.

[13] 齐长明．奶牛疾病学[M]．北京：中国农业科学技术出版社，2006.

[14] 汪世昌，陈家璞．家畜外科学[M]．3 版．北京：中国农业出版社，1997.

[15] 韦加宁．韦加宁手外科图谱[M]．北京：人民卫生出版社，2003.

[16] 赵兴绪．兽医产科学[M]．5 版．北京：中国农业出版社，2016.

[17] 程凌．养羊与羊病防治[M]．北京：中国农业出版社，2006.

[18] 王治仓．动物普通病[M]．北京：中国农业出版社，2015.

[19] 中国农业大学．家畜外科手术学[M]．3 版．北京：中国农业出版社，1999.

[20] 郭铁．家畜外科学[M]．北京：农业出版社，1988.

[21] 侯引绪．奶牛繁殖技术[M]．北京：中国农业大学出版社，2007.

[22] 侯引绪．奶牛疾病诊断与防治[M]．赤峰：内蒙古科学技术出版社，2004.

[23] 李国江．动物普通病[M]．2 版．北京：中国农业出版社，2008.

[24] 孟庆寿．家畜外科及产科学[M]．2 版．北京：中国农业出版社，1995.